Walther Nernst

Einführung in die mathematische Behandlung der Naturwissenschaften

Kurzgefasstes Lehrbuch der Differential- und Integralrechnung

Walther Nernst

Einführung in die mathematische Behandlung der Naturwissenschaften
Kurzgefasstes Lehrbuch der Differential- und Integralrechnung

ISBN/EAN: 9783743472808

Hergestellt in Europa, USA, Kanada, Australien, Japan

Cover: Foto ©berggeist007 / pixelio.de

Weitere Bücher finden Sie auf **www.hansebooks.com**

Einführung

in die

mathematische Behandlung

der Naturwissenschaften.

--

Kurzgefasstes
Lehrbuch der Differential- und Integralrechnung mit
besonderer Berücksichtigung der Chemie.

Von

W. Nernst,
o. o. Professor der physikal. Chemie
a. d. Univers. Göttingen.

A. Schönflies,
a. o. Professor der Mathematik
a. d. Universität Göttingen.

Mit 68 im Text befindlichen Figuren.

Zweite vermehrte und verbesserte Auflage.

MÜNCHEN & LEIPZIG.
Wissenschaftlicher Verlag von Dr. E. Wolff.
1898.

Vorwort zur ersten Auflage.

Zweck des vorliegenden Buches ist es, Jüngern der Naturwissenschaften das Studium der höheren Mathematik zu erleichtern;
wir haben versucht, in knapper Form die für naturwissenschaftliche
Rechnungen wichtigsten Kapitel der Infinitesimalrechnung zusammen-
zustellen und durch fortwährende Anwendung der mathematischen
Lehrsätze auf naturwissenschaftliche Probleme dem Verständnis nach
Möglichkeit entgegenzukommen.

Allgemein kann man sagen, dass eine naturwissenschaftliche
Disziplin die Methoden der höheren Mathematik zur Erweiterung
und Vertiefung der durch direkte Beobachtungen gewonnenen Ergebnisse um so häufiger zu Rate zieht, je weitere Fortschritte die
theoretische Bearbeitung der unmittelbaren Versuchsresultate macht.
Im besonderen beginnt gerade die neuere Entwicklung der theoretischen Chemie sich die Methoden der höheren Mathematik nutzbar
zu machen. So bemerkt z. B. Herr H. Jahn in der Vorrede zu
dem soeben erschienenen Grundriss der Elektrochemie: »Auch die
Chemiker müssen sich allmählich an den Gedanken gewöhnen, dass
ihnen die theoretische Chemie ohne die Beherrschung der Elemente
der höheren Analysis ein Buch mit sieben Siegeln bleiben wird.
Ein Differential- oder Integralzeichen muss aufhören, für den
Chemiker eine unverständliche Hieroglyphe zu sein, ... wenn er
sich nicht der Gefahr aussetzen will, für die Entwickelung der theoretischen Chemie jedes Verständnis zu verlieren. Denn es ist ein
fruchtloses Bemühen, in seitenlangen Auseinandersetzungen halb

klar machen zu wollen, was eine Gleichung dem Eingeweihten in einer Zeile sagt.«

Die Auswahl des Stoffes geschah hauptsächlich nach dem Gesichtspunkte, durch das Gebotene das Studium der physikalischen Chemie wie auch der Elemente der theoretischen Physik zu erschliessen. Allein auch der Physiologe, Botaniker, Mineraloge etc. wird sich für die mathematischen Bedürfnisse seines Faches daraus hinreichend orientieren können.

Wer durch die Lektüre unserer Schrift sich zur Vertiefung oder Erweiterung seiner mathematischen Kenntnisse angeregt fühlt, den möchten wir auf die soeben erschienene siebente Auflage des Lehrbuchs der Differential- und Integralrechnung von Kiepert-Stegemann (Hannover 1895) oder auf dasjenige von Serret (deutsch von Harnack, Leipzig 1889) hinweisen.

Göttingen, im August 1895.

Die Verfasser.

Vorwort zur zweiten Auflage.

Die zweite Auflage, die wir hiermit dem naturwissenschaftlichen Publikum übergeben, hat in Plan und Anlage durchgreifende Änderungen nicht erfahren. Wir haben uns vielmehr auf eine gründliche Durchsicht und eine Anzahl Zusätze beschränkt (wiederholte Hinweise auf den zweiten Wärmesatz, weitere naturwissenschaftliche Anwendungen der Infinitesimalrechnung, kurze anhangweise Darstellung der Determinantentheorie, einige Beispiele aus der Theorie der Differentialgleichungen). — Beim Lesen der Korrekturen hat uns Herr Dr. Danneel eifrigst unterstützt; ferner sind uns von verschiedenen Seiten Druckfehlerverzeichnisse der ersten Auflage zugegangen, wofür wir auch an dieser Stelle unsern Dank sagen wollen.

Möge unser Werk auch in der neuen Form in naturwissenschaftlichen Kreisen zur Verbreitung der Erkenntnis beitragen, dass ein tieferes Eindringen in die exakten Naturwissenschaften nur in den seltensten Fällen anders als auf Grund eingehender mathematischer Vorstudien möglich ist.

Göttingen, im April 1898.

Die Verfasser.

Inhaltsverzeichnis.

Erstes Kapitel.
Die Elemente der analytischen Geometrie.

Zweites Kapitel.
Die Grundbegriffe der Differentialrechnung.

Drittes Kapitel.

Differentiation der einfachen Funktionen.

Viertes Kapitel.

Die Integralrechnung.

Fünftes Kapitel.

Anwendungen der Integralrechnung.

Sechstes Kapitel.
Bestimmte Integrale.

Siebentes Kapitel.
Die höheren Differentialquotienten und die Funktionen mehrerer Variabeln.

Achtes Kapitel.
Unendliche Reihen und Taylorscher Satz.

Neuntes Kapitel.

Theorie der Maxima und Minima.

Zehntes Kapitel.

Auflösung numerischer Gleichungen.

Elftes Kapitel.

Differentiation und Integration empirisch festgestellter Funktionen.

Zwölftes Kapitel.

Beispiele aus der Mechanik und Thermodynamik.

Übungsaufgaben.

Anhang. — Formelsammlung.

Erstes Kapitel

Die Elemente der analytischen Geometrie.

§ 1. Die graphische Darstellung.

Zur Darstellung von Gesetzen und Vorgängen, die sich zahlenmässig ausdrücken lassen, bedient man sich mit grossem Vorteil der graphischen Methoden.
Sie ersetzen das Ziffernmaterial einer Tabelle durch ein geometrisches Bild und bringen auf diese Weise den Zusammenhang der Zahlen dem Auge unmittelbar zur Anschauung.

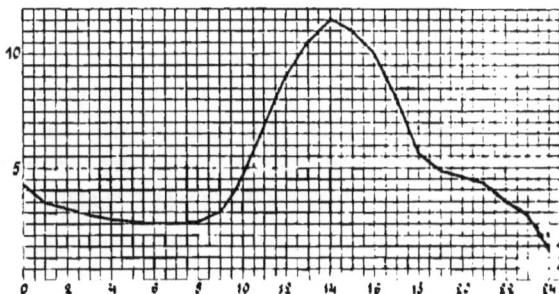

Fig. 1.

Die nebenstehende Figur (1) giebt ein Bild der Temperaturen eines Oktobertages. Die Zahlen von 0 bis 24 beziehen sich auf die vierundzwanzig Tagesstunden; in den bezüglichen Punkten sind Lote errichtet, deren Längen die entsprechenden Temperaturen angeben, und deren Endpunkte durch einen Linienzug verbunden sind. Die Figur zeigt, dass in den Vormittagsstunden, d. h. um

0   1   2   3   4   5   6   7   8   9   10   11   12 u. s. w.

Uhr die Temperatur

4,2   3,5   3,2   2,9   2,7   2,6   2,5   2,5   2,7   3,0   4,7   6,8   9,0 u. s. w.

Grad betrug. Mit einer gewissen Annäherung kann man sogar die wahrscheinliche Tagestemperatur für die nicht beobachteten Zeitpunkte ablesen, resp. abschätzen, da ja die Änderung der Temperatur im Intervall einer Stunde im allgemeinen annähernd gleichmässig vor sich geht.

Das Bild des Temperaturverlaufs lässt sich dadurch verschärfen, dass man die Temperatur jede halbe Stunde beobachtet, in den Halbierungspunkten der Strecken $\overline{01}$, $\overline{12}$, $\overline{23}$ ... die entsprechenden Lote errichtet und wiederum alle Endpunkte durch einen gebrochenen Linienzug verbindet. Trägt man die Temperaturen für noch kürzere Zeitintervalle in die Zeichnung ein, so wird der Linienzug mehr und mehr in ein kontinuierliches Kurvenbild übergehen; dieses Kurvenbild giebt die Darstellung des Temperaturverlaufs. Technisch erreicht man dies bekanntlich dadurch, dass man die zeichnende Person durch einen automatisch wirkenden Apparat ersetzt, der in jedem Augenblick selbstthätig die vorhandene Temperatur nach dem oben auseinandergesetzten Princip aufzeichnet.

Fig. 2 giebt uns das Bild zweier Löslichkeitskurven. Man hat experimentell gefunden, dass bei den Temperaturen

$$0{,}05, \ 4{,}32, \ 11{,}41, \ 18{,}38^0 \ \text{u. s. w.}$$

100 Teile Wasser folgende Gewichtmengen Kaliumsulfat lösen:

$$7{,}36, \ 8{,}16, \ 9{,}49, \ 10{,}81 \ \text{u. s. w.}$$

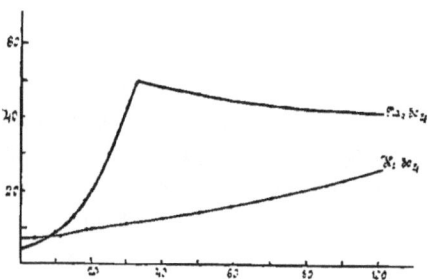

Fig. 2.

Trägt man sich die Beobachtungsdaten in ähnlicher Weise, wie oben, graphisch auf, so erhält man die Löslichkeitskurve des Kaliumsulfats, aus der man nunmehr für jede zwischen den Beobachtungen liegende Temperatur die Löslichkeit direkt ablesen kann. — Auf dieselbe Weise erhält man die gleichfalls in Fig. 2 verzeichnete, höchst charakteristische Kurve des Natriumsulfats.

Hat es sich bisher darum gehandelt, ein empirisch gegebenes Zahlenmaterial durch eine Kurve zu veranschaulichen, so sind die graphischen Methoden auch zweckdienlich, um bekannte durch Formeln gegebene Gesetze in einem geometrischen Bilde darzustellen.

Es sei z. B. die graphische Darstellung des Boyle-Mariotteschen Gesetzes zu geben. Das Mariottesche Gesetz giebt an, in welchem Verhältnis Druck und Volumen eines Gases sich ändern, wenn alle übrigen Eigenschaften desselben konstant erhalten werden. Befindet sich eine und dieselbe Gasmenge einmal unter dem Druck p, ein anderes Mal unter dem Druck p_1, und sind v resp. v_1 die entsprechenden Volumina, so ist v und v_1 umgekehrt proportional zu p und p_1, d. h. es besteht die Proportion:

$$1) \quad v : v_1 = p_1 : p$$

resp. die Gleichung:

$$2)\quad p\, v = p_1 v_1.$$

Auf Grund dieser Gleichung erhält man die gesuchte graphische Darstellung folgendermassen.

Wir bestimmen zunächst eine Reihe zusammengehöriger Werte von Druck und Volumen. Setzen wir im besondern fest, dass das Volumen v_1, das dem Druck $p_1 = 1$ entspricht, die Grösse $v_1 = 1$ besitze, so geht die Gleichung 2) in

$$p\, v = 1$$

über und wir erhalten aus ihr folgende Tabelle entsprechender Werte von p und v:

$p =$	0,1	0,2	0,5	1	2	4	u. s. w.
$v =$	10	5	2	1	0,5	0,25	u. s. w.

Wir ziehen wieder (Fig. 3) eine beliebige Gerade, tragen auf ihr von einem Punkte O aus Strecken ab, deren Längen gleich den bezüglichen Werten von p sind, also gleich 0,1, 0,2, 0,5, 1, 2, 4 u. s. w. und errichten in ihren Endpunkten Lote, gleich den zugehörigen Werten von v. Verbinden wir die Endpunkte der Lote durch einen Kurvenzug, so ist die so erhaltene Kurve das graphische Bild des Mariotteschen Gesetzes. Es versteht sich von selbst, dass wir, um den genauen Verlauf der Kurve zu erhalten, eine grosse Reihe von Punkten konstruieren müssen, die auf ihr liegen. Wir bemerken noch, was freilich an dieser Stelle noch nicht gezeigt werden kann, dass unsere Kurve ein Stück einer Hyperbel ist.*) Sie zeigt unmittelbar, dass, wenn der Druck sehr klein wird, das Volumen unverhältnismässig schnell wächst, dass umgekehrt, wenn der Druck sehr

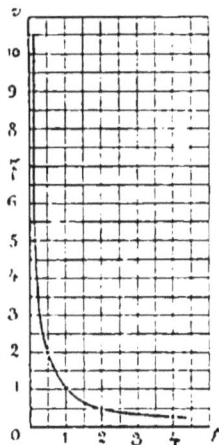

Fig. 3.

gesteigert wird, die Abnahme des Volumens sehr langsam vor sich geht u. s. w. u. s. w.

Das eben erörterte Verfahren, die Kurve des Boyle-Mariotteschen Gesetzes zu zeichnen, ist, wenn wir ein genaues Bild von ihr haben wollen, ziemlich mühsam und umständlich. Wir bedürfen dazu einer

---

*) Um das graphische Bild eines Gesetzes zu zeichnen, bedient man sich zweckmässig des im Handel käuflichen Millimeter- oder Koordinatenpapiers. Um möglichste Genauigkeit zu erzielen, hat Regnault die von ihm beobachteten Dampfdruckkurven des Wassers auf Kupfertafeln aufgezeichnet. Vgl. darüber die Mémoires der Pariser Akademie, Bd. 21, S. 476 (1847).

grossen Reihe zusammengehöriger Werte von p und v. Es giebt aber noch eine zweite, bei weitem einfachere Methode. Diese Methode fliesst aus dem Lehrgebäude der analytischen Geometrie. In der analytischen Geometrie wird nämlich direkt gezeigt, dass das Gesetz, welches die zu einander gehörigen Zahlenwerte von Druck und Volumen verbindet, und das in der Gleichung 2) seinen Ausdruck hat, durch das Bild einer Hyperbel dargestellt wird; sie lehrt uns mit einem Schlage und in voller Allgemeinheit, was wir empirisch nur durch ein langwieriges Verfahren erhalten. Das gleiche gilt von jedem naturwissenschaftlichen Gesetz, in dem Mass und Zahl eine Rolle spielen.

§ 2. Der Koordinatenbegriff.

Der Grundgedanke der analytischen Geometrie ist der nämliche, auf den sich die Methode der graphischen Darstellung aufbaut. Er läuft auf den Kunstgriff hinaus, Zahlengruppen geometrisch durch Punkte darzustellen. Diesen Kunstgriff erdacht und darauf ein konsequentes Lehrgebäude errichtet zu haben, ist das Verdienst von Réné Descartes (1596—1650). In einer kleinen Schrift, die den einfachen Titel führt: »Géométrie«, hat Descartes seine Methoden zum erstenmal zusammengestellt und im Jahre 1637 veröffentlicht.*) Mit diesen Methoden müssen wir uns nunmehr bekannt machen.

Fig. 4.

Wir ziehen in der Ebene zwei gerade unbegrenzte Linien, die zunächst einen beliebigen Winkel mit einander einschliessen mögen (Fig. 4). Ihren Schnittpunkt nennen wir O, die Linien selbst sollen durch $X'OX$ und YOY' bezeichnet werden. Ferner nehmen wir einen Punkt P in der Ebene der Zeichnung beliebig an, und ziehen durch P je eine Parallele zu den Geraden OX und OY, die auf ihnen die Strecken OQ und OR abschneiden. Die Längen dieser Strecken mögen resp. 7 und 5 Einheiten betragen. Wir bezeichnen noch die Strecke OQ, resp. die Zahl 7 als die Abscisse x des Punktes P, und die Strecke OR, resp. deren Länge 5 als seine Ordinate y; um dies möglichst kurz auszudrücken, sagen wir, es ist für den Punkt P

$$x = 7 \text{ und } y = 5.$$

Wenn es sich nicht darum handelt, Abscisse und Ordinate von einander

---

*) Die oben erwähnte Schrift von Descartes ist im Jahr 1886 neu herausgegeben worden (Paris, Hermann), im Jahre 1894 in deutscher Übersetzung von L. Schlesinger.

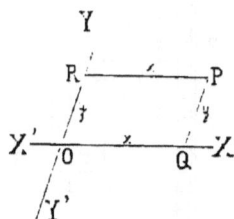

zu unterscheiden, bezeichnen wir beide mit gemeinsamen Namen als Koordinaten des Punktes P.

Die nämliche Konstruktion können wir für jeden andern Punkt der Ebene ausführen. Wir erhalten dadurch zu jedem Punkt eine bestimmte Abscisse und Ordinate oder, wie wir auch sagen können, ein bestimmtes Zahlenpaar. Umgekehrt entspricht auch jedem Zahlenpaar auf Grund der obigen Konstruktion ein bestimmter Punkt. Um z. B. den Punkt P' zu zeichnen (Fig. 5), der dem Zahlenpaar 2,5 und 3,5 entspricht, haben wir auf der Geraden OX eine Strecke $OQ' = 2,5$ und auf OY eine Strecke $OR' = 3,5$ abzutragen und durch die Endpunkte Parallelen zu ziehen; der Schnittpunkt dieser Parallelen ist P'.

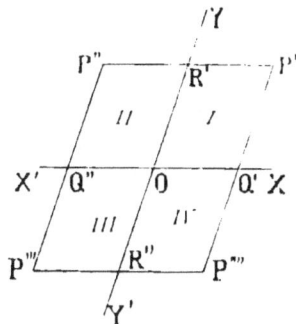

Fig. 5.

Da wir an und für sich die Strecken von der Länge 2,5 resp. 3,5 von O aus nach beiden Seiten der bezüglichen Geraden auftragen können, so könnte es scheinen, dass wir nicht einen, sondern vier Punkte erhalten, nämlich P', P'', P''', P''''. Dem entgehen wir aber dadurch, dass wir die auch sonst übliche Festsetzung treffen, den Abstand solcher Punkte, die von O aus nach entgegengesetzten Seiten liegen, mit entgegengesetztem Zeichen zu versehen. Rechnen wir daher, wie bisher, OQ' und OR' als positiv, so haben wir OQ'' und OR'' als negativ anzusehen, und nun gehören die Punkte P', P'', P''', P'''' zu vier verschiedenen Zahlenpaaren, nämlich zu

$$+2,5, +3,5; -2,5, +3,5; -2,5, -3,5; +2,5, -3,5.$$

Die Beziehung zwischen den Punkten und Zahlenpaaren ist daher eine solche, dass jedem Punkt ein Zahlenpaar, aber auch umgekehrt jedem Zahlenpaar ein Punkt entspricht.

Man nennt die beiden Geraden, von denen wir ausgingen, die Koordinatenaxen, im besondern die Gerade $X'OX$ die Abscissenaxe, und YOY' die Ordinatenaxe. Jede von ihnen hat eine positive und eine negative Hälfte. Sie teilen die Ebene in vier Teile, die man in der Reihenfolge, wie die Figur 5 zeigt, als die vier Quadranten bezeichnet. Ferner heisst der Punkt O, d. h. der Schnittpunkt der Koordinatenaxen der Anfangspunkt oder der Ursprung des Koordinatensystems, und der Winkel YOX der Koordinatenwinkel; ist er ein rechter, wie dies in den Anwendungen meist mit Vorteil angenommen wird, so spricht man von rechtwinkligen Koordinatenaxen.

Da die Koordinaten des Punktes P (Fig. 4) nichts anderes sind, als die Zahlen, die die Längen der Strecken OQ und OR angeben, so folgt, dass auch die Strecke PR, resp. PQ in ihrer Länge die Abscisse und Ordinate von P darstellen. Es genügt daher, eine der von P ausgehenden Parallelen zu ziehen, um die Koordinaten von P zu erhalten.

Die Abscissenaxe enthält augenscheinlich alle diejenigen Punkte, deren Ordinate den Wert Null hat, ebenso ist die Ordinatenaxe der Ort aller Punkte, deren Abscisse Null ist. Endlich ist der Anfangspunkt derjenige Punkt, dessen Koordinaten beide gleich Null sind, der also dem Zahlenpaar 0,0 entspricht.

§ 3. Das Grundprincip der analytischen Geometrie.

Es sei eine Gleichung zwischen x und y gegeben, die wir in möglichst einfacher Form, nämlich in der Form

$$1) \quad x + y = 4$$

annehmen wollen. In der Elementarmathematik handelt es sich bei den Gleichungen nur um Berechnung der »Unbekannten«; es giebt dort immer nur einzelne bestimmte Werte dieser Unbekannten. Hier liegen jedoch die Dinge ganz anders; es giebt, wie sofort ersichtlich ist, unzählig viele Zahlenpaare, die in unsere Gleichung für x und y gesetzt werden können, die also, wie man zu sagen pflegt, die Gleichung befriedigen. Solche Zahlenpaare sind z. B.:

$$\begin{array}{llllll} x = 5 & x = 4 & x = 2{,}41 & x = -1 & x = -1{,}5 & \\ y = -1 & y = 0 & y = 1{,}59 & y = 5 & y = 5{,}5 & \text{u. s. w.;} \end{array}$$

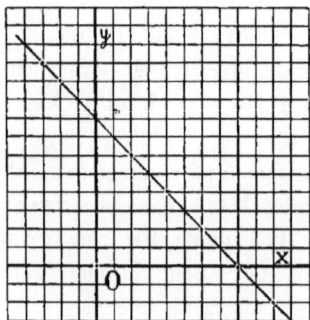

wir können nämlich für eine der Grössen x und y, z. B. für x eine Zahl beliebig annehmen, und erhalten dann aus der Gleichung 1) stets einen zugehörigen Wert von y. Zu jedem dieser Zahlenpaare können wir nach dem vorigen Paragraphen einen Punkt konstruieren, dessen Koordinaten die bezüglichen Zahlen sind; auf diese Weise erhalten wir (Fig. 6) eine unzählige Reihe von Punkten, und es ist einleuchtend, dass alle diese Punkte auf einer bestimmten

Fig. 6.

geometrischen Kurve liegen werden, auf einer Kurve von der man in unserem Falle nach der Figur schliessen muss, dass sie eine gerade

Linie ist — was, wie sich später (§ 8) herausstellen wird, in der That der Fall ist.

Ein zweites Beispiel sei die Gleichung

$$2) \quad y^2 = 2x.$$

Wir nehmen für x der Reihe nach die Werte 0, 1, 2, 3 . . . an, so erhalten wir folgende Zahlenpaare, die die Gleichung befriedigen:

$x = 0$	$x = 1$	$x = 2$	$x = 3$	$x = 4$	$x = 5$
$y = 0$	$y = \pm\sqrt{2}$	$y = +2$	$y = \pm\sqrt{6}$	$y = +\sqrt{8}$	$y = +\sqrt{10}$
	$= \pm 1,4 ..$		$= +2,45 ..$	$= +2,8 ..$	$= +3,2 ..$

Zu jedem Wert von x gehören also zwei verschiedene Werte von y. z. B. zu $x = 2$ die Werte $y = +2$ und $y = -2$, und es sind daher sowohl der Punkt P', der dem Zahlenpaar $x = 2$, $y = 2$ entspricht, als auch der Punkt P'', der dem Zahlenpaar $x = 2$, $y = -2$ entspricht, Punkte, deren Koordinaten die Gleichung 2) befriedigen. Solcher Punkte können wir wieder unzählig viele ermitteln, und alle diese Punkte liegen wieder (Fig. 7) auf einer bestimmten geometrischen Kurve; wir werden in § 5 nachweisen, dass sie eine Parabel ist.

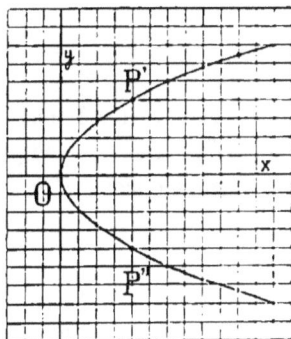

Fig. 7.

Die nämlichen Betrachtungen lassen sich an jede andere Gleichung zwischen x und y knüpfen. Den unzählig vielen Zahlenpaaren, die sie befriedigen, entsprechen stets unzählig viele Punkte, deren Koordinaten diese Zahlen sind, und die auf einer gewissen Kurve liegen. Zwischen Gleichung und Kurve besteht daher ein gesetzmässiger Zusammenhang, und diesen Zusammenhang drückt man einfach und kurz so aus: **die gegebene Gleichung ist die Gleichung der Kurve.**

Hier eröffnet sich sofort eine weite Perspektive; wir sehen, welches die ersten Aufgaben im Gebiet der analytischen Geometrie sein werden. Zwei Probleme bieten sich unmittelbar dar: 1) zu jeder beliebigen Gleichung die zugehörige Kurve zu finden, und 2) zu jeder Kurve ihre Gleichung aufzustellen. Von diesen beiden Aufgaben haben wir für unsere Zwecke nur die einfachsten Fälle zu erledigen.

§ 4. Die Gleichung des Kreises.

Es sei ein Kreis gegeben mit dem Radius r, und es sei die Aufgabe gestellt, seine Gleichung zu bilden. Wir nehmen die Koordinatenaxen zweckmässig so an, dass sie durch den Mittelpunkt O gehen und einen rechten Winkel einschliessen (Fig. 8). Ist dann P_1 irgend ein Punkt des Kreises, so wollen wir seine Koordinaten OQ_1 und P_1Q_1 mit x_1 resp. y_1 bezeichnen. Aus dem rechtwinkligen Dreieck OP_1Q_1 folgt nach dem Pythagoräischen Lehrsatz, dass

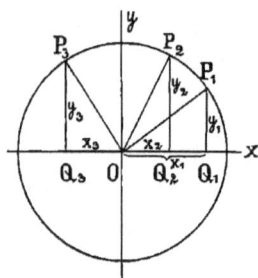

$$OQ_1{}^2 + P_1Q_1{}^2 = OP_1{}^2$$

ist, oder, wenn wir für OQ_1, P_1Q_1 und OP_1 resp. x_1, y_1, r setzen,

$$1)\quad x_1{}^2 + y_1{}^2 = r^2.$$

Fig. 8.

Ist P_2 ein zweiter Punkt des Kreises und sind seine Koordinaten OQ_2 und P_2Q_2, resp. x_2 und y_2, so ergiebt sich ganz analog aus dem rechtwinkligen Dreieck OP_2Q_2

$$OQ_2{}^2 + P_2Q_2{}^2 = OP_2{}^2,$$

resp.

$$2)\quad x_2{}^2 + y_2{}^2 = r^2.$$

Ebenso folgt für irgend einen dritten Punkt P_3 mit den Koordinaten OQ_3 und P_3Q_3, resp. x_3 und y_3, dass

$$OQ_3{}^2 + P_3Q_3{}^2 = OP_3{}^2,$$

resp.

$$3)\quad x_3{}^2 + y_3{}^2 = r^2,$$

wobei wir nicht unterlassen wollen, darauf hinzuweisen, dass zwar nach der Figur der Wert x_3 der Abscisse OQ_3 gemäss § 2 eine negative Zahl ist, dass aber doch $x_3{}^2$ als das Quadrat einer negativen Zahl positiv ist und daher wirklich das Quadrat der Dreieckseite OQ_3 angiebt.

Ähnliche Gleichungen können wir für jeden beliebigen Punkt des Kreises aufstellen; es fragt sich aber, wie wir die Gleichung des Kreises selbst erhalten. Wir sehen sofort, dass diese Gleichung einfach

$$4)\quad x^2 + y^2 = r^2$$

zu schreiben ist; in der That ist dies diejenige Gleichung zwischen x und y, die erfüllt ist, wenn für x und y die Koordinaten irgend eines Punktes

des Kreises eingesetzt werden. Diese Gleichung wird durch die
Koordinatenpaare $x_1 y_1$, $x_2 y_2$, $x_3 y_3$ ... in demselben Sinn befriedigt,
wie die Gleichungen des § 3 durch die dort angegebenen Zahlenpaare.

Welches ist denn nun aber der innere Grund, dass es eine und
dieselbe Gleichung ist, die durch die Koordinaten aller Punkte
des Kreises erfüllt wird? Dieser Grund ist kein anderer als der, dass
es auch ein und dasselbe Gesetz ist, das die Beziehung sämt-
licher Punkte des Kreises zum Mittelpunkte regelt. Jeder Punkt des
Kreises ist vom Mittelpunkte gleichweit entfernt; was sich für den
Punkt P_1 und seine Koordinaten x_1 und y_1 ergiebt, muss ebenso für
die Koordinaten von P_2 und P_3 gültig sein; es ist ja auch ganz gleichgültig, welche Punkte wir mit P_1, P_2, P_3 bezeichnen. Mit anderen
Worten, wir brauchen, um die Gleichung abzuleiten, die von den
Koordinaten der Punkte des Kreises befriedigt wird, diese Gleichung
nur für irgend einen seiner Punkte aufzustellen; dieser eine Punkt
ist eben jeder Punkt.

Dieses Prinzip ist von grosser Wichtigkeit; wir werden uns seiner
von nun an stets bedienen, um zu der Gleichung einer Kurve zu
gelangen; und wenn wir die Koordinaten desjenigen Punktes, für den
wir die Gleichung aufstellen, sofort mit x und y bezeichnen, so erhalten
wir direkt die Gleichung der Kurve. Es wird eine gute Übung sein,
zunächst die Gleichung des Kreises noch in anderer Form darzustellen,
nämlich für den Fall, dass sein Mittelpunkt M nicht im Anfangspunkt
der Koordinaten liegt (Fig. 9). Sind die Koordinaten des Mittelpunktes $ON = a$ und $MN = b$, sind wieder
die Koordinaten des Punktes P $OQ = x$ und
$PQ = y$, und ist MR gleich und parallel zu NQ,
so folgt aus dem rechtwinkligen Dreieck MPR

$$MR^2 + PR^2 = MI^2.$$

Nun ist aber

$$MR = NQ = OQ - ON = x - a$$
$$PR = PQ - RQ = PQ - MN = y - b,$$

also ergiebt sich durch Einsetzen

$$1)\quad (x-a)^2 + (y-b)^2 = r^2,$$

Fig. 9.

und dies ist daher die Gleichung des Kreises.

Als Nebenresultat entnehmen wir unserer Rechnung eine Formel,
die den Abstand zweier Punkte giebt, deren Koordinaten bekannt
sind. Die Gleichung 1) stellt diese Formel unmittelbar dar. Sie sagt
aus, dass das Quadrat des Abstandes r der Punkte M und P durch
den auf der linken Seite der Gleichung stehenden Ausdruck dargestellt

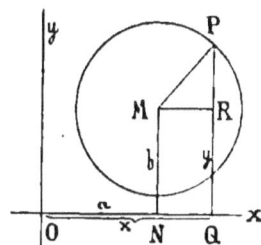

wird. Ersetzen wir noch — der Symmetrie der Bezeichnung wegen — x und y durch a_1 und b_1, so erhalten wir für den Abstand r zweier Punkte mit den Koordinaten $(a b)$ und $(a_1 b_1)$

$$2)\quad r^2 = (a_1 - a)^2 + (b_1 - b)^2.$$

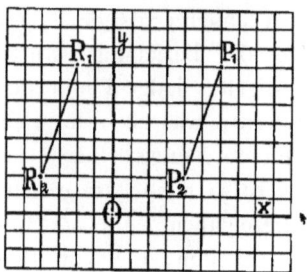

Fig. 10.

Beispiel: Das Quadrat des Abstandes der. Punkte P_1 und P_2 (Fig. 10), deren Koordinaten (3,4) und (2,1) sind, beträgt $(3 - 2)^2 + (4 - 1)^2$ oder 10. Denken wir uns die Linie $P_1 P_2$ um vier Längeneinheiten nach links geschoben, so dass sie in die Lage $R_1 R_2$ übergeht, so haben die Punkte R_1 und R_2 die Koordinaten $(-1,4)$ und $(-2,1)$, für das Quadrat ihres Abstandes ergiebt sich also

$$[-1 -(-2)]^2 + [4 - 1]^2 = (2 - 1)^2 + (4 - 1)^2 = 10,$$

wie nötig. Unsere Formel gilt also auch, wenn die Koordinaten der Punkte negative Werte haben. Der innere Grund dafür besteht darin, dass für positive und negative Zahlen die gleichen Rechnungsgesetze gelten.[*)]

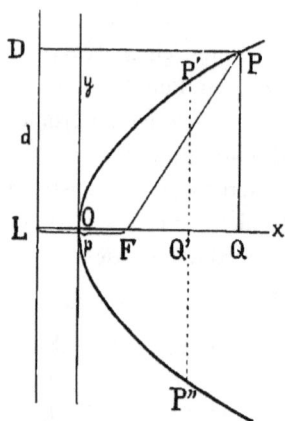

Fig. 11.

§ 5. Die Gleichung der Parabel.

Die Parabel ist der geometrische Ort aller Punkte, die von einem festen Punkt und einer festen Geraden die gleiche Entfernung haben. Ist (Fig. 11) P ein beliebiger Punkt der Parabel, F der feste Punkt, d die feste Gerade und PD der Abstand des Punktes P von d, so ist die definierende Eigenschaft der Parabel durch

$$1)\quad PF = PD$$

ausgedrückt. Um die Parabelgleichung in möglichst einfacher Gestalt zu erhalten, wählen wir das von F auf d gefällte Lot FL als x-Axe und die Mitte zwischen F und L als Anfangspunkt des Koordinatensystems. Die Entfernung FL bezeichnen wir durch p und nennen sie den Parameter der Parabel. Sind wieder x und y die Koordinaten von P, so ist

---

[*)] Vgl. auch die Anmerkung auf S. 14.

$$PD = OQ + \frac{p}{2} = x + \frac{p}{2}$$

$$PF^2 = FQ^2 + PQ^2 = (x - \frac{p}{2})^2 + y^2$$

und demnach erhalten wir durch Einsetzen

$$\left(x - \frac{p}{2}\right)^2 + y^2 = (x + \frac{p}{2})^2, \text{ resp.}$$

$$x^2 - px + \frac{p^2}{4} + y^2 = x^2 + px + \frac{p^2}{4}$$

und daraus schliesslich

$$y^2 = 2px.$$

Dies ist die Gleichung, die für die Koordinaten eines jeden Parabel-
punktes besteht, d. h. also die Gleichung der Parabel. Wir sehen
hieraus, dass die in § 3 konstruierte Kurve wirklich eine Parabel ist,
und zwar eine solche, deren Parameter gleich der Einheit ist. Wir
bemerken noch, dass der Punkt F Brennpunkt heisst und die Gerade
d die Directrix der Parabel.

Wir fragen sofort, wie wir die Gestalt der Parabel aus ihrer
Gleichung entnehmen können. Zunächst ist ersichtlich, dass, wenn x
einen negativen Wert erhält, auch für y^2 ein negativer Wert auftritt.
Es giebt aber keine reellen Zahlen, deren Quadrat negativ ist, und
daraus folgt, dass die Punkte der Parabel nur auf der rechten Seite
der y-Axe liegen können. Ist $x = 0$, so ist auch $y = 0$, die Parabel
geht also durch den Anfangspunkt. Erhält x irgend einen positiven
Wert, ist z. B. $x = OQ'$, so giebt die Gleichung dazu zwei verschiedene
Werte von y, nämlich zwei, die sich nur im Vorzeichen unterscheiden;
ihnen entsprechen zwei Punkte P' und P''', die in gleichen Abständen
von Q' senkrecht oberhalb und unterhalb der x-Axe liegen. Dies gilt
für jeden Wert von x; es ergeben sich lauter Punktepaare, die symmetrisch zur x-Axe liegen, und man nennt deshalb die x-Axe eine
Symmetrieaxe der Parabel.

Zweitens bemerken wir, dass, wenn man für x immer grössere
Werte setzt, auch die Werte von y unbegrenzt zunehmen; je weiter
die Parabel verläuft, um so mehr entfernt sie sich also nach beiden
Seiten von der x-Axe. Damit hätten wir uns eine erste vorläufige
Vorstellung von der Gestalt der Parabel gebildet. Wir kommen hierauf
in Kap. VI noch einmal zurück.

§ 6. Die Gleichung der geraden Linie.

Wir leiten die Gleichung der geraden Linie zunächst unter der
Voraussetzung ab, dass sie durch den Anfangspunkt eines recht-

winkligen Koordinatensystems geht. Wir können sie dahin definieren, dass jeder ihrer Punkte, mit O verbunden, den gleichen Winkel mit der x-Axe bildet.

Diesen Winkel haben wir genauer zu definieren, und zwar deshalb, weil zwei Geraden mit einander zwei verschiedene Winkel einschliessen. Hierüber gelten allgemein folgende einheitliche Festsetzungen: Die positive x-Axe gelangt durch Drehung um 90^0 in einem Sinn, der dem des Uhrzeigers entgegengesetzt ist, in die Lage der positiven y-Axe. Diese Drehungsrichtung bezeichnet man als die positive, und versteht nunmehr unter dem Winkel irgend einer Geraden g mit der x-Axe denjenigen Winkel, um den man die positive x-Axe im positiven Sinn um den Schnittpunkt drehen muss, bis sie mit g zusammenfällt; in Fig. 12 ist dies der Winkel φ. Diejenige Richtung der Geraden, mit der die positive x-Axe hierdurch zusammenfällt, bezeichnet man demgemäss auch als positive Richtung von g.*)

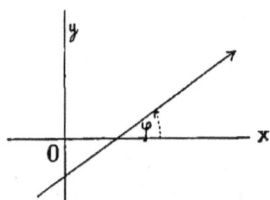

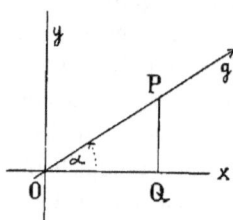

Fig. 12.

Ist nun (Fig. 13) g die Gerade, deren Gleichung wir aufzustellen suchen, so haben wir davon auszugehen, dass ein beliebiger Punkt P von ihr mit O verbunden stets den Winkel α mit der x-Axe einschliesst. Bezeichnen wir daher die Koordinaten von P mit x und y, so folgt aus dem rechtwinkligen Dreieck POQ sofort die Gleichung

Fig. 13.

$$\operatorname{tg} \alpha = \frac{PQ}{OQ} = \frac{y}{x}$$

resp.

$$1) \quad y = x \operatorname{tg} \alpha$$

und dies ist bereits die gesuchte Gleichung der geraden Linie.

Beispiel 1: Die Gleichung $y - x = 0$ oder $y = x$ stellt eine Gerade dar, für die $\operatorname{tg} \alpha = 1$ ist, d. h. $\alpha = 45^0$. Ebenso stellt $y + x = 0$, resp. $y = -x$ eine Gerade dar, für die $\operatorname{tg} \alpha = -1$ ist, d. h. $\alpha = 135^0$.**) Diese beiden Geraden halbieren also die beiden von den Koordinatenaxen eingeschlossenen Winkel.

---

*) In der Figur sind die positiven Richtungen durch einen Pfeil kenntlich gemacht.
**) Vgl. hierzu die Anmerkung auf S. 14.

Beispiel 2: Die Gleichung $y = 0$ stellt diejenige Gerade durch O dar, für die $\operatorname{tg} \alpha = 0$, also $\alpha = 0$ ist, d. h. die x-Axe. Man sieht die auch direkt. Das Gesetz, das die Gleichung $y = 0$ ausdrückt, besagt nämlich, dass sie den geometrischen Ort aller Punkte darstellt, deren Ordinate y den Wert Null hat, und dies sind eben die Punkte der x-Axe. Ebenso ist $x = 0$ die Gleichung der y-Axe, resp. die Gleichung des geometrischen Ortes aller derjenigen Punkte, deren Abscisse Null ist. (§ 2.)

Hat die Gerade (Fig. 14) eine beliebige Lage zu den Koordinaten-axen, ist G ihr Schnittpunkt mit der y-Axe, α der Winkel, den sie mit der x-Axe bildet, und die Strecke OG gleich b, so können wir sie wieder dadurch definieren, dass die Verbindungslinie eines jeden ihrer Punkte P mit G gegen die x-Axe unter demselben Winkel α geneigt ist. Ziehen wir noch PQ und GN parallel zu den Axen, so ist auch der Winkel PGN gleich α und in dem rechtwinkligen Dreieck PGN ist jetzt

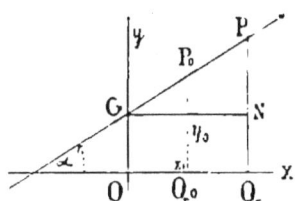

Fig. 14.

$$\operatorname{tg} \alpha = \frac{PN}{GN} = \frac{y - b}{x},$$

wenn x und y die Koordinaten von P sind; also folgt

$$2)\quad y = x \operatorname{tg} \alpha + b$$

und dies ist wiederum die gesuchte Gleichung der geraden Linie. Man pflegt zur Abkürzung $\operatorname{tg}\alpha$ durch m zu bezeichnen; alsdann ergiebt sich die Gleichung der Geraden in der Form

$$3)\quad y = mx + b.$$

Die Gleichung einer jeden geraden Linie ist von dieser Form, die einzelnen Gleichungen unterscheiden sich nur in den Werten von m und b, die von der Lage der Geraden abhängen. Geht z. B. die Gerade durch O, so ist $b = 0$, und ihre Gleichung wird einfach

$$4)\quad y = mx$$

in Übereinstimmung mit den vorhergehenden Ergebnissen. Umgekehrt wird aber auch durch jede Gleichung $y = mx + b$ eine Gerade dargestellt, welches auch die Werte von m und b sein mögen. Denn durch b ist immer ein Punkt G bestimmt, welche Zahl auch b sein mag, und für jede Zahl m existiert ein Winkel α, so dass $\operatorname{tg}\alpha = m$ ist; durch einen Punkt und ihre Richtung ist aber die Gerade selbst ihrer Lage nach bestimmt.*) Wir bemerken endlich noch folgendes: Ist $x_0 y_0$ irgend ein Punkt unserer Geraden, so genügen seine Koordinaten der Gleichung 3), d. h. es ist

$$y_0 = m x_0 + b;$$

durch Subtraktion dieser Gleichung von 3) folgt daher

$$5) \quad y - y_0 = m (x - x_0)$$

resp.

$$5\,\mathrm{a}) \quad \frac{y - y_0}{x - x_0} = m = \mathrm{tg}\ \alpha,$$

wie man an Figur 14 leicht direct bestätigen kann. Wir können die so erhaltenen Gleichungen 5) resp. 5a) auch als Gleichungen einer Geraden auffassen, die durch den Punkt $x_0 y_0$ geht und mit der x-Axe den Winkel α bildet.

Beispiel: Die Gerade, die durch den Punkt $(2,3)$ geht und mit der x-Axe einen Winkel von 60^0 bildet, hat zur Gleichung

$$y - 3 = \sqrt{3}\,(x - 2).$$

§ 7. Eigenart der durch gerade Linien dargestellten Gesetze.

Die Gerade hat die besondere Eigenschaft, dass die Ordinaten ihrer Punkte um gleichviel zunehmen, wenn es die Abcissen thun. Umgekehrt

---

*) Wir halten es nicht für überflüssig, direkt nachzuweisen, dass unsere Schlüsse und Resultate sich nicht ändern, wenn b oder m negative Werte haben, d. h. wenn die Gerade eine Lage zum Koordinatensystem hat, die auf eine scheinbar andere Figur führt. Für die in Fig. 15 gezeichnete Gerade folgt zunächst aus dem Dreieck PGN

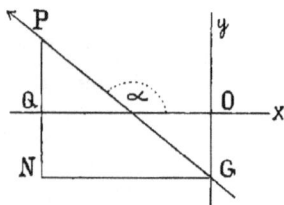

$$\mathrm{tg}\ (180 - \alpha) = \frac{PN}{NG} = \frac{PQ + QN}{NG}.$$

Jetzt ist aber (§ 2) sowohl x als b eine negative Zahl und daher wird die Länge von QN durch $-b$ und die Länge von NG durch $-x$ ausgedrückt. Andrerseits ist $\mathrm{tg}\ (180 - \alpha) = - \mathrm{tg}\ \alpha$, also erhalten wir zunächst

$$- \mathrm{tg}\ \alpha = \frac{y - b}{- x}$$

und hieraus wieder

$$y = x\,\mathrm{tg}\ \alpha + b = m x + b.$$

Der innere Grund der Allgemeingültigkeit unserer Resultate liegt darin, dass die Rechnungsregeln für positive und negative Zahlen, sowie die trigonometrischen Formeln für spitze und stumpfe Winkel die nämlichen sind, und dass, wenn auch die Figuren für die verschiedenen Lagen der Geraden verschieden sind, doch ihre Eigenschaften, ihre Gesetzmässigkeit — und nur auf diese kommt es an — in allen Fällen dieselben bleiben. Wir dürfen es daher im Folgenden unterlassen, auf die Allgemeingültigkeit unserer Gleichungen jedesmal besonders hinzuweisen.

Fig. 15.

lassen sich alle Vorgänge, bei denen eine Grösse s einer zweiten t proportional zunimmt, durch gerade Linien darstellen. Dies ergiebt sich wie folgt.

Um die Begriffe zu fixieren, wollen wir unter t die Zeit verstehen. Wenn dann s proportional zu t wächst, so heisst dies, dass s in gleichen Zeiten um gleichviel zunimmt. Die Zunahme von s für eine Sekunde sei gleich σ.*) Hat dann s zur Zeit t_0 den Wert s_0, so ist es bis zur Zeit t, d. h. also innerhalb $t - t_0$ Sekunden, um $\sigma(t - t_0)$ gewachsen, sein Wert s ist also

$$s = s_0 + \sigma(t - t_0),$$

und dies gilt für jedes zusammengehörige Wertepaar s, t. Die letzte Gleichung lässt sich auch in die Form

$$\frac{s - s_0}{t - t_0} = \sigma$$

setzen, alsdann zeigt sie direkt, dass die Zunahmen von s und t ein konstantes Verhältnis besitzen.

Wir brauchen jetzt nur t durch x, s durch y, resp. t_0, s_0 durch x_0, y_0 zu ersetzen, so gehen unsere Gleichungen in

$$y - y_0 = \sigma(x - x_0), \qquad \frac{y - y_0}{x - x_0} = \sigma$$

über, und dies sind in der That die Gleichungen einer Geraden. Aus dem letzten Paragraphen folgt, dass die Gerade mit der x-Axe einen solchen Winkel α bildet, dass tg $\alpha = \sigma$ ist.

Ein Beispiel sei das Gesetz von Gay-Lussac. Nach ihm besitzen die Gase folgende Eigenschaft: Wenn das Volumen einer Gasmasse konstant erhalten wird, so nimmt der Druck bei Erwärmung um 1^0 um den 273 sten Teil desjenigen Druckes zu, unter dem sie bei 0^0 stand. Ist dieser Druck p_0, so beträgt danach die Druckvermehrung, die durch 1^0 Erwärmung erfolgt, $\frac{p_0}{273}$ und bei t^0 Erwärmung $\frac{p_0}{273} t$; der schliessliche Druck bei t^0 ist daher

$$p = p_0 + \frac{p_0}{273} t = p_0 \left(1 + \frac{t}{273}\right).$$

Nehmen wir nun der Einfachheit halber an, dass der Druck p_0 den Wert 1 hat, so wird diese Formel

$$p = 1 + \frac{t}{273}.$$

Ersetzen wir p durch y und t durch x, so dass sie in

---

*) Von Vorgängen dieser Art sagt man, dass sie einen gleichmässigen Verlauf besitzen und bezeichnet die Grösse σ, die das Wachstum pro Zeiteinheit angiebt, als Geschwindigkeit oder Schnelligkeit des Wachstums.

$$y = 1 + \frac{x}{273}$$

übergeht, so sehen wir wieder, dass sie durch eine gerade Linie (Fig. 16) dargestellt wird.

Wir bestimmen noch die Schnittpunkte mit den Axen und finden die Punkte B und A, für die resp.

$x = 0, y = 1$ und $y = 0, x = -273$*) ist. Der Punkt A zeigt, dass für $t = -273$ der Druck p gleich Null ist, vorausgesetzt natürlich, dass obiges Gesetz für so niedrige Temperaturen noch gilt. Diesen Wert von t nennt man bekanntlich die absolute Temperatur. Sinkt t noch tiefer, so würde sich aus der obigen Gleichung sogar ein negativer Wert von p ergeben; eine Folgerung, die natürlich absurd ist und physikalisch bekanntlich dahin gedeutet wird, dass Temperaturen unter -273^0 unmöglich sind.

Fig. 16.

§ 8. Aufgaben über die gerade Linie.

Wir beweisen zunächst den Satz, dass jede Gleichung von der Form

$$1) \quad Ax + By + C = 0,$$

wo A, B, C irgend welche positiven oder negativen Zahlen sind, die Gleichung einer geraden Linie ist. Dividieren wir nämlich die Gleichung durch B und lassen y allein auf der linken Seite stehen, so geht sie in die Form

$$y = -\frac{A}{B}x - \frac{C}{B}$$

über; und dies ist nach § 6 die Gleichung einer geraden Linie, nämlich derjenigen, für die

$$2) \quad \mathrm{tg}\,\alpha = -\frac{A}{B} \text{ und } b = -\frac{C}{B}$$

---

*) Um die richtige Lage der Geraden zu erhalten, hat man daher OA 273mal so gross zu nehmen, wie OB. Dies ist jedoch für die Zeichnung nicht angängig; die Ordinate ist daher stark vergrössert gezeichnet. Auf ähnliche Weise muss man sich immer helfen, wenn die Zahlenwerte der Koordinaten in einem für die Zeichnung zu ungünstigen Verhältnisse stehen. Vgl. z. B. Kohlrausch, Wied. Ann. Bd. 26, S. 161 (1886).

ist, womit die Behauptung erwiesen ist. Im besondern sehen wir, dass die Gleichung des § 3

$$x + y = 4 \text{ oder } y = -x + 4$$

diejenige Gerade darstellt, die auf der y-Axe eine Strecke von der Länge 4 abschneidet, und mit der x-Axe einen Winkel bildet, für den tg $\alpha = -1$ ist, d. h. einen Winkel von 135^0, was genau mit Fig. 6 übereinstimmt.

Man nennt die Gleichung 1), da sie x und y nur im ersten Grade enthält, die allgemeine Gleichung ersten Grades, und spricht demgemäss davon, dass die allgemeine Gleichung ersten Grades eine gerade Linie darstellt.

Beispiel: Für die Gerade $4x - 2y + 5 = 0$ ist $b = 2,5$ und tg $\alpha = 2$, also α ungefähr $63^1/_2{}^0$, für die Gerade $6x + 3y + 1 = 0$ ist $b = -\frac{1}{3}$ und tg $\alpha = -2$, also α ziemlich gleich $116^1/_2{}^0$, darnach kann man beide Geraden zeichnen.

Um die Lage einer Geraden aus ihrer Gleichung zu entnehmen, bedient man sich übrigens zweckmässig eines andern Verfahrens. Man benützt dazu nicht den Winkel α, da er sich zur wirklichen Konstruktion wenig eignet, sondern man sucht irgend zwei Punkte der Geraden zu ermitteln; durch sie ist die Gerade vollständig bestimmt. Am bequemsten lassen sich die Punkte finden, in denen sie die Axen schneidet. Ist die Gleichung der Geraden in allgemeiner Form

$$Ax + By + C = 0$$

gegeben, so erhalten wir diese Punkte folgendermassen: Der Schnittpunkt mit der y-Axe ist derjenige Punkt, dessen Abscisse x den Wert Null hat, wir finden also seine Ordinate, wenn wir in obige Gleichung für x Null setzen, Dies giebt den Punkt

$$3)\ x = 0,\ \ y = -\frac{C}{B}.$$

Ebenso ist der Schnittpunkt mit der x-Axe derjenige Punkt, dessen Ordinate $y = 0$ ist; für ihn giebt die Gleichung

$$4)\ y = 0,\ \ x = -\frac{C}{A}.$$

Beispiel: Die Schnittpunkte der Geraden $5x - 7y + 2 = 0$ mit den Axen sind die Punkte $\left(0, \frac{2}{7}\right)$ und $\left(-\frac{2}{5}, 0\right)$.

Nernst-Schoenflies, Mathematik.　　　　　2

Welches ist die Lage derjenigen geraden Linie, deren Gleichung

$$5) \quad \frac{x}{a} + \frac{y}{b} = 1$$

lautet? Wir bestimmen wieder die Punkte, in denen sie die Axen schneidet. Um den Schnittpunkt mit der y-Axe zu erhalten, setzen wir $x = 0$ und finden $y = b$; der zugehörige Punkt sei B (Fig. 17). Ebenso ergiebt sich für den Schnittpunkt mit der x-Axe, dessen Ordinate $y = 0$ ist, der Wert $x = a$, dies liefert den Punkt A. Die Grössen a und b bedeuten also die Längen der Abschnitte, die die Gerade auf den Axen bestimmt.

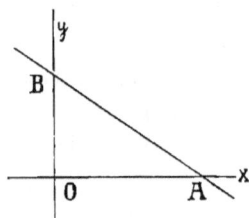

Fig. 17.

Aus der obigen Gleichungsform lässt sich die Lage einer Geraden am einfachsten entnehmen. Wir sehen z. B. sofort, dass die Gerade $x + y = 4$ (§ 3), wenn wir ihre Gleichung in die Form $\frac{x}{4} + \frac{y}{4} = 1$ setzen, auf jeder Axe eine Strecke von der Länge 4 abschneidet. Ebenso finden wir für die Gerade $4x + 3y - 2 = 0$, wenn wir die Gleichung in die Form $\frac{4}{2}x + \frac{3}{2}y = 1$ setzen, die Abschnitte $a = \frac{2}{4} = \frac{1}{2}$ und $b = \frac{2}{3}$.

Die Gleichung einer Geraden zu bestimmen, die durch zwei gegebene Punkte geht, deren Koordinaten ξ, η und ξ', η' sind.

Die Gleichung einer jeden Geraden, die durch den Punkt ξ, η geht, hat nach § 6,5 die Form

$$6) \quad y - \eta = m (x - \xi);$$

um die Gleichung einer bestimmten unter diesen Geraden zu finden, ist die Aufgabe zu lösen, denjenigen Wert von m zu finden, der dieser Geraden entspricht. Es sei also 6) die Gleichung unserer Geraden; da die Koordinaten des Punktes ξ' η' der Gleichung der Geraden genügen müssen, so ist

$$7) \quad \eta' - \eta = m (\xi' - \xi).$$

In dieser Gleichung ist nur m unbekannt; wir können also den Wert von m aus ihr entnehmen und ihn in die erste Gleichung einsetzen. Damit ist unsere Aufgabe im Princip erledigt. Hierzu bemerken wir noch folgendes. Sollen wir m aus Gleichung 7) ausrechnen und den Wert in 6) einsetzen, so heisst dies mit andern Worten, dass wir mittelst der Gleichung 7) m aus der Gleichung 6) zu eliminieren haben. Diese Elimination können wir am einfachsten so ausführen, dass wir beide Gleichungen durcheinander dividieren; wir finden dann sofort

$$8)\quad \frac{y-\eta_1}{\eta'-\eta_1}=\frac{x-\xi}{\xi'-\xi}$$

als die gesuchte Gleichung. Damit ist unsere Aufgabe erledigt.*)

Beispiel: Die Gleichung der Geraden, die durch die Punkte 2, 1 und (— 3, 4) geht, lautet

$$\frac{y-4}{1-4}=\frac{x+3}{2+3}$$

oder in vereinfachter Form

$$3x+5y-11=0.$$

Die Gleichung der Geraden, die durch die Punkte $(3, 2)$ und $(— 3, — 2)$ geht, lautet $2x — 3y = 0$, die Gerade geht also durch den Anfangspunkt.

§ 9. Zwei gerade Linien.

Sind zwei gerade Linien gegeben, so interessiert uns vor allem ihr Schnittpunkt und der Winkel, den sie mit einander einschliessen.

Die Gleichungen der beiden geraden Linien seien

$$1)\quad y = mx + b \text{ und}$$
$$2)\quad y = m'x + b'.$$

Jede Gleichung wird durch unzählig viele Wertepaare von x und y befriedigt, und zwar jede durch die Koordinaten ihrer sämtlichen Punkte. Diese Wertepaare sind für beide Gleichungen im allgemeinen verschiedene, es giebt aber notwendig ein und nur ein Wertepaar x, y, das beiden Gleichungen genügt, nämlich dasjenige, welches dem Schnittpunkt beider Geraden entspricht. Um dieses Wertepaar zu finden, haben wir die beiden Gleichungen in gewöhnlicher Weise nach x und y als Unbekannten aufzulösen. Jede Auflösung von zwei Gleichungen ersten Grades mit zwei Unbekannten bedeutet also geometrisch die Bestimmung des Schnittpunktes der beiden Geraden, welche durch die beiden Gleichungen dargestellt werden.

---

*) Man kann die Gleichung natürlich auch so umformen, dass sie die Gestalt $y = mx + b$ erhält, aus der man die Werte von m und b direkt ersieht; die Beseitigung der Nenner nebst einer einfachen Rechnung verwandelt sie in

$$y=\frac{\eta'-\eta}{\xi'-\xi}x+\frac{\xi\eta-\xi\eta'}{\xi'-\xi}.$$

Beispiel: Die drei Geraden $x + 7y + 11 = 0$, $x - 3y + 1 = 0$ und $3x + y - 7 = 0$ bestimmen ein Dreieck, dessen Ecken die Punkte $(2, 1)$, $(3, -2)$, $(-4, -1)$ sind.

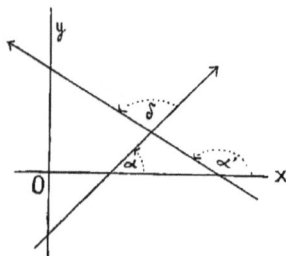

Unter dem Winkel δ, den die beiden Geraden mit einander einschliessen, versteht man denjenigen Winkel, den ihre positiven Richtungen bilden. (S. 12.) Für ihn erhalten wir, wenn ihre Winkel mit der x-Axe α und α' sind, aus Figur 18 zunächst die Gleichung

$$\alpha' = \delta + \alpha \text{ oder } \delta = \alpha' - \alpha.$$

Fig. 18.

Es ist daher

$$\operatorname{tg} \delta = \operatorname{tg}(\alpha' - \alpha) = \frac{\operatorname{tg} \alpha' - \operatorname{tg} \alpha}{1 + \operatorname{tg} \alpha' \cdot \operatorname{tg} \alpha} \text{*)}$$

Ersetzen wir nun $\operatorname{tg} \alpha$ durch m und $\operatorname{tg} \alpha'$ durch m', so folgt

$$3) \quad \operatorname{tg} \delta = \frac{m' - m}{1 + mm'}.$$

Sollen die Geraden parallel sein, so muss δ, also auch $\operatorname{tg} \delta$ den Wert Null haben, d. h. es ist

$$4) \quad m = m'$$

wie auch an und für sich klar ist. Stehen die Geraden senkrecht aufeinander, so hat δ die Grösse 90^0 und es ist $\operatorname{tg} \delta$ unendlich gross, und daher muss der Nenner des obigen Quotienten Null sein, d. h.

$$5) \quad 1 + mm' = 0.$$

Dies ist also die Bedingung dafür, dass beide Geraden senkrecht aufeinander stehen.

Beispiel: Für den Winkel der beiden Geraden $3x + y - 7 = 0$ und $x - 3y + 1 = 0$ findet man $\delta = 90^0$; das oben erwähnte Dreieck ist daher am Schnittpunkt dieser beiden Geraden, d. h. am Punkt $(2, 1)$ rechtwinklig.

Für die Geraden $2x - 3y = 5$ und $4x - 6y = 1$ folgt, dass sie parallel sind. Für die Koordinaten ihres Schnittpunktes ergeben sich formal die Werte

$$x = \frac{10 - 1}{0}, \quad y = \frac{10 - 1}{0},$$

d. h. x und y haben keine endlichen Werte mehr. Dies stimmt damit überein, dass man parallele Geraden als solche zu betrachten pflegt, die sich erst im Unendlichen schneiden.

---

*) Vgl. Formel 45 des Anhangs.

Bemerkung. Wir knüpfen hieran folgende Erörterung, die zwar keinen praktischen Nutzen bietet, aber doch theoretisch interessant ist. Wir haben eben gesehen, dass zwei Gleichungen ersten Grades in x und y einen Punkt bestimmen, nämlich den Schnittpunkt der zugehörigen geraden Linien. Erinnern wir uns nun, dass, wenn a und b die Koordinaten eines Punktes P sind, dies durch die Gleichungen

$$6) \quad x = a, \quad y = b$$

ausgedrückt wird, so entspringt sofort die Frage, ob sich auch diese beiden Gleichungen in dem angegebenen Sinn auffassen lassen. Dies ist in der That der Fall.

Die Gleichung $y = b$ ist nach § 6 die Gleichung einer geraden Linie, für die $m = 0$ ist, also auch $\operatorname{tg}\alpha$, resp. α selbst, d. h. sie ist der x-Axe parallel; ferner geht sie (Fig. 14) durch den Punkt C der y-Axe, für den $OC = b$ ist, sie ist also eine Parallele zur x-Axe, die den Abstand b von ihr hat. Man sieht dies auch direkt. Die Gleichung $y = b$ entspricht dem geometrischen Ort aller Punkte, deren Ordinate gleich b ist, und diese liegen auf der genannten Parallelen. Ebenso folgt, dass $x = a$ eine Gerade darstellt, die im Abstande a der y-Axe parallel läuft; und diese beiden Geraden schneiden sich genau in dem Punkt, dessen Koordinaten durch die Gleichungen 6) bestimmt sind.

Die Koordinatenbestimmung läuft also geometrisch darauf hinaus, jeden Punkt der Ebene als Schnittpunkt von zwei Geraden zu betrachten, die zwei festen Axen parallel sind. Denkt man sich alle Parallelen zur x-Axe und alle Parallelen zur y-Axe, so geht durch jeden Punkt je eine von ihnen, und die Entfernungen dieser beiden Geraden von den Axen sind genau die Koordinaten des Punktes, in dem sie sich schneiden.

Mit diesem Ausblick mögen die Erörterungen über die gerade Linie ihren Abschluss finden.

§ 10. Die Gleichung der Ellipse. ·

Die Ellipse ist der geometrische Ort derjenigen Punkte, für welche die Summe ihrer Entfernungen von zwei festen Punkten einen konstanten Wert hat. Den konstanten Wert nennen wir $2a$.

Wir nehmen (Fig. 19) die Verbindungslinie der beiden festen Punkte F_1 und F_2 als x-Axe und das in der Mitte von $F_1 F_2$ errichtete Lot als y-Axe. Die Strecke $F_1 F_2$ bezeichnen wir durch $2c$ und nennen r_1 und r_2 die Abstände des Ellipsenpunktes P von F_1 und F_2, so dass

$$1) \quad r_1 + r_2 = 2a$$

ist, und zwar ist offenbar

$$2) \quad 2c < 2a.$$

Sind x und y die Koordinaten des Punktes P, so ist, wie aus der Figur folgt,

$$3) \quad r_1^2 = (c + x)^2 + y^2$$
$$4) \quad r_2^2 = (c - x)^2 + y^2.$$

Setzen wir diese Werte von r_1 und r_2 in 1) ein, so ergiebt sich die zwischen x und y bestehende Gleichung, d. h. die Gleichung der Ellipse.

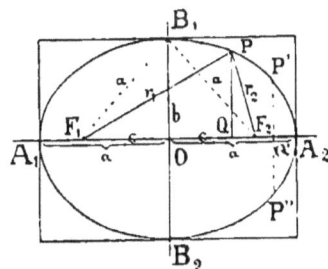

Dies geschieht zweckmässig, wie folgt. Um nicht mit Wurzelzeichen zu rechnen, erheben wir 1) ins Quadrat und erhalten

$$r_1^2 + 2r_1 r_2 + r_2^2 = 4a^2$$

oder

$$r_1^2 + r_2^2 - 4a^2 = -2r_1 r_2.$$

Diese Gleichung quadrieren wir noch einmal und finden

$$5) \quad (r_1^2 + r_2^2)^2 - 8a^2(r_1^2 + r_2^2) + 16a^4 = 4r_1^2 r_2^2.$$

Bringen wir $4r_1^2 r_2^2$ nach links und beachten, dass

$$(r_1^2 + r_2^2)^2 - 4r_1^2 r_2^2 = r_1^4 + r_2^4 + 2r_1^2 r_2^2 - 4r_1^2 r_2^2$$
$$= r_1^4 + r_2^4 - 2r_1^2 r_2^2 = (r_1^2 - r_2^2)^2,$$

so ergiebt sich schliesslich

$$(r_1^2 - r_2^2)^2 - 8a^2(r_1^2 + r_2^2) + 16a^4 = 0.$$

Nun folgt aus den Gleichungen 3) und 4), dass

$$r_1^2 + r_2^2 = 2 \ (x^2 + y^2 + c^2),$$
$$r_1^2 - r_2^2 = 4cx$$

ist, also erhalten wir durch Einsetzen

$$16c^2 x^2 - 16a^2(x^2 + y^2 + c^2) + 16a^4 = 0,$$

und wenn wir ordnen,

$$7) \quad x^2(a^2 - c^2) + a^2 y^2 = a^2(a^2 - c^2).$$

Dividieren wir ·noch beide Seiten durch $a^2(a^2 - c^2)$, so folgt schliesslich

$$8) \quad \frac{x^2}{a^2} + \frac{y^2}{a^2 - c^2} = 1.$$

Ist nun B_1 ein solcher Punkt der y-Axe*), dass für ihn

$$B_1 F_1 = B_1 F_2 = a$$

ist, und bezeichnen wir OB_1 durch b, so folgt aus dem rechtwinkligen Dreieck $B_1 F_1 O$, dass

$$9) \quad b^2 + c^2 = a^2, \text{ also } a^2 - c^2 = b^2$$

ist, und wenn wir dies einsetzen, so geht unsere Gleichung in

$$10) \quad \frac{x^2}{a^2} + \frac{y^2}{b^2} = 1$$

über. **Dies ist die Gleichung der Ellipse.**

Wir verschaffen uns zunächst ein Bild von der Gestalt der Ellipse. Geben wir dem x irgend einen bestimmten Wert, nehmen wir z. B. $x = OQ'$, so bestimmen sich die zugehörigen Werte von y aus der Gleichung

$$\frac{y^2}{b^2} = 1 - \frac{x^2}{a^2}, \quad y = \pm b \sqrt{1 - \frac{x^2}{a^2}}.$$

---

*) B_1 ist, wie sich nachher ergeben wird, ein Ellipsenpunkt.

Zu einem Wert von x gehören also zwei Werte von y, die sich nur im Vorzeichen unterscheiden und daher zwei Punkte P' und P'' liefern die symmetrisch zur x-Axe liegen. Die x-Axe ist also eine Symmetrieaxe der Ellipse; da die Gleichung der Ellipse in Bezug auf x und y ganz gleichartig gebaut ist, so folgt ebenso, dass auch die y-Axe eine Symmetrieaxe der Ellipse ist. Die Axen zerlegen also die Ellipse in vier kongruente Quadranten; es genügt, einen dieser Quadranten zu diskutieren.

Wir fragen, wie sich y ändert, wenn wir x von Null an wachsen lassen. Ist

$$x = 0, \text{ so ist } y = +b,$$

d. h. der Punkt B_1 und ebenso der zu ihm symmetrisch gelegene Punkt B_2 sind Punkte der Ellipse. Wenn nun x wächst, so wird $1 - \dfrac{x^2}{a^2}$ immer kleiner, also auch y, und wenn $x = a$ geworden ist, so ist $1 - \dfrac{x^2}{a^2} = 0$, also auch y; das bezügliche Wertepaar

$$x = a, \quad y = 0$$

liefert den Punkt A_2 der x-Axe, für den $OA_2 = a$ ist. Ebenso gehört der zu ihm symmetrisch gelegene Punkt A_1 der Ellipse an. Wächst x noch mehr, so wird $\dfrac{x^2}{a^2} > 1$, also wird $1 - \dfrac{x^2}{a^2}$ negativ, und es kann daher einen reellen zugehörigen Wert von y nicht geben. Die Ellipsenpunkte liegen daher sämtlich in dem Streifen, den die beiden durch A_1 und A_2 parallel zur y-Axe gezogenen Geraden a_1 und a_2 einschliessen. Ebenso folgert man, dass sie sämtlich innerhalb desjenigen Streifens liegen, den zwei zur x-Axe durch B_1 und B_2 gelegte Parallelen b_1 und b_2 einschliessen. Die Ellipse liegt also in dem von a_1, a_2, b_1, b_2 gebildeten Rechteck.

Man nennt $A_1 A_2$ die grosse Axe und $B_1 B_2$ die kleine Axe der Ellipse. Die Längen dieser Axen sind $2a$ und $2b$; a und b selbst heissen Halbaxen. Die Punkte A_1, A_2, B_1, B_2 heissen die Scheitel; endlich werden F_1 und F_2 als die Brennpunkte bezeichnet. Sie liegen, da nach 2) $a > c$ ist, innerhalb der Ellipse.

§ 11. Aufgaben über die Ellipse. Die Directrix.

1. Wir betrachten (Fig. 20) eine Ellipse mit den Halbaxen a und b und einen Kreis über der grossen Axe der Ellipse als Durchmesser; ferner seien P resp. P' zwei senkrecht über einander liegende

Punkte von Kreis und Ellipse. Diese Punkte haben gleiche Abscisse $OQ = x$, aber verschiedene Ordinaten QP, resp. QP', die wir mit y und y' bezeichnen. Dann besteht für x und y' die Kreisgleichung und für x und y die Ellipsengleichung, d. h. es ist

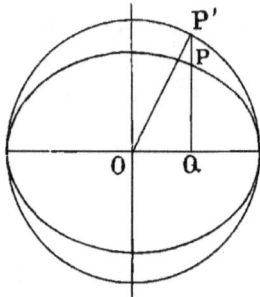

Fig. 20.

$$1) \quad x^2 + y'^2 = a^2 \text{ oder } \frac{x^2}{a^2} + \frac{y'^2}{a^2} = 1,$$

$$2) \quad \frac{x^2}{a^2} + \frac{y^2}{b^2} = 1.$$

Diese Gleichungen lassen sich in folgende Form setzen:

$$\frac{y'^2}{a^2} = 1 - \frac{x^2}{a^2} \text{ und } \frac{y^2}{b^2} = 1 - \frac{x^2}{a^2}$$

und daraus folgt

$$3) \quad \frac{y'^2}{a^2} = \frac{y^2}{b^2}; \quad \frac{y}{y'} = \frac{b}{a},$$

resp. gemäss der Figur

$$\frac{PQ}{P'Q} = \frac{b}{a};$$

die Ordinaten von Ellipse und Kreis, die derselben Abscisse entsprechen, besitzen also ein konstantes Verhältnis, d. h. alle Ellipsenordinaten sind gegen die Kreisordinaten im selben Maasse verkleinert.

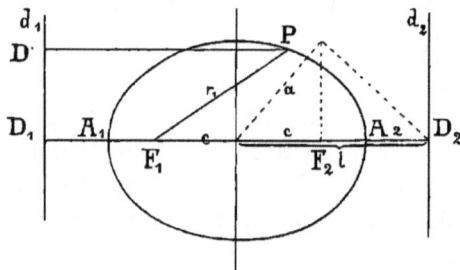

Fig. 21.

2. Man soll die Abstände des Ellipsenpunktes P von den Brennpunkten F_1 und F_2 berechnen (Fig. 21). Für den Abstand PF_1 oder r_1 ergiebt sich nach § 10, 3

$$4) \quad r_1{}^2 = (c + x)^2 + y^2.$$

Für y^2 entnehmen wir aus der Ellipsengleichung den Wert

$$y^2 = b^2 \left(1 - \frac{x^2}{a^2}\right) = b^2 - \frac{b^2}{a^2} x^2$$

und setzen ihn in 4) ein; es folgt

$$r_1{}^2 = c^2 + 2 c x + x^2 + b^2 - \frac{b^2}{a^2} x^2.$$

Nun ist nach § 10, 9 $b^2 + c^2 = a^2$; ferner ist

$$x^2 - \frac{b^2}{a^2} x^2 = \frac{a^2 - b^2}{a^2} x^2 = \frac{c^2}{a^2} x^2,$$

also erhalten wir

$$r_1^2 = a^2 + 2cx + \frac{c^2}{a^2}x^2, \text{ oder}$$

$$5)\quad r_1^2 = \left(a + \frac{c}{a}x\right)^2.$$

Auf dieselbe Weise ergiebt sich

$$6)\quad r_2^2 = \left(a - \frac{c}{a}x\right)^2.$$

Mithin ergeben sich für die Entfernungen PF_1 und PF_2 die Werte

$$7)\quad r_1 = a + \frac{c}{a}x,\ r_2 = a - \frac{c}{a}x.^{*)}$$

Hieraus ziehen wir noch eine wichtige Folgerung. In dem Wert für r_1 stellen wir $\frac{c}{a}$ heraus und finden

$$8)\quad r_1 = \frac{c}{a}\left(x + \frac{a^2}{c}\right).$$

Setzen wir hier den Quotienten

$$9)\quad \frac{a^2}{c} = l, \text{ also } c : a = a : l,$$

so ist l eine Strecke, die durch a und c bestimmt ist, und die wir so zu konstruieren haben, dass sie Hypotenuse eines rechtwinkligen Dreiecks wird, in dem a eine Kathete und c ihre Projektion ist, wie es die Figur 21 zeigt. Da $c < a$ ist, so ist auch $a < l$. Diese Strecke tragen wir von O aus gleich OD_1 auf, ziehen durch D_1 eine Parallele zur y-Axe, und fällen auf sie von P das Lot PD, so ist, wie unmittelbar ersichtlich,

$$PD = x + l = x + \frac{a^2}{c},$$

und wenn wir dies in 8) einsetzen, so folgt

$$r_1 = \frac{c}{a}PD \text{ oder}$$

$$10)\quad \frac{PF_1}{PD} = \frac{c}{a}.$$

Die Gerade d_1 heisst **Directrix** der Ellipse; von ihr sagt die vorstehende Gleichung aus, dass für jeden Ellipsenpunkt das Verhältnis seiner Entfernungen vom Brennpunkt und von der Directrix den festen Wert $c : a$ hat.

---

*) r_1 und r_2 sind stets positive Grössen. Bei der Ausziehung der Quadratwurzel aus Gl. 6) ist daher darauf zu achten, dass die rechten Seiten von 7) ebenfalls einen positiven Wert haben, und zwar für positives und negatives x. Man sieht leicht, dass dies wirklich der Fall ist.

Aus der Symmetrie der Ellipse folgt, dass auch zum Brennpunkt F_2 eine Directrix d_2 gehört, deren Abstand von O ebenfalls gleich l ist, und für die der gleiche Satz besteht.

§ 12. Die Gleichung der Hyperbel.

Die Hyperbel ist der geometrische Ort derjenigen Punkte, für welche die Differenz ihrer Entfernungen von zwei festen Punkten kon-

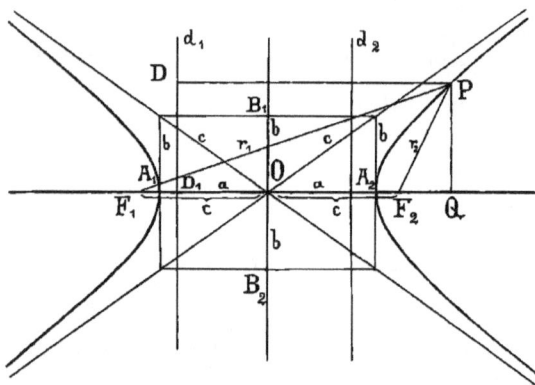

Fig. 22.

stant ist. Der Wert dieser konstanten Differenz sei $2\,a$.

Wir nehmen wieder (Figur 22) die Verbindungslinie der festen Punkte F_1 und F_2 als x-Axe und das in ihrer Mitte O errichtete Lot als y-Axe. Wir bezeichnen die Strecke $F_1 F_2$ wieder durch $2\,c$, und

durch r_1, resp. r_2 die Entfernungen des Hyperbelpunktes P von F_1 und F_2, so dass die Gleichung

$$1)\quad r_1 - r_2 = 2\,a$$

besteht. Da in jedem Dreieck die Differenz zweier Seiten kleiner ist als die dritte, so folgt hier im Gegensatz zum vorigen Paragraphen, dass

$$2)\quad 2\,a < 2\,c$$

ist. Sind die Koordinaten von P wieder x und y, so ist, wie aus der Figur folgt,

$$3)\quad r_1^2 = (x+c)^2 + y^2,$$
$$4)\quad r_2^2 = (x-c)^2 + y^2.$$

Durch Quadrieren von 1) folgt zunächst

$$r_1^2 - 2\,r_1 r_2 + r_2^2 = 4\,a^2,\ \text{oder}$$
$$r_1^2 + r_2^2 - 4\,a^2 = 2\,r_1 r_2,$$

und durch nochmaliges Quadrieren

$$5)\quad (r_1^2 + r_2^2)^2 - 8\,a^2(r_1^2 + r_2^2) + 16\,a^4 = 4\,r_1^2 r_2^2.$$

Dies ist die nämliche Gleichung, wie die Gleichung 5) in § 10. Aus ihr folgt wie dort

$$6)\quad (r_1^2 - r_2^2)^2 - 8\,a^2(r_1^2 + r_2^2) + 16\,a^4 = 0$$

und es ist nach Gleichung 3) und 4) zu setzen

$$r_1^2 + r_2^2 = 2(x^2 + y^2 + c^2),$$
$$r_1^2 - r_2^2 = 4cx.$$

Dies sind ebenfalls die gleichen Werte, wie in § 10, wir erhalten also wie dort zunächst

$$7) \quad x^2(a^2 - c^2) + a^2 y^2 = a^2(a^2 - c^2).$$

resp.

$$8) \quad \frac{x^2}{a^2} + \frac{y^2}{a^2 - c^2} = 1.$$

Für die Hyperbel ist aber, wie wir oben bewiesen haben, $a < c$; es ist also $a^2 - c^2$ negativ. Konstruieren wir jetzt (Fig. 22) eine Linie b als Kathete eines rechtwinkligen Dreiecks, dessen Hypotenuse c und dessen andere Kathete a ist, so dass

$$9) \quad c^2 = a^2 + b^2, \quad a^2 - c^2 = -b^2$$

ist, so können wir $a^2 - c^2$ durch $-b^2$ ersetzen, und erhalten die Gleichung der Hyperbel in der Endform

$$10) \quad \frac{x^2}{a^2} - \frac{y^2}{b^2} = 1.$$

Wir leiten zunächst wieder einige Folgerungen über die Gestalt der Hyperbel ab. Wie im vorigen Paragraphen ergiebt sich, dass die x-Axe und die y-Axe Symmetrieaxen der Hyperbel sind. Um den Verlauf der Hyperbel im ersten Quadranten kennen zu lernen, schreiben wir unsere Gleichung in die Form

$$\frac{y^2}{b^2} = \frac{x^2}{a^2} - 1,$$

und sehen, dass, so lange $x < a$ ist, die rechte Seite einen negativen Wert hat; für alle diese Werte x kann also ein zugehöriger Wert von y, resp. ein zugehöriger Hyperbelpunkt nicht existieren. Im besondern gilt dies auch für $x = 0$; d. h. die y-Axe enthält keinen Punkt der Hyperbel. Ist $x = a$, so ist die rechte Seite Null, das Wertepaar

$$x = a, \quad y = 0$$

giebt also den Punkt A_2 der positiven x-Axe, für den $OA_2 = a$ ist; ebenso gehört der Punkt A_1 der negativen x-Axe, für den $OA_1 = a$ ist, der Hyperbel an. Wächst x noch mehr, d. h. hat x irgend einen Wert $x > a$, so ist y stets reell und wächst unbegrenzt mit x, die Hyperbel erstreckt sich also in jedem Quadranten unbegrenzt weit, während sie zugleich ununterbrochen ansteigt, wie es Figur 22 sehen lässt.

Man nennt $A_1 A_2$ die reelle Axe der Hyperbel, und nennt die
y-Axe — der Analogie halber — die imaginäre Axe. Die Punkte
A_1 und A_2 heissen Scheitel; a heisst reelle und b imaginäre
Halbaxe; man kann auch b auf der y-Axe bis B_1, resp. B_2 abtragen.
F_1 und F_2 heissen wieder Brennpunkte.

§ 13. Die Directrix der Hyperbel.

Wir berechnen auch für die Hyperbel die Abstände irgend eines
ihrer Punkte von den Brennpunkten und entnehmen daraus den analogen Satz wie für die Ellipse.

Für den Abstand PF_1 oder r_1 ergiebt sich nach § 12,$_3$

$$1)\quad r_1{}^2 = (x + c)^2 + y^2.$$

Für y^2 entnehmen wir aus der Hyperbelgleichung den Wert

$$y^2 = b^2 \left(\frac{x^2}{a^2} - 1 \right) = \frac{b^2}{a^2} x^2 - b^2$$

und erhalten, wenn wir ihn in 1) einsetzen,

$$r_1{}^2 = x^2 + 2cx + c^2 + \frac{b^2}{a^2} x^2 - b^2.$$

Nun ist nach § 12,$_9$ $c^2 - b^2 = a^2$ und $x^2 + \frac{b^2}{a^2} x^2 = \frac{a^2 + b^2}{a^2} x^2 = \frac{c^2}{a^2} x^2,$

setzen wir dies ein, so folgt

$$r_1{}^2 = \frac{c^2}{a^2} x^2 + 2cx + a^2 \quad \text{oder}$$

$$2)\quad r_1{}^2 = \left(\frac{c}{a} x + a \right)^2.$$

Ebenso ergiebt sich

$$3)\quad r_2{}^2 = \left(\frac{c}{a} x - a \right)^2,$$

also ist

$$4)\quad r_1 = \frac{c}{a} x + a, \quad r_2 = \frac{c}{a} x - a.^*)$$

In dem Wert von r_1 stellen wir wieder $\frac{c}{a}$ heraus und erhalten

$$5)\quad r_1 = \frac{c}{a} \left(x + \frac{a^2}{c} \right).$$

Setzen wir den Quotienten

$$6)\quad \frac{a^2}{c} = l, \text{ also } c : a = a : l,$$

---

*) Vgl. die Anmerkung auf S. 25.

so ist l eine Strecke, die durch a und c genau ebenso bestimmt ist, wie die analoge Strecke in § 11, nur dass jetzt, weil $c > a$, auch $a > l$ ist. Diese Strecke tragen wir wieder (Fig. 22) von O aus gleich OD_1 auf, ziehen durch D_1 die Parallele d_1 zur y-Axe, und fällen auf sie von P das Lot PD, so ist wieder

$$PD = x + l = x + \frac{a^2}{c},$$

und wenn wir dies in 5) einsetzen, so folgt

$$7)\quad \frac{PF_1}{PD} = \frac{c}{a}.$$

Die Gerade d_1 heisst wieder Directrix der Hyperbel; für jeden Hyperbelpunkt steht die Entfernung vom Brennpunkt zur Entfernung von der Directrix in dem festen Verhältnis $c:a$. Zum Brennpunkt F_2 gehört eine Directrix d_2, für die der gleiche Satz besteht.

§ 14. Die gleichseitige Hyperbel und ihre Asymptotengleichung.

Nimmt man an, dass beide Axen $2a$ und $2b$ einer Ellipse einander gleich werden, so geht die Ellipse in den Kreis über; der Kreis stellt also den einfachsten Fall der Ellipse dar. Setzt man in der Gleichung der Hyperbel $a = b$, so ergiebt sich ebenfalls eine besonders einfache Hyperbel; man nennt sie gleichseitige Hyperbel. Ihre Gleichung wird

$$1)\quad \frac{x^2}{a^2} - \frac{y^2}{a^2} = 1, \text{ resp. } x^2 - y^2 = a^2.$$

Wir bezeichnen die Halbierungslinien des Winkels der Koordinatenaxen als die Asymptoten dieser Hyperbel, und stellen uns die Aufgabe, diejenige Gleichung der gleichseitigen Hyperbel zu suchen, für welche die Asymptoten als Koordinatenaxen gewählt werden.

Um diese Aufgabe zu behandeln, schicken wir folgende Hilfsbetrachtung voraus. Wir denken uns irgend zwei durch O gehende Geraden (Fig. 23), die wir als Axen eines neuen Koordinatensystems betrachten. Die Koordinaten eines beliebigen

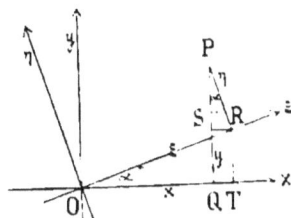

Fig. 23.

Punktes P in Bezug auf sie nennen wir ξ und η. Wir ziehen PQ senkrecht zur x-Axe und PR senkrecht zur ξ-Axe, sodass Winkel $RPQ = ROQ = \alpha$ und

$$2)\quad OQ = x, \quad PQ = y, \quad OR = \xi, \quad PR = \eta.$$

und ziehen noch RT senkrecht und RS parallel zur x-Axe. Alsdann folgt

$$x = OQ = OT - QT = OT - RS,$$
$$y = PQ = PS + QS = PS + RT.$$

Nun folgt aber aus den Dreiecken ORT und PRS

$$OT = \xi \cos \alpha, \quad RS = \eta \sin \alpha,$$
$$RT = \xi \sin \alpha, \quad PS = \eta \cos \alpha,$$

folglich erhalten wir durch Einsetzen dieser Werte

$$3) \quad \begin{aligned} x &= \xi \cos \alpha - \eta \sin \alpha, \\ y &= \xi \sin \alpha + \eta \cos \alpha, \end{aligned}$$

und dies sind die Gleichungen, die zeigen, wie die Koordinaten eines Punktes P bezüglich des einen Axensystems mit seinen Koordinaten für das zweite Axensystem zusammenhängen.

Hiervon haben wir jetzt (Fig. 24) Anwendung zu machen. In unserm Fall ist (S. 12) $\alpha = -45^0$, daher $\cos \alpha = \sqrt{\tfrac{1}{2}}$, $\sin \alpha = -\sqrt{\tfrac{1}{2}}$ und wir erhalten für diesen speziellen Fall die Gleichungen

Fig. 24.

$$4) \quad \begin{aligned} x &= \xi \sqrt{\tfrac{1}{2}} + \eta \sqrt{\tfrac{1}{2}}, \\ y &= -\xi \sqrt{\tfrac{1}{2}} + \eta \sqrt{\tfrac{1}{2}}. \end{aligned}$$

Aus ihnen folgt durch Addition und Subtraktion

$$5) \quad x - y = 2\xi \sqrt{\tfrac{1}{2}}, \quad x + y = 2\eta \sqrt{\tfrac{1}{2}}.$$

Denken wir uns jetzt, dass P ein Punkt der Hyperbel ist, so genügen seine Koordinaten x und y der Gleichung

$$x^2 - y^2 = a^2,$$

die wir auch in die Form

$$6) \quad (x + y)(x - y) = a^2$$

setzen können. Führen wir hier die vorstehenden Werte ein, so erhalten wir zwischen den Koordinaten ξ, η des Punktes P die Gleichung

$$7) \quad 2\xi\eta = a^2,$$

und da dieser Gleichung die Koordinaten eines beliebigen Hyperbelpunktes P genügen, so gilt dies von jedem ihrer Punkte, d. h. diese Gleichung ist die Gleichung der gleichseitigen Hyperbel, bezogen auf die Asymptoten als Koordinatenaxen.

Wir erkennen hieraus die Richtigkeit der in § 1 enthaltenen Be-

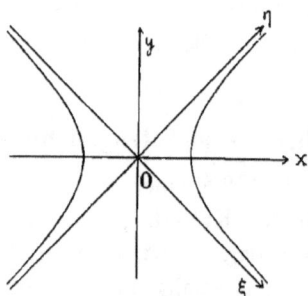

hauptung, dass das Mariotte'sche Gesetz graphisch durch die Hyperbel dargestellt wird. Ersetzen wir ξ durch p, η durch v, und setzen im besondern $\frac{1}{2} a^2 = 1$, so geht die Gleichung in $vp = 1$ über.

Wir fügen noch folgende Bemerkung an, die die geometrische Eigenschaft der Asymptoten betrifft. Schreiben wir die Gleichung 7) in die Form

$$\eta = \frac{a^2}{2\xi},$$

so sehen wir, dass η um so kleiner wird, je grösser ξ wird, d. h. die Hyperbel nähert sich, je weiter sie läuft, mehr und mehr der ξ-Axe. Ist im besondern $\xi = \infty$, so ist $\eta = 0$, im Unendlichen wird also die ξ-Axe von der Hyperbel, resp. die Hyperbel von der ξ-Axe wirklich erreicht. Das gleiche gilt für die η-Axe. Dies ist der Grund, aus dem man die ξ-Axe und die η-Axe Asymptoten der Hyperbel genannt hat; beide Geraden nähern sich der Hyperbel immer mehr, je weiter sie verläuft, erreichen sie aber erst im Unendlichen.*)

§ 15. Die Transformation der Koordinaten.

Wir haben die im vorstehenden Paragraphen behandelte Aufgabe dadurch erledigt, dass wir ein neues Koordinatensystem eingeführt haben. Die Einführung neuer Koordinatensysteme ist in vielen Fällen von grosser Wichtigkeit. Die Lage der Koordinatenaxen ist ja durchaus beliebig, andrerseits ist ersichtlich, dass es für jede Kurve, resp. für jede geometrische Betrachtung eine zweckmässigste Lage geben wird. Welche dieses ist, lässt sich in vielen Fällen erst dann erkennen, wenn man bereits die bezügliche Kurvengleichung für ein beliebig angenommenes Axensystem abgeleitet hat.

Wir müssen uns daher mit Formeln bekannt machen, die uns in den Stand setzen, aus den Gleichungen für eines von zwei Koordinatensystemen diejenigen für das andere abzuleiten.

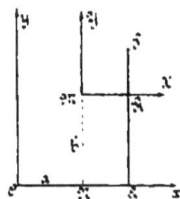

Zunächst nehmen wir an, dass die Axen beider Systeme einander parallel sind. Sei z. B. in Figur 25 M der Mittelpunkt eines Koordinatensystems, dessen Axen den durch O gehenden parallel sind, und es seien

1) $X = MR, \; Y = PR$

die Koordinaten des Punktes P für dieses Axensystem. Ferner seien

2) $x = OQ, \; y = PQ$

Fig. 25.

---

*) Für eine beliebige Hyperbel gelten ähnliche Sätze. Vgl. darüber Kap. VI.

die Koordinaten des Punktes P für dasjenige Koordinatensystem, dessen
Anfangspunkt O ist, endlich

$$3) \quad a = ON, \; b = MN$$

die Koordinaten des Punktes M in diesem Koordinatensystem. Alsdann
bestehen zwischen den Koordinaten x, y und X, Y desselben Punktes P,
wie aus der Figur folgt, die Gleichungen

$$4) \quad X = x - a, \quad Y = y - b.$$

Diese Gleichungen gelten für jeden Punkt.

Nun lautet die Gleichung des Kreises für die Koordinatenaxen X, Y

$$5) \quad X^2 + Y^2 = r^2,$$

wenn r den Radius des Kreises darstellt und M sein Mittelpunkt ist.
Diese Gleichung gilt unter anderem auch für den Punkt P. Setzen wir
in sie für X und Y ihre Werte aus 4), so erhalten wir

$$6) \quad (x - a)^2 + (y - b)^2 = r^2$$

als diejenige Gleichung, der die Koordinaten x, y des Kreispunktes P
genügen, und dies ist daher die Gleichung des Kreises für das Axensystem der x, y. Die nämliche Gleichung haben wir in § 4 (S. 9) auf
andere Weise abgeleitet.

Nehmen wir die neuen Axen so an, dass sie denselben Anfangspunkt haben, wie die alten, aber andere Richtung, so treten die Formeln
in Kraft, die wir bereits im vorigen Paragraphen abgeleitet haben, und
die wir der Vollständigkeit halber hier noch einmal hersetzen; sie lauten:

$$7) \quad \begin{aligned} x &= \xi \cos \alpha - \eta \sin \alpha, \\ y &= \xi \sin \alpha + \eta \cos \alpha, \end{aligned}$$

aus ihnen folgt noch, wenn wir beide Gleichungen zuerst mit $\cos \alpha$,
resp. $\sin \alpha$ multiplizieren und dann addieren, und dann ebenso mit
$\sin \alpha$, $- \cos \alpha$*)

$$8) \quad \begin{aligned} \xi &= x \cos \alpha + y \sin \alpha, \\ \eta &= - x \sin \alpha + y \cos \alpha. \end{aligned}$$

Soll man endlich von einem Koordinatensystem zu einem andern
mit neuem Anfangspunkt und andern Axenrichtungen übergehen, so
hat man zwei Koordinatentransformationen nacheinander auszuführen.

Die Benutzung der Koordinatenverlegung ist eines der wichtigsten
Hilfsmittel in der reinen Mathematik. Mit ihrer Hilfe erkennt man z. B.,
dass jede Gleichung

$$9) \quad a x^2 + 2 b x y + c y^2 + 2 d x + 2 e y + f = 0$$

— von Ausnahmefällen abgesehen — eine Ellipse, Hyperbel
oder Parabel darstellt. Der Beweis beruht darauf, dass man das

---

*) Vgl. Formel 32 des Anhangs.

ursprünglich unsymmetrisch gegen diese Kurven liegende Koordinaten-system so ändern kann, dass diese Gleichung in die von uns für Ellipse, Hyperbel, Parabel abgeleiteten Gleichungen übergeht.

§ 16. Beispiele aus der Mechanik.

Die Bewegung eines Punktes P in einer Ebene ist bestimmt, sobald bekannt ist, an welcher Stelle sich der Punkt in jedem Augenblick befindet. Ist t die von irgend einem Moment an verflossene Zeit, so wird die Bewegung bestimmt sein, sobald man für jeden Wert von t die Koordinaten x und y des beweglichen Punktes kennt.

Sei z. B. x und y durch die Gleichungen

$$1) \quad x = a\cos t, \quad y = a\sin t$$

gegeben, so ist die Frage, wie wir die von P beschriebene Bahn erhalten. In jedem Augenblick genügen die Koordinaten von P den Gleichungen 1). Quadrieren und addieren wir sie, so folgt

$$2) \quad x^2 + y^2 = a^2,$$

und da dies für jeden beliebigen Wert von t gilt, so gilt diese Gleichung auch für jede Lage des beweglichen Punktes. Die Gleichung 2) ist also die Gleichung der Bahn, die der Punkt beschreibt. Sie ist mithin ein **Kreis**.

Hieraus entnimmt man leicht das allgemeine Prinzip, nach dem sich die Gleichung der Bahn bestimmt, wenn die Koordinaten x und y durch zwei den obigen analoge Gleichungen gegeben sind; man hat nichts anderes zu thun, als t aus ihnen zu **eliminieren**.

Sind die Gleichungen z. B. von der Form

$$3) \quad x = a + \alpha t, \quad y = b + \beta t.$$

so folgt aus ihnen $x - a = \alpha t$, $y - b = \beta t$, und die Elimination von t ergiebt

$$4) \quad \frac{x - a}{\alpha} = \frac{y - b}{\beta}$$

d. h. die Gleichung einer **Geraden**. Diese Gerade geht durch den Punkt $x = a$, $y = b$, da diese Werte der Gleichung 4) genügen. Wie aus 3) folgt, ist dieser Punkt zugleich derjenige, an dem sich der bewegliche Punkt zur Zeit $t = 0$ befindet.

Ist endlich die Bewegung durch die Gleichungen

$$x = a\cos t, \quad y = b\sin t$$

gegeben, so ergiebt sich leicht

$$\frac{x^2}{a^2} + \frac{y^2}{b^2} = 1,$$

der Punkt beschreibt also eine **Ellipse**.

§ 17. Die Gleichung von van der Waals.

Die bisher diskutierten Kurven waren solche, in deren Gleichungen die Koordinaten nur im ersten oder zweiten Grade auftraten; es liegt ausserhalb des Rahmens unserer Betrachtungen, allgemeine Erörterungen über die Theorie solcher Kurven zu bringen, in deren Gleichungen die Koordinaten im dritten oder höheren Grade vorkommen. Wohl aber wollen wir wenigstens einige hierher gehörige Beispiele kurz besprechen.

Die S. 2 besprochene Gleichung des Boyle-Mariotteschen Gesetzes gilt nur für nicht zu stark komprimierte Gase; um auch das Gebiet der stark komprimierten Gase zu umfassen, hat van der Waals die berühmte, nach ihm benannte Gleichung*)

$$1) \quad \left(p + \frac{a}{v^2}\right)(v - b) = 1$$

aufgestellt, in der a und b der betrachteten Gasmasse eigentümliche (positive) Konstanten sind. Betrachten wir darin das Volumen v und den Druck p als Koordinaten, so können wir sie durch eine Kurve darstellen, deren Gleichung, wenn wir noch mit v^2 multiplizieren, die Form

$$2) \quad (pv^2 + a)(v - b) = v^2,$$

oder in x und y geschrieben

$$3) \quad (yx^2 + a)(x - b) = x^2$$

annehmen würde.**) Dieses Gesetz wollen wir nun diskutieren.

Bringen wir die Gasmasse auf ein grosses Volumen, lassen wir also v sehr gross werden, so wird in Gleichung 1) $\frac{a}{v^2}$ sehr klein, so dass wir es neben p vernachlässigen können, andrerseits verschwindet b neben v, d. h. wir erhalten

$$pv = 1,$$

mit anderen Worten: für stark verdünnte Gase geht die Gleichung von van der Waals in diejenige von Boyle über.

Ist v hingegen nicht sehr gross, d. h. das Gas nicht sehr verdünnt, so wird der Einfluss der Konstanten a und b merklich; machen wir v sehr klein, indem wir den auf die Gasmasse wirkenden Druck p sehr gross werden lassen, so wird v sich b immer mehr nähern, und wird p ungeheuer gross, so nimmt v schliesslich den Wert b an. Die Konstante b giebt also das kleinste Volumen an, bis zu dem die Gasmasse

---

*) Vgl. z. B. Nernst, theoretische Chemie S. 182.

**) Da sich beim Ausmultiplizieren ein Glied yx^3 ergiebt, in dem x und y zusammen im vierten Grad auftreten, nennt man die Kurve eine solche vierter Ordnung.

durch Druck gebracht werden kann, ein kleineres Volumen als b ist nach obiger Gleichung nicht möglich.

Um die Verhältnisse am anschaulichsten zu übersehen, nehmen wir wiederum zur graphischen Darstellung unsere Zuflucht, und zwar knüpfen wir an ein spezielles Beispiel an. Für Kohlensäure ist

$$a = 0,00874; \quad b = 0,0023$$

und somit wird

$$\left(p + \frac{0,00874}{v^2}\right)(v - 0,0023) = 1.$$

Der Druck p ist in Atmosphären zu zählen; setzen wir $p = 1$. so liefert obige Gleichung einen Wert für das Volumen, der sich leicht zu 0,9936 berechnet. Als Einheit des Volumens liegt somit der $\frac{1}{0,9936}$fache Wert desjenigen zu Grunde, das die betrachtete Gasmasse bei 1 Atmosphärendruck einnimmt.

Berechnen wir nach der vorstehenden Gleichung die Werte von p, die den in der nachfolgenden Tabelle verzeichneten Werten von v entsprechen, so finden wir

v	p	v	p
0,1	9,4	0,008	38,8
0,05	17,5	0,005	20,9
0,025	39,9	0,004	41,0
0,01	42,6	0,003	457

und die graphische Auftragung liefert das in Fig. 25 wiedergegebene Bild.

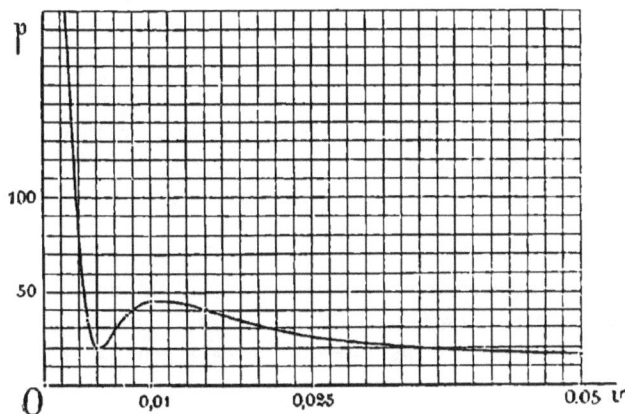

Fig. 25.

Die besprochene Gleichung

$$\left(p + \frac{0.00874}{v^2}\right)(v - 0.0023) = 1$$

gilt für Kohlensäure von 0^0; für Kohlensäure von der Temperatur t gilt nach van der Waals

$$\left(p + \frac{0.00874}{v^2}\right)(v - 0.0023) = 1 + \frac{t}{273}:$$

geben wir in dieser Gleichung t verschiedene Werte (z. B. 13,1, 21.5 u. s. w.), so können wir für jeden Wert von t in ganz ähnlicher Weise, wie oben geschehen, die dazu gehörige Kurve zeichnen. Diese Kurvenschar (Fig. 26) giebt uns dann ein anschauliches Bild von dem Verhalten der Kohlensäure unter den verschiedensten Bedingungen des Drucks, Volumens und der Temperatur und aus ihrer Betrachtung konnte van der Waals die weitgehendsten Schlüsse über das Verhalten der Materie im stärker kondensierten. sei es gasförmigen, sei es flüssigen Zustande ziehen.

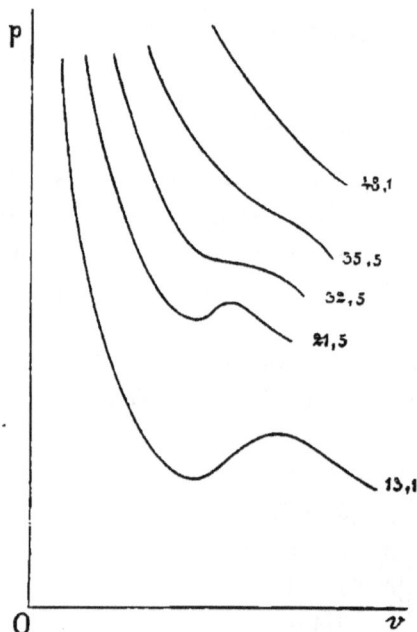

Fig. 26.

§ 18. Die Gleichung der Dissociationsisotherme.

Viele Gase oder gelöste Stoffe erleiden bei zunehmender Verdünnung eine immer fortschreitende Dissociation. Wenn ein Molekül sich in zwei neue dissociiert, so gilt für den Dissociationsgrad y (= Zahl der dissociierten Moleküle. dividiert durch die Zahl der Moleküle. die ohne Dissociation vorhanden sein würden) die Gleichung[*]

$$1) \quad c = K \frac{(1 - y)}{y^2},$$

worin c die Konzentration, d. h. die in der Volumeinheit enthaltene Substanzmenge (man zählt sie übrigens gewöhnlich nach Gramm-Molekülen) und K eine Konstante. die sogenannte Dissociationskonstante. bedeutet. Die Bedeutung der letzteren ergiebt sich leicht, wenn wir $y = 0.5$ setzen: dann wird

$$c = 2 K,$$

[*] Vgl. z. B. Nernst, Theoret. Chemie 1. Aufl. S. 348 und 366.

d. h. die physikalische Bedeutung der Grösse K besteht darin, dass sie die Hälfte derjenigen Konzentration angiebt, bei welcher gerade die Hälfte der Substanz dissociiert ist.

Um uns über die Natur der in chemischer Hinsicht sehr wichtigen Gleichung 1) eine Anschauung zu verschaffen, tragen wir c als Abscisse, y als Ordinate graphisch auf. In Fig. 27 ist für die Zeichnung der Wert $K = 1$ zu Grunde gelegt. Für kleine Werte von c ist y sehr nahe gleich 1, d. h. wir haben vollständige Dissociation; für wachsende c sinkt y beständig,

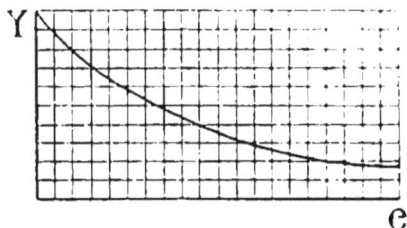

Fig. 27.

um sich für sehr grosse Werte von c allmählich oder, wie man es bezeichnet, »asymptotisch« (vgl. auch S. 31) dem Grenzwert 0 zu nähern.

§ 19. Die Koexistenz verschiedener Aggregatzustände.

Viel benutzt werden in neuerer Zeit die graphischen Methoden, um kompliziertere (meistens chemische) Gleichgewichtszustände zu veranschaulichen. Wir wollen auch hierfür ein einfaches Beispiel betrachten und zwar das Gleichgewicht zwischen den verschiedenen Aggregatzuständen des Wassers.

Bekanntlich sind bei 0^0 und Atmosphärendruck flüssiges und festes Wasser (Eis) im Gleichgewicht; steigern wir nämlich die Temperatur, so schmilzt das Eis; erniedrigen wir sie, so gefriert das Wasser; nur bei 0^0 kann beides koexistieren. Dies Gleichgewicht wird durch Anwendung von Druck verschoben, indem der Schmelzpunkt des Eises durch Druck erniedrigt wird, und zwar durch den Druck einer Atmosphäre um $0,00752^0$. Befindet sich Eis + Wasser daher nicht unter dem Druck einer Atmosphäre, sondern etwa in einem evakuierten Raum, d. h. also unter einem Drucke, der dem Dampfdruck des Wassers (4,57 mm) bei dieser Temperatur entspricht, so wird, da die Schmelzpunktänderung der Druckänderung proportional erfolgt, der Schmelzpunkt um $\frac{760 - 4,57}{760} \cdot 0,00752$ erhöht werden, d. h. Wasser und Eis sind in einem evakuierten Raum bei $+ 0,00747^0$ im Gleichgewicht. Wählen wir ein Koordinatensystem, in welchem die Temperatur t als Abscisse, der dazu gehörige Druck p als Ordinate aufgetragen ist, so wird also (Kap. I, § 7) die Gleichgewichtskurve zwischen Wasser und Eis durch die ein wenig gegen die Ordinate geneigte Gerade OA dargestellt (Fig. 28).

Andererseits kann flüssiges Wasser verdampfen; der Dampfdruck
bei einer bestimmten Temperatur giebt bekanntlich den Druck an, bei
welchem flüssiges und gasförmiges Wasser im Gleichgewicht sich
befinden. Die Dampfdruckkurve OB lässt die Drucke ablesen, die den
verschiedenen Temperaturen entsprechen.

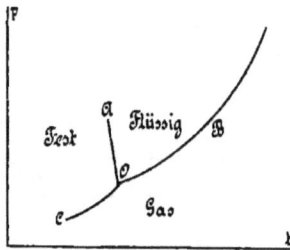

Drittens aber kann auch Eis verdampfen (sublimieren) und auch hier entspricht jeder Temperatur ein bestimmter
Dampfdruck; OC sei die Dampfdruckkurve des Eises.

So wird durch die erwähnten drei
Grenzkurven die Koordinatenebene in drei
Teile geteilt. Bei den zusammengehörigen
Werten von Druck und Temperatur,
die innerhalb dieser drei Gebiete fallen,
existiert also Wasser entweder als Eis, oder als Flüssigkeit oder als Gas
(Dampf); bei den Werten von Druck und Temperatur, welche einem Punkte
der drei Grenzkurven entsprechen, koexistieren (sind im Gleichgewicht)
die beiden Aggregatzustände, welche die betreffende Grenzkurve scheidet.
Die Figur 28 lässt schliesslich erkennen, dass Eis, flüssiges und gasförmiges Wasser nur in einem einzigen Punkte O der Ebene gleichzeitig
existieren können; die Koordinaten dieses Punktes sind $p = 4{,}57$ mm
und $t = 0{,}007\,47\,^0$.

Fig. 28.

§ 20. Graphische Darstellung eines Kreisprozesses.

Für thermodynamische Betrachtungen sind sogenannte Kreis-
prozesse von grundlegender Bedeutung; auch diese lassen sich, wie
Clapeyron bereits 1834 gezeigt hat, graphisch gut veranschaulichen.

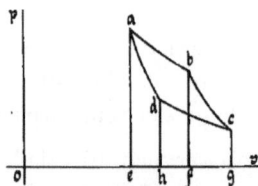

Eine homogene Substanz, z. B. ein kom-
primiertes Gas, möge eine Reihe von Zustandsänderungen durchmachen; der jeweilige
Zustand ist offenbar in jedem Augenblick
bekannt, wenn Volumen und Druck der betreffenden Gasmasse gegeben sind.

Wir tragen uns auf der Abscissenaxe
das Volumen, auf der Ordinatenaxe den
Druck der Gasmasse auf. Es sei ihr An-

Fig. 29.

fangszustand durch den Punkt a gegeben, so dass also in Figur 29 oc das
Anfangsvolumen und ea den Anfangsdruck bedeutet. Durch diese beiden
Grössen ist dann auch die Anfangstemperatur bestimmt.

Nun möge die Gasmasse sich zunächst bei konstant erhaltener Temperatur ausdehnen, indem sie etwa in einem Bade von konstanter Temperatur sich befindet; die Kurve ab ist demgemäss ein Stück einer Isotherme.

Hierauf soll die Gasmasse bei ihrer weiteren Ausdehnung aus dem Bade entfernt werden; dann muss bekanntlich bei der Ausdehnung (unter Arbeitsleistung) ihre Temperatur sinken und demgemäss ihr Druck beschleunigt abnehmen. Diese Zustandsänderung sei durch das Kurvenstück bc charakterisiert, das sich also mit einem Knick gegen das Kurvenstück ab ansetzt.

Es werde nun die Gasmasse wiederum in ein Bad von konstanter Temperatur gebracht, die der dem Punkte c entsprechenden gleich sei: komprimieren wir jetzt das Gas, so ergiebt sich als Bild der Druckänderung die Kurve cd, die also wiederum ein Stück einer Isotherme ist.

Viertens wird schliesslich im Punkte d das Gas ausserhalb des Bades komprimiert, wo dann also bei der Kompression die Temperatur steigen und der Druck beschleunigt wachsen muss. Offenbar können wir den Punkt d so wählen, dass bei dieser Kompression die Kurve da resultiert, d. h. die Gasmasse auf ihren Anfangszustand zurückkehrt.

Einen derartigen Prozess, den man in ähnlicher Weise mit jeder beliebigen Substanz vornehmen kann, nennt man einen Kreisprozess, weil er sich durch eine geschlossene Kurve (in unserem Beispiel $abcda$) darstellen lässt und die Substanz daher schliesslich wieder auf ihren Anfangszustand gelangt.

§ 21. Die Polarkoordinaten.

Die in § 2 auseinandergesetzte Methode, Punkte der Ebene durch Koordinaten zu bestimmen, ist nicht die einzig mögliche. Solcher Bestimmungsweisen giebt es vielmehr unzählig viele; eine von ihnen müssen wir noch kennen lernen. Denken wir uns (Fig. 30) um O eine Reihe von Kreisen gezeichnet, und ziehen durch O beliebig viele gerade Linien, so entsteht eine Reihe von Schnittpunkten, und jeder einzelne dieser Punkte, z. B. P_1 oder P_2, ist seiner Lage nach bestimmt, wenn wir seinen Abstand r_1 resp. r_2 von O, und den Winkel φ_1 resp. φ_2 kennen (in der Figur ist insbesondere $\varphi_1 = \varphi_2$.

Fig. 30.

den dieser Abstand P_1O resp. P_2O mit einer festen, durch

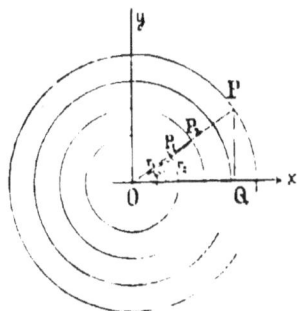

O gehenden Axe OX einschliesst. Es entspricht also genau in dem
oben § 2 angegebenen Sinn jedem Punkt P ein Zahlenpaar, nämlich
die Länge von r und die Grösse von φ, und umgekehrt ist irgend ein
Zahlenpaar r und φ gegeben, so lässt sich stets ein Punkt P zeichnen,
dessen Lage in der Ebene durch r und φ bestimmt ist. Die Grössen r
und φ nennt man die Polarkoordinaten des Punktes P.

Die Polarkoordinaten benutzen zur Bestimmung eines Punktes
ein System von konzentrischen Kreisen und ein System von Geraden
durch ihren Mittelpunkt, genau in demselben Sinn, wie sich nach § 9
die rechtwinkligen Koordinaten an zwei Systeme paralleler Geraden
knüpfen. Dies ist bei tieferer Auffassung das allgemeine Prinzip
jeder Koordinatenbestimmung, die in der höheren Mathematik
benutzt wird.

Zwischen den Polarkoordinaten und den rechtwinkeligen Koordinaten, für die OX die x-Axe und O den Anfangspunkt darstellt, bestehen, wie aus dem Dreieck OPQ folgt, die einfachen Beziehungen

$$1) \quad x = r\cos\varphi, \quad y = r\sin\varphi,$$
$$2) \quad x^2 + y^2 = r^2.$$

Aus diesen Gleichungen kann man die rechtwinkeligen Koordinaten
berechnen, wenn die Polarkoordinaten bekannt sind, umgekehrt aber
auch die Polarkoordinaten, wenn man die rechtwinkeligen kennt.

Um eine Anwendung zu geben, wollen wir die Gleichungen von
Ellipse, Parabel und Hyperbel in Polarkoordinaten ableiten. Aus
§ 5, 11, 13 folgt, dass sich Ellipse, Parabel und Hyperbel ge-
meinsam als geometrischer Ort eines Punktes definieren lassen,
für den die Entfernung von einem festen Punkt (dem Brennpunkt) und die Entfernung von einer festen Geraden (der
Directrix) in einem konstanten Verhältnis stehen. Für die
Ellipse ist dieses Verhältnis kleiner als 1 (da
$c < a$), für die Hyperbel ist es grösser als 1
(da $c > a$) und für die Parabel ist es gleich 1
(da beide Entfernungen für die Parabel einander
gleich sind).

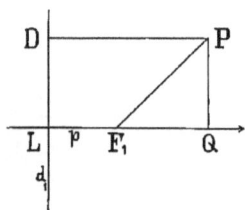

Fig. 31.

Wir bezeichnen (Fig. 31) den Abstand des
festen Punktes F_1 von der festen Geraden d_1
durch p, und den Wert des konstanten Verhältnisses durch e und können alsdann die Gleichung aller drei
Kurven auf die gleiche Weise ableiten. Wir wählen F_1 zum Anfangspunkt der Polarkoordinaten und das von F_1 auf d_1 gefällte Lot $F_1 L$

als Axe; ihre positive Hälfte soll diejenige sein, die die Gerade d_1 nicht schneidet. Die definierende Gleichung lautet:

$$\frac{PF_1}{PD} = c.$$

Sind dann r und φ die Polarkoordinaten von P und ist PQ das von P auf die Axe gefällte Lot, so ist

$$PF_1 = r \quad \text{und} \quad PD = LF_1 + F_1Q = p + r\cos\varphi,$$

also erhalten wir sofort die gesuchte Gleichung in der Form

$$3) \quad \frac{r}{p + r\cos\varphi} = c,$$

die nach einer geringen Umformung in

$$4) \quad r = \frac{cp}{1 - c\cos\varphi}$$

übergeht. Für die Ellipse im besondern ist (§ 11, vgl. Fig. 21)

$$c = \frac{c}{a}, \quad p = l - c = \frac{a^2}{c} - c = \frac{a^2 - c^2}{c} = \frac{b^2}{c},$$

also wird ihre Gleichung

$$5) \quad r = \frac{\frac{b^2}{a}}{1 - \frac{c}{a}\cos\varphi}.$$

Für die Hyperbel ist (§ 13, vgl. Fig. 22)

$$c = \frac{c}{a}, \quad p = c - l = c - \frac{a^2}{c} = \frac{c^2 - a^2}{c} = \frac{b^2}{c},$$

also ist ihre Gleichung ebenfalls

$$6) \quad r = \frac{\frac{b^2}{a}}{1 - \frac{c}{a}\cos\varphi}.$$

und für die Parabel folgt, da $c = 1$, als Gleichung

$$7) \quad r = \frac{p}{1 - \cos\varphi},$$

wo p der Parameter der Parabel ist.

Die Thatsache, dass die Gleichungen der Ellipse, Parabel und Hyperbel in Polarkoordinaten die nämliche Form haben, ist von grosser Wichtigkeit für die Astronomie, insbesondere für die Bestimmung der Kometenbahnen. Jeder Komet beschreibt eine Ellipse, eine Hyperbel oder eine Parabel, für die die Sonne ein Brennpunkt ist. Die Bahn hat also jedenfalls die Gleichung 4) als ihre Gleichung; die in ihr auftretenden Grössen p und c sind aus den Beobachtungen über

die einzelnen Stellungen des Kometen am Himmel zu ermitteln. Je
nachdem sich nun für e ein Wert ergiebt $e < 1$, $e = 1$ oder $e > 1$,
weiss man, dass der Komet eine Ellipse beschreibt, oder eine Parabel,
resp. Hyperbel. Im ersten Fall bewegt er sich periodisch um die
Sonne, im andern jedoch ist er nur ein einmaliger, vorübergehender
Gast unseres Sonnensystems.

Fünf Beobachtungen genügen, um über die Bahn zu entscheiden.
Zwei Stellungen des Kometen bestimmen mit der Sonne zusammen die
Ebene, in der er sich bewegt, die drei andern sind nötig, um die drei
noch übrigen Unbekannten, die Richtung der Axe, sowie p und e zu
bestimmen.

§ 22. Die Spirale des Archimedes.

Endlich wollen wir an einem letzten Beispiel zeigen, wie sich
Kurven, deren Gleichungen in rechtwinkligen Koordinaten kompliziert
ausfallen, in Polarkoordinaten ausserordentlich einfach darstellen. Solche
Kurven sind die Spiralen, von denen die in der Technik häufig auftretende Archimedische Spirale die Gleichung

$$r = a\varphi$$

besitzt, wo a eine beliebige Zahl ist.
Um diese Kurve zu erörtern, messen
wir zweckmässig den Winkel φ nicht
nach Graden, sondern durch die Länge
des zugehörigen Kreisbogens auf einen
Einheitskreis, wie dies in § 3 des dritten
Kapitels ausführlich auseinandergesetzt
wird. Denken wir uns (Fig. 32) zwei
Punkte P_1 und P_2 der Spirale, die zu

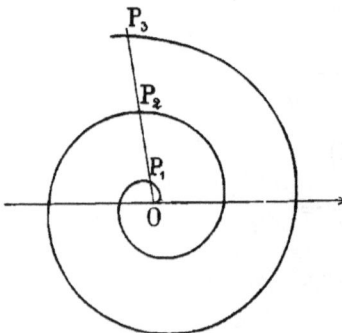

Fig. 32.

zwei Winkeln φ_1 und φ_2 gehören, die sich um 2π unterscheiden, so liegen
sie auf einer und derselben von O ausgehenden Geraden. Für sie ist

$$r_1 = a\varphi_1, \quad r_2 = a\varphi_2$$

und daraus folgt sofort

$$r_2 - r_1 = a(\varphi_2 - \varphi_1) = 2a\pi.$$

Setzen wir diese Betrachtung fort, so finden wir ohne Mühe, dass auf
jeder durch O gehenden Geraden unzählig viele Punkte P_1, P_2, P_3, P_4, ...
liegen, zu den Winkeln φ_1, $\varphi_2 = \varphi_1 + 2\pi$, $\varphi_3 = \varphi_1 + 4\pi$, $\varphi_4 = \varphi_1 + 6\pi$, ...
gehörig, und dass für ihre Entfernungen von O die Gleichungen

$$r_2 = r_1 + 2a\pi, \quad r_3 = r_1 + 4a\pi, \quad r_4 = r_1 + 6a\pi, \ldots..$$

bestehen. Da dies für jede von O ausgehende Richtung gilt, so besteht die Spirale aus unendlich vielen Windungen, die in dem unveränderlichen Abstand $2a\pi$ umeinander herumlaufen. Gerade dies ist diejenige Eigenschaft, auf der die Anwendungen beruhen. Da für $\varphi = 0$ auch $r = 0$ ist, so beginnt die Spirale ihren Lauf in O selbst. Die Grösse a bestimmt sich leicht dadurch, dass $P_1P_2 = P_2P_3 = \ldots = 2a\pi$ ist, oder aber dadurch, dass für $\varphi = 1$, d. h. also für einen Winkel von 57^0, $17'$ $45''$ (vgl. S. 66) $r = a$ wird.

Zweites Kapitel.

Die Grundbegriffe der Differentialrechnung.

§ 1. Die Prinzipien der höheren Mathematik und die naturwissenschaftliche Vorstellungsart.

Die Methoden der Differentialrechnung finden ihre Hauptanwendung auf solche Naturvorgänge, bei denen die Eigenschaften und Zustände der Körperwelt in einer ununterbrochenen Veränderung begriffen sind. Über 200 Jahre sind bereits vergangen, seit Isaac Newton seine »Fluxionstheorie« erdachte und damit den Grund zu dem Lehrgebäude der Differentialrechnung legte*); freilich mochte er damals noch nicht ahnen, welch ein gewaltiges Hilfsmittel aus seinen Ideen für die theoretische Naturerkenntnis erwachsen würde. Aber unaufhörlich haben sich seitdem jene Ideen immer weitere Gebiete der Naturwissenschaften unterworfen; die Methoden, die Newton und Leibniz**) schufen, haben allmählich ihre Herrschaft über das ganze Reich der Naturbetrachtung ausgedehnt, soweit Maass und Zahl darin eine Rolle spielen, oder vielmehr soweit es gelungen ist, sie auf Maass und Zahl zurückzuführen.

Die Eigenart der Probleme, auf die sich die Forschungsmethoden der höheren Mathematik mit Erfolg anwenden lassen, können wir am besten kennzeichnen, wenn wir uns überlegen, welche Fragen uns bei der Betrachtung eines Naturprozesses vor allem entgegentreten.

---

*) Die ersten Ideen von Newton (1642—1713) gehen bis in das Jahr 1665 zurück; veröffentlicht wurden seine Arbeiten erst nach seinem Tode.

**) G. Leibniz (1646—1716) verdanken wir die Schöpfung des noch jetzt gebräuchlichen Algorithmus der Differentialrechnung. Seine ersten Studien hierüber — wahrscheinlich ohne Kenntnis der Newtonschen Resultate angestellt — stammen aus dem Jahr 1676, die erste auf sie bezügliche Publikation aus dem Jahr 1683.

In welcher Art auch ein Naturvorgang ablaufen mag, so pflegt unser Forschungstrieb erst dann befriedigt zu sein, wenn wir das Gesetz kennen, das den Gesamtverlauf des Vorgangs beherrscht, und wenn wir wissen, was sich bei diesem Vorgang in jedem einzelnen Augenblick abspielt und ihn wirkend bestimmt. Gerade in das versteckte Getriebe der Erscheinungen Einsicht zu gewinnen, und damit einen Blick in das »Innere der Natur« zu thun, ist stets Ziel und Wunsch aller derer gewesen, die ihre Kraft dem Fortschritt des Naturerkennens gewidmet haben.

Da alles, was einen und denselben Naturprozess betrifft, durch ein einziges einheitliches Gesetz unter sich verbunden ist, so muss der Gesamtverlauf des Prozesses und das, was sich in seinen einzelnen Phasen abspielt, in einer causalen Verbindung miteinander stehen. Das eine ist durch das andere bedingt. Hier ist die Stelle, wo die mathematische Behandlung der Naturwissenschaften mit Erfolg einsetzt. Kennt man nämlich den Gesamtverlauf des Prozesses, so kann man durch blosse Rechnung die Frage nach seinen momentanen Zuständen und Eigenschaften beantworten; ebenso kann man umgekehrt das Gesamtgesetz durch Rechnung ableiten, wenn die Gesetzmässigkeit des Geschehens für jeden Augenblick bekannt ist.

Einige Beispiele mögen hier eine Stelle finden, zunächst solche, in denen wir von der Wirkungsweise des momentanen Geschehens ausgehen — sei es, dass wir sie aus Thatsachen kennen, oder aber auf Grund von Hypothesen oder Theorien postulieren — und die Aufgabe zu lösen haben, aus ihr das Gesetz zu ermitteln, das den Verlauf des gesamten Prozesses ausdrückt. So hat Fresnel aus seinen bekannten Annahmen über die Natur der Ätherbewegung in Krystallen durch mathematische Deduktionen die Gesetze der Doppelbrechung abgeleitet. Auf dem gleichen Wege sind Guldberg und Waage, von der allgemeinen Geltung ihres Massenwirkungsgesetzes ausgehend, zu den Formeln gelangt, nach denen der Verlauf eines chemischen Vorganges und der Endzustand, zu dem er führt, sich regelt. Auch Fourier können wir hier anführen, der seinen Untersuchungen über Wärmeleitung die Vorstellung zu Grunde legte, dass der Wärmestrom in jedem Augenblick dem Temperaturgefälle proportional ist und auf diese Weise die Wärmeströmung in beliebigen Wärmeleitern zu berechnen gelehrt hat.

Um Beispiele umgekehrter Art zu nennen, so weisen wir zunächst auf die Aufgabe hin, der Newton gegenüberstand, nachdem er die Idee der allgemeinen Gravitation ersonnen hatte. Die Keplerschen

Gesetze hatten ihn zu der Theorie geführt, dass die Bewegung aller Planeten gegen einander und gegen die Sonne auf Kräften beruht, deren momentane Wirkungsweise von ihrer gegenseitigen Entfernung abhängt: aber welchem bestimmten Gesetz diese Kräfte in jedem Augenblick gehorchen, dass nämlich die Wirkung gerade dem Quadrat der Entfernung umgekehrt proportional ist, diese Thatsache hat Newton aus den Formeln durch Rechnung erschliessen müssen. Auch Ampère hatte ein Problem ähnlicher Art zu lösen, als er die Wirkung galvanischer Ströme aufeinander untersuchte. Die Beobachtung hatte ihm die Wirkung der ganzen Stromkreise aufeinander geliefert; hieraus musste er die Wirkung der einzelnen Stromteile aufeinander durch Rechnung ableiten, um zu dem von ihm aufgestellten Gesetze zu gelangen.

Welches sind denn nun die Vorstellungen, die uns in den Stand setzen, die Behandlung der Naturvorgänge unter die Herrschaft der mathematischen Methoden zu zwingen? Welches sind die mathematischen Hilfsmittel, vermöge deren es uns gelingt, von dem Gesamtgesetz auf den einzelnen Moment und von dem einzelnen Moment auf das Gesamtgesetz mit unmittelbarer Sicherheit zu schliessen? Diese Methoden zu lehren ist der Zweck des vorliegenden Buches.

Charakteristisch für sie sind einige eigenartige Vorstellungen und Begriffe, die grundlegende Bedeutung besitzen. Es ist eine weitverbreitete Meinung, dass sie dem Verständnis grosse Schwierigkeiten bereiten: wir dürfen aber mit Fug und Recht behaupten, dass dies nicht der Fall ist. Bei präziser Formulierung verschwinden diese Schwierigkeiten so gut wie ganz; soweit sie dennoch vorhanden sind, betreffen sie jedoch nicht das mathematische Verfahren, sondern vielmehr die eigenste Natur des physikalischen oder chemischen Vorgangs, dem die Methoden und Begriffe der höheren Mathematik so getreu nachgebildet sind, wie die Photographie dem Gegenstand, dessen Bild sie darstellt. Sie entsprechen genau der Art, auf die wir uns auch sonst die Naturvorgänge für unser Verständnis zurecht zu legen pflegen. Wir haben bereits darauf hingewiesen, dass wir es hier stets mit Naturprozessen zu thun haben, bei denen die Eigenschaften und Zustände der Körperwelt in einer ununterbrochenen Veränderung begriffen sind. Wenn ein Planet unter dem Einfluss einer stets wechselnden Kraft die Sonne umkreist, wenn die Luft, indem sie den Schall fortpflanzt, durch ihre Oscillationen wechselnde Verdünnungs- und Verdichtungszustände bewirkt, wenn bei der Explosion eines Knallgasgemisches die Temperatur in rapider Steigung ein Maximum erreicht, um sofort wieder mit grosser Geschwindigkeit zu fallen, so handelt es

sich immer um Erscheinungen, bei denen jeder Augenblick das B b! das der vorangehende bietet, schon wieder verändert hat. Um uns diese Erscheinungen begreiflich zu machen, pflegen wir die Natur prozesse in >elementare Bestandteile zu zerlegen, in lauter kleine Einzelvorgänge, die eine minimale Zeit andauern und für die wir einen gleichmässigen Ablauf der Erscheinungen voraussetzen. Dieser Um stand ist von ganz besonderer Wichtigkeit. Freilich sind wir uns nicht immer bewusst, dass wir den Verlauf der elementaren Einzelprozesse als einen gleichmässigen betrachten: wir operieren mit dieser Vor stellungsweise so geläufig, dass wir nicht nötig haben, uns ihren eigent lichen Charakter jederzeit erst klar zu machen. Wir wollen jedoch ausdrücklich betonen, dass diese Voraussetzung unserer gesamten naturwissenschaftlichen Denkweise zu Grunde liegt. Bewegt sich z. B. ein Körper gleichmässig, so verstehen wir unter Geschwindig- keit den in einer Sekunde zurückgelegten Weg. Bewegt sich der Körper aber mit wechselnder Geschwindigkeit, so bedienen wir uns, um uns von seiner Bewegung und seiner Geschwindigkeit ein Bild zu machen, des Hilfsmittels, dass wir den Bewegungsvorgang in lauter kleine Inter- valle auflösen, und die Bewegung für jedes Intervall gleichmässig, d. h. mit konstanter Geschwindigkeit voraussetzen, während die Geschwindigkeit selbst sich von einem Intervall zum andern sprungweise ändert. Ganz analog verfahren wir in allen andern Fällen. Wollen wir uns die Wirkungs- weise der Schwerkraft veranschaulichen, so denken wir uns, dass sie dem fallenden Körper in regelmässigen kleinen Zeitintervallen Impulse erteilt, die jedesmal die Geschwindigkeit plötzlich ändern, doch so, dass der Geschwindigkeitszustand während des Intervalles konstant bleibt. Wollen wir uns die ungleichmässige Ausdehnung einer Flüssigkeit durch die Wärme oder die Kompression eines Gases bei wachsendem Druck oder den Verlauf einer chemischen Reaktion in ihren einzelnen Phasen vorstellen, immer ersetzen wir den wirklichen Naturvorgang durch einen andern, der für die Vorstellung und das Verständnis einfacher ist, von dem wirklichen Verlauf jedoch sich durchaus unterscheidet. Wo in der Natur die Änderungen stetig erfolgen (natura non facit saltus) operiert unser Denkvermögen mit Änderungen, die sprungweise eintreten.

Die so skizzierte Methode der Naturbetrachtung hat daher nur den Charakter einer Annäherungsmethode. Je kleiner wir die einzelnen Intervalle annehmen, um so grösser wird auch die Annäherung; wenn wir sie uns so klein vorstellen, dass sie sinnlich nicht mehr erreichbar sind, so ist unser Intellekt dabei im wesentlichen befriedigt. Die psycho- logische Organisation, die die Denkweise erzeugt, erzeugt auch den

Glauben, dass diese Vorstellungsweise der Wirklichkeit entspricht. Aber doch ist die Methode nur ein Notbehelf, ein Verfahren, dessen wir nicht entraten können, weil es uns nicht möglich ist, Prozesse direkt zu erfassen und zu zergliedern, die in dem Augenblick, da wir sie erfassen wollen, schon wieder eine andere Gestalt angenommen haben. Dieser Methode ist die mathematische Behandlungsart der Naturvorgänge genau nachgebildet; aber doch besteht, wie die folgenden Entwicklungen offenbaren werden, zwischen ihr und der gewöhnlichen ein prinzipieller Unterschied. Die Rechnung vermag, was dem Intellekt nicht möglich ist; sie vermag die Gesetze, welche die unaufhörlich veränderlichen Prozesse und Erscheinungen betreffen, direkt zu erfassen. Hierin liegt ihre Berechtigung, ja ihre Notwendigkeit. Im Ausgangspunkt bieten daher die Methoden der höheren Mathematik nichts Neues. Neu an ihnen, und auf keine andere Weise erreichbar, ist jedoch das Resultat, zu dem ihre konsequente Durchbildung hinleitet, nämlich das Ergebnis, dass diese Methoden nicht blos den Charakter eines Annäherungsverfahrens besitzen, sondern dass ihre mathematische Vervollkommnung die exakten Gesetze des Naturgeschehens liefert.

§ 2. Bewegung auf der Parabel.

Um die Wahrheit der vorstehenden Erörterungen zu veranschaulichen, behandeln wir die nachfolgenden Aufgaben.

Ein Punkt bewege sich auf einer Parabel; man soll für jeden Augenblick die Bewegungsrichtung berechnen.

Die Bewegungsrichtung ändert sich in jedem Augenblick der Bewegung, wir wissen aber, dass wir sie an jeder Stelle der Bahn durch die Richtung der Parabeltangente darzustellen haben.

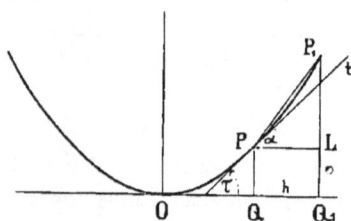

Liegt die Parabel gezeichnet vor, so können wir die Tangentenrichtung in jedem einzelnen Punkt durch Messung bestimmen; die hier gestellte Aufgabe verlangt aber, sie rechnerisch durch eine für alle Punkte giltige Formel auszudrücken.

Fig. 33.

Wir beziehen zu diesem Zweck (Fig. 33) die Parabel auf ein Koordinatensystem; wir nehmen aber hier zweckmässig die y-Axe als die Symmetrie-Axe an. Ihre Gleichung erhalten wir dann, indem wir in der S. 10 abgeleiteten Gleichung x und y vertauschen, in der Form

$$1)\quad x^2 = 2py \text{ oder } y = \frac{x^2}{2p}.$$

Der Punkt P, für den die Lage der Tangente zu berechnen ist, hat die Koordinaten x, y. Die Tangente in P sei t und der Winkel, den sie mit der x-Axe bildet, sei τ. Diesen Winkel haben wir zu bestimmen.

In angenäherter Form können wir die Rechnung leicht in der Art ausführen, dass wir in bekannter Weise die Parabel durch ein Polygon von vielen kleinen Seiten ersetzen, und die Richtung der durch P gehenden Seite PP_1 bestimmen. Hat P_1 die Koordinaten x_1, y_1, und ist α der Winkel, den die Seite PP_1 mit der x-Axe einschliesst, so folgt aus dem rechtwinkligen Dreieck $PP_1 L$

$$2) \quad \operatorname{tg} \alpha = \frac{P_1 L}{PL} = \frac{P_1 Q_1 - L Q_1}{QQ_1} = \frac{y_1 - y}{x_1 - x}$$

Da P und P_1 Parabelpunkte sind, so bestehen für sie die Gleichungen

$$y = \frac{x^2}{2p} \quad \text{und} \quad y_1 = \frac{x_1^2}{2p},$$

aus ihnen folgt durch Subtraktion

$$y_1 - y = \frac{x_1^2 - x^2}{2p}$$

und wenn wir diesen Wert in die Gleichung 2) einsetzen, so ergiebt sich

$$3) \quad \operatorname{tg} \alpha = \frac{1}{2p} \frac{x_1^2 - x^2}{x_1 - x}$$

Bezeichnen wir noch die Strecke QQ_1 mit h, setzen wir also

$$4) \quad x_1 - x = h, \text{ d. h. } x_1 = x + h,$$

so verwandelt sich Gleichung 3) in

$$\operatorname{tg} \alpha = \frac{1}{2p} \frac{(x+h)^2 - x^2}{h}$$
$$= \frac{1}{2p} \frac{2hx + h^2}{h} = \frac{1}{2p}(2x + h),$$

oder endlich

$$5) \quad \operatorname{tg} \alpha = \frac{x}{p} + \frac{h}{2p}.$$

Damit haben wir die Richtung der Seite PP_1 bestimmt, angenähert also auch die Richtung der Tangente. Der Fehler, den wir begehen, hängt davon ab, wie weit der Punkt P_1 von P liegt, d. h. von der Grösse h. Augenscheinlich können wir die Seiten des Polygons, durch das wir die Parabel ersetzen, so klein annehmen, dass für unser Auge ein Unterschied zwischen dem Bild des Polygons und der Parabel nicht mehr existiert, also auch ein Unterschied zwischen Parabeltangente und Polygonseite für uns und unsere Messinstrumente nicht mehr wahrnehmbar ist.

Wenn aber ein Fehler so gering ist, dass wir ihn weder sehen noch messen können, so ist er für unser praktisches Bedürfnis überhaupt nicht vorhanden; von diesem Standpunkt aus hätten wir daher die gestellte Aufgabe mit ausreichender Genauigkeit erledigt. Mittelst einer einfachen Betrachtung können wir aber die vorstehende Methode so ausnützen, dass sie uns den absolut genauen Wert des Tangentenwinkels liefert. Diese Betrachtung knüpft daran an, dass die rechte Seite der Gleichung 5) aus zwei Summanden besteht, von denen der erste die Grösse h gar nicht enthält. Wenn wir nun für h der Reihe nach Werte setzen, wie es uns beliebt, z. B. 0,1^{mm}, 0,02^{mm} u. s. w., so bleibt der erste Summand ganz unverändert, es ändert sich nur der zweite, der das Maass der Annäherung bildet. Setzen wir für h immer kleinere Zahlen, z. B. 0,0000001^{mm}, so wird das Polygon der Parabel immer näher kommen, es wird der zweite Summand und damit der Fehler immer geringer. Thatsächlich haben wir aber zwischen Polygon und Parabel immer noch zu unterscheiden, und dies bleibt bestehen, wie klein auch h werden mag. Der Übergang des Polygons in die Parabel würde erst dann eintreten, wenn die Grösse h den Wert Null erreicht. Diesen Übergang können wir zwar begrifflich nicht mitmachen, denn das Bild eines Polygons, in dem alle Seiten die Länge Null haben, ist keine klare und präzise Vorstellung mehr; unsere Formel aber leistet ihn, wir haben in ihr nur $h = 0$ zu setzen. Wir erhalten dann als wirklichen Wert des Tangentenwinkels

$$6) \quad \operatorname{tg} \tau = \frac{x}{p},$$

und diese Gleichung stellt uns die Richtung der Parabeltangente für den Parabelpunkt P, und da der Punkt P ein beliebiger Punkt war, für jeden Parabelpunkt mit vollkommener Genauigkeit dar.

§ 3. Der freie Fall.

Man soll für jeden frei fallenden schweren Punkt in jedem Augenblick die Geschwindigkeit bestimmen.

Wenn ein Körper von der Ruhelage aus in gerader Richtung zur Erde fällt, so betragen die nach 1, 2, 3, 4 .... Sekunden zurückgelegten Wege bekanntlich $\frac{g}{2}$, $4\frac{g}{2}$, $9\frac{g}{2}$, $16\frac{g}{2}$, ... Meter und allgemein wird daher der nach t Sekunden durchlaufene Weg von s Metern durch die Formel

$$1) \quad s = \frac{1}{2} g t^2$$

gegeben.

Die Geschwindigkeit der Bewegung ist in jedem Augenblick, resp. an jeder Stelle der Bahn eine andere, denn die in den einzelnen Sekunden durchmessenen Wege haben die Länge $\frac{g}{2}$, $3\frac{g}{2}$, $5\frac{g}{2}$ . . . . . und nehmen daher mit der Zeit ununterbrochen zu. Andererseits ist der Geschwindigkeitsbegriff mathematisch nur für Körper definiert, die in gleichen Zeiten gleiche Wege zurücklegen, und zwar als Länge des in der Zeiteinheit durchlaufenen Weges. Wir stehen also wieder vor der Schwierigkeit, dass die Begriffe, mit denen wir operieren sollen, auf den Vorgang, den die Anschauung darbietet, nicht unmittelbar anwendbar sind, und müssen daher zunächst wieder zu einem Annäherungsverfahren unsere Zuflucht nehmen.

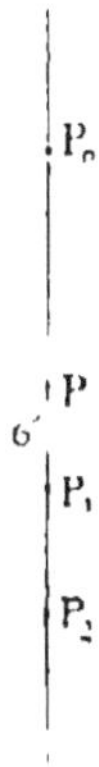

Es sei (Fig. 34) P_0 der Ausgangspunkt der Bewegung; nach t, t_1, t_2 . . . . Sekunden möge der fallende Punkt die Stellen P, P_1, P_2 . . . . passieren und es seien $P_0P = s$, $P_0P_1 = s_1$, $P_0P_2 = s_2$ . . . . die alsdann durchlaufenen Wege. Es bestehen dann nach 1) die Gleichungen

$$2) \quad s = \frac{1}{2}gt^2, \; s_1 = \frac{1}{2}gt_1{}^2, \; s_2 = \frac{1}{2}gt_2{}^2 \ldots$$

Jetzt denken wir uns einen Hilfspunkt, der sich ebenfalls von P_0 aus in vertikaler Richtung bewegt, und die Stellen P, P_1, P_2, P_3 . . . . in denselben Augenblicken passiert, wie der fallende Punkt selbst, aber jede der Strecken PP_1, P_1P_2, P_2P_3 . . . . mit gleichmässiger Geschwindigkeit durchläuft.*) Längs dieser Strecken haben beide Punkte verschiedene Bewegung; wir werden beide Punkte innerhalb der Strecken in jedem Augenblick an verschiedenen Stellen sehen, während sie die Stellen P, P_1, P_2 . . . . zugleich durchlaufen.

Es sei σ die Länge der Strecke PP_1 und τ die Zeit, in der der Hilfspunkt diese Strecke durchläuft, so beträgt seine Geschwindigkeit V auf dieser Strecke

$$3) \quad V = \frac{\sigma}{\tau}.$$

Nun ist aber

$$\sigma = PP_1 = P_0P_1 - P_0P = s_1 - s,$$

und da die Stellen P und P_1 nach t resp. t_1 Sekunden passiert werden, so ist

$$\tau = t_1 - t.$$

Fig. 34.

*) Dies ist zugleich die sogenannte mittlere Geschwindigkeit von P auf den bezüglichen Strecken.

4*

also folgt

$$4) \quad V = \frac{\sigma}{\tau} = \frac{s_1 - s}{t_1 - t}.$$

Nun bestehen für die zusammengehörigen Werte s, t resp. s_1, t_1 die Gleichungen 2); aus ihnen folgt

$$s_1 - s = \tfrac{1}{2} g (t_1{}^2 - t^2).$$

Setzen wir diesen Wert von $s_1 - s$ in Gleichung 4) ein, so er-giebt sich

$$V = \tfrac{1}{2} g \frac{t_1{}^2 - t^2}{t_1 - t}.$$

Beachten wir noch, dass $t_1 - t = \tau$ und $t_1 = t + \tau$ ist, so erhalten wir

$$V = \tfrac{1}{2} g \frac{(t + \tau)^2 - t^2}{\tau} = \tfrac{1}{2} g \frac{2 t \tau + \tau^2}{\tau},$$

oder endlich

$$5) \quad V = \tfrac{1}{2} g (2 t + \tau) = g t + \tfrac{g}{2} \tau.$$

Dies ist die Geschwindigkeit des Hilfspunktes auf der Strecke PP_1.

Die Bewegung des Hilfspunktes können wir der Bewegung des frei fallenden Punktes beliebig annähern. Das Mass der Annäherung hängt wieder von der Kleinheit der Strecken PP_1, P_1P_2 . . . . ab; es ist klar, dass wir diese Strecken so winzig annehmen können, dass wir auch mit scharfen Instrumenten beide Punkte nicht mehr gesondert wahr-nehmen. Für das praktische Bedürfnis können wir daher wieder die Bewegung des freien Falls durch die Bewegung des Hilfspunktes er-setzen, und den durch Gleichung 5) gegebenen Wert von V als die Geschwindigkeit des frei fallenden Punktes an der Stelle P ansehen, vorausgesetzt, dass wir für τ eine hinreichend kleine Zeit annehmen.

Auch hier führt uns aber unsere Formel zu dem genauen Wert der gesuchten Geschwindigkeit. Je kleiner wir den Wert von τ nehmen, desto grösser wird die Annäherung; die vollkommene Verschmelzung der Bewegung des Hilfspunktes mit der des freien Falls tritt aber wiederum erst dann ein, wenn wir τ den Wert Null erreichen lassen. Diese Verschmelzung können wir uns in ihrem letzten Verlauf ebenso-wenig begrifflich vorstellen, wie den Übergang eines Polygons in eine Parabel; unsere Formel aber leistet dies wieder; setzen wir in ihr $\tau = 0$, so giebt sie den genauen Wert der Geschwindigkeit v zur Zeit t. Wir erhalten

$$6) \quad v = g t,$$

und diese Gleichung bestimmt, da P ein beliebiger Punkt war, die Geschwindigkeit des frei fallenden Punktes in jedem Zeitpunkt der Bewegung.

§ 4. Die Wärmeausdehnung eines Stabes.

Nach einer bekannten Formel dehnt sich ein Maassstab von der Länge eines Meters durch Erwärmung in der Weise aus, dass seine Länge l für jede Temperatur ϑ durch die Formel*)

$$1) \quad l = 1 + b\vartheta + c\vartheta^2$$

dargestellt werden kann, in der b und c konstante Zahlen bedeuten, die von der Natur des Stabes abhängen und durch Beobachtung gefunden werden können. Im besondern folgt aus der Formel, dass der Stab bei der Temperatur Null die Länge 1 hat, also bei dieser Temperatur seine richtige Länge besitzt. Man soll angeben, in welchem Grade die Ausdehnung in jedem Moment der Erwärmung vor sich geht.

Um hier präzise Begriffe einzuführen, erinnern wir zunächst daran, dass man, wenn die Ausdehnung gleichmässig erfolgt, die Längenzunahme, die bei Erwärmung um einen Grad eintritt, als Maass der Ausdehnung benützt. Man bezeichnet sie als den Ausdehnungs-koeffizienten. In dem hier vorliegenden Fall ist, wie sich zeigen wird, der Ausdehnungskoeffizient für jede Phase der Erwärmung ein anderer; ihn gerade haben wir zu ermitteln. Sind ϑ, ϑ_1, ϑ_2 ... irgend welche Temperaturen, und sind l, l_1, l_2 ... die entsprechenden Längen des Stabes, so benutzen wir zunächst wieder die Hilfsvorstellung, dass die Ausdehnung bei Erwärmung von ϑ auf ϑ_1, von ϑ_1 auf ϑ_2 ... gleichmässig erfolgt. Bei der Erwärmung von ϑ auf ϑ_1 tritt alsdann eine gleichmässig verlaufende Längenzunahme von l auf l_1 ein; einer Erwärmung um 1^0 entspricht daher die Ausdehnung

$$2) \quad A = \frac{l_1 - l}{\vartheta_1 - \vartheta}.$$

Nun ist nach 1)

$$l_1 = 1 + b\vartheta_1 + c\vartheta_1^2,$$
$$l = 1 + b\vartheta + c\vartheta^2,$$

daher ist

$$l_1 - l = b(\vartheta_1 - \vartheta) + c(\vartheta_1^2 - \vartheta^2).$$

Setzen wir noch

$$3) \quad l_1 - l = \lambda, \quad \vartheta_1 - \vartheta = \theta,$$

so dass λ die Längenzunahme darstellt, die der Erwärmung um θ entspricht, und beachten, dass

$$\vartheta_1^2 - \vartheta^2 = (\vartheta_1 + \vartheta)(\vartheta_1 - \vartheta) = \theta(\vartheta_1 + \vartheta)$$

ist, so folgt

$$A = \frac{\lambda}{\theta} = \frac{b\theta + c\theta(\vartheta_1 + \vartheta)}{\theta}$$

---

*) Vgl. z. B. Mousson, Physik, Band II. S. 28 (3. Auflage).

oder endlich, indem wir noch ϑ_1 durch $\vartheta + \Theta$ ersetzen,

$$4) \quad A = b + c(2\,\vartheta + \Theta) = b + 2\,c\,\vartheta + c\,\Theta.$$

Dies ist der Ausdehnungskoeffizient für die Erwärmung von ϑ auf ϑ_1, vorausgesetzt, dass die Ausdehnung gleichmässig stattfindet. Je kleiner wir Θ, d. h. die Differenz von ϑ_1 und ϑ annehmen, um so näher kommt unsere Hilfsvorstellung wiederum dem Verlauf des Ausdehnungsprozesses, wie er im Augenblick, wo die Temperatur ϑ^0 beträgt, wirklich vor sich geht. Eine volle Übereinstimmung erhalten wir aber erst wieder, wenn wir den kleinen, gleichmässigen Ausdehnungsprozessen die Dauer Null beilegen. Wir setzen $\Theta = 0$ und erhalten für den gesuchten Ausdehnungskoeffizienten α in demjenigen Moment, in dem die Temperatur den Wert ϑ hat,

$$5) \quad \alpha = b + 2\,c\,\vartheta,$$

und da der Wert von ϑ beliebig ist, so gilt diese Formel für den gesamten Verlauf der Erwärmung.

Es ist nützlich zu bemerken, dass man den Ausdehnungskoeffizienten auch als Geschwindigkeit definieren kann. Er ist ein Maass für die Schnelligkeit, mit der die Längenzunahme bei gleichmässig zunehmender Erwärmung vor sich geht; von der Schnelligkeit eines Prozesses haben wir ja eine ebenso genaue Vorstellung, wie von der Schnelligkeit einer Bewegung. Die Längenzunahme, die bei gleichmässigem Verlaufe der Erwärmung pro Grad auftritt, entspricht genau der Wegzunahme eines bewegten Körpers pro Sekunde; und so kann man also auch die Grösse α als die momentane Ausdehnungsgeschwindigkeit bezeichnen, mit der bei der Temperatur ϑ die Ausdehnung stattfindet.

§ 5. Grenzwert und Differentialquotient.

Wir haben im Anschluss an das Vorstehende einige Bezeichnungen einzuführen. Die Bestimmung der Tangente der Parabel knüpfte sich an die Gleichung (S. 49)

$$1) \quad \mathrm{tg}\,\alpha = \frac{y_1 - y}{x_1 - x} = \frac{x}{p} + \frac{h}{2\,p}$$

und zwar erhielten wir aus ihr den Wert von $\mathrm{tg}\,\tau$, indem wir $h = 0$ setzten; es ergab sich

$$2) \quad \mathrm{tg}\,\tau = \frac{x}{p}.$$

Dies entsprach dem Umstande, dass wir das Polygon durch Verkleinerung der Seiten in die Parabel übergehen liessen. Man nennt in dieser Hinsicht die Parabel die Grenze des Polygons. Mit Rücksicht

hierauf bezeichnet man den obigen Wert von tg τ als einen Grenzwert (limes), resp. genauer als den Grenzwert für $h = 0$. Der Begriff des Grenzwertes tritt auch sonst in der Mathematik häufig auf.
Schreiben wir einem Kreis ein regelmässiges Polygon ein und ver-
doppeln unausgesetzt dessen Seitenzahl — wie es z. B. zum Zweck der
Berechnung des Kreisumfangs geschieht — so bezeichnen wir den
Kreis als die Grenze, der sich die Umfänge der regulären Polygone
mehr und mehr annähern. Beachten wir, dass der Bruch $\frac{1}{3}$ als Decimal-
bruch den Wert 0,333... besitzt, so bezeichnen wir ihn als die Grenze,
der sich die Brüche 0,3, 0,33, 0,333 u. s. w. ohne Ende nähern. Ebenso
nennt man in dem obigen Beispiel die Parabeltangente in P die Grenz-
lage, in die die Sehne PP_1 übergeht, falls P_1 die Parabel durchlaufend,
ohne Ende dem Punkte P nahe kommt u. s. w. u. s. w.

Wir gehen wieder zu dem Quotienten 1) zurück und bezeichnen
die Differenz der Abscissen, die bisher h genannt wurde, jetzt durch
$\varDelta x$, diejenige der Ordinaten durch $\varDelta y$, d. h. wir setzen

$$3) \quad x_1 - x = \varDelta x, \quad y_1 - y = \varDelta y,$$

so dass

$$x_1 = x + \varDelta x, \quad y_1 = y + \varDelta y$$

ist, also $\varDelta x$ und $\varDelta y$ den Zuwachs bedeuten, den x und y erleiden,
wenn wir vom Punkte P zum Punkte P_1 übergehen. Wir erhalten
somit

$$4) \quad \text{tg}\, \alpha = \frac{y_1 - y}{x_1 - x} = \frac{\varDelta y}{\varDelta x}$$

und der Grenzwert dieses Quotienten ist es, der den Wert von tg τ
giebt. Mit Rücksicht darauf, dass er aus einem Differenzenquotienten
entsteht, hat man ihn Differentialquotient oder genauer Differentialquotient von y nach x genannt und bezeichnet ihn durch
$\frac{dy}{dx}$. Es besteht also für die Parabel die Gleichung

$$5) \quad \text{tg}\, \tau = \frac{dy}{dx} = \frac{x}{p}.$$

Das analoge gilt für die Bewegung des freien Falls (S. 52). Dort
waren wir von der Gleichung

$$6) \quad V = \frac{s_1 - s}{t_1 - t} = gt + \frac{g}{2}\tau$$

ausgegangen; ihr Wert für $\tau = 0$, oder nach obiger Bezeichnung ihr
Grenzwert für $\tau = 0$ ist derjenige, der die Geschwindigkeit v des
freien Falles giebt. Wir setzen auch hier

$$7) \quad t_1 - t = \varDelta t, \quad s_1 - s = \varDelta s,$$

resp.

$$t_1 = t + \varDelta t, \quad s_1 = s + \varDelta s,$$

so dass $\varDelta s$ den Zuwachs bedeutet, den der Weg s erfährt, wenn die Zeit um $\varDelta t$ wächst; alsdann ist es der Grenzwert des Quotienten

$$8) \quad V = \frac{s_1 - s}{t_1 - t} = \frac{\varDelta s}{\varDelta t},$$

der den Wert von v liefert. Wir bezeichnen ihn wieder als Differential-quotient, oder genauer als Differentialquotient von s nach t und schreiben dafür $\frac{ds}{dt}$, so dass für die Fallbewegung die Gleichung besteht

$$9) \quad v = \frac{ds}{dt} = g t.$$

Endlich ist, was das letzte der obigen Beispiele betrifft, folgendes zu bemerken. Wir waren von der Gleichung

$$10) \quad A = \frac{l_1 - l}{\vartheta_1 - \vartheta} = b + 2 c \vartheta + c \theta$$

ausgegangen und hatten gefunden, dass der Grenzwert des Quotienten für $\theta = 0$ derjenige Ausdruck ist, der den momentanen Ausdehnungs-koeffizienten, resp. die momentane Ausdehnungsgeschwindigkeit liefert, nämlich

$$11) \quad \alpha = b + 2 c \vartheta.$$

Wir setzen auch hier

$$12) \quad l_1 - l = \varDelta l, \quad \vartheta_1 - \vartheta = \varDelta \vartheta,$$

so dass $\varDelta l$ die Längenzunahme bedeutet, die der Temperaturzunahme $\varDelta \vartheta$ entspricht und

$$13) \quad A = \frac{\varDelta l}{\varDelta \vartheta}$$

ist. Den Grenzwert dieses Quotienten bezeichnen wir wieder durch $\frac{dl}{d\vartheta}$; er liefert den Wert von α, so dass hier die Gleichung

$$14) \quad \alpha = \frac{dl}{d\vartheta} = b + 2 c \vartheta$$

besteht.

§ 6. Die physikalische Bedeutung des Differentialquotienten.

Die vorstehenden Beispiele lassen hinreichend erkennen, wie mannigfache Probleme auf die Differentialquotienten führen; ja sie berechtigen uns zu dem Ausspruch, dass der Naturforscher, auch wenn er der Begriffe unkundig ist, häufig unbewusst mit Differentialquotienten operiert.*) Um einige der zahlreichen Beispiele zu geben, die wir noch behandeln, so bedeutet, ebenso wie der Differentialquotient eines Weges nach der Zeit die Geschwindigkeit darstellt, mit welcher der betreffende Weg zurückgelegt wird, derjenige der Quantität eines chemisch sich umsetzenden Stoffes nach der Zeit entsprechend die Reaktionsgeschwindigkeit. Betrachten wir die Beziehung des Volumens einer Flüssigkeit oder der Länge eines Stabes oder der elektromotorischen Kraft eines galvanischen Elementes zur Temperatur, so liefert der Differentialquotient jener Grössen nach der Temperatur den Temperaturkoeffizienten (oben S. 54 haben wir ihn für lineare Ausdehnung auch als Ausdehnungsgeschwindigkeit bezeichnet). Der Temperaturkoeffizient des Wärmeinhaltes eines festen Körpers ist besonders wichtig, er bedeutet ja nichts anderes als die spezifische Wärme der betreffenden Substanz.

Setzen wir ein magnetisches Metall der Wirkung des Magnetismus oder, präziser ausgedrückt, der Einwirkung eines magnetischen Feldes aus, so wird das Metall selber magnetisch, d. h. es erhält ein gewisses magnetisches Moment. Der Differentialquotient dieses Momentes nach der Intensität des Feldes heisst die Magnetisierungsfähigkeit des betreffenden Metalles, die für sein magnetisches Verhalten charakteristisch ist.

Betrachten wir das Volumen einer Flüssigkeit in seiner Abhängigkeit vom äusseren Druck, so liefert der negativ genommene Differentialquotient des Volumens nach dem Druck den Kompressionskoeffizienten — negativ genommen aus dem Grunde, weil mit zunehmendem äusseren Druck das Volumen abnimmt und der Kompressionskoeffizient ja offenbar um so grösser ist, je stärker das Volumen sich bei einer Vermehrung des äusseren Druckes verkleinert.

§ 7. Der Funktionsbegriff.

Wenn wir den Druck, unter dem ein Gas steht, ändern, so ändert sich auch das Volumen des Gases; es dehnt sich aus oder zieht sich zusammen, je nachdem wir den Druck verringern oder steigern. Die relative Änderung von Druck und Volumen geht gesetzmässig vor sich, das Gesetz, in dem sie ihren Ausdruck findet, ist das Boyle-Mariottesche. Die Beziehung zwischen Druck und Volumen fällt unter denjenigen Begriff, den man mathematisch als Funktionsbegriff be-

---

*) Dies wird sich auf S. 85 noch genauer ergeben.

58 Zweites Kapitel. Die Grundbegriffe der Differentialrechnung.

zeichnet hat: man sagt daher. dass das Volumen v eine **Funktion
des Druckes** p ist. In gleicher Weise giebt das Fallgesetz einen
gesetzmässigen Ausdruck für den nach t Sekunden durchmessenen
Weg s: man nennt daher auch s eine Funktion von t, und das gleiche
gilt für alle Naturvorgänge, in denen Maass- und Zahlgrössen auftreten,
die ihren Wert nach festen Gesetzen miteinander ändern.

Ist v_0 und p_0 der Wert von Volumen und Druck im ursprünglichen
Zustand, so wird (S. 3) das Boyle-Mariottesche Gesetz durch die Formel

$$1) \quad vp = v_0 p_0, \text{ resp. } v = \frac{v_0 p_0}{p}$$

dargestellt: für das Fallgesetz haben wir die Gleichung

$$2) \quad s = \tfrac{1}{2} g t^2.$$

Diese Gleichungen gestatten. zu jedem Wert von p den zugehörigen
Wert von v und für jeden Wert von t den zugehörigen Wert von s zu
berechnen, und dementsprechend haben wir v als Funktion von p
und s als Funktion von t bezeichnet. Wir brauchen aber die obigen
Gleichungen nur in die Form

$$3) \quad p = \frac{p_0 v_0}{v} \text{ und } t = \sqrt{\frac{2s}{g}}$$

zu setzen. um zu erkennen, dass wir — zunächst in rein formalem
Sinn — auch den Druck p als Funktion des Volumens v und t als
Funktion von s auffassen können. (Inverse Funktionen.) Denn mittelst
dieser Gleichungen können wir ganz analog zu einem Wert von v den
zugehörigen Wert von p berechnen, ebenso für jeden Wert von s die Zeit
t bestimmen. in der der fallende Körper die Strecke s zurückgelegt
hat. Der innere Grund ist der, dass, wenn wir bei einem Naturvorgang
die gleichzeitigen Wertänderungen irgend zweier Grössen betrachten,
von einer objektiven Bevorzugung der einen Grösse keine Rede sein
kann: welche von ihnen wir als Funktion der andern betrachten, ist
eine Frage, die nur von unserem subjektiven Ermessen abhängig ist.
Dass hierfür vielfach gewisse >natürliche< Gesichtspunkte maassgebend
sein können, werden wir sofort erkennen.

Die Grössen v und p, resp. s und t, die sich während des Natur-
vorganges fortwährend ändern,[1] bezeichnet man als **variable** oder
veränderliche Grössen; sie stehen im Gegensatz zu denen, die wie
die Zahlen einen festen Wert haben und daher **konstante** Grössen
heissen. Betrachtet man v als Funktion von p, oder s als Funktion
von t, so nennt man p, resp. t die **unabhängige** Variable, v und s
die **abhängige**. Bei den Naturvorgängen, die in der Zeit verlaufen,

pflegt man gewöhnlich die Zeit t als die unabhängige Variable aufzufassen, dem Gefühl entsprechend, dass die Zeit in stets gleichförmiger,
von uns unabhängiger Weise abläuft, und somit die natürliche unabhängige Veränderliche darstellt. Nichts hindert aber, wie dies in der
obigen Gleichung bereits geschehen, für die Rechnung t als die abhängige Variable zu wählen; wir können ja auch die Frage stellen,
die Zeit t zu bestimmen, in der der fallende Punkt eine gegebene
Strecke zurückgelegt hat.

Wir können uns das vorstehende am einfachsten veranschaulichen,
wenn wir die Lehren der analytischen Geometrie zu Rate ziehen. In
jeder Gleichung zwischen den Koordinaten x und y, die eine Kurve
darstellt, sind nämlich x und y veränderliche Grössen genau in dem
hier definierten Sinn; sie können unendlich viele zusammengehörige
Werte annehmen und ändern sich gesetzmässig miteinander, nämlich
nach einem Gesetz, das in der bezüglichen Kurve seinen Ausdruck
findet. Fasst man x als die unabhängige Variable auf, so ist y die
abhängige; mittelst der gegebenen Gleichung kann man zu jedem Wert
von x das zugehörige y bestimmen und es ist y eine Funktion von x.
Mit Hilfe derselben Gleichung kann man aber auch umgekehrt zu
jedem beliebigen Wert von y das zugehörige x berechnen, d. h. man
kann auch x als Funktion von y ansehen, oder y als unabhängige,
x als die abhängige Variable betrachten.

Die einfachsten Funktionen, wie die Potenz, der Logarithmus, die
trigonometrischen Funktionen, d. h.

$$x^n, \quad \log x, \quad \sin x, \quad \cos x, \quad \operatorname{tg} x, \quad \operatorname{ctg} x.$$

sind aus der Elementarmathematik bekannt, durch Kombination von
ihnen können wir eine grosse Zahl neuer Funktionen bilden, wie z. B.

$$\frac{a}{x}, \quad \sqrt{1 + x^2}, \quad \lg \frac{a - x}{a + x}, \quad \sin x + \cos x \quad \text{u. s. w.};$$

es sind zugleich diejenigen, die in den einfacheren naturwissenschaftlichen Anwendungen vorwiegend, ja fast ausschliesslich auftreten.

Um eine Funktion von x zu bezeichnen, hat man die Zeichen

$$f(x), \quad \varphi(x), \quad F(x) \ldots \ldots$$

eingeführt; die Gleichungen

$$4) \quad y = f(x), \quad s = \varphi(t) \ldots$$

drücken also aus, dass y irgend eine Funktion von x, s irgend eine
Funktion von t ist . . . . . Sind alsdann $x_1, y_1, \; x_2, y_2, \; x_3, y_3 \ldots$ zusammengehörige Werte von x und y, so wird dies durch die Gleichungen

$$5) \quad y_1 = f(x_1), \quad y_2 = f(x_2), \quad y_3 = f(x_3) \ldots$$

dargestellt, wie uns dies aus der analytischen Geometrie geläufig ist.

§ 8.   Allgemeine Vorschrift für die Bildung der Differentialquotienten.

Um die Betrachtungen von § 2—4 auf beliebige Funktionen zu übertragen, d. h. um zu ihren Differentialquotienten zu gelangen, knüpfen wir zweckmässig an die graphische Darstellung der Funktionen an. Es sei

$$1)\quad y = f(x)$$

irgend eine Funktion von x. Durch eine Gleichung zwischen x und y wird nach S. 7 eine Kurve dargestellt, also auch durch die Gleichung 1); die nebenstehende geometrische Kurve (Fig. 35) sei diejenige, welche der Gleichung 1) entspricht. Wir können uns wieder die Aufgabe stellen, die Tangente dieser Kurve in irgend einem ihrer Punkte zu bestimmen.

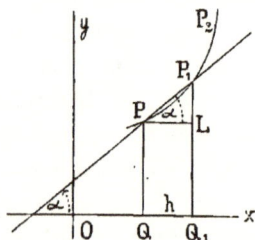

Wir wollen diese Aufgabe nach demselben Verfahren angreifen, das wir oben in § 2 benutzt haben. Wir denken uns also wiederum ein Polygon, dessen Punkte P, P_1, P_2 ... auf der Kurve liegen, so können wir auch hier den Winkel α, den die Polygonseite PP_1 mit der x-Axe einschliesst, ohne weiteres bestimmen.   Wir erhalten

Fig. 35.

$$\operatorname{tg} \alpha = \frac{P_1 L}{PL} = \frac{P_1 Q_1 - PQ}{OQ_1 - OQ} = \frac{y_1 - y}{x_1 - x}$$

oder, da $y = f(x)$ und $y_1 = f(x_1)$ ist,

$$2)\quad \operatorname{tg} \alpha = \frac{y_1 - y}{x_1 - x} = \frac{f(x_1) - f(x)}{x_1 - x}.$$

Diesen Quotienten formen wir ebenso um, wie den in § 2 betrachteten, nämlich so, dass er nur x und h enthält, nur dass wir die Rechnung hier nicht ausführen, sondern nur andeuten können. Setzen wir also

$$x_1 - x = h, \quad x_1 = x + h,$$

so finden wir

$$3)\quad \operatorname{tg} \alpha = \frac{f(x + h) - f(x)}{h}.$$

Den Wert des Winkels τ, den die Tangente in P mit der x-Axe bildet, erhalten wir erst wieder für $h = 0$, d. h. wenn wir in dem Ausdruck, den wir bei der Ausrechnung des Quotienten auf der rechten Seite erhalten, zuletzt h durch Null ersetzen. Diesen Wert können

wir für eine beliebige Funktion nicht wirklich ausrechnen, sondern nur
formal andeuten*); wir bezeichnen ihn durch

$$4) \quad \operatorname*{limes}_{h=0}\left[\frac{f(x+h)-f(x)}{h}\right] \text{ oder } \lim_{h=0}\left[\frac{f(x+h)-f(x)}{h}\right]$$

Zum Verständnis dieser Bezeichnung ist folgendes zu bemerken.
Wir haben bereits in § 5 erwähnt, dass man diesen Wert als den
Grenzwert aller derjenigen ansieht, die der bezügliche Quotient erhält,
wenn h immer kleiner wird, oder, wie man sich gewöhnlich ausdrückt,
gegen Null konvergiert. Dem wird durch das Wort limes (= Grenze
oder kurz durch lim Ausdruck gegeben.

Für die durch die Gleichung 1) dargestellte Kurve wird daher
die Richtung τ der Tangente in jedem ihrer Punkte durch die Gleichung

$$5) \quad \operatorname{tg} \tau = \lim_{h=0}\left[\frac{f(x+h)-f(x)}{h}\right]$$

gegeben.

Wir haben noch diejenigen Bezeichnungen allgemein einzuführen, die denen des § 5 analog sind. Wir waren ausgegangen von
dem Quotienten

$$6) \quad \frac{y_1-y}{x_1-x} = \frac{f(x_1)-f(x)}{x_1-x} = \frac{f(x+h)-f(x)}{h},$$

in dem x, y und x_1, y_1 die Koordinaten von zwei benachbarten Kurvenpunkten P und P_1 waren. Die Differenz der Abscissen wollen wir nun
wieder durch Δx, diejenige der Ordinaten durch Δy bezeichnen, d. h.
wir setzen

$$7) \quad x_1 - x = \Delta x, \quad y_1 - y = \Delta y,$$

so dass Δx und Δy auch den Zuwachs bedeuten, den x und y
erfahren, wenn wir vom Punkt P zum Punkt P_1 übergehen, und fügen
dazu noch die analoge Bezeichnung

$$7a) \quad f(x_1) - f(x) = \Delta f(x).$$

Auf Grund dieser Bezeichnung erhalten wir

$$8) \quad \frac{y_1-y}{x_1-x} = \frac{\Delta y}{\Delta x} = \frac{\Delta f(x)}{\Delta x}$$

und dies ist der Quotient, dessen Grenzwert für $h = 0$, resp. nach
jetziger Bezeichnung für $\Delta x = 0$ in Frage steht. Diesen Grenzwert
nennt man nun allgemein mit Rücksicht darauf, dass er aus einem

*) An und für sich bleibt es für rein mathematisch definierte Funktionen zunächst
ungewiss, ob ein Differentialquotient existiert. Für diejenigen, die den Verlauf der Naturprozesse darstellen, ist dies natürlich im allgemeinen der Fall. Vgl. noch S. 97 ff.

Differenzenquotienten entspringt, Differentialquotient oder genauer Differentialquotient von y nach x, resp. von $f(x)$ nach x und bezeichnet ihn durch

$$\frac{dy}{dx}, \text{ resp. } \frac{df(x)}{dx} \text{ oder auch } \frac{d}{dx}(f(x)).$$

Wir haben also die definierende Gleichung

$$9) \quad \frac{d}{dx}(f(x)) = \frac{df(x)}{dx} = \lim_{h=0}\left[\frac{f(x+h)-f(x)}{h}\right].$$

Durch diese Gleichung ist zugleich ein allgemeines Schema, resp. eine allgemeine Vorschrift gegeben, nach der wir für die einzelnen Funktionen den Differentialquotienten zu suchen haben. Seine Ermittelung für die in den naturwissenschaftlichen Anwendungen auftretenden einfachen Funktionen ist eine der ersten rechnerischen Aufgaben, die wir lösen wollen.

Als allgemeines Ergebnis der vorstehenden Betrachtungen führen wir noch an, dass für jede Kurve, deren Gleichung in der Form

$$y = f(x)$$

gegeben ist, die Lage der Tangente in jedem Punkt durch die Gleichung

$$\operatorname{tg} \tau = \frac{dy}{dx} = \frac{df(x)}{dx}$$

bestimmt ist.

Drittes Kapitel

Differentiation der einfachen Funktionen.

§ 1. Der binomische Lehrsatz.

Als erste Aufgabe behandeln wir die Bestimmung des Differentialquotienten der Potenz x^n. Um ihn zu bilden, bedürfen wir des
binomischen Lehrsatzes. Dieser Lehrsatz stellt die Verallgemeinerung der bekannten Formeln

$$(a + b)^2 = a^2 + 2ab + b^2$$
$$(a + b)^3 = a^3 + 3a^2b + 3ab^2 + b^3$$

u. s. w.

dar und lautet

1) $\quad (a + b)^n = a^n + \frac{n}{1} a^{n-1}b + \frac{n(n-1)}{1 \cdot 2} a^{n-2} b^2 + \ldots + \frac{n}{1} a b^{n-1} + b^n.$

Diese Formel lässt sich folgendermassen beweisen. Nehmen wir
zunächst an, dass n den bestimmten Wert 4 hat, so dass es sich um
die Formel

2) $\quad (a + b)^4 = a^4 + \frac{4}{1} a^3 b + \frac{4 \cdot 3}{1 \cdot 2} a^2 b^2 + \frac{4}{1} a b^3 + b^4$

$\qquad\qquad = a^4 + 4a^3 b + 6 a^2 b^2 + 4 a b^3 + b^4$

handelt. Es ist

$$(a + b)^4 = (a + b)(a + b)(a + b)(a + b).$$

Die rechte Seite ergiebt, wenn wir ausmultiplizieren, lauter Glieder von
je vier Faktoren a oder b; diese sind

$aaaa \quad aaab \quad aabb \quad abbb \quad bbbb$

$aaba \quad abab \quad babb$

$abaa \quad abba \quad bbab$

$baaa \quad baab \quad bbba$

$baba$

$bbaa$

Jedes Glied des Produkts enthält nämlich aus jeder der vier Klammern
ein a oder ein b. Diese Glieder enthalten daher entweder vier Faktoren
a, oder drei Faktoren a und einen Faktor b, oder zwei Faktoren a

und zwei Faktoren b, oder einen Faktor a und drei Faktoren b, oder endlich vier Faktoren b. Dies ist evident, es fragt sich nur, wie viele Glieder jeder Art auftreten. Wir können durch die Reihenfolge der Faktoren kenntlich machen, aus welchen Klammern die a und b stammen; z. B. soll $a\,a\,a\,b$ besagen, dass dieses Glied entsteht, indem wir aus den drei ersten Klammern das a und aus der letzten das b miteinander multipliziert haben; ebenso entsteht $a\,b\,b\,a$, wenn a aus der ersten und vierten Klammer mit den b aus der zweiten und dritten Klammer multipliziert wird u. s. w. Wir fassen jetzt diejenigen Glieder ins Auge, die drei Faktoren a und ein b enthalten, die also sämtlich den Wert a^3b haben; von ihnen giebt es genau so viele, wie es Permutationen von den drei Grössen a und einer Grösse b giebt; denn jede der obigen Permutationen liefert ein Glied des Produktes $(a+b)^4$. Ebenso giebt es Glieder, die zwei Faktoren a und zwei Faktoren b enthalten und deren gemeinsamer Wert a^2b^2 ist, genau so viele, wie es Permutationen von zwei Grössen a und zwei Grössen b giebt u. s. w. Nach einer bekannten Formel beträgt die Zahl der Permutationen von n Elementen, unter denen je α und je β gleiche vorkommen,

$$\frac{n!\,^{*)}}{\alpha!\ \beta!};$$

in unserem Fall erhalten wir daher für die bezüglichen Zahlen die Werte

$$\frac{4!}{3!\ 1!}=\frac{4}{1},\ \frac{4!}{2!\ 2!}=\frac{4.3}{1.2}\ \text{u. s. w.}$$

und dies sind die Koeffizienten in der obigen Gleichung.

Es ist klar, dass sich diese Ableitung ohne weiteres auf jede positive ganze Zahl n ausdehnen lässt; es handelt sich nur darum, zu ermitteln, welches die Koeffizienten der einzelnen Glieder der rechten Seite der Gleichung sind. Nach der obigen Formel sind sie resp.

$$\frac{n!}{(n-1)!\,1!},\ \frac{n!}{(n-2)!\ 2!},\ \frac{n!}{(n-3)!\ 3!}\ \text{u. s. w.}$$

oder, da $n! = n.(n-1)! = n.(n-1)\,(n-2)! = n.(n-1)\,(n-2)\,(n-3)!\ldots$ ist,

$$\frac{n}{1},\ \frac{n.(n-1)}{1.2},\ \frac{n.(n-1)\,(n-2)}{1.2.3}\ \text{u. s. w.,}$$

womit die Formel 1) bewiesen ist.

§ 2. Der Differentialquotient von x^n.

Nunmehr bilden wir den Diffentialquotienten der Potenz x^n auf folgende Weise.

---

*) Vgl. Formel 61 des Anhangs.

Der Quotient

$$\frac{f(x+h)-f(x)}{h}$$

hat in dem hier vorliegenden Fall den Wert

1) $\dfrac{(x+h)^n-x^n}{h} = \dfrac{\left(x^n + \frac{n}{1}x^{n-1}h + \frac{n.(n-1)}{1.2}x^{n-2}h^2 + .. + \frac{n}{1}x h^{n-1} + h^n\right) - x^n}{h}$

Im Zähler fällt x^n gegen $-x^n$ weg; setzen wir dann h heraus, so wird

2) $\dfrac{(x+h)^n-x^n}{h} = \dfrac{h\left\{\frac{n}{1}x^{n-1} + \frac{n.(n-1)}{1.2}x^{n-2}h + .. + \frac{n}{1}x h^{n-2} + h^{n-1}\right\}}{h}$

$$= \frac{n}{1}x^{n-1} + \frac{n.(n-1)}{1.2}x^{n-2}h + .. + \frac{n}{1}x h^{n-2} + h^{n-1}.$$

Setzen wir jetzt $h=0$, so nimmt die rechte Seite den Wert $n x^{n-1}$ an; d. h. der Differentialquotient von x^n ist $n x^{n-1}$.

Wir haben daher folgende Gleichung

3) $$\frac{d(x^n)}{dx} = n x^{n-1}.$$

Beispielsweise ist also der Differentialquotient von x^2 gleich $2x$, derjenige von x^3 ist $3x^2$ u. s. w. Im besonderen folgt, dass der Differentialquotient von x selbst gleich 1 ist. Dies ist evident, denn für $n=1$ ist $\dfrac{x+h-x}{h} = 1$.

§ 3. Die trigonometrischen Funktionen.

In der Elementarmathematik misst man die Winkel nach Graden. Für die höhere Mathematik hat es sich als vorteilhaft herausgestellt, eine andere Maasseinheit einzuführen, und zwar in folgender Weise.

Es sei (Fig. 36) AOB ein beliebiger Winkel. Wir zeichnen um O einen Kreis, dessen Radius gleich der Längeneinheit ist, so schneidet der Winkel AOB auf diesem Kreis einen Bogen AB ab, dessen Länge die Grösse des Winkels unzweideutig bestimmt. Ihn resp. seine Länge können wir daher als Maass des Winkels betrachten; dies können wir auch so aussprechen, dass wir sinus, cosinus u. s. w. geradezu als Funktionen des Bogens ansehen können, die der bezügliche Winkel auf dem Einheitskreis bestimmt.

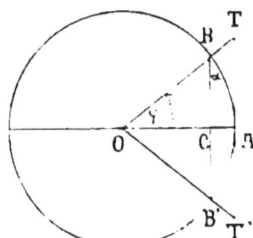

Fig. 36.

Zwischen den beiden Maasssystemen der Winkel bestehen folgende Beziehungen. Die Peripherie eines Kreises mit dem Radius r hat die Länge $2r\pi$. Die ganze Peripherie des Einheitskreises hat daher die Länge 2π und den Winkeln von

$$360^0, \quad 180^0, \quad 90^0, \quad 60^0, \quad 45^0$$

entsprechen Bogen, deren Länge resp.

$$2\pi, \quad \pi, \quad \tfrac{1}{2}\pi, \quad \tfrac{1}{8}\pi, \quad \tfrac{1}{4}\pi$$

beträgt. Ist allgemein der Winkel $AOB = \varphi^0$ und ist α die Länge des Bogens AB, so besteht die Proportion

$$1) \quad \varphi : 360 = \alpha : 2\pi,$$

d. h. es ist

$$2) \quad \alpha = \frac{\varphi}{360} 2\pi, \ \text{resp.} \ \varphi = \frac{\alpha}{2\pi} 360.$$

Von besonderem Interesse ist es noch zu wissen, wieviel Grad derjenige Winkel beträgt, dessen Bogen AB die Länge 1 hat. Für ihn giebt die letzte Gleichung, wenn wir $\alpha = 1$ setzen,

$$\varphi = \frac{360}{2\pi} = \frac{360}{6{,}28 . .}'$$

die Ausrechnung ergiebt

$$\varphi = 57{,}29578^0 = 57^0 \, 17' \, 44{,}8'' = 206264{,}8''.$$

Die Funktionen $\sin x$, $\cos x$, $\operatorname{tg} x$, $\operatorname{ctg} x$ bedürfen ebenfalls einer neuen Definition. Nach bekannten Festsetzungen der gewöhnlichen Trigonometrie ist im Dreieck BOC resp. AOT

$$3) \quad \sin \varphi = \frac{BC}{OB}, \quad \cos \varphi = \frac{OC}{OB}, \quad \operatorname{tg} \varphi = \frac{TA}{OA},$$

oder wenn wir beachten, dass $OB = OA = 1$ ist,

$$\sin \varphi = BC, \quad \cos \varphi = OC, \quad \operatorname{tg} \varphi = TA;$$

d. h. mit Benützung des Einheitskreises werden sinus, cosinus und tangens direkt durch die Längen der Strecken BC, OC, TA dargestellt. Führen wir jetzt noch das eben erörterte neue Maasssystem für den Winkel ein, oder mit anderen Worten, betrachten wir sinus, cosinus, tangens als Funktionen des Bogens AB, resp. seiner Länge α, so finden wir alle betrachteten Grössen in anschaulicher Weise durch die Längen von Linien dargestellt. Wir schreiben von nun an stets statt der Gleichungen 3) resp.

$$4) \quad \sin \alpha = BC, \quad \cos \alpha = OC, \quad \operatorname{tg} \alpha = TA,$$

wo also unter α im folgenden stets die Länge des bezüglichen Bogens zu verstehen ist. Diese Festsetzung geht durch die gesamte höhere Mathematik. Der Sprachgebrauch ist leider nicht immer konsequent.

Genau genommen sollte man $\sin \alpha$ als »sinus des Bogens α« sprechen, es wird jedoch dafür auch häufig »sinus des Winkels α« gesagt: verstanden wird aber auch dann unter α der bezügliche Bogen, dessen Länge α beträgt.

Endlich haben wir noch eine letzte Verallgemeinerung der elementaren Definitionen zu geben. Stellen wir uns vor, dass ein Punkt P die Kreisperipherie wiederholt durchläuft, und dass nach dem von ihm in jedem Augenblick zurückgelegten Weg gefragt ist, so erkennen wir, dass wir mit Bogen zu rechnen haben, die grösser als 2π sind, und die jeden beliebigen Wert annehmen können.*) So hat z. B. der Punkt P nach doppeltem Umlauf einen Bogen von der Länge 4π zurückgelegt, nach dreimaligem den Bogen 6π u. s. w. Wir müssen aber auch Bogen von negativer Grösse zulassen, nämlich für den Fall, dass sich der Punkt P auf dem Kreis in umgekehrter Richtung bewegt; hat er in umgekehrter Richtung die halbe Peripherie durchlaufen, so ist dies ein Bogen von der Grösse $-\pi$, und wenn der Bogen AB die Länge α hat, so hat der Bogen AB' die Länge $-\alpha$. Der Sinus beider Bogen wird durch die Linien CB resp. CB' dargestellt, von denen die zweite ebenfalls als negativ zu betrachten ist; d. h. es gilt die Gleichung

$$5) \quad \sin(-\alpha) = -\sin\alpha.$$

Der Cosinus beider Bogen dagegen wird übereinstimmend durch die Linie OC dargestellt, d. h. es ist

$$6) \quad \cos(-\alpha) = \cos\alpha,$$

woraus noch die Gleichungen

$$7) \quad \operatorname{tg}(-\alpha) = -\operatorname{tg}\alpha, \quad \operatorname{ctg}(-\alpha) = -\operatorname{ctg}\alpha$$

folgen.

Für Bogen, die grösser als 2π sind, gelten folgende Formeln. Denken wir uns wiederum den Punkt P auf dem Kreis beweglich, so ist klar, dass jedesmal, wenn er die Stelle B passiert, der Sinus und Cosinus des zugehörigen Bogens durch die Linien BC resp. OC dargestellt werden, welches auch die Grösse dieses Bogens sein mag. D. h. es bestehen die Gleichungen

$$8) \quad \begin{aligned} \sin(\alpha \pm 2\pi) &= \sin\alpha, \quad \cos(\alpha \pm 2\pi) = \cos\alpha, \\ \sin(\alpha \pm 4\pi) &= \sin\alpha, \quad \cos(\alpha \pm 4\pi) = \cos\alpha \text{ u. s. w.} \end{aligned}$$

Mit Rücksicht darauf, dass $\cos\alpha$ und $\sin\alpha$ sich nicht ändern, wenn α um 2π vermehrt oder vermindert wird, heissen diese Funktionen periodische Funktionen und 2π ihre Periode. Ebenso sind $\operatorname{tg}\alpha$ und $\operatorname{ctg}\alpha$ periodische Funktionen und zwar mit der Periode π.

---

*) Vgl. die Bemerkungen über die Archimedische Spirale, S. 42.

5*

§ 4. Der Differentialquotient von sin x und cos x.

Um den Differentialquotienten von sin x zu erhalten, bilden wir[*])

$$1)\quad \frac{\sin(x+h)-\sin x}{h}=\frac{2\sin\frac{x+h-x}{2}\cdot\cos\frac{x+h+x}{2}}{h}$$

$$=\cos\left(x+\frac{h}{2}\right)\cdot\frac{\sin\frac{h}{2}}{\frac{h}{2}}$$

und haben nun zu prüfen, was aus diesem Ausdruck wird, wenn wir h gegen Null konvergieren lassen. Dies ergiebt sich hier nicht so unmittelbar, wie bisher, bedarf vielmehr einer besonderen Untersuchung.

Zur Abkürzung bezeichnen wir noch $\frac{h}{2}$ durch δ, so dass mit h auch δ gegen Null convergiert.

Die Fig. 36 zeigt unmittelbar, dass

Dreieck $BOB' <$ Sector $BAB'O <$ Dreieck TOT'.

Wenn nun der Kreis wieder der Einheitskreis ist und der Bogen BA die Länge δ hat, so folgt

$$BOB'=\tfrac{1}{2}BB'.OC=BC.OC=\sin\delta.\cos\delta$$

$$\text{Sector } BAB'O=\tfrac{1}{2}OB^2\,\overset{**)}{\widehat{BB'}}=\delta$$

$$TOT'=\tfrac{1}{2}TT'.OA=AT.OA=\operatorname{tg}\delta=\frac{\sin\delta}{\cos\delta}.$$

Die obige Ungleichung verwandelt sich daher in

$$\sin\delta\cos\delta<\delta<\frac{\sin\delta}{\cos\delta}$$

resp., wenn wir noch durch $\sin\delta$ dividieren, in

$$2)\quad \cos\delta<\frac{\delta}{\sin\delta}<\frac{1}{\cos\delta}$$

Der mittlere Quotient resp. sein reziproker Wert ist der Ausdruck, dessen Wert in Frage steht. Unsere letzte Relation zeigt, dass er stets zwischen $\cos h$ und $1:\cos h$ liegt, d. h. zwischen einem echten Bruch und einem unechten Bruch. Lassen wir nun δ gegen Null konvergieren, so nehmen $\cos h$ und $1:\cos h$ beide den Grenzwert 1 an, der Quotient,

---

*) Vgl. Formel 41 des Anhangs.
**) Vgl. Formel 75 des Anhangs.

dessen Wert stets zwischen ihnen bleibt, muss daher notwendig ebenfalls den Grenzwert 1 annehmen; im Grenzfalle $h = 0$ fallen alle drei
Grössen ihrem Werte nach zusammen. Wir erhalten also auch

$$3) \quad \lim_{\delta = 0} \frac{\sin \delta}{\delta} = 1.$$

Nunmehr folgt, dass die rechte Seite der Gleichung 1, wenn wir
h gegen Null konvergieren lassen, den Wert $\cos x$ annimmt, d. h. der
Differentialquotient von $\sin x$ ist $\cos x$; es besteht also die
Gleichung

$$4) \quad \frac{d \sin x}{dx} = \cos x.$$

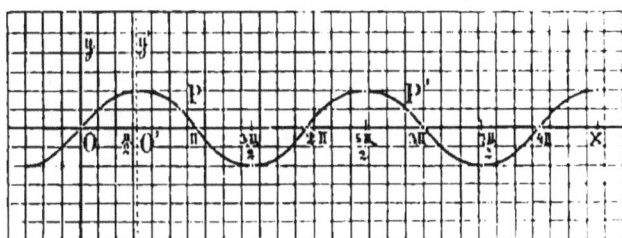

Fig. 37.

Wir entwerfen noch (Fig. 37) ein Bild der Kurve, deren Gleichung

$$5) \quad y = \sin x$$

ist. Die Konstruktion einer solchen Kurve, sowie auch die Orientierung
über ihre Gestalt wird dadurch erleichtert, dass man auch die Richtung
der Tangente in den einzelnen Kurvenpunkten bestimmt. Beachten
wir, dass (S. 62)

$$6) \quad \text{tg}\,\tau = \frac{dy}{dx} = \frac{d \sin x}{dx} = \cos x$$

ist, so folgt sofort, dass den Werten

$$x = 0, \tfrac{1}{2}\pi, \pi, \tfrac{3}{2}\pi, 2\pi, \tfrac{5}{2}\pi, 3\pi, \ldots$$

die resp. Werte

$$y = \sin 0, \sin\tfrac{1}{2}\pi, \sin\pi, \sin\tfrac{3}{2}\pi, \sin 2\pi, \sin\tfrac{5}{2}\pi, \sin 3\pi, \ldots$$
$$= 0, \quad 1, \quad 0, \quad 1, \quad 0, \quad 1, \quad 0 \ldots$$
$$\text{tg}\,\tau = \cos 0, \cos\tfrac{1}{2}\pi, \cos\pi, \cos\tfrac{3}{2}\pi, \cos 2\pi, \cos\tfrac{5}{2}\pi, \cos 3\pi, \ldots$$
$$= 1, \quad 0, \quad -1, \quad 0, \quad 1, \quad 0, \quad -1 \ldots$$

entsprechen. Wenn aber $\text{tg}\,\tau$ den Wert 1 oder -1 hat, so beträgt
der zugehörige Winkel 45^0 resp. 135^0, daher erhalten wir das Bild
der obenstehenden Figur, die aus lauter kongruenten Teilen besteht.

Den Grund dieser letzten Erscheinung können wir leicht erkennen. Sie ist eine direkte Folge der Gleichung

$$\sin(x + 2\pi) = \sin x,$$

denn diese Gleichung sagt uns, dass zu einem beliebigen Wert von x dasselbe y gehört, wie zu dem Wert $x + 2\pi$; ist also P ein Kurvenpunkt, so auch P', d. h. wir erhalten die ganze Kurve, wenn wir den von O bis 2π reichenden Teil wiederholt um die Länge 2π verschieben, und zwar ersichtlich sowohl nach rechts, wie nach links. Hierin kommt die oben (S. 67) erwähnte Periodicität geometrisch zum Ausdruck.

Die Kurve ist eine einfache Wellenlinie und wird auch Sinuslinie genannt.

Den Differentialquotienten von $\cos x$ erhalten wir auf ähnliche Weise. Es ist*)

$$7) \quad \frac{\cos(x + h) - \cos x}{h} = -\frac{2\sin\frac{x+h-x}{2} \cdot \sin\frac{x+h+x}{2}}{h}$$

$$= -\sin\left(x + \frac{h}{2}\right) \cdot \frac{\sin\frac{h}{2}}{\frac{h}{2}},$$

und dieser Ausdruck geht, wenn wir h gegen Null konvergieren lassen, gemäss Gleichung 4) in $-\sin x$ über; d. h. der Differentialquotient von $\cos x$ ist $-\sin x$. Es folgt also

$$8) \quad \frac{d\cos x}{dx} = -\sin x.$$

Es liegt nahe, zu fragen, was das negative Vorzeichen in der letzten Gleichung bedeutet. Wir wissen, dass der Differentialquotient der Grenzwert des Verhältnisses von $\varDelta\cos x$ und $\varDelta x$ ist, wo $\varDelta\cos x$ den kleinen Zuwachs bedeutet, den $\cos x$ erfährt, wenn x um $\varDelta x$ zunimmt. Das negative Zeichen besagt, dass dieser Zuwachs negativ ist; d. h. $\cos x$ nimmt zunächst ab, wenn der Bogen x zunimmt**); in der That ist ja $\cos 0 = 1$ und $\cos\frac{1}{2}\pi = 0$.

Hierin liegt offenbar ein Resultat, das für jede Funktion in Kraft bleibt, deren Differentialquotient negativ ist. Wir können in dieser Hinsicht folgenden Satz aussprechen. Nimmt eine Funktion für eine Reihe von Werten x dauernd zu, so ist ihr Differentialquotient für diese Werte von x positiv, nimmt sie dagegen

---

*) Vgl. Anhang, Formel 48.

**) Dies gilt, so lange der Bogen x zwischen 0 und π liegt. Ist $x > \pi$, so wird zunächst $\sin x$ negativ und damit $\varDelta\cos x$ wieder positiv u. s. w., wie auch aus dem zugehörigen Kurvenbild hervorgeht. (Vgl. S. 69.)

unaufhörlich ab, so ist ihr Differentialquotient für die bezüglichen Werte von x negativ, und ebenso umgekehrt. Dieser Satz beruht darauf, dass der Differentialquotient der Grenzwert des Differenzenquotienten ist, und der Differenzenquotient unter den betrachteten Umständen dauernd positiv resp. negativ ist.

Geometrisch können wir uns dies folgendermassen veranschaulichen. Es sei

$$9) \quad y = f(x)$$

eine Funktion, deren graphisches Bild (Fig. 38) die nebenstehende Kurve bildet. Für sie ist

$$10) \quad \operatorname{tg} \tau = \frac{dy}{dx} = \frac{df(x)}{dx}.$$

Ist B der höchste, D der tiefste Punkt der Kurve, und wächst die Ordinate, also auch die Funktion von A bis B und von D bis E ununterbrochen, so sieht man unmittelbar, dass längs dieser Kurventeile der Winkel τ spitz, also $\operatorname{tg} \tau$ positiv ist; längs des Kurventeiles BCD dagegen nimmt die Ordinate, resp. die Funktion dauernd ab, längs dieses Kurventeiles ist daher τ ein stumpfer Winkel, und damit $\operatorname{tg} \tau$ negativ. Dies wird

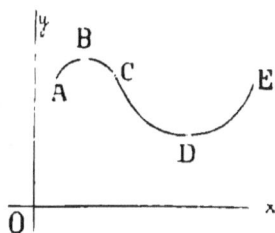

Fig. 38.

auch durch das Kurvenbild der Funktion $\cos x$ bestätigt, über das wir folgendes bemerken.

Aus den Gleichungen

$$11) \quad y = \cos x,$$

$$12) \quad \operatorname{tg} \tau = \frac{dy}{dx} = \frac{d\cos x}{dx} = -\sin x$$

folgt, dass den Werten

$$x = 0, \quad \tfrac{1}{2}\pi, \quad \pi, \quad \tfrac{3}{2}\pi, \quad 2\pi, \quad \tfrac{5}{2}\pi, \ldots$$

resp. die Werte

$$y = \cos 0, \quad \cos\tfrac{1}{2}\pi, \quad \cos\pi, \quad \cos\tfrac{3}{2}\pi, \quad \cos 2\pi, \quad \cos\tfrac{5}{2}\pi \ldots$$

$$= 1, \quad 0, \quad -1, \quad 0, \quad 1, \quad 0, \ldots$$

$$\operatorname{tg} \tau = -\sin 0, \quad -\sin\tfrac{1}{2}\pi, \quad -\sin\pi, \quad -\sin\tfrac{3}{2}\pi, \quad -\sin 2\pi, \quad -\sin\tfrac{5}{2}\pi \ldots$$

$$= 0, \quad -1, \quad 0, \quad 1, \quad 0, \quad -1 \ldots$$

entsprechen. Die Kurve hat daher die nämliche Form, wie die Sinuskurve. (S. 69.) Wir haben, um sie zu erhalten, nur die Ordinatenaxe um die Strecke $\tfrac{1}{2}\pi$ nach rechts zu verlegen, so dass sie durch C geht (in Figur 37 punktiert gezeichnet). Den Beweis dieser Thatsache entnehmen wir unmittelbar aus der Formel

$$13) \quad \sin\left(\frac{\pi}{2} + x\right) = \cos x;$$

sie sagt aus, dass die Ordinate eines Punktes P der Cosinuskurve, dessen Abscisse x ist, die nämliche ist, wie die Ordinate des Punktes P' der Sinuskurve, dessen Abscisse $\frac{\pi}{2} + x$ ist. Dies heisst aber, dass die Cosinuskurve durch Verschiebung um $\frac{\pi}{2}$ in positiver Richtung in die Sinuskurve übergeht.

§ 5. Der Differentialquotient von Summe und Differenz.

Sind $f(x)$ und $\varphi(x)$ zwei Funktionen, deren Differentialquotienten man kennt, so erhält man den Differentialquotienten der Summe folgendermassen. Wir bilden

$$1) \quad \frac{[f(x+h)+\varphi(x+h)]-[f(x)+\varphi(x)]}{h} = \frac{f(x+h)-f(x)}{h} + \frac{\varphi(x+h)-\varphi(x)}{h}$$

und wenn wir nun h gegen Null konvergieren lassen, so gehen die Brüche der rechten Seite direkt in die Differentialquotienten von $f(x)$ und $\varphi(x)$ über, d. h. es ist

$$2) \quad \frac{d[f(x)+\varphi(x)]}{dx} = \frac{df(x)}{dx} + \frac{d\varphi(x)}{dx}.$$

Der Differentialquotient der Summe zweier Funktionen ist also gleich der Summe ihrer Differentialquotienten.

Es ist klar, dass sich dieser Satz auf beliebig viele Funktionen ausdehnen lässt, d. h. es ist

$$3) \quad \frac{d}{dx}\left\{f(x)+\varphi(x)+\psi(x)+\ldots\right\} = \frac{df(x)}{dx} + \frac{d\varphi(x)}{dx} + \frac{d\psi(x)}{dx} + \ldots$$

Auf gleiche Weise erhält man den Differentialquotienten der Differenz zweier Funktionen. Hier haben wir zu bilden

$$4) \quad \frac{[f(x+h)-\varphi(x+h)]-[f(x)-\varphi(x)]}{h} = \frac{f(x+h)-f(x)}{h} - \frac{\varphi(x+h)-\varphi(x)}{h}$$

und nun h gegen Null konvergieren zu lassen. Es folgt sofort

$$5) \quad \frac{d[f(x)-\varphi(x)]}{dx} = \frac{df(x)}{dx} - \frac{d\varphi(x)}{dx}.$$

Der Differentialquotient der Differenz zweier Funktionen ist also gleich der Differenz ihrer Differentialquotienten.

Im Interesse der Kürze pflegt man die Funktionen $f(x)$, $\varphi(x)$, $\psi(x)$, ... durch einzelne Buchstaben, $u, v, w, \ldots$ zu bezeichnen. Alsdann nehmen die obigen Gleichungen die einfache Form an:

6) $$\frac{d(u+v+w+\ldots)}{dx} = \frac{du}{dx} + \frac{dv}{dx} + \frac{dw}{dx} + \ldots$$

7) $$\frac{d(u-v)}{dx} = \frac{du}{dx} - \frac{dv}{dx}.$$

Dies ist die kürzeste Darstellung der beiden obigen Sätze. Beispiele. Es ist

$$\frac{d(x+\sin x)}{dx} = \frac{dx}{dx} + \frac{d\sin x}{dx} = 1 + \cos x$$

$$\frac{d(x^2-\cos x)}{dx} = \frac{d(x^2)}{dx} - \frac{d\cos x}{dx} = 2x + \sin x$$

$$\frac{d(x^3+x^2-x)}{dx} = \frac{d(x^3)}{dx} + \frac{d(x^2)}{dx} - \frac{dx}{dx} = 3x^2 + 2x - 1.$$

Wir können die Reihe dieser Beispiele beträchtlich vermehren, wenn wir noch folgende Bemerkungen einschalten. Wir fragen, was der Differentialquotient von $C \cdot f(x)$ ist, wo C irgend eine Konstante, d. h. irgend eine Zahl bedeutet. Wir bilden

8) $$\frac{Cf(x+h) - Cf(x)}{h} = C\frac{f(x+h) - f(x)}{h}$$

und wenn wir h gegen Null konvergieren lassen, so ergiebt sich sofort

9) $$\frac{d[Cf(x)]}{dx} = C\frac{df(x)}{dx},$$

die Konstante tritt also auch zum Differentialquotient als Faktor. Die Differentialquotienten von

$$a x^n, \quad b \sin x, \quad c \cos x$$

sind also resp.

$$n a x^{n-1}, \quad b \cos x, \quad -c \sin x.$$

Eine zweite Bemerkung betrifft die Frage, welchen Wert der Differentialquotient einer konstanten Grösse selbst hat, resp. welches der Differentialquotient einer Funktion ist, wenn man von ihr weiss, dass sie immer denselben Wert besitzt. Dies ergiebt sich einfach wie folgt: Es sei y eine solche Funktion $f(x)$, die für alle Werte der Variabeln x den gleichen Wert besitzt; in dem Quotienten

$$\frac{f(x+h) - f(x)}{h}$$

ist daher der Zähler für jeden Wert von x, resp. h gleich Null, also auch der Quotient selbst, und damit auch sein Grenzwert, der Differentialquotient; d. h. der Differentialquotient einer Konstanten ist Null. Es ist also, wenn C eine Konstante ist,

10) $$\frac{dC}{dx} = 0.$$

Dasselbe kann man sich geometrisch wie folgt veranschaulichen. Da die Funktion y durch eine Gleichung von der Form

$$y = b$$

dargestellt wird, so ist die Kurve, welche dieser Gleichung entspricht, eine Parallele zur x-Axe (S. 21), mithin ist der Winkel, den sie mit der x-Axe bildet, Null, also auch dessen Tangente, d. h. es ist

$$\frac{dy}{dx} = 0.$$

Beispiele. Es ist

$$\frac{d(5 x^2 + 3 x - 1)}{dx} = \frac{d(5 x^2)}{dx} + \frac{d(3 x)}{dx} - \frac{d(1)}{dx}$$

$$= 5 \frac{d(x^2)}{dx} + 3 \frac{dx}{dx} = 10 x + 3$$

$$\frac{d(7 x^3 - 6 x^2 + 4)}{dx} = \frac{d(7 x^3)}{dx} - \frac{d(6 x^2)}{dx} = 21 x^2 - 12 x$$

$$\frac{d(a x + b \sin x + c \cos x)}{dx} = a + b \cos x - c \sin x.$$

Ist ferner

$$y = a x^n + b x^{n-1} + c x^{n-2} + \ldots + p x^2 + q x + r,$$

wo a, b, $c \ldots p$, q, r konstante Grössen sind, so ist

$$\frac{dy}{dx} = n a x^{n-1} + (n - 1) b x^{n-2} + (n - 2) c x^{n-3} + \ldots + 2 p x + q.$$

§ 6. Der Differentialquotient des Produkts.

Um den Differentialquotienten des Produkts $f(x) \cdot \varphi(x)$ zu finden, verfährt man wie folgt. Man verwandelt den Quotienten

$$1) \quad \frac{f(x + h) \cdot \varphi(x + h) - f(x) \cdot \varphi(x)}{h},$$

dessen Grenzwert zu bestimmen ist, zunächst durch Addition und Subtraktion von $f(x) \cdot \varphi(x + h)$ im Zähler, setzt also

$$\frac{f(x + h) \cdot \varphi(x + h) - f(x) \cdot \varphi(x)}{h}$$

$$= \frac{f(x + h) \cdot \varphi(x + h) - f(x) \cdot \varphi(x + h) + f(x) \varphi(x + h) - f(x) \cdot \varphi(x)}{h}$$

$$= \frac{\varphi(x + h) \cdot [f(x + h) - f(x)]}{h} + \frac{f(x) [\varphi(x + h) - \varphi(x)]}{h}.$$

Lässt man nun h gegen Null konvergieren, so folgt

$$2) \quad \frac{d[f(x) \cdot \varphi(x)]}{dx} = \varphi(x) \frac{df(x)}{dx} + f(x) \frac{d\varphi(x)}{dx}.$$

oder bei Einführung einfacher Funktionszeichen

$$3)\quad \frac{d(u\,v)}{d\,x} = v\frac{d\,u}{d\,x} + u\frac{d\,v}{d\,x}.$$

Dies ist die Formel für den Differentialquotienten eines Produkts.

Beispiele: Es ist

$$\frac{d(x\sin x)}{d\,x} = \sin x\,\frac{d\,x}{d\,x} + x\,\frac{d\sin x}{d\,x} = \sin x + x\cos x$$

$$\frac{d(\sin x\cos x)}{d\,x} = \cos x\,\frac{d\sin x}{d\,x} + \sin x\,\frac{d\cos x}{d\,x} = \cos^2 x - \sin^2 x$$

$$\frac{d(a\,x^2\cos x)}{d\,x} = a\,(2\,x\cos x - x^2\sin x)$$

$$\frac{d(x^3\sin x + a\cos x)}{d\,x} = 3\,x^2\sin x + x^3\cos x - a\sin x.$$

Hat das Produkt, von dem der Differentialquotient zu bilden ist, mehr als zwei Faktoren, so hat man es zunächst auf irgend eine Weise in zwei Faktoren zu zerlegen.

Beispiel. Gegeben sei die Funktion $x^2\sin x\cos x$, so bilde man, indem man x^2 als einen Faktor, $\sin x\cos x$ als den andern nimmt,

$$\frac{d(x^2\sin x\cos x)}{d\,x} = \sin x\cos x\,\frac{d(x^2)}{d\,x} + x^2\frac{d(\sin x\cos x)}{d\,x}$$

$$= 2\,x\sin x\cos x + x^2(\cos^2 x - \sin^2 x),$$

wie sich in diesem Fall aus dem zweiten der obigen Beispiele sofort ergiebt.

Wir wollen für drei Faktoren auch die bezügliche allgemeine Formel ableiten. Es ist

$$\frac{d(u\,v\,w)}{d\,x} = v\,w\frac{d\,u}{d\,x} + u\,\frac{d(v\,w)}{d\,x}$$

$$= v\,w\frac{d\,u}{d\,x} + u\left(w\frac{d\,v}{d\,x} + v\frac{d\,w}{d\,x}\right);\ \text{d. h. also}$$

$$4)\quad \frac{d(u\,v\,w)}{d\,x} = v\,w\frac{d\,u}{d\,x} + u\,w\frac{d\,v}{d\,x} + u\,v\frac{d\,w}{d\,x}.$$

§ 7. Der Differentialquotient des Quotienten.

Den Differentialquotienten eines Quotienten zweier Funktionen können wir bereits aus den bisherigen Resultaten erschliessen. Wir bezeichnen die beiden Funktionen sofort kurz durch u und v, und setzen

$$1)\quad y = \frac{u}{v}.$$

Aus dieser Gleichung folgt

$$2)\quad u = yv,$$

und wenn wir jetzt nach der eben erhaltenen Regel auf beiden Seiten den Differentialquotienten bilden, so ergiebt sich

$$\frac{du}{dx} = v\frac{dy}{dx} + y\frac{dv}{dx},$$

und daraus finden wir den gesuchten Wert von $\frac{dy}{dx}$ in der Form

$$\frac{dy}{dx} = \frac{1}{v}\left(\frac{du}{dx} - y\frac{dv}{dx}\right).$$

Setzen wir jetzt rechts für y seinen Wert ein, so folgt schliesslich

$$3)\quad \frac{dy}{dx} = \frac{v\frac{du}{dx} - u\frac{dv}{dx}}{v^2}$$

oder

$$4)\quad \frac{d\left(\frac{u}{v}\right)}{dx} = \frac{v\frac{du}{dx} - u\frac{dv}{dx}}{v^2}.$$

Dies ist die Formel für den Differentialquotienten eines Quotienten zweier Funktionen.

Die erste Anwendung dieser Formel soll darin bestehen, dass wir mit ihrer Hilfe den Differentialquotienten von tg x und ctg x berechnen. Da

$$5)\quad \text{tg}\,x = \frac{\sin x}{\cos x}$$

ist, so ist in diesem Fall $u = \sin x$, also $\frac{du}{dx} = \cos x$, $v = \cos x$, also $\frac{dv}{dx} = -\sin x$, und es ergiebt sich

$$\frac{v\frac{du}{dx} - u\frac{dv}{dx}}{v^2} = \frac{\cos^2 x + \sin^2 x}{\cos^2 x} = \frac{1}{\cos^2 x},\quad {}^*)$$

also folgt

$$6)\quad \frac{d\,\text{tg}\,x}{dx} = \frac{1}{\cos^2 x},$$

d. h. der Differentialquotient von tg x ist $\frac{1}{\cos^2 x}$.

Da

$$7)\quad \text{ctg}\,x = \frac{\cos x}{\sin x}$$

---

*) Vgl. Anhang, Formel 32.

ist, so ist in diesem Fall $u = \cos x$, $v = \sin x$, also $\dfrac{du}{dx} = -\sin x$, $\dfrac{dv}{dx} = \cos x$ und es wird

$$\frac{v\dfrac{du}{dx} - u\dfrac{dv}{dx}}{v^2} = \frac{-\sin^2 x - \cos^2 x}{\sin^2 x} = -\frac{1}{\sin^2 x},$$

es ist also

$$8)\qquad \frac{d\,\mathrm{ctg}\,x}{dx} = -\frac{1}{\sin^2 x}.$$

Der Differentialquotient von $\mathrm{ctg}\,x$ ist also $-\dfrac{1}{\sin^2 x}$.

Beispiel: Es sei zunächst

$$y = \frac{a}{x},$$

wo a eine Konstante ist, sodass $u = a$, $v = x$ ist; alsdann hat man

$$\frac{du}{dx} = 0,\quad \frac{dv}{dx} = 1,$$

also ergiebt sich

$$\frac{dy}{dx} = -\frac{a}{x^2}.$$

Wir machen hiervon eine Anwendung auf das Boyle-Mariottesche Gesetz. Nach S. 3 besteht für das Volumen v, das dem Druck p entspricht, die Gleichung

$$vp = v_0 p_0,$$

wenn p_0 der ursprüngliche Druck, v_0 das ursprüngliche Volumen bedeutet. Schreiben wir diese Gleichung in die Form

$$v = \frac{v_0 p_0}{p},$$

so erhalten wir dem obigen Beispiel gemäss

$$\frac{dv}{dp} = -\frac{v_0 p_0}{p^2}.$$

Der Differentialquotient, der negativ ist und (S. 61) den Grenzwert des Verhältnisses von $\varDelta v$ und $\varDelta p$, d. h. der Volumzunahme und der Druckzunahme darstellt, ist nichts anderes als die Kompressibilität des Gases. Das negative Zeichen entspricht der Thatsache, dass bei der Zunahme des Druckes das Volumen abnimmt. (S. 70.) Das Verhältnis zwischen der Abnahme des Volumens und der Zunahme des Druckes ist nach unserer Gleichung umgekehrt proportional zu p^2; für

$$p = 2,\quad 3,\quad 4 \ldots$$

ist dieses Verhältnis den Zahlen

$$\frac{1}{4}, \ \frac{1}{9}, \ \frac{1}{16} \cdots$$

proportional. Wird also der Druck hoch gesteigert, so wird die Abnahme des Volumens bald eine sehr geringe, wie die Erscheinungen bestätigen.

Wir geben noch folgende Beispiele:

$$\frac{d}{dx}\left(\frac{a+x}{a-x}\right) = \frac{(a-x)\dfrac{d(a+x)}{dx} - (a+x)\dfrac{d(a-x)}{dx}}{(a-x)^2} = \frac{2a}{(a-x)^2}$$

$$\frac{d}{dx}\left(\frac{x^2}{\sin x}\right) = \frac{\sin x \dfrac{dx^2}{dx} - x^2 \dfrac{d\sin x}{dx}}{\sin^2 x} = \frac{2x\sin x - x^2\cos x}{\sin^2 x}.$$

§ 8. Der Logarithmus und sein Differentialquotient.

Wir erinnern zunächst an die Definition des Logarithmus.[*] Der Logarithmenbegriff geht von dem Gedanken aus, alle Zahlen als Potenzen einer und der nämlichen Grundzahl aufzufassen; der Exponent, der angiebt, welche Potenz die bezügliche Zahl ist, heisst ihr Logarithmus, und die Grundzahl ist die Basis des Logarithmensystems. Ist daher

$$a^{\alpha} = b,$$

so nennt man α den Logarithmus von b für die Basis a und schreibt

$$\alpha = \log^a b.$$

Die Logarithmen der Potenzen

$$a^1, \ a^2, \ a^3, \ a^4 \ldots$$

für die Basis a sind also die Zahlen 1, 2, 3, 4...

Die in allgemeinem Gebrauch befindlichen Logarithmentafeln benutzen — aus Gründen rechnerischer Zweckmässigkeit — die Zahl 10 als Basis; der Logarithmus von 2, den man aus der Tafel entnimmt, sagt also an, welche Potenz von 10 die Zahl 2 ist.

In der höheren Mathematik bedient man sich, wie wir bald sehen werden, mit Vorteil eines Logarithmensystems mit anderer Basis.

Wir lassen im Folgenden die Basis der Logarithmen zunächst unbestimmt.

Um den Differentialquotienten des Logarithmus zu bilden, haben wir den Wert des Quotienten

---

[*] Vgl. auch den Anhang, Formelsammlung, § 2.

1) $$\frac{\lg(x+h)-\lg x}{h} = \frac{1}{h}\lg\frac{x+h^{*})}{x} = \frac{1}{h}\lg\left(1+\frac{h}{x}\right)$$

zu bestimmen, unter der Voraussetzung, dass h gegen Null konvergiert. Gemäss der Formel $\lg(a^m) = m\lg a^{**})$ erhalten wir hieraus

2) $$\frac{\lg(x+h)-\lg x}{h} = \lg\left\{\left(1+\frac{h}{x}\right)^{\frac{1}{h}}\right\}.$$

Der auf der rechten Seite stehende Ausdruck, dessen Grenzwert in Frage steht, ist der Berechnung nicht unmittelbar zugänglich und bedarf einer etwas längeren Erörterung. Auf folgende Weise gelangen wir in zweckmässiger Weise zu seiner Ermittelung.

Wir setzen

3) $$\frac{h}{x} = \frac{1}{\delta}, \text{ also } \frac{1}{h} = \frac{\delta}{x},$$

alsdann ergiebt sich

$$\left(1+\frac{h}{x}\right)^{\frac{1}{h}} = \left(1+\frac{1}{\delta}\right)^{\frac{\delta}{x}} = \left\{\left(1+\frac{1}{\delta}\right)^{\delta}\right\}^{\frac{1}{x}{***})},$$

und wenn wir nun auf beiden Seiten dieser Gleichung den Logarithmus bilden und wieder beachten, dass $\lg a^m = m\lg a$ ist, so folgt schliesslich gemäss 2)

4) $$\frac{\lg(x+h)-\lg x}{h} = \frac{1}{x}\lg\left(1+\frac{1}{\delta}\right)^{\delta}.$$

Dies ist die wesentlichste Umformung, die vorzunehmen ist. Es handelt sich jetzt noch um die Bestimmung von

$$\lg\left(1+\frac{1}{\delta}\right)^{\delta}, \text{ resp. von } \left(1+\frac{1}{\delta}\right)^{\delta},$$

natürlich immer unter der Annahme, dass h gegen Null konvergiert. Nun geht aber aus Gleichung 3) hervor, dass, wenn h gegen Null konvergiert, d. h. wenn wir für h immer kleinere Zahlen setzen, umgekehrt δ immer mehr wächst; die Aufgabe, die wir zu erledigen haben, ist also die, den Grenzwert obiger Ausdrücke zu bestimmen, wenn δ immer grössere und grössere Werte durchläuft. Wir wollen dies zunächst empirisch zu erledigen suchen. Geben wir δ der Reihe nach die Werte

$$1, 10, 100, 1000, 10000,$$

*) Vgl. Formel 20 des Anhangs.
**) Vgl. Formel 21 des Anhangs.
***) Vgl. Formel 8 des Anhangs.

so bestimmt sich der Wert von $\left(1+\dfrac{1}{\delta}\right)^{\delta}$ zu

$$2 \quad 2,594\ldots \quad 2,705\ldots \quad 2,712\ldots \quad 2,718\ldots \text{ u. s. w.}$$

Ein allgemeineres Verfahren ist das folgende. Der Einfachheit halber nehmen wir zunächst einmal an, dass die Zahlenwerte von δ lauter ganze Zahlen sind. Alsdann folgt für einen solchen Wert von δ nach dem binomischen Lehrsatz (S. 63).

$$5)\quad \left(1+\frac{1}{\delta}\right)^{\delta} = 1 + \frac{\delta}{1}\cdot\frac{1}{\delta} + \frac{\delta(\delta-1)}{1.2}\left(\frac{1}{\delta}\right)^{2} + \frac{\delta(\delta-1)(\delta-2)}{1.2.3}\left(\frac{1}{\delta}\right)^{3} + \cdots$$

Die rechte Seite enthält nur die ersten Glieder der Entwicklung, deren Zahl im ganzen $\delta+1$ beträgt. Wir können sie, indem wir in den einzelnen Zählern jeden Faktor durch je einen Faktor δ dividieren, folgendermassen umformen; es wird

$$6)\quad \left(1+\frac{1}{\delta}\right)^{\delta} = 1 + \frac{1}{1} + \frac{\left(1-\dfrac{1}{\delta}\right)}{1.2} + \frac{\left(1-\dfrac{1}{\delta}\right)\left(1-\dfrac{2}{\delta}\right)}{1.2.3} + \cdots$$

Das Gesetz, nach dem die weiteren Glieder der Entwicklung gebildet sind, liegt auf der Hand.

Es fragt sich nun, was aus dem Ausdruck auf der rechten Seite wird, wenn h gegen Null konvergiert. Wenn h gegen Null konvergiert, so nimmt auch $\dfrac{1}{\delta}$, wie Gleichung 3) zeigt, den Wert Null an; man kann beweisen, dass man, um den bezüglichen Grenzwert zu erhalten, nur $\dfrac{1}{\delta}$ durch Null zu ersetzen hat.[*] Alsdann nimmt die auf der rechten Seite stehende Reihe die Form

$$1 + \frac{1}{1} + \frac{1}{1.2} + \frac{1}{1.2.3} + \cdots$$

an, während die Zahl ihrer Glieder unendlich gross wird. Die Summe dieser Reihe bezeichnet man durch e; d. h. man setzt

$$7)\quad e = 1 + \frac{1}{1} + \frac{1}{2!} + \frac{1}{3!} + \frac{1}{4!} + \cdots \text{ in inf.;}$$

die so definierte Zahl e spielt in der höheren Mathematik eine ebenso wichtige Rolle, wie die Zahl π. Gleich π kann sie nur annäherungsweise berechnet werden; ihr Wert bis auf 10 Dezimalen ist

$$e = 2,7182818284\ldots.$$

Die Berechnung, wie sie sich auf Grund der Gleichung 7) gestaltet, ist sehr einfach. Wir finden

---

[*] Vgl. die ausführlichere Erörterung in den in der Vorrede genannten Lehrbüchern, z. B. Serret, S. 52.

$$1 + \frac{1}{1} = 2$$

$$\frac{1}{2!} = 0,5$$

$$\frac{1}{3!} = \frac{1}{2!} : 3 = 0,16666\ldots$$

$$\frac{1}{4!} = \frac{1}{3!} : 4 = 0,04166\ldots$$

$$\frac{1}{5!} = \frac{1}{4!} : 5 = 0,00833\ldots$$

$$\frac{1}{6!} = \frac{1}{5!} : 6 = 0,00139\ldots$$

$$1 + \frac{1}{1} + \frac{1}{2!} + \frac{1}{3!} + \frac{1}{4!} + \frac{1}{5!} + \frac{1}{6!} = 2,71806\ldots$$

und erhalten daher bereits die ersten drei Stellen genau. Die Reihe ist daher zur annäherungsweisen Berechnung des wirklichen Wertes sehr geeignet.

Wir kehren nun zu der Gleichung 4) zurück und finden für den Differentialquotienten des Logarithmus

$$8) \quad \frac{d \lg x}{d x} = \frac{1}{x} \lg e.$$

Wir haben bisher keine Festsetzung darüber getroffen, was wir als Basis des Logarithmensystems nehmen. Wenn wir zunächst 10 als Basis wählen, so ist für $\lg e$ der bezügliche Wert, nämlich

$$9) \quad \lg^{10} e = \log e = 0,43429\ldots$$

zu setzen. Man sieht, dass der Differentialquotient des Logarithmus für diejenigen Logarithmen die einfachste Form erhält, für die

$$10) \quad \lg e = 1$$

ist, deren Basis also e selbst ist.*) Diese Logarithmen sind von Neper, der sie zuerst einführte, natürliche Logarithmen genannt worden, aus dem Grunde, weil sich die Probleme, welche die Natur uns aufgibt, bei Gebrauch der natürlichen Logarithmen einfacher darstellen; es verschwinden eben die Zahlenfaktoren, die gemäss Gleichung 8) bei Gebrauch anderer Logarithmen in den Formeln auftreten.

Wir werden im Folgenden fast nur von den natürlichen Logarithmen Gebrauch machen. Für sie hat man die Bezeichnung

$$\log \text{nat } x \quad \text{oder kürzer} \quad \ln x$$

eingeführt; wir werden uns meist der zweiten, kürzeren bedienen, wir

---

*) Vgl. Formel 23 des Anhangs.

werden also unter $\ln x$ stets den natürlichen Logarithmus von x verstehen, während Logarithmen, deren Basis α ist, durch $\log^\alpha$ bezeichnet werden sollen. Dies führt uns sofort auf Grund von Gleichung 8) zu folgenden Formeln:

$$11) \quad \frac{d \ln x}{d x} = \frac{1}{x},$$

$$12) \quad \frac{d \log^\alpha x}{d x} = \frac{1}{x} \log^\alpha e.$$

Der Differentialquotient des natürlichen Logarithmus ist also $\frac{1}{x}$.

Beziehungen zwischen Logarithmen mit verschiedener Basis. Ist

$$\alpha^a = x \text{ und } \beta^b = x,$$

so ist nach der Definition der Logarithmen

$$a = \log^\alpha x, \quad b = \log^\beta x.$$

Ferner folgt aus der Gleichung

$$\alpha^a = \beta^b,$$

wenn wir auf beiden Seiten die Logarithmen für die Basis α nehmen,

$$a = b \log^\alpha \beta.$$

Setzen wir für a und b ihre Werte, so ergiebt sich

$$\log^\alpha x = \log^\beta x \, \log^\alpha \beta, \text{ oder}$$

$$13) \quad \log^\beta x = \frac{\log^\alpha x}{\log^\alpha \beta}.$$

Diese Gleichung dient dazu, den Logarithmus irgend einer Zahl für die Basis β zu berechnen, wenn man die Logarithmen für die Basis α kennt.

Ist im besonderen $\alpha = 10$ und $\beta = e$, so dass $\log^\alpha x$ den gewöhnlichen (Briggischen) Logarithmus $\log x$, dagegen $\log^\beta x$ den natürlichen Logarithmus $\ln x$ darstellt, so geht die Formel (13) in

$$14) \quad \ln x = \frac{\log x}{\log e}$$

über. Um also den natürlichen Logarithmus von x zu erhalten, hat man nur den Briggischen Logarithmus durch den Logarithmus von e zu dividieren, resp. mit dessen reciprokem Wert zu multiplizieren. Dieser Wert ist in den Logarithmentafeln angegeben; er ist

$$15) \quad \frac{1}{\log e} = 2,302585\ldots$$

Man erhält daher beispielsweise

$$\ln 2 = \log 2 \cdot 2{,}302585$$
$$= 0{,}30103 \cdot 2{,}302585 = 0{,}693148 \,.$$

Man bezeichnet $\log e = 0{,}43429$ als den Modulus der Briggischen Logarithmen, und setzt ihn gleich M.

Wir geben zum Schluss noch eine graphische Darstellung der Funktion des natürlichen Logarithmus (Fig. 39), d. h. der Gleichung

$$16) \quad y = \ln x.$$

Es ist*)

$$\ln e = 1, \quad \ln e^2 = 2, \quad \ln e^3 = 3, \ldots$$
$$\ln \frac{1}{e} = -1, \ln \frac{1}{e^2} = -2, \ln \frac{1}{e^3} = -3, \ldots$$

und demgemäss erhalten wir folgende Tabelle zusammengehöriger Werte von x und y, resp. tg τ (S. 69)

$$x = 0, \quad \frac{1}{e^2}, \quad \frac{1}{e}, \quad 1, \quad e, \quad e^2, \quad \infty$$
$$y = -\infty, \quad -2, \quad -1, \quad 0, \quad 1, \quad 2, \quad \infty$$
$$\text{tg } \tau = \frac{1}{x} = \infty, \quad e^2, \quad e, \quad 1, \quad \frac{1}{e}, \quad \frac{1}{e^2}, \quad 0.$$

Beachten wir noch, dass es Logarithmen negativer Zahlen nicht giebt, dass also zu negativen Werten von x keine Kurvenpunkte gehören, so erhalten wir die nebenstehende Figur als Bild des Logarithmus. Sie zeigt, dass, wenn x von 1 bis ∞ wächst, der Logarithmus zwar ebenfalls bis ∞ ansteigt, aber nur in sehr langsamer Weise, dass er dagegen, wenn x von 1 bis 0 abnimmt, von 0 bis $-\infty$ heruntergeht, und zwar in sehr schnellem Maasse. Ferner ist der Winkel, den die Kurventangente mit der x-Axe einschliesst, zuerst 90^0, er nimmt stetig ab, im Punkte

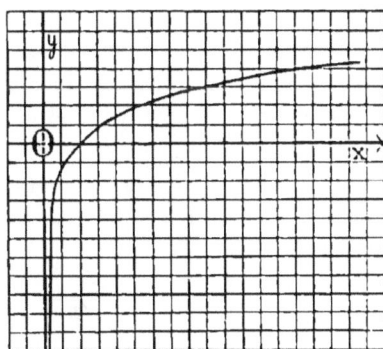

Fig. 39.

$x = 1$, $y = 0$ ist er 45^0 und wird zuletzt Null. Die Kurve schneidet also die x-Axe unter einem Winkel von 45^0.

---

*) Vgl. Formel 21 und 24 des Anhangs.

§ 9. Das Differential.

Als Zeichen für den Differentialquotienten einer Funktion y resp. $f(x)$ haben wir die Quotientensymbole

$$\frac{dy}{dx} \text{ resp. } \frac{df(x)}{dx}$$

eingeführt. Ob auch in diesen Symbolen Zähler und Nenner noch eine bestimmte Bedeutung haben und welche dies ist, auf diese naheliegende Frage sind wir noch nicht eingegangen. Versuchen wir uns jetzt darüber Rechenschaft zu geben.

Denken wir uns zu diesem Zweck wieder die Kurve (Fig. 40), die der Gleichung

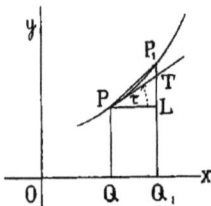

Fig. 40.

$$1) \quad y = f(x)$$

entspricht, auf ihr den Punkt P, in der Nähe den Punkt P_1, und in P die Tangente. Ferner sei PL parallel und gleich QQ_1 und T der Schnittpunkt der Tangente mit $P_1 Q_1$. Alsdann folgt aus dem Dreieck PTL

$$2) \quad \frac{dy}{dx} = \operatorname{tg} \tau = \frac{TL}{LP}.$$

Setzt man nun $PL = dx$, versteht man also unter dx einen kleinen Zuwachs von x, so folgt aus der obigen Gleichung

$$3) \quad dy = TL,$$

d. h. dy ist gleich demjenigen Zuwachs, den y erfahren würde, wenn die Kurve sich von P an geradlinig längs ihrer Tangente fortsetzte, und das Verhältnis dieser kleinen Grössen dy und dx ist der Differentialquotient. Um uns dy geometrisch zu veranschaulichen, haben wir also die Kurve für einen Augenblick durch ihre Tangente zu ersetzen.

Handelt es sich ferner um eine Bewegung, die nach der Gleichung $s = \varphi(t)$ erfolgt, beispielsweise also wieder um die Fallbewegung, so ist für sie (S. 56)

$$4) \quad \frac{ds}{dt} = v, \text{ resp. } ds = vdt,$$

und wenn wir jetzt unter dt eine kleine Zeit verstehen und annehmen, dass die Geschwindigkeit v während derselben sich nicht ändert, so würde ds die in dieser Zeit durchlaufene Strecke sein. Wir haben also die Definition von ds wieder an die Annahme zu knüpfen, dass der bewegliche Punkt sich gleichmässig weiter bewegte, und für diese Bewegung stellt ds den in der Zeit dt durchlaufenen Weg dar. Dies entspricht genau dem auch sonst geläufigen Sprachgebrauch, dass die

Geschwindigkeit in P diejenige Geschwindigkeit ist, mit der sich der Punkt weiter bewegen würde, wenn er seine Geschwindigkeit von P an beibehielte. Wenn wir die für die obige Kurve durchgeführte Betrachtung ihres geometrischen Bildes entkleiden, so erhalten wir allgemein zu reden, folgendes Ergebnis. Ist $y = f(x)$ eine beliebige Funktion, und versteht man unter dx einen kleinen Zuwachs von x, so stellt dy resp. $df(x)$ denjenigen kleinen Zuwachs der Funktion dar, den sie erfahren würde, wenn sie ihr Wachstum von dem Wert x an bis zu $x + dx$ gleichmässig beibehielte, und das Verhältnis dieser Änderungen ist der Differentialquotient.

Die Grössen dx, dy, $df(x)$, ds, dt u. s. w. nennt man Differentiale, insbesondere dx das Differential von x, $df x$ das Differential von $f(x)$ u. s. w.

Das vorstehende Ergebnis bildet die Grundlage, um für die mathematische Behandlung der Naturwissenschaften das richtige Verständnis zu gewinnen. Wir erinnern nur an die Erörterungen, die wir früher (S. 47 und 57) über den Charakter unserer Naturbetrachtung angestellt haben. Wie wir dort sahen, läuft unsere Naturbetrachtung darauf hinaus, die veränderlichen Naturprozesse durch kurze Einzelprozesse gleichmässiger Art zu ersetzen. Legen wir also für die Analyse des Naturgeschehens diese Denkweise auch hier zu Grunde, so folgt nunmehr, dass wir das Differential der Funktion, die den Verlauf des Prozesses bestimmt, geradezu als den Zuwachs dieser Funktion ansehen dürfen. So wird z. B. eine in der kleinen Zeit dt erfolgende Wärmezunahme durch das Differential $d\vartheta$ dargestellt, im Fall einer Gaskompression ist dv die kleine Änderung des Gasvolumens, die dem kleinen Zuwachs dp des Druckes entspricht, für einen chemischen Prozess ist die in der Zeit dt umgesetzte Stoffmenge das Differential dx des Vorrates reagierender Substanz u. s. w. u. s. w.

Wir führen schliesslich noch eine von Lagrange stammende zweckmässige Abkürzung ein; wir bezeichnen nämlich den Differentialquotienten der Funktion y resp. $f(x)$ kurz durch y' resp. $f'(x)$, d. h. wir setzen

$$5)\quad \frac{dy}{dx} = y', \quad \frac{df(x)}{dx} = f'(x).$$

Die Funktionen y' resp. $f'(x)$ heissen auch Ableitung; Ableitung und Differentialquotient sind daher nur verschiedene Worte für die nämliche Funktion.

Aus den Gleichungen 5) folgt noch

$$dy = y'\, dx, \quad df(x) = f'(x)\, dx;$$

man sieht aus ihnen, dass die Einführung der Differentiale auch einen wesentlichen rechnerischen Vorteil mit sich bringt, weil sie nämlich zu Formeln führt, die keinen Nenner enthalten. Wir setzen noch die Werte der Differentiale für die einzelnen Funktionen hierher, indem wir die früher für die Differentialquotienten abgeleiteten Formeln von ihren Nennern befreien, und finden

$$d\sin x = \cos x\, dx, \quad d\cos x = -\sin x\, dx,$$

$$d\operatorname{tg} x = \frac{dx}{\cos^2 x}, \quad d\operatorname{ctg} x = -\frac{dx}{\sin^2 x},$$

$$d(x^n) = n\, x^{n-1}\, dx, \quad d\ln x = \frac{dx}{x}.$$

Dazu fügen wir die Formeln für Summe, Differenz, Produkt, Quotient, nämlich (S. 72 ff.)

$$d(u + v + w) = du + dv + dw$$
$$d(u - v) = du - dv$$
$$d(uv) = v\, du + u\, dv$$
$$d\left(\frac{u}{v}\right) = \frac{v\, du - u\, dv}{v^2}, \text{ endlich}$$
$$d[Cf(x)] = C\, df(x), \quad dC = 0.$$

Wenn man von einer Funktion oder einem Ausdruck das Differential bildet, so übt man damit eine Thätigkeit aus, die man als differenzieren bezeichnet.

Beispiele. Wir lassen zunächst einige formale Beispiele des Differenzierens folgen. Es ist

$$d(ax^3 + bx^2 + cx + 1) = d(ax^3) + d(bx^2) + d(cx) = (3ax^2 + 2bx + c)dx,$$

$$d(x^n \sin x) = \sin x\, d(x^n) + x^n\, d\sin x = \sin x\, n\, x^{n-1}\, dx + x^n \cos x\, dx$$
$$= x^{n-1}(n\sin x + x\cos x)\, dx,$$

$$d(x\ln x) = \ln x\, dx + x\frac{dx}{x} = dx(1 + \ln x),$$

$$d\left(\frac{a-x}{a+x}\right) = \frac{(a+x)\,d(a-x) - (a-x)\,d(a+x)}{(a+x)^2} = \frac{-2a\, dx}{(a+x)^2}.$$

Wir fügen noch eine Formel an, die vielfach anwendbar ist; sie ergiebt sich durch Division der obigen Gleichung für $d(uv)$ durch uv. Man findet

$$\frac{d(uv)}{uv} = \frac{du}{u} + \frac{dv}{v}.$$

In ähnlicher Weise erhalten wir aus der Gleichung 4) von S. 75 durch Division mit uvw

$$\frac{d(uvw)}{uvw} = \frac{du}{u} + \frac{dv}{v} + \frac{dw}{w}.$$

Bemerkung 1. Für dx, dy u. s. w. hat man, da sie sehr kleine Grössen bedeuten, die beliebig klein werden können, das Wort »unendlich kleine« Grössen eingeführt. Darnach pflegt man zu sagen, dass der Differentialquotient das Verhältnis der unendlich kleinen Änderungen von y und x darstellt und dass es daher die Aufgabe der Differentialrechnung ist, für irgend zwei veränderliche Grössen, die in einer funktionellen Abhängigkeit von einander stehen, das Verhältnis zwischen der unendlich kleinen Änderung der einen und der unendlich kleinen Änderung der anderen zu berechnen.*) Das Quadrat von dx, also $(dx)^2$ bezeichnet man als eine unendlich kleine Grösse zweiter Ordnung. Nimmt man dx so klein an, dass es mit Rücksicht auf die zu erzielende Genauigkeit gegen endliche Grössen vernachlässigt werden kann, so kann man in demselben Sinne $(dx)^2$ gegen dx vernachlässigen u. s. w. Ist z. B. $dx = 0,001$, so ist $(dx)^2 = 0,001^2$, und wenn man 0,001 gegen 1 vernachlässigen kann, so kann man auch $0,001^2$ gegen 0,001 vernachlässigen u. s. w.

Bemerkung 2. Es liegt nahe, zu fragen, in welcher Beziehung dy und Δy zu einander stehen. Δy bedeutet den wirklichen Zuwachs von y, der einem kleinen Zuwachs Δx von x entspricht. Gehen wir auf Fig. 40 zurück und setzen

$$PL = dx = \Delta x,$$

so ist
$$\Delta y = P_1 L = P_1 T + TL$$
$$= dy + P_1 T;$$

es unterscheiden sich also Δy und dy um die kleine Strecke $P_1 T$. Diese Strecke vermindert sich in um so höherem Maasse, je näher wir P und P_1 aneinander nehmen. Wir wollen diese Strecke für das Beispiel der Parabel wirklich berechnen. Nach S. 49 war

$$\frac{\Delta y}{\Delta x} = \frac{x}{p} + \frac{h}{2p} .$$

Setzen wir hier für $\dfrac{x}{p}$ seinen Wert $\dfrac{dy}{dx}$ (S. 55) und beachten, dass

$$h = dx = \Delta x$$

sein soll, so folgt
$$\Delta y = dy + \frac{(dx)^2}{2p} ,$$

die Differenz zwischen Δy und dy ist daher dem Quadrat von dx proportional; nach obigem ist sie also eine unendlich kleine Grösse zweiter Ordnung, falls dx eine unendlich kleine Grösse erster Ordnung bedeutet. Auch auf diese Weise folgt somit, dass der Fehler, den man begeht, wenn man unter dy geradezu den Zuwachs der Funktion, d. h. Δy versteht, praktisch nicht ins Gewicht fällt.

§ 10. Die Exponentialfunktion.

Aus der Gleichung

$$1) \quad x = \ln y$$

folgt durch einfachen Übergang zur Potenzgleichung

$$2) \quad y = e^x. **)$$

Wir sind damit zu einer neuen Funktion e^x gelangt, die wir als Um-

---

*) Die bezüglichen Lehren der höheren Mathematik werden mit Rücksicht hierauf auch als Infinitesimalrechnung bezeichnet.

**) Vgl. Formelsammlung, § 2 des Anhangs.

kehrung des Logarithmus ansehen können. Diese Funktion, d. h. die
x-te Potenz von e, in der x als Exponent auftritt, führt den Namen
Exponentialfunktion.

Ihren Differentialquotienten erhalten wir unter Benutzung des
Rechnens mit Differentialen auf folgendem einfachen Wege. Aus der
Gleichung 1) folgt durch Differentiation

$$dx = \frac{1}{y'}\,dy, \text{ also } \frac{dy'}{dx} = y.$$

Setzen wir hier für y nach 2) seinen Wert, so erhalten wir

$$3) \quad \frac{de^x}{dx} = e^x \text{ resp. } de^x = e^x dx.$$

Der Differentialquotient der Exponentialfunktion ist also sie
selbst. Gerade diese Eigenschaft ist es, die ihre Wichtigkeit für die
Naturprozesse begründet.

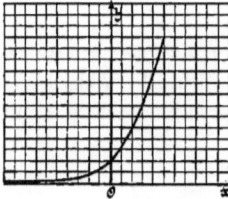

Fig. 41.

Ein graphisches Bild der Exponentialfunktion, resp. ihre Kurve ist aus Fig. 39 leicht
zu entnehmen. Der Übergang von Gleichung 1)
zu Gleichung 2), d. h. vom Logarithmus zur
Exponentialfunktion kommt darauf hinaus, dass
wir einmal x als Funktion von y, das andere Mal y
als Funktion von x auffassen. Wir brauchen
also in Fig. 39 nur die x- und y-Axe zu ver-
tauschen, so erhalten wir das Bild der Exponentialfunktion (Fig. 41).
Geht x von 0 bis ∞, so geht $e^{x|}$ von 1 bis ∞ und wächst ausser-
ordentlich schnell; geht x von 0 bis $-\infty$, so fällt die Exponentialfunktion von 1 bis 0, aber in sehr langsamem Tempo. Für jeden
positiven oder negativen Wert von x ist also das zugehörige y
positiv, dem Umstand entsprechend, dass $e^{-x} = 1 : e^x$. Dasselbe gilt
für tg τ, da ja tg $\tau = \frac{dy}{dx} = e^x$ ist.

Um die Bedeutung der Exponentialfunktion für die Naturphänomene
ins rechte Licht zu setzen, mag folgende Erörterung dienen. Wir gehen
von der Formel der Zinseszinsrechnung aus und setzen ihre Ableitung
kurz hierher. Steht ein Kapital von c Mark zu $p^0/_0$ ein Jahr auf Zinsen,
so betragen die Zinsen $c \cdot \frac{p}{100}$, das Kapital mit den Zinsen beläuft sich
alsdann auf

$$c_1 = c + c\,\frac{p}{100} = c\left(1 + \frac{p}{100}\right).$$

Das Kapital c_1, das im zweiten Jahr auf Zinsen steht, ist mit den
Zinsen am Ende des zweiten Jahres auf

$$c_2 = c_1 + c_1 \cdot \frac{p}{100} = c_1\left(1 + \frac{p}{100}\right) = c\left(1 + \frac{p}{100}\right)^2$$

angewachsen; so weiter schliessend findet man, dass es am Ende von n Jahren zu

$$4)\quad c_n = c\left(1 + \frac{p}{100}\right)^n$$

geworden ist.

Nehmen wir jetzt an, dass die Zinsen bereits jeden Monat zum Kapital hinzukommen und sich so jeden Monat die zinstragende Geldmenge erhöht, so beträgt nach einem Monat das Kapital nebst Zinsen

$$c_1 = c + c \cdot \frac{p}{100 \cdot 12} = c\left(1 + \frac{p}{12 \cdot 100}\right),$$

am Ende des zweiten Monats ist es zu

$$c_2 = c_1\left(1 + \frac{p}{12 \cdot 100}\right) = c\left(1 + \frac{p}{12 \cdot 100}\right)^2$$

geworden u. s. w.; am Ende eines Jahres hat das Kapital schliesslich den Wert

$$5)\quad C = c\left(1 + \frac{p}{12 \cdot 100}\right)^{12}.$$

Man sieht sofort, wie die Formel sich weiter verändert, wenn man die Zinsen bereits jeden Tag, jede Stunde zum Kapital schlägt. Dabei nähert man sich dem, was in der Natur statt hat. Wenn in der anorganischen oder organischen Natur ein Prozess abläuft, bei dem irgend ein Agens durch seine eigene Wirkungsart sich stetig mehrt, so geschieht es immer so, dass dasjenige, was in jedem Augenblick neu entsteht, sofort die Funktionen des wirkenden Agens mit übernimmt. Um der obigen Formel hierauf Geltung zu geben, haben wir 12 durch eine Zahl n zu ersetzen, die über alle Maassen wächst; bezeichnen wir noch $\frac{p}{100}$ durch x, so finden wir

$$C = c\left\{\operatorname{limes}\left(1 + \frac{x}{n}\right)^n\right\},$$

wo n über alle Grenzen wachsen muss. Nunmehr setzen wir noch

$$\frac{x}{n} = \frac{1}{\delta}, \text{ also } n = \delta \cdot x,$$

so folgt

$$\left(1 + \frac{x}{n}\right)^n = \left(1 + \frac{1}{\delta}\right)^{\delta x} = \left[\left(1 + \frac{1}{\delta}\right)^\delta\right]^{x*)}$$

und wenn wir jetzt, wie nötig, δ unendlich gross werden lassen, so folgt (S. 80)

$$6)\quad C = c\, e^x.$$

---

*) Vgl. Formel 8 des Anhangs.

Die Exponentialfunktion e^x stellt also den Vermehrungsfaktor einer aktiven Masse für die Zeit eines Jahres, resp. die sonst maassgebende Zeiteinheit dar, vorausgesetzt, dass die Vermehrung in jedem Augenblick der aktiven Masse proportional stattfindet. Gerade dies ist bei vielen Naturprozessen realisiert.

§ 11. Die Kreisfunktionen.

Wird

$$1)\quad x = \sin y$$

gesetzt, so kann man auch y als eine Funktion von x auffassen; y ist (S. 66) derjenige Bogen, dessen Sinus die Länge x hat. Man hat hierfür die Bezeichnung

$$2)\quad y = \text{arc}\,(\sin x) = \text{arc}\sin x$$

eingeführt, die eben sagt, dass y der arcus ($=$ Bogen) ist, dessen Sinus gleich x ist.

In derselben Weise ergiebt sich durch Umkehrung von

$$3)\quad x = \cos y,$$

dass y derjenige Bogen ist, dessen Cosinus die Länge x hat, und dies wird durch

$$4)\quad y = \text{arc}\,(\cos x) = \text{arc}\cos x$$

bezeichnet. Endlich führen in ganz analoger Weise

$$5)\quad x = \text{tg}\,y \text{ und } x = \text{ctg}\,y$$

auf die umgekehrten (inversen) Funktionen

$$6)\quad y = \text{arc tg}\,x \text{ und } y = \text{arc ctg}\,x.$$

Man bezeichnet die Funktionen Arcus sinus x, Arcus cosinus x, Arcus tangens x und Arcus cotangens x als cyclometrische oder Kreisfunktionen.

Ihre Differentialquotienten erhalten wir nach der gleichen Methode, die wir soeben in § 10 befolgt haben. Aus 1) folgt durch Differentiation

$$dx = \cos y\,dy$$

und da $\cos y = \sqrt{1 - \sin^2 y\,^*)} = \sqrt{1 - x^2}$ ist, so erhält man weiter

$$\frac{dy}{dx} = \frac{1}{\sqrt{1 - x^2}}; \text{ d. h.}$$

$$7)\quad \frac{d\,\text{arc}\sin x}{dx} = \frac{1}{\sqrt{1 - x^2}}.$$

Ebenso ergiebt sich durch Differentiation von 3)

$$dx = -\sin y\,dy,$$

*) Vgl. Formel 33 des Anhangs.

und da wieder $\sin y = \sqrt{1 - \cos^2 y\,{}^*)} = \sqrt{1 - x^2}$ ist, so folgt

$$\frac{dy}{dx} = \frac{-1}{\sqrt{1-x^2}}, \quad \text{d. h.}$$

$$8) \quad \frac{d \operatorname{arc\,cos} x}{dx} = -\frac{1}{\sqrt{1-x^2}}.$$

In ähnlicher Weise ergiebt sich aus Gleichung 5)

$$dx = \frac{dy}{\cos^2 y} \quad \text{resp.} \quad dx = \frac{-dy}{\sin^2 y}$$

und hieraus fliesst endlich, da **)

$$\cos^2 y = \frac{1}{1 + \operatorname{tg}^2 y} = \frac{1}{1 + x^2},$$

$$\sin^2 y = \frac{1}{1 + \operatorname{ctg}^2 y} = \frac{1}{1 + x^2}$$

ist, schliesslich

$$\frac{dy}{dx} = \frac{1}{1 + x^2}, \quad \text{resp.} \quad \frac{dy}{dx} = \frac{-1}{1 + x^2}, \quad \text{d. h.}$$

$$9) \quad \frac{d \operatorname{arc\,tg} x}{dx} = \frac{1}{1 + x^2}, \quad \frac{d \operatorname{arc\,ctg} x}{dx} = \frac{-1}{1 + x^2}.$$

Als Differentialformeln nehmen diese Gleichungen folgende Gestalt an

$$d \operatorname{arc\,sin} x = \frac{dx}{\sqrt{1-x^2}}, \quad d \operatorname{arc\,cos} x = \frac{-dx}{\sqrt{1-x^2}},$$

$$d \operatorname{arc\,tg} x = \frac{dx}{1 + x^2}, \quad d \operatorname{arc\,ctg} x = \frac{-dx}{1 + x^2}.$$

§ 12. Das Differential einer Potenz für beliebige Exponenten.

Eine weitere Anwendung des Differentialbegriffs ist folgende. Wir zeigen, dass die Formel für den Differentialquotienten, resp. die Differentiation einer Potenz, nämlich

$$1) \quad d(x^n) = n\, x^{n-1}\, dx$$

auch dann noch gilt, wenn n eine gebrochene Zahl ist.***) Es sei also jetzt in der Gleichung $y = x^n$

$$2) \quad n = \frac{p}{q},$$

wo p und q ganze Zahlen sind, es sei also

$$3) \quad y = x^{\frac{p}{q}}.$$

---

*) Vgl. Formel 33 des Anhangs.
**) Vgl. Formel 34 des Anhangs.
***) Vgl. Formel 15 des Anhangs.

Hieraus folgt durch Potenzierung

$$4) \quad y'^q = x^p.$$

Differenzieren wir diese Gleichung, so folgt gemäss Gleichung 1), da jetzt p und q ganze Zahlen sind,

$$q\,y'^{q-1}\,dy = p\,x^{p-1}\,dx$$

und hieraus ergiebt sich

$$5) \quad \frac{dy}{dx} = \frac{p}{q} \cdot \frac{x^{p-1}}{y'^{q-1}}.$$

Wir erweitern rechts mit y' und setzen dann in Zähler und Nenner für y' resp. y'^q ihre Werte aus 3) und 4) ein und finden so

$$\frac{dy}{dx} = \frac{p}{q} \cdot \frac{x^{p-1} \cdot x^{\frac{p}{q}}}{x^p}$$

oder endlich*)

$$6) \quad \frac{dy}{dx} = \frac{d\left(x^{\frac{p}{q}}\right)}{dy'} = \frac{p}{q}\,x^{\frac{p}{q}-1}.$$

Dies ist die nämliche Formel, wie diejenige, die für ganzzahliges n besteht. Als Formel in Differentialen erhalten wir noch

$$7) \quad d\left(x^{\frac{p}{q}}\right) = \frac{p}{q}\,x^{\frac{p}{q}-1}\,dx.$$

Die Formel für den Differentialquotienten von x^n gilt sogar auch, wenn n irgend eine negative ganze oder gebrochene Zahl ist.**) Sei nämlich $n = -m$, so dass m eine positive Zahl ist, so folgt aus

$$8) \quad y = x^{-m} = \frac{1}{x^m}$$

zunächst die Gleichung

$$y\,x^m = 1.$$

Differenzieren wir diese Gleichung, so finden wir

$$x^m\,dy + y\,m\,x^{m-1}\,dx = 0$$

und hieraus

$$\frac{dy}{dx} = -m\,\frac{y\,x^{m-1}}{x^m} = -m\,y\,x^{-1}.$$

Setzen wir hier für y seinen Wert aus 8) ein, so wird schliesslich

$$9) \quad \frac{dy}{dx} = \frac{d\left(x^{-m}\right)}{dx} = -m\,x^{-m-1},$$

und dies ist in der That die nämliche Formel, die für positives n gilt. Die Differentialformel wird

$$10) \quad d\left(x^{-m}\right) = -m\,x^{-m-1}\,dx.$$

---

*) Vgl. Formel 6 und 7 des Anhangs.
**) Vgl. Formel 13 des Anhangs.

Wir gelangen also zu dem Resultat, dass die Formeln

$$\frac{d(x^n)}{dx} = n\,x^{n-1}, \quad d(x^n) = n\,x^{n-1}\,dx$$

richtig sind, wenn n eine beliebige positive oder negative ganze oder gebrochene Zahl ist.

Im besonderen ergiebt sich

11) $\quad d\left(\dfrac{1}{x}\right) = d(x^{-1}) = \quad x^{-2}\,dx = -\dfrac{dx}{x^2}$

12) $\quad d(\sqrt{x}) = d\left(x^{\frac{1}{2}}\right) = \tfrac{1}{2}\,x^{-\frac{1}{2}}\,dx = \dfrac{dx}{2\sqrt{x}}$

$$d\sqrt[3]{x^2} = \tfrac{2}{3}\,x^{-\frac{1}{3}}\,dx = \dfrac{2\,dx}{3\sqrt[3]{x}}.$$

Die beiden ersten Formeln werden so häufig angewandt, dass es sich empfiehlt, sie ebenfalls zu merken.

Einige weitere Beispiele sind folgende:

$$d\left(\frac{a}{x}\right) = d(a\,x^{-1}) = -\frac{a\,dx}{x^2}$$

$$d\left(\frac{a}{x^n}\right) = d(a\,x^{-n}) = -\frac{n\,a\,dx}{x^{n+1}}$$

$$d\left(\frac{a}{\sqrt{x}}\right) = d\left(a\,x^{-\frac{1}{2}}\right) = \frac{a\,dx}{2\sqrt{x^3}}.$$

Die ersten beiden haben wir früher nur mit der Regel über die Differentiation eines Quotienten behandeln können, während sie sich hier viel einfacher herleiten lassen.

§ 13. Differentiation der Funktionen von Funktionen.

Unsere bisherigen Formeln gestatten die Differentiation einer grossen Reihe von Ausdrücken auszuführen, die analog den behandelten Beispielen aus einfachen Funktionen zusammengesetzt sind. Sie reichen aber noch nicht aus, um so einfache Funktionen, wie

1) $\quad \sqrt{(a^2 + x^2)}, \quad \sin(x - \alpha), \quad \ln\dfrac{a - x}{b - x},$

zu differenzieren, und doch sind es gerade diese Funktionen, die in den Anwendungen viel häufiger auftreten, als $\sin x$, x^n oder $\ln x$ selbst. Um diese Funktionen zu behandeln, bedürfen wir der Kenntnis eines allgemeinen Verfahrens, das wir jetzt auseinander setzen wollen. Jede der obigen Funktionen ist die Funktion von einer Funktion von x, die erste ist eine Potenz von $a^2 + x^2$, die zweite der Sinus von einer Differenz, die dritte der Logarithmus eines Quotienten. Sie haben daher sämtlich die Form

$$2) \quad y = F(u),$$

wo u wieder eine Funktion von x ist; wir bezeichnen dieselbe durch

$$3) \quad u = \varphi(x),$$

so dass sich für y, in allgemeinen Funktionszeichen geschrieben, die Form

$$4) \quad y = F[\varphi(x)]$$

ergiebt. Wir fassen auf Grund von Gleichung 2) y zunächst als Funktion von u auf; aus ihr erhalten wir, wenn wir differenzieren,

$$5) \quad dy = dF(u)$$

und hieraus gemäss Gleichung 5) von § 9 sofort

$$6) \quad dy = F'(u)\, du$$

und jetzt haben wir nur noch für u und du die bezüglichen Werte einzusetzen. Für u ist der Wert aus 3) selbst zu entnehmen; für du erhalten wir durch Differentiation von 3)

$$7) \quad du = d\varphi(x) = \varphi'(x)\, dx.$$

Hiermit ist die Aufgabe an sich erledigt. Führen wir noch die Substitutionen in Gleichung 6) formal aus, so erhalten wir schliesslich

$$8) \quad dy = F'[\varphi(x)]\, \varphi'(x)\, dx.$$

Wir behandeln sofort die oben stehenden Beispiele. Es sei zunächst

$$y = \sqrt{a^2 + x^2}.$$

Wir setzen

$$u = a^2 + x^2,$$

so dass

$$y = \sqrt{u}$$

wird. Hieraus folgt (vgl. Gleichung 12 des letzten Paragraphen)

$$dy = \frac{du}{2\sqrt{u}};$$

ferner ist

$$du = 2x\, dx,$$

also folgt durch Einsetzen

$$dy = \{d\sqrt{a^2 + x^2}\} = \frac{x\, dx}{\sqrt{a^2 + x^2}}.$$

Ist ferner

$$y = \sin(x - \alpha),$$

so wird, wenn wir

$$u = x - \alpha$$

setzen,

$$y = \sin u, \quad dy = \cos u\, du.$$

Ferner ergiebt sich
$$d u = d x,$$
mithin erhalten wir schliesslich
$$d y = d [\sin (x - a)] = \cos (x - a) \, d x.$$
Ist endlich
$$y = \ln \frac{a - x}{b - x},$$
so setzen wir zunächst
$$u = \frac{a - x}{b - x},$$
alsdann wird
$$y = \ln u, \quad d y = \frac{1}{u} d u.$$
Andererseits ist
$$d u = \frac{(b - x) \, d (a - x) - (a - x) \, d (b - x)}{(b - x)^2} = \frac{(a - b) \, d x}{(b - x)^2};$$
folglich ergiebt sich schliesslich
$$d y = \frac{b - x}{a - x} \frac{a - b}{(b - x)^2} d x,$$
d. h.
$$d \ln \frac{a - x}{b - x} = \frac{a - b}{(a - x)(b - x)} d x.$$

Eine letzte Anwendung soll die sein, dass wir das Differential der Funktion a^x berechnen, die der Funktion e^x analog ist. Es ist*
$$a = e^{\ln a},$$
und daraus folgt
$$a^x = (e^{\ln a})^x = e^{x \ln a}.$$
Wir setzen jetzt
$$x \ln a = u$$
und finden
$$d a^x = d e^u = e^u d u,$$
und da $d u = \ln a \cdot d x$ ist, so ist
$$9) \quad d a^x = a^x \ln a \cdot d x.$$
Für den Differentialquotienten erhalten wir also
$$10) \quad \frac{d (a^x)}{d x} = a^x \ln a.$$
Von der Formel für e^x unterscheidet sich diese Formel durch den Faktor $\ln a$ in derselben Weise, wie sich die Formeln für die Differential-

---

*) Vgl. Formel 16 des Anhangs.

quotienten der künstlichen Logarithmen von derjenigen für den natürlichen unterscheiden (S. 82).

Man kann sich die vorstehenden Rechnungen formal insofern vereinfachen, als man nicht nötig hat, das Funktionszeichen u, das ja nur zur Abkürzung für resp. $a^2 + x^2$ u. s. w. eingeführt ist und schliesslich doch durch seinen eigentlichen Wert ersetzt wird, wirklich zu benützen. Man kann daher sofort folgendermassen verfahren. Da aus

$$y = \sqrt{u}$$

$$dy = \frac{du}{2\sqrt{u}}$$

folgt, so erhalten wir aus der Gleichung

$$y = \sqrt{a^2 + x^2}$$

sofort, indem wir $a^2 + x^2$ als das u der Formel betrachten,

$$dy = \frac{d(a^2 + x^2)}{2\sqrt{a^2 + x^2}}.$$

In dieser Formel haben wir nun den Zähler weiter zu behandeln; wir finden sofort

$$dy = \frac{d(x^2)}{2\sqrt{a^2 + x^2}} = \frac{2\,x\,dx}{2\sqrt{a^2 + x^2}} = \frac{x\,dx}{\sqrt{a^2 + x^2}}.$$

Einige weitere Beispiele sind die folgenden:

1) $\quad y = \sqrt{\dfrac{1+x}{1-x}},$

$$dy = \frac{d\left(\frac{1+x}{1-x}\right)}{2\sqrt{\frac{1+x}{1-x}}} = \frac{(1-x)\,d(1+x) - (1+x)\,d(1-x)}{2\,(1-x)^2\sqrt{\frac{1+x}{1-x}}}$$

$$= \frac{(1-x)\,dx + (1+x)\,dx}{2\,(1-x)\sqrt{1-x^2}} = \frac{dx}{(1-x)\sqrt{1-x^2}}.$$

2) $\quad y = \ln(x + \sqrt{1 + x^2}),$

$$dy = \frac{d(x + \sqrt{1 + x^2})}{x + \sqrt{1 + x^2}} = \frac{dx + d(\sqrt{1 + x^2})}{x + \sqrt{1 + x^2}}$$

$$= \frac{dx + \frac{x\,dx}{\sqrt{1 + x^2}}}{x + \sqrt{1 + x^2}} = \frac{dx\sqrt{1 + x^2} + x\,dx}{\sqrt{1 + x^2}\,(x + \sqrt{1 + x^2})}$$

$$= \frac{dx}{\sqrt{1 + x^2}}.$$

3) $y = \sin^2 (m\,x - a)$

$dy = 2 \sin (m\,x - a) \cdot d \, [\sin (m\,x - a)]$

$= 2 \sin (m\,x - a) \cdot \cos (m\,x - a) \cdot d\,(m\,x - a)$

$= 2 \sin (m\,x - a) \cos (m\,x - a) \cdot m \cdot d\,x,$

wofür man auch*)

$$dy = \sin \{ 2 (m\,x - a) \} \cdot m\,d\,x$$

schreiben kann.

Bemerkung. Bei einiger Übung ist es nicht schwierig, so zu verfahren, wie es hier zuletzt geschehen ist. Es ist aber dem Anfänger dringend zu raten, die Rechnung zunächst so auszuführen, dass er für jeden bezüglichen Ausdruck zuerst ein Funktionszeichen wirklich einführt. Die Berechnung der Differentiale der Funktionen von Funktionen ist die einzige Aufgabe, bei der sich leicht Fehler einstellen können, so lange es an der nötigen Gewandtheit auf diesem Gebiete mangelt.

§ 14. Stetigkeit und Unstetigkeit.

Die vorstehend behandelten Funktionen genügen für diejenigen naturwissenschaftlichen Probleme, welche im Rahmen des vorliegenden Lehrbuches zur Erörterung gelangen. Alle diese Funktionen haben im allgemeinen einen bestimmten Differentialquotienten, für den wir in einigen Fällen eine einfache naturwissenschaftliche Bedeutung angeben konnten.

Wir wollen jedoch bemerken, dass sich für gewisse Funktionen der reinen Mathematik, sowie bei einzelnen Anwendungen Ausnahmeerscheinungen einstellen. Auf einige von ihnen wollen wir etwas ausführlicher hinweisen, zumal da ihr Auftreten schon bei einfacheren Problemen möglich sein kann.

Wir sind in der Einleitung von der Anschauung ausgegangen, dass wir die Naturprozesse in elementare Einzelprozesse auflösen. Denken wir uns, um die Begriffe zu fixieren, eine Bewegung; von ihr wissen wir, dass der Zuwachs des durchlaufenden Weges während der Zeit dt um so kleiner wird, je kleiner wir uns das Zeitintervall dt vorstellen. oder in anderer Ausdrucksweise, dass dieser Zuwachs gegen Null konvergiert, wenn der Zuwachs der Zeit gegen Null konvergiert. Fassen wir den durchlaufenen Weg s als Funktion der Zeit t auf, so ändert sich demgemäss die Funktion nur um ausserordentlich wenig, wenn die Zeit um sehr wenig zunimmt. Eine solche Funktion nennt man eine stetige Funktion. Es bedarf kaum des Hinweises, dass der Verlauf der in der Natur vorkommenden Prozesse im allgemeinen durch stetige Funktionen dargestellt wird, mag es sich um Bewegungen, um physikalische Er-

---

*) Vgl. Formel 89 des Anhangs.

scheinungen oder um chemische Reaktionen handeln. (Natura non facit saltus!)

Immerhin jedoch werden wir bei der mathematischen Natur-betrachtung zuweilen auf Unstetigkeiten im Verlauf einer Funktion geführt und so wollen wir an zwei einfachen Beispielen uns diesen Be-griff zu erläutern suchen.

Betrachten wir zuerst die Ausdehnung eines festen Körpers durch Temperatursteigerung und tragen wir uns zu diesem Ende das Volum eines Grammes desselben in seiner Abhängigkeit von der Temperatur graphisch auf. Der feste Körper dehnt sich anfänglich sehr langsam aus (Fig. 42); sobald aber die Temperatur nur um einen noch so geringfügigen Betrag über seinen Schmelzpunkt gestiegen ist, schmilzt er und die an seine Stelle tretende Flüssigkeit besitzt ein erheblich verschiedenes (in der Regel grösseres) Volum. Gehen wir zu höheren Temperaturen über, so ändert sich das Volum fernerhin kontinuierlich und zwar findet in der Regel eine beschleunigte Ausdehnung statt.

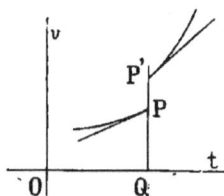
Fig. 42.

Man sagt nun von einer Kurve, die durch die Gleichung

$$v = f(t)$$

gegeben ist und sich nach Art der oben gezeichneten Kurve verhält, sie sei für den Wert $t = OQ$ unstetig und habe an dieser Stelle einen Sprung, und das gleiche sagt man von der Funktion $f(t)$ selber. Lassen wir t an dem Punkte OQ um eine beliebig kleine Grösse dt zunehmen, so ändert sich die Funktion $f(t)$ selber nicht, wie in allen bisher be-trachteten Fällen, ebenfalls nur um eine sehr kleine Grösse, sondern um das endliche Stück PP', so klein wir dt auch wählen. Der Differentialquotient hat an der Stelle $t = OQ$ offenbar zwei ver-schiedene Werte, die durch die Lage der (Fig. 42 mitgezeichneten) Tangenten bestimmt sind, welche wir im Punkte P und im Punkte P' an die beiden Kurvenstücke zu legen vermögen, und deren physikalische Bedeutung einfach darin besteht, dass sie den Ausdehnungskoeffizienten des festen und denjenigen des geschmolzenen Körpers beim Schmelz-punkt darstellen.

In anderen Fällen verlaufen Kurven zwar ohne Sprünge, erfahren aber in einem Punkte eine plötzliche Richtungsänderung; an dieser Stelle hat, mit anderen Worten, der Differentialquotient einen Sprung. Hierfür bietet die Dampfdruckkurve einer Substanz ein gutes Beispiel. Der Dampfdruck p des festen Körpers steigt mit der Temperatur an;

sobald aber der Schmelzpunkt erreicht wird und der Körper demgemäss den flüssigen Aggregatzustand angenommen hat, so findet ein verlangsamtes Ansteigen statt und die Dampfdruckkurve erfährt infolge davon eine plötzliche Richtungsänderung in diesem Punkte, wie es Fig. 43 graphisch veranschaulicht. Der Dampfdruck selber besitzt keinen Sprung beim Schmelzpunkt; denn sein Wert ist daselbst für den festen Körper der gleiche, wie für die auf die Temperatur des Schmelzpunktes gebrachte Flüssigkeit. Wohl aber wird der Differentialquotient unstetig; denn er geht, wenn wir von $t = OQ$ aus um ein noch so kleines Stück dt vorwärts gehen, aus dem Werte, welcher der trigonometrischen Tangente des Winkels α entspricht, in denjenigen über, welcher der trigonometrischen Tangente des Winkels α' entspricht und von dem ersteren um einen endlichen Betrag verschieden ist.

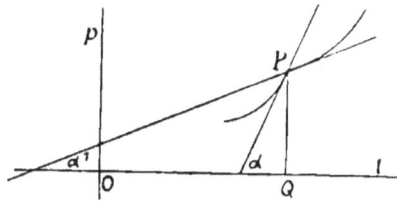

Fig. 43.

Man sagt von einer Funktion, dass sie für einen bestimmten Wert von x unstetig sei, auch dann, wenn sie für diesen Wert unendlich wird. Eine solche Funktion ist z. B.

$$y = \frac{1}{a - x}.$$

Setzen wir $x = a$, so wird y unendlich gross; die Funktion ist daher an dieser Stelle unstetig. Der Differentialquotient dieser Funktion hat den Wert

$$y' = \frac{1}{(a - x)^2},$$

er wird daher für $x = a$ ebenfalls unendlich gross. Solche Funktionen haben wir in den vorstehenden Paragraphen mehrfach kennen gelernt, wir brauchen z. B. nur die Kurvenbilder daraufhin zu betrachten, ob sie Kurvenzüge enthalten, bei denen die Ordinate für einen endlichen Wert von x unendlich wird. Solche Kurven sind z. B. diejenigen, die sich für $\ln x$, für die graphische Darstellung des Boyle-Mariotteschen Gesetzes (S. 3) ergeben, und andere.

Wir schliessen diese Erörterungen mit der Bemerkung, dass wir auch im Nachfolgenden, genau wie im Vorhergehenden, auf die Ausnahmewerte u. s. w. keinerlei Rücksicht nehmen; in allen den von uns zu behandelnden Aufgaben sind wir auf Grund der einfachen Natur der Funktionen, mit denen wir zu operieren haben, dessen überhoben.

Viertes Kapitel.

Die Integralrechnung.

§ 1. **Die Aufgabe der Integralrechnung.**

In Kapitel II haben wir gesehen, dass uns beim theoretischen Studium der Naturvorgänge und ihrer Gesetze im wesentlichen zwei verschiedene Probleme entgegentreten. Das eine verlangt, aus den Thatsachen, die eine einzelne Phase eines Naturprozesses betreffen, das Gesetz des ganzen Prozesses abzuleiten; das andere nimmt das Gesamtgesetz eines Naturprozesses als gegeben an und stellt die Aufgabe, zu ermitteln, wie sich in jedem einzelnen Augenblick der Naturvorgang abspielt und was ihn wirkend bestimmt. Jedes der beiden Probleme steht dem andern als seine Umkehrung gegenüber. Das Problem, für die ihrer Gesamtnatur nach bekannten Erscheinungen die momentanen Eigenschaften zu ermitteln, führte uns auf die Begriffe und Methoden der Differentialrechnung; es fragt sich jetzt, wie wir zur Lösung der umgekehrten Probleme gelangen.

Gemäss der von uns wiederholt benutzten Auffassung denken wir uns den Naturvorgang in lauter kleine Einzelprozesse von minimaler Dauer zerlegt, und nehmen an, dass diese gleichmässig ablaufen. Dabei haben wir nur darauf zu achten, dass wir uns von der Art und Natur derartiger, sich gleichmässig abspielender Prozesse eine richtige Vorstellung bilden.

Es ist nützlich, in dieser Hinsicht einige Beispiele genauer zu erörtern. Handelt es sich um eine Bewegung mit veränderlicher Geschwindigkeit, so zerlegen wir sie in lauter sehr kurze Bewegungen, von denen wir annehmen, dass ihnen eine gleichmässige Geschwindigkeit eigen ist. Haben wir es mit einer chemischen Reaktion zu thun, die mit unaufhörlich wechselnder Geschwindigkeit abläuft, so zerlegen wir sie in lauter Einzelreaktionen, deren Geschwindigkeit konstant ist.

Wollen wir die veränderliche Abnahme des Luftdrucks mit der Höhe untersuchen, so zerlegen wir die Atmosphäre in lauter sehr dünne Schichten und nehmen an, dass innerhalb einer jeden solchen Schicht der Luftdruck gleichmässig abnimmt. Soll die Wirkung einer mit der Zeit veränderlichen Kraft auf einen Punkt gefunden werden, so ersetzen wir sie durch lauter Kräfte, die eine kleine Zeit hindurch eine konstante Wirkung auf den Punkt ausüben u. s. w. u. s. w. In allen diesen Fällen muss uns aber, falls wir von dieser Auffassung einen wirklichen Vorteil ziehen sollen, dasjenige Gesetz bekannt sein, das die bezüglichen gleichmässigen Prozesse betrifft; nämlich die Grösse der Geschwindigkeit für jeden Bewegungsaugenblick, die Stärke der chemischen Reaktion für jede Phase des chemischen Prozesses, die Abnahme des Luftdruckes für jede Höhe der Atmosphäre, die Intensität der Kraft für jeden Moment ihres Wirkens u. s. w. Hiervon müssen wir eine klare Kenntnis besitzen; die Gesetze, die hier in Frage kommen, müssen uns in voller Exaktheit zu Gebote stehen.

Wir wollen das mathematische Verfahren, nach dem wir die genannten Probleme behandeln, zunächst an dem der Vorstellung leicht zugänglichen Beispiel der Fallbewegung deutlich machen. Wir denken uns also die umgekehrte Aufgabe gestellt, wie die, die wir S. 50 behandelt haben, d. h. wir nehmen an, dass in jedem Augenblick der Wert von v durch die Gleichung

$$1) \quad v = gt$$

gegeben ist, und verlangen, daraus die Fallformel

$$2) \quad s = \frac{1}{2} gt^2$$

abzuleiten.

Nach den Ausführungen von S. 85 ist die in der Zeit dt zurückgelegte Wegstrecke gleich dem Differential ds. Da wir uns denken, dass diese Strecke gleichmässig durchlaufen wird, und zwar mit der Geschwindigkeit $v = gt$, so folgt sofort

$$ds = v\,dt = gt\,dt$$

und hieraus durch Division mit dt

$$3) \quad \frac{ds}{dt} = gt.$$

Mit der Aufstellung dieser Gleichung ist der spezifisch physikalische Teil der Betrachtung abgeschlossen. Um von der Gleichung 3) zur Gleichung 2) zu gelangen, haben wir nur noch eine rein rechnerische Aufgabe zu behandeln, nämlich die Frage, wie sich die Funktion s darstellt, wenn wir den Wert ihres Differentialquotienten kennen. Dies ist die Umkehrung der Aufgabe, die

wir in den beiden vorstehenden Kapiteln behandelt haben.
Dort haben wir zu den einzelnen Funktionen ihre Differentialquotienten
bestimmt; hier sollen wir die Funktion finden, wenn ihr Differentialquotient gegeben ist; wir sollen im besondern zeigen, dass die Funktion
$s = \frac{1}{2} g t^2$ ist, wenn wir wissen, dass ihr Differentialquotient gleich $g t$
ist. Übrigens gelangen wir zur Gleichung 3) im vorliegenden Fall noch
einfacher, wenn wir beachten, dass die Geschwindigkeit v den Differentialquotienten des Weges nach der Zeit bedeutet (S. 56). Setzen wir ihn
in 1) für v ein, so ergiebt sich wiederum 3).

Ein zweites Beispiel sei die Zuckerinversion (Zerfall gelösten
Rohrzuckers unter Aufnahme von Wasser in Dextrose und Lävulose
bei Gegenwart von Säuren). Ehe wir an die Behandlung dieser Aufgabe gehen, haben wir den Begriff der Reaktionsgeschwindigkeit zu
definieren. Denken wir uns der Zuckerlösung in jedem Augenblick
soviel Zucker zugeführt, als durch Inversion verschwindet, so wird in
jeder Sekunde die gleiche Zuckermenge sich umwandeln, d. h. die
Reaktion geht mit konstanter Geschwindigkeit vor sich. Von einem
derartigen gleichmässig verlaufenden Inversionsprozess besagt das
Guldberg-Waagesche Gesetz, dass die in der Zeiteinheit invertierte
Zuckermenge der in Lösung befindlichen Zuckermenge direkt proportional ist.

Sei nun a die ursprünglich in der Lösung befindliche Zuckermenge, ferner sei zur Zeit t die Zuckermenge x invertiert, so dass die
Menge des noch in Lösung befindlichen Zuckers $a - x$ beträgt. In
der alsdann folgenden Zeit dt werde die Zuckermenge dx invertiert,
und zwar unseren Grundvorstellungen zufolge in einem gleichmässig
verlaufenden Reaktionsprozess. Für ihn ist nach obigem Gesetz die
Reaktionsgeschwindigkeit der vorhandenen Zuckermenge proportional:
bezeichnen wir sie für die Einheit der Zuckermenge durch k, so ist
sie für die Zuckermenge $a - x$ gleich $k (a - x)$.*) Mit dieser Reaktionsgeschwindigkeit geht aber die Inversion nur die kleine Zeit dt hindurch
vor sich, in dieser Zeit beträgt daher die Menge des invertierten
Zuckers $k (a - x) dt$. Diese Zuckermenge haben wir andererseits mit
dx bezeichnet, also ergiebt sich sofort

$$4)\quad dx = k(a - x)dt$$

oder

$$5)\quad \frac{dx}{dt} = k(a - x).$$

*) Es giebt also $k (a - x)$ bei konstant erhaltener Zuckerkonzentration die in der
Zeiteinheit invertierte Zuckermenge an.

Das chemische Gesetz ist damit in eine mathematische Form gebracht und wir haben nun noch die Aufgabe zu lösen, dasjenige Funktions- verhältnis zwischen x und t zu ermitteln, das in vorstehender Gleichung seinen Ausdruck findet.

Hierzu schreiben wir die letzte Gleichung in die Form

$$6) \quad dt = \frac{1}{k} \cdot \frac{dx}{a - x}$$

und sehen leicht, dass man

$$7) \quad t = -\frac{1}{k} \lg (a - x)$$

setzen darf.[*] In der That folgt aus dieser Gleichung durch Differentiation

$$dt = -\frac{1}{k} d \lg (a - x) = -\frac{1}{k} \frac{d(a - x)}{a - x} = \frac{1}{k} \frac{dx}{a - x}.$$

Damit haben wir die gesuchte funktionale Beziehung zwischen x und t gefunden. Wir können die Gleichung 7) einfacher folgendermassen schreiben[**]

$$8) \quad t = \frac{1}{k} \lg \frac{1}{a - x}.$$

Den Differentialquotienten $\frac{dx}{dt}$ bezeichnet man als die momentane Reaktionsgeschwindigkeit des Prozesses. Diese Bezeichnung ist dem Begriff der momentanen Bewegungsgeschwindigkeit durchaus analog, die ja für ungleichförmige Bewegungen das Verhältnis zwischen dem Differential ds und dem Differential dt ist; ihr entspricht bei dem ungleichförmigen Inversionsprozess das Verhältnis zwischen dem Differential dx, den das invertierte Quantum in der Zeit dt erfährt, und der Zeit dt selbst.

Sobald uns übrigens der Begriff der momentanen Reaktions- geschwindigkeit geläufig ist, können wir, analog zum ersten Beispiel, die Gleichung 5) fast unmittelbar hinschreiben.

§ 2. Der Integralbegriff.

Die Aufgabe, zu der die vorstehend behandelten Probleme führen, und ihre Beziehung zur Differentialrechnung können wir auch folgendermassen präzisieren: In der Differentialrechnung wurden die unendlich kleinen Änderungen einer veränderlichen Grösse bestimmt, welche unendlich kleinen Änderungen einer andern Grösse entsprechen; vorausgesetzt,

---

[*] Die genauere Erörterung befindet sich auf S. 117.

[**] Vgl. Formel 24 des Anhangs.

dass man das Gesetz kennt, das beide Grössen verbindet, resp. dass man weiss, welche Funktion die eine von der andern ist. Jetzt haben wir das Problem zu betrachten, wenn die unendlich kleinen Änderungen einer veränderlichen Grösse bekannt sind, die den unendlich kleinen Änderungen einer zweiten Grösse entsprechen, die Funktionsbeziehung zu suchen, die zwischen den beiden Grössen besteht. An den Naturforscher wird das hier definierte Problem sogar noch öfter herantreten, als dasjenige der Differentialrechnung, weil er nur äusserst selten die exakte Beziehung zwischen zwei veränderlichen Grössen kennt, hingegen sehr häufig auf Grund einer glücklichen Hypothese voraus zu sagen weiss, durch welche Beziehung unendlich kleine Änderungen jener Grössen miteinander verknüpft sind.

Die Wissenschaft, deren Gegenstand die eben genannte Aufgabe bildet, heisst Integralrechnung; um uns diese Bezeichnung näher zu bringen, können wir daran denken, dass die Probleme, die die Integralrechnung behandelt, die Gesetze finden lehren, die den Gesamtverlauf *(integer)* eines Naturvorgangs betreffen. Die Integralrechnung steht nach dem obigen der Differentialrechnung ebenso gegenüber, wie die Subtraktion der Addition, die Division der Multiplikation oder die Radizierung der Potenzierung. In der Differentialrechnung besassen wir ein allgemeines Schema, nach dem wir den Differentialquotienten einer jeden Funktion zu bilden hatten; es fragt sich naturgemäss, ob auch für die Integralrechnung ein solches Schema allgemeiner Natur existieren mag. Die Antwort lautet, dass dies nicht der Fall ist.

Als allgemeine Aufgabe, die hier auftritt, fanden wir die, eine Funktion zu bestimmen, deren Differentialquotient gegeben ist. Ist z. B. x^u dieser Differentialquotient, und bezeichnen wir für den Augenblick die gesuchte Funktion durch y, so soll

$$\frac{dy}{dx} = x^u, \text{ also } dy = x^u\, dx$$

sein. Bezeichnen wir allgemein den Differentialquotienten durch $f(x)$ und die gesuchte Funktion durch $F(x)$, so ist $F(x)$ danach zu bestimmen, dass

1) $\dfrac{d F(x)}{dx} = f(x),$

2) $d F(x) = f(x)\, dx$

ist, dass also das Differential von $F(x)$ gleich $f(x)\, dx$ ist.

Eine Funktion $F(x)$, die dieser Gleichung genügt, bezeichnen wir durch

$$3) \quad F(x) = \int f(x)\,dx *$$

und nennen sie das Integral von $f(x)\,dx$ oder auch Integralfunktion von $f(x)$. Wenn wir also sagen, dass $F(x)$ die Integralfunktion von $f(x)$ ist, so bedeutet dies nichts anderes, als dass $f(x)\,dx$ das Differential von $F(x)$ ist; die beiden Gleichungen 2) und 3) sagen genau das gleiche aus und unterscheiden sich nur in der Bezeichnung. Mit Anwendung dieser neuen Bezeichnung erhalten wir für die in § 1 betrachteten Beispiele, dass resp.

$$s = \int g t\,dt = \tfrac{1}{2} g t^2$$

$$t = \int \frac{1}{k} \frac{dx}{a-x} = \frac{1}{k} \lg \frac{1}{a-x}$$

zu setzen ist. Diese Beispiele lehren zugleich, welches der Wert der in ihnen auftretenden Integrale ist.

Wir haben oben hervorgehoben, dass Differentialrechnung und Integralrechnung sich aufhebende Operationen sind; dies wollen wir noch durch eine Formel in Evidenz setzen. Setzen wir in Gleichung 2) für $F(x)$ aus Gleichung 3) seinen Wert, so folgt

$$4) \quad d\int f(x)\,dx = f(x)\,dx,$$

und diese Gleichung zeigt in der That, dass die Zeichen d und $\int$ einander aufheben, genau wie dies für die Operationszeichen des Potenzierens und Radizierens der Fall ist.

In der nämlichen Weise erhalten wir aus der Gleichung 3), wenn wir für $f(x)\,dx$ nach Gleichung 2) $dF(x)$ setzen und die Seiten der Gleichung vertauschen,

$$5) \quad \int dF(x) = F(x)$$

und auch diese Gleichung zeigt, dass sich d und $\int$ gegenseitig aufheben.**) Ersetzen wir zur Abkürzung $F(x)$ durch u, so nimmt sie die

---

*) Den Ursprung und die Bedeutung dieses Zeichens werden wir später genauer erörtern. Hier genüge die Bemerkung, dass einerseits jede Bezeichnung willkürlich gewählt werden kann und dass andrerseits das Zeichen $\int$ ein langgezogenes s darstellt, und eine Summe, resp. Gesamtheit bedeutet — hier tritt die Beziehung zu den Gesamtgesetzen zu Tage — ebenso wie z. B. das Zeichen $\sqrt{\ }$, das die Quadratwurzel ausdrückt, an ein r (radix) erinnern soll.

**) Für je zwei inverse Rechnungsarten existieren zwei derartige Gleichungen. Lassen wir dem Potenzieren das Differenzieren, also dem Radizieren das Integrieren entsprechen, so ist das Analogon der Gleichung 4), dass

$$\left(\sqrt[n]{a}\right)^n = a$$

einfache Form

$$6) \quad \int d u = u$$

an: eine Gleichung, von der wir sehr oft Gebrauch zu machen haben. Wollen wir die letzten Gleichungen in Worte fassen, so können wir sagen, dass das **Differential eines Integrals, ebenso das Integral eines Differentials immer wieder die ursprüngliche Funktion giebt**; genau so wie die n^{te} Wurzel einer n^{ten} Potenz; resp. die n^{te} Potenz einer n^{ten} Wurzel immer die Grundzahl giebt.

Ehe wir die Integrale der einzelnen Funktionen $f(x)$ angeben, wollen wir noch einen allgemeinen Satz ableiten. Ist $F(x)$ wieder eine Integralfunktion von $f(x)$, so dass es der Gleichung

$$\frac{d F(x)}{d x} = f(x)$$

genügt, so sieht man sofort, dass auch

$$7) \quad F(x) + C,$$

wo C irgend eine Konstante bedeutet, diese Eigenschaft hat; denn es ist (S. 73)

$$\frac{d \, [F(x) + C]}{d x} = \frac{d F(x)}{d x} = f(x).$$

Die Funktion $F(x) + C$ ist daher ebenfalls als eine Integralfunktion von $f(x)$ zu betrachten; **wir finden also zu einer Funktion $f(x)$ unendlich viele Integralfunktionen.** Jeder Wert von C bestimmt eine von ihnen; sie gehen auseinander hervor, indem man zu einer beliebigen von ihnen konstante Grössen hinzuaddiert.

Man drückt dies formal dadurch aus, dass man

$$8) \quad \int f(x) \, d x = F(x) + C$$

schreibt. Ohne befürchten zu müssen, zu Irrtümern Veranlassung zu geben, werden wir aber auch in Zukunft von den bisher benutzten Gleichungen

$$\int f(x) \, d x = F(x)$$

vielfach Gebrauch machen. Wollen wir beide Gleichungen genau lesen, so heisst die zweite: Eine Integralfunktion von $f(x)$ ist $F(x)$; die erste: Alle Funktionen von der Form $F(x) + C$ sind Integralfunktionen von $f(x)$

---

ist; hier wird a zuerst radiziert und dann das Ergebnis potenziert. Das Analogon der Gleichung 5) dagegen lautet

$$\sqrt[n]{(a^n)} = a;$$

hier wird a zuerst potenziert und dann das Ergebnis wieder radiziert. Ebenso wird im Text im ersten Fall zuerst $f(x) \, d x$ integriert und dann differenziert, im zweiten zunächst $F(x)$ differenziert und dann das Ergebnis integriert.

§ 3. Die Grundformeln der Integralrechnung.

Da die Integralrechnung die Umkehrung der Differentialrechnung ist, so können wir, wie dies für alle solche Rechnungsarten gilt, jede Formel der Differentialrechnung benützen, um aus ihr eine Formel der Integralrechnung abzuleiten.

Wir haben nur davon Anwendung zu machen, dass nach vorigem Paragraphen, wenn die Gleichung

$$d\,F(x) = f(x)\,d\,x$$

besteht, diese Gleichung sofort

$$\int f(x)\,d\,x = F(x)$$

ergiebt. Man sagt, dass die zweite Gleichung aus der ersten durch Integration hervorgeht, wie umgekehrt die erste aus der zweiten durch Differentiation.

Wir erhalten also die gesuchten Integralformeln durch unmittelbare Umkehrung der Formeln, die wir in § 9—11 des vorigen Kapitels aufgestellt haben. Einige von ihnen wollen wir vorher ein wenig umformen. Für die Potenz x^{n+1} besteht die Gleichung

$$d\,(x^{n+1}) = (n+1)\,x^n\,d\,x,$$

woraus sich

$$d\left(\frac{x^{n+1}}{n+1}\right) = x^n\,d\,x$$

ergiebt. Ferner setzen wir statt der Formeln

$$d\cos x = -\sin x\,d\,x, \quad d\operatorname{ctg} x = -\frac{d\,x}{\sin^2 x}$$

die folgenden

$$d(-\cos x) = \sin x\,d\,x; \quad d(-\operatorname{ctg} x) = \frac{d\,x}{\sin^2 x}$$

und gelangen nunmehr sofort zu folgender Doppeltabelle

$$d\,\frac{x^{n+1}}{n+1} = x^n\,d\,x \qquad\qquad \int x^n\,d\,x = \frac{x^{n+1}}{n+1}$$

$$d\sin x = \cos x\,d\,x \qquad\qquad \int \cos x\,d\,x = \sin x$$

$$d(-\cos x) = \sin x\,d\,x \qquad\qquad \int \sin x\,d\,x = -\cos x$$

$$d\operatorname{tg} x = \frac{d\,x}{\cos^2 x} \qquad\qquad \int \frac{d\,x}{\cos^2 x} = \operatorname{tg} x$$

$$d(-\operatorname{ctg} x) = \frac{d\,x}{\sin^2 x} \qquad\qquad \int \frac{d\,x}{\sin^2 x} = -\operatorname{ctg} x$$

$$d\,e^x = e^x\,d\,x \qquad\qquad \int e^x\,d\,x = e^x$$

$$d \ln x = \frac{d\,x}{x} \qquad\qquad \int \frac{d\,x}{x} = \ln x\,{}^*)$$

$$d \arc \sin x = \frac{d\,x}{\sqrt{1 - x^2}} \qquad \int \frac{d\,x}{\sqrt{1 - x^2}} = \arc \sin x$$

$$d \arc \tg x = \frac{d\,x}{1 + x^2} \qquad \int \frac{d\,x}{1 + x^2} = \arc \tg x$$

§ 4. Die geometrische und physikalische Bedeutung der Integrationskonstanten.

In der Existenz der unendlich vielen Integralfunktionen, die zu einem und demselben Differential $f(x)\,d\,x$ gehören, tritt uns eine Thatsache entgegen, für die es im Bereich der Elementarmathematik ein vollständiges Analogon nicht giebt. Die Bestimmung der Quadratwurzel einer Zahl führt allerdings auf zwei Lösungen, ebenso hat eine dritte Wurzel drei verschiedene Werte; aber unendlich viele Lösungen, wie sie sich hier bei der Aufgabe ergeben, zum Differential $f(x)\,d\,x$ die Integralfunktion zu finden, treten sonst nirgends auf. Die formale Erklärung hiervon haben wir im vorigen Paragraphen dargelegt, wir haben aber naturgemäss den Wunsch, zu erfahren, in welchen geometrischen resp. naturwissenschaftlichen Thatsachen dies begründet ist. Wir wollen mit der geometrischen Interpretation den Anfang machen.

Es sei $F(x)$ zunächst wieder irgend eine Integralfunktion von $f(x)$, so dass also die Gleichung

$$\frac{d\,F(x)}{d\,x} = f(x)$$

besteht. Setzen wir

$$1) \quad y = F(x),$$

so wird durch diese Gleichung in bekannter Weise eine Kurve dargestellt. Für diese Kurve folgt (S. 62)

$$2) \quad \tg \tau = \frac{d\,y}{d\,x} = \frac{d\,F(x)}{d\,x} = f(x)$$

und diese Gleichung bestimmt für unsere Kurve in jedem Kurvenpunkt die Lage der Tangente. Die Bestimmung der Integralfunktion $F(x)$ zu gegebenem $f(x)$ läuft also geometrisch darauf hinaus, die Ordinate y einer Kurve zu bestimmen, wenn man die Tangentenrichtung in jedem ihrer Punkte kennt.

---

*) Das Integral der linken Seite ist formal in dem ersten Integral der Tabelle enthalten, nämlich für $n = -1$. Alsdann versagt aber die erste Integralformel, da $n + 1 = 0$ wird, und ist durch die obige zu ersetzen.

Man überzeugt sich nun sofort, dass die Aufgabe, eine Kurve zu zeichnen, wenn man das Gesetz ihrer Tangente kennt, auf unzählig viele Kurven führt. Beachten wir, dass die Bestimmung der Tangente auf Grund von Gleichung 2) eine solche ist, dass der Winkel t in jedem Punkt der Kurve nur von der Abscisse x des Kurvenpunktes abhängt. Ist dann irgend eine Kurve bekannt, die die Bedingungen der Aufgabe erfüllt, und verschiebt man sie parallel mit sich selbst in der Richtung der y-Axe um irgend eine Strecke C, so wird die Kurve in ihrer neuen Lage ebenfalls den Bedingungen des Problems genügen. Ist nämlich (Fig. 44) P ein Punkt, der dadurch in die Lage Q gelangt, so haben erstens P und Q gleiche Abscisse, andererseits bleibt jede Tangente bei dieser Verschiebung sich selbst parallel, woraus die Behauptung unmittelbar hervorgeht. Bezeichnen wir die Ordinaten von P resp. Q mit y resp. Y, so folgt, da die Grösse der Verschiebung gleich C ist,

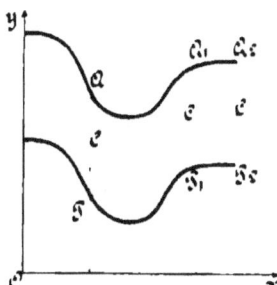

$$Y = y + C$$

Fig. 44.

und diese Gleichung gilt für jedes zusammengehörige Wertepaar y und Y. Schreiben wir nun noch die Gleichungen der ersten Kurve in die Form

3) $\quad y = F(x)$,

so folgt als Gleichung der zweiten Kurve

4) $\quad Y = F(x) + C$

und das ist die zu erläuternde Gleichung.*)

Es ist klar, dass man unter den sämtlichen durch Parallelverschiebung auseinander hervorgehenden Kurven eine so finden kann, dass die zu einer Abscisse x_0 gehörige Ordinate eine gegebene Länge y_0 hat. Es folgt daraus, dass man, um aus der Gesamtheit aller Integralfunktionen eine bestimmte herauszuheben, zu irgend einem Wert von x den zugehörigen Wert der Funktion beliebig vorzuschreiben hat.

Um die physikalische Bedeutung der Konstanten C zu erkennen und die Notwendigkeit ihres Auftretens zu verstehen, ist es das zweckmässigste, einige bestimmte Beispiele durchzurechnen. Wir beginnen

---

*) Aus obiger Betrachtung folgt noch, dass jede Integralfunktion aus $F(x)$ durch Addition einer Konstanten entsteht.

wieder mit der Fallbewegung. Für sie gilt das Gesetz, dass die durch die Anziehung der Erde hervorgerufene Beschleunigung der Bewegung bei der Masse 1 in jedem Augenblick die Grösse g hat. Unter der Beschleunigung einer gleichmässig beschleunigten Bewegung versteht man den Geschwindigkeitszuwachs in der Zeiteinheit, resp. einer Sekunde; da der Geschwindigkeitszuwachs in der Zeit dt gleich dem Differential der Geschwindigkeit v, d. h. gleich dv ist*) (S. 85), so ist

$$dv = g\, dt.$$

Hieraus folgt

5) $$v = \int g\, dt + C.$$

Beachten wir nun, dass aus der Gleichung

$$d(g\,t) = g\, dt$$

die Gleichung

$$g\,t = \int g\, dt$$

folgt, so erhalten wir schliesslich

6) $$v = g\,t + C.$$

Wir haben die Fallbewegung auf S. 52 bereits vom umgekehrten Standpunkt aus behandelt, und hatten dort als Wert der Geschwindigkeit $v = g\,t$ erhalten. Der dort behandelte Fall betraf nur diejenige Bewegung, bei der sich der fallende Punkt im Anfang der Bewegung, d. h. im Augenblick $t = 0$ in der Ruhelage befindet. Allein die Gesetze des freien Falls umfassen auch diejenigen Bewegungen, bei denen der bezügliche Punkt im Augenblick, wo die Schwere zu wirken anfängt, schon eigene Geschwindigkeit besitzt, die sowohl nach oben als nach unten gerichtet sein kann. Alle diese Bewegungen sind durch das gleiche Gesetz definiert, dass die vertikal zur Erde gemessene Beschleunigung den Wert g besitzt; sie alle müssen daher den obigen Formeln unterworfen sein.

Um irgend eine dieser Bewegungen herauszuheben, müssen wir wissen, welchen Wert für sie v in irgend einem Augenblick besitzt.**) Hierzu können wir zweckmässig den Moment $t = 0$ nehmen, in dem die Schwere zu wirken beginnt, denn es ist ja gerade die Anfangsgeschwindigkeit, die meist gegeben ist. Diese Anfangsgeschwindigkeit sei v_0, so folgt aus 6) die Gleichung

7) $$v_0 = C,$$

für diese bestimmte Bewegung folgt also

8) $$v = g\,t + v_0$$

---

*) Vgl. auch Kapitel VII, § 3.

**) Genau so mussten wir umstehend den Wert y_0 kennen, der zu einem gewissen Wert x_0 gehört.

als diejenige Gleichung, die die Geschwindigkeit v in jedem Augenblick t bestimmt.

Wird der Körper senkrecht in die Höhe geworfen, so ist seine Anfangsgeschwindigkeit negativ; wir setzen

$$v_0 = -V,$$

wo V jetzt positiv ist, so dass die Gleichung

$$v = g\,t - V$$

besteht. Man kann dann fragen, nach welcher Zeit der Körper zum Stillstand kommt, resp. seine Bewegungsrichtung ändert. Dies tritt dann ein, wenn v den Wert Null erlangt; der zugehörige Wert von t ergiebt sich daher aus der Gleichung

$$0 = g\,t - V$$

in der Form

9) $\quad t = \dfrac{V}{g}.$

An zweiter Stelle wollen wir die Zuckerinversion behandeln. Wir hatten als die bezügliche Gleichung zunächst

10) $\quad d\,t = \dfrac{1}{k}\dfrac{d\,x}{a-x}$

gefunden, woraus durch Integration unter Zufügung der Konstanten C

11) $\quad t = \dfrac{1}{k}\ln \dfrac{1}{a-x} + C$

folgt. Bei einem bestimmten Reaktionsprozess muss C naturgemäss einen bestimmten Wert besitzen, der also nicht mehr beliebig, sondern durch die Bedingungen des Versuchs gegeben ist. Diesen Wert kann man folgendermassen bestimmen. Zählt man, wie gewöhnlich, die Zeit von dem Augenblick an, wo die Reaktion beginnt, so hat zur Zeit $t = 0$ die intervertierte Zuckermenge den Wert $x = 0$, es besteht daher die Gleichung

$$0 = \dfrac{1}{k}\ln\dfrac{1}{a} + C.$$

Durch sie ist C bestimmt. Setzen wir diesen Wert von C in die Gleichung 11) ein, so ergiebt sich

12) $\quad t = \dfrac{1}{k}\ln\dfrac{1}{a-x} - \dfrac{1}{k}\ln\dfrac{1}{a}$

$\qquad = \dfrac{1}{k}\ln\dfrac{a}{a-x}.$ [*]

---

[*] Vgl. Formel 20 und 24 des Anhangs.

Man pflegt übrigens in der Praxis die Konstante C auf andere Weise zu bestimmen. Man beobachtet nämlich die zu irgend einer Zeit t_1 invertierte Zuckermenge x_1 direkt, alsdann besteht für t_1 und x_1 die Gleichung

$$13)\quad t_1 = \frac{1}{k} \ln \frac{1}{a - x_1} + C,$$

woraus sich C ergiebt. Auf Grund dieser Gleichung folgt aus 11)

$$t_1 - t = \frac{1}{k} \ln \frac{1}{a - x_1} - \frac{1}{k} \ln \frac{1}{a - x}$$

$$= \frac{1}{k} \ln \frac{a - x}{a - x_1} \text{ *)}$$

und daraus folgt schliesslich

$$14)\quad k = \frac{1}{t_1 - t} \ln \frac{a - x}{a - x_1}.$$

Dies ist die Form, in die man unsere Gleichung am besten setzt, wenn man sie experimentell bestätigen will. Nach ihr muss der Ausdruck auf der rechten Seite eine Konstante sein, und man kann, indem man zu irgend welchen Zeiten t, t', t'' ... die zugehörigen Werte x, x', x'' ... beobachtet, leicht ermitteln, ob dies der Fall ist.**)

§ 5. Integration von Summe und Differenz.

Wir übertragen im folgenden die Ergebnisse von Kapitel III, § 5 und 6 auf die Integralfunktionen. Es ist

$$1)\quad d(u + v) = du + dv$$

und hieraus folgt durch Integration

$$u + v = \int (du + dv).$$

Aber es ist $u = \int du$, $v = \int dv$; folglich ergiebt sich

$$2)\quad \int (du + dv) = \int du + \int dv,$$

d. h. das Integral einer Summe ist gleich der Summe der Integrale.

Die gleiche Formel gilt für mehr als zwei Summanden.

In der nämlichen Weise folgt aus der Formel

$$3)\quad d(u - v) = du - dv$$

durch Integration

$$u - v = \int (du - dv)$$

---

*) Vgl. Formel 20 und 24 des Anhangs.
**) Vgl. die Anwendungen in Kap. V, § 3, 9, 10.

oder, wenn wir wieder $u = \int du,\ v = \int dv$ setzen,

$$4)\quad \int (du - dv) = \int du - \int dv,$$

d. h. das Integral einer Differenz ist gleich der Differenz der bezüglichen Integrale.

Endlich ergiebt sich aus der Formel

$$5)\quad d(au) = a\,du,$$

in der a eine Konstante bedeutet, durch Integration

$$au = \int a\,du.$$

Ersetzen wir hier u durch $\int du$, so folgt

$$6)\quad \int a\,du = a \int du.$$

Diese Formel zeigt, dass man eine Konstante als Faktor beliebig vor oder unter das Integralzeichen setzen kann.

Fassen wir die vorstehenden Sätze zusammen, so folgt

$$\int (a\,du + b\,dv - c\,dw) = a \int du + b \int dv - c \int dw.$$

Beispiele.

$$\int (x + \sin x)\,dx = \int x\,dx + \int \sin x\,dx = \frac{x^2}{2} - \cos x + C$$

$$\int (a x^2 + b x + c)\,dx = \int a x^2\,dx + \int b x\,dx + \int c\,dx$$

$$= \frac{a x^3}{3} + b \frac{x^2}{2} + c x + C$$

$$\int \left(a x^2 + \frac{b}{x}\right) dx = \int a x^2\,dx + \int \frac{b}{x}\,dx = \frac{a x^3}{3} + b \ln x + C$$

$$\int (a \cos x + b \sin x)\,dx = a \sin x - b \cos x + C.$$

§ 6. Die Methode der teilweisen Integration.

Wir wollen nunmehr diejenige Formel, die sich auf die Differentiation eines Produktes bezieht, in die Integralrechnung übertragen. Wir hatten

$$1)\quad d(uv) = v\,du + u\,dv.$$

Nehmen wir auf beiden Seiten das Integral, so erhalten wir links die Funktion uv, rechts die Summe der einzelnen Integrale, d. h. wir finden

$$uv = \int v\,du + \int u\,dv$$

als Umkehrung der analogen Formel der Differentialrechnung. Es fragt sich, wie wir diese Formel benutzen können. Wir schreiben sie zu diesem Zweck

$$2)\quad \int u\,dv = uv - \int v\,du$$

und sehen nun sofort, dass sie ein Integral auf ein anderes zurückführt und daher als eine **Reduktionsformel** aufzufassen ist. Kennen wir das Integral der rechten Seite, so können wir mit dessen Hilfe auch das Integral der linken Seite berechnen.

Es handele sich z. B. um das Integral

$$\int \ln x \, dx.$$

Wir setzen, um die Formel zu benutzen,

$$u = \ln x, \quad dv = dx,$$

so finden wir

$$du = \frac{dx}{x}, \quad v = x$$

und demnach

$$3) \quad \int \ln x \, dx = x \ln x - \int x \frac{a \, x}{x}$$
$$= x \ln x - x.$$

Ein zweites Beispiel sei das Integral

$$\int x \, e^x \, dx.$$

Hier setzen wir

$$u = x, \quad dv = e^x \, dx$$

und finden gemäss S. 107 zunächst

$$du = dx, \quad v = \int e^x \, dx = e^x.$$

Hieraus folgt weiter

$$4) \quad \int x \, e^x \, dx = x \, e^x - \int e^x \, dx$$
$$= x \, e^x - e^x.$$

Wie man die Zerlegung in die beiden Teile u und dv zu machen hat, damit die Methode wirklich zum Ziele führt, lässt sich natürlich nicht allgemein angeben. Man ist hier auf Probieren angewiesen. Nur soviel ist klar, dass man erstens im stande sein muss, die Funktion v selbst zu ermitteln, und dass zweitens das Integral, auf das man das gesuchte reduziert, bekannt sein oder doch wenigstens einfacher bestimmbar sein muss, als das gesuchte. Setzen wir z. B. beim letzten Integral

$$u = e^x, \quad dv = x \, dx$$

— was an und für sich natürlich zulässig ist — so ist v auch jetzt noch sofort bestimmbar; es folgt nämlich

$$du = e^x \, dx, \quad v = \int x \, dx = \frac{x^2}{2}$$

und demnach

$$\int x\,e^x\,dx = \frac{x^2}{2}\,e^x - \int \frac{x^2}{2}\,e^x\,dx.$$

Jetzt haben wir aber das gesuchte Integral augenscheinlich auf ein komplizierteres zurückgeführt; diese Substitution hat daher keinen praktischen Wert für die Auswertung des gesuchten Integrals.

Man nennt die vorstehend angegebene Methode der Integralrechnung die Methode der teilweisen Integration.

Wir behandeln noch einige Beispiele, zunächst

$$\int x \sin x\,dx.$$

Man setze

$$u = x, \quad dv = \sin x\,dx,$$

so folgt

$$du = dx, \quad v = \int \sin x\,dx = -\cos x$$

und daraus

5) $$\int x \sin x\,dx = -x \cos x + \int \cos x\,dx$$
$$= -x \cos x + \sin x.$$

Ebenso kann man das Integral

$$\int x^2 \sin x\,dx$$

behandeln. Man setze

$$u = x^2, \quad dv = \sin x\,dx,$$
$$du = 2x\,dx, \quad v = \int \sin x\,dx = -\cos x$$

und findet demgemäss

$$\int x^2 \sin x\,dx = -x^2 \cos x + \int 2x \cos x\,dx.$$

Jetzt setze man, um das Integral der rechten Seite zu bestimmen,

$$u = 2x, \quad dv = \cos x\,dx, \text{ also}$$
$$du = 2\,dx, \quad v = \int \cos x\,dx = \sin x$$

und findet

$$\int 2x \cos x\,dx = 2x \sin x - \int 2 \sin x\,dx$$
$$= 2x \sin x + 2 \cos x;$$

im ganzen erhält man also

6) $$\int x^2 \sin x\,dx = -x^2 \cos x + 2x \sin x + 2 \cos x.$$

§ 7. **Integration durch Einführung neuer Variabeln.**

Man kann sich die Ermittelung der Integralfunktion vielfach dadurch erleichtern, dass man neue Variable einführt, analog zu dem Verfahren, das wir für die Differentialrechnung (S. 93) auseinandergesetzt haben. Es mag genügen, einige Beispiele zu rechnen.

Es handele sich um das Integral

$$\int (a + x)^n \, dx.$$

Man setze

$$a + x = u,$$

so ergiebt sich durch Differentiation

$$dx = du$$

und das obige Integral wird

$$\int (a + x)^n \, dx = \int u^n \, du$$
$$= \frac{u^{n+1}}{n+1},$$

und wenn wir hier für u den obigen Wert setzen, so folgt

$$1) \quad \int (a + x)^n \, dx = \frac{(a + x)^{n+1}}{n+1} + C.^{*})$$

Im besonderen folgt, dass

$$\int (a + x) \, dx = \frac{(a + x)^2}{2} + C,$$

$$\int (a + x)^2 \, dx = \frac{(a + x)^3}{3} + C,$$

$$\int \frac{dx}{(a + x)^2} = \int (a + x)^{-2} \, dx = -\frac{1}{a + x} + C,$$

$$\int \frac{dx}{(a + x)^3} = \int (a + x)^{-3} \, dx = -\frac{1}{2(a + x)^2} + C,$$

$$\int \frac{dx}{(a + x)^m} = \frac{-1}{(m-1)(a + x)^{m-1}} + C$$

u. s. w. u. s. w.

Analog bestimmt sich das Integral

$$\int (a - x)^n \, dx.$$

Wir setzen zunächst

$$a - x = u, \text{ also } -dx = du,$$

so folgt

$$\int (a - x)^n \, dx = -\int u^n \, du = -\frac{u^{n+1}}{n+1},$$

---

*) Die Konstante fügt man am einfachsten erst im Endresultat hinzu.

resp. wenn wir wieder u durch $a - x$ ersetzen,

$$2)\quad \int (a - x)^n \, dx = -\frac{(a - x)^{n-1}}{n+1} + C$$

und hieraus folgt im besonderen wieder

$$\int (a - x) \, dx = -\frac{(a - x)^2}{2} + C,$$

$$\int (a - x)^2 \, dx = -\frac{(a - x)^3}{3} + C,$$

$$\int \frac{dx}{(a - x)^2} = \int (a - x)^{-2} \, dx = \frac{1}{a - x} + C,$$

$$\int \frac{dx}{(a - x)^3} = \int (a - x)^{-3} \, dx = \frac{1}{2(a - x)^2} + C.$$

$$\int \frac{dx}{(a - x)^m} = \frac{1}{(m - 1)(a - x)^{m-1}} + C$$

u. s. w. u. s. w.

Ist $n = -1$, so führen die bezüglichen Integrale nach S. 108 auf Logarithmen. Wir finden z. B., wenn wir in dem Integral

$$\int \frac{dx}{x + a}$$

$x + a = u$, also $dx = du$

setzen,

$$3)\quad \int \frac{dx}{x + a} = \int \frac{du}{u} = \ln u = \ln(x + a) + C.$$

Soll ferner das Integral

$$\int \frac{A \, dx}{a - x}$$

berechnet werden, so erhalten wir zunächst

$$\int \frac{A \, dx}{a - x} = A \int \frac{dx}{a - x} .$$

Wir setzen nun

$$a - x = u, \text{ also } -dx = du,$$

so erhalten wir

$$A \int \frac{dx}{a - x} = -A \int \frac{du}{u}$$

$$= -A \ln u = A \ln \frac{1}{u} {}^{*)},$$

und wenn wir für u wieder seinen Wert setzen, so folgt schliesslich

---

*) Vgl. Formel **24** des Anhangs.

$$4)\quad \int \frac{A\,dx}{a-x} = A \ln \frac{1}{a-x} + C.$$

Gerade von diesen Integralen haben wir in den Anwendungen besonders häufig Gebrauch zu machen. Dem letzten Integral sind wir bei der Zuckerinversion (S. 103) bereits begegnet; dort mussten wir uns darauf beschränken, die vorstehend ausgeführte Lösung a posteriori als richtig nachzuweisen.

In ähnlicher Weise kann man $\int \operatorname{tg} x\,dx$ und $\int \operatorname{ctg} x\,dx$ berechnen. Wir schreiben zunächst

$$\int \operatorname{tg} x\,dx = \int \frac{\sin x}{\cos x}\,dx$$

und setzen nun

$$\cos x = u, \quad -\sin x\,dx = du,$$

so dass das Integral in

$$-\int \frac{du}{u} = -\ln u$$

übergeht. Es folgt daher*)

$$5)\quad \int \operatorname{tg} x\,dx = \ln \frac{1}{\cos x} + C.$$

Ähnlich erhalten wir

$$\int \operatorname{ctg} x\,dx = \int \frac{\cos x\,dx}{\sin x}$$

und wenn wir jetzt

$$\sin x = u, \quad \text{also} \quad \cos x\,dx = du$$

setzen, so ergiebt sich

$$6)\quad \int \operatorname{ctg} x\,dx = \int \frac{du}{u} = \ln u, \text{ d. h.}$$

$$\int \operatorname{ctg} x\,dx = \ln \sin x + C.$$

In derselben Weise findet man auch

$$\int \sin x \cos x\,dx.$$

Setzt man

$$\sin x = u, \quad \text{also} \quad \cos x\,dx = du,$$

so ergiebt sich

$$7)\quad \int \sin x \cos x\,dx = \int u\,du = \frac{u^2}{2}$$

$$= \frac{\sin^2 x}{2} + C.$$

*) Vgl. Formel 24 des Anhangs.

Die bisher behandelten Beispiele lassen erkennen, dass die Auswertung der Integrale erheblich komplizierter ist, als die Berechnung der Differentialquotienten. Es entspricht dies dem Charakter der Integralrechnung als einer umgekehrten Rechnungsart; im besondern tritt es darin hervor, dass uns für das Bilden des Integrals nicht ein solches Schema zu Gebote steht, wie wir es für die Differentialquotienten beliebiger Funktionen besitzen. Die Folge ist, dass die Ermittelung der Integrale ganz andere Anforderungen an das Können stellt, wie die Probleme der Differentialrechnung. Wir sind vorläufig noch weit davon entfernt, für beliebig gegebene Funktionen die Integralfunktionen angeben zu können; die Wissenschaft ist bei der Lösung dieser Aufgaben noch längst nicht zum Ende gekommen.

Auf solche Integrale allgemeiner einzugehen, ist hier nicht der Ort, zumal wir ihrer für die Anwendungen, die wir zu machen haben, nicht bedürfen. Wir wollen es uns jedoch nicht versagen, an einem Beispiel zu zeigen, wie man durch Kunstgriffe manche Integrale zu behandeln gelernt hat.

Wir suchen zunächst das Integral

$$\int \frac{dx}{\sin x \cos x}$$

zu bestimmen. Wegen $\cos^2 x + \sin^2 x = 1$*) erhalten wir

$$\int \frac{dx}{\sin x \cos x} = \int \frac{\cos^2 x + \sin^2 x}{\sin x \cos x} dx$$

$$= \int \frac{\cos x}{\sin x} dx + \int \frac{\sin x}{\cos x} dx$$

und hieraus nach S. 118, Gleichung 5) und 6)

8) $$\int \frac{dx}{\sin x \cos x} = \ln \sin x - \ln \cos x = \ln \frac{\sin x}{\cos x}$$

$$= \ln \operatorname{tg} x + C.$$

Mit Hilfe dieses Integrals kann man auch

$$\int \frac{dx}{\sin x} \quad \text{und} \quad \int \frac{dx}{\cos x}$$

berechnen. Nach der Formel $\sin x = 2 \sin \frac{x}{2} \cos \frac{x}{2}$**) wird

$$\int \frac{dx}{\sin x} = \int \frac{dx}{2 \sin \frac{x}{2} \cos \frac{x}{2}} = \int \frac{d\frac{x}{2}}{\sin \frac{x}{2} \cos \frac{x}{2}}.$$

---

*) Vgl. Formel 32 des Anhangs.
**) Vgl. Formel 39 des Anhangs.

und zwar entsteht das letzte Integral, indem wir $2\,d\frac{x}{2}$ statt $d\,x$ schreiben.   Auf dieses Integral können wir unmittelbar die letzte Formel anwenden und erhalten

$$9)\quad \int \frac{d\,x}{\sin x} = \ln \frac{\sin \frac{x}{2}}{\cos \frac{x}{2}}$$

$$= \ln \operatorname{tg}\frac{x}{2} + C.$$

Um jetzt das zweite der obigen Integrale zu berechnen, setzen wir zunächst, was sehr nahe liegt,

$$\cos x = \sin\left(\tfrac{\pi}{2} + x\right),^{*})$$

alsdann wird

$$\int \frac{d\,x}{\cos x} = \int \frac{d\,x}{\sin\left(\tfrac{\pi}{2} + x\right)}.$$

Nun substituieren wir noch

$$\tfrac{\pi}{2} + x = u, \ \text{ also } \ d\,x = d\,u$$

und finden, wenn wir dies einsetzen,

$$\int \frac{d\,x}{\cos x} = \int \frac{d\,u}{\sin u} = \ln \operatorname{tg}\frac{u}{2}$$

oder endlich

$$10)\quad \int \frac{d\,x}{\cos x} = \ln \operatorname{tg}\left(\frac{\pi}{4} + \frac{x}{2}\right) + C.$$

Man kann sich die vorstehenden Integralberechnungen formal dadurch etwas vereinfachen, dass man, analog wie bei den ähnlichen Aufgaben der Differentialrechnung (S. 96) · von der wirklichen Einführung eines neuen Funktionszeichens u ganz absieht.   Man kann z. B. das erste der auf S. 116 behandelten Integrale folgendermassen ermitteln.

Indem man zunächst $d\,x$ durch $d\,(a + x)$ ersetzt, erhält man

$$\int (a + x)^n\, d\,x = \int (a + x)^n\, d\,(a + x).$$

Hier ist $a + x$ als die neue Variable zu betrachten; es ergiebt sich daher sofort

$$\int (a + x)^n\, d\,x = \int (a + x)^n\, d\,(a + x) = \frac{(a + x)^{n+1}}{n+1} + C.$$

---

*) Vgl. Formel 26 des Anhangs.

Um auf ähnliche Weise das Integral

$$\int \frac{d x}{\sin m x}$$

auszuwerten, schreibt man zunächst

$$\int \frac{d x}{\sin m x} = \int \frac{\frac{1}{m} d(m x)}{\sin m x} = \frac{1}{m} \int \frac{d(m x)}{\sin m x}$$

und kann nun die Gleichung 9) anwenden; dadurch erhält man

$$\int \frac{d x}{\sin m x} = \frac{1}{m} \ln \operatorname{tg} \frac{m x}{2} + C.$$

Ein letztes Beispiel sei das folgende. Es ist

$$\int \frac{d x}{a - \alpha x} = \int \frac{\frac{1}{\alpha} d(\alpha x)}{a - \alpha x} = - \int \frac{\frac{1}{\alpha} d(a - \alpha x)}{a - \alpha x}$$

und hieraus folgt nunmehr

$$\int \frac{d x}{a - \alpha x} = - \frac{1}{\alpha} \ln (a - \alpha x) + C$$

$$= \frac{1}{\alpha} \ln \frac{1}{a - \alpha x} \,^*) + C.$$

§ 8. Zerlegung in Partialbrüche.

Wir behandeln schliesslich noch einige Integrale, deren wir für einige bestimmte im folgenden Kapitel zu diskutierende Anwendungen benötigt sind. Zunächst sei das Integral

$$\int \frac{d x}{(a - x)(b - x)}$$

zu berechnen.

Dieses Integral kann man folgendermassen behandeln. Wir zeigen zunächst, dass man zwei Zahlen α und β finden kann, so dass

$$1) \quad \frac{1}{(a - x)(b - x)} = \frac{\alpha}{a - x} + \frac{\beta}{b - x} \,^{**})$$

ist. Nämlich es ist

$$\frac{\alpha}{a - x} + \frac{\beta}{b - x} = \frac{\alpha(b - x) + \beta(a - x)}{(a - x)(b - x)}$$

$$= \frac{\alpha b + \beta a - x(\alpha + \beta)}{(a - x)(b - x)},$$

---

*) Vgl. Formel 24 des Anhangs.

**) Dies ist die Umkehrung der in der Elementarmathematik vielfach behandelten Aufgabe, Brüche mit verschiedenen Nennern auf einen Hauptnenner zu bringen.

und wenn man jetzt α und β so wählt, dass man

$$2) \quad \begin{aligned} \alpha b + \beta a &= 1 \\ \alpha + \beta &= 0 \end{aligned}$$

setzt, so erhält der Zähler des letzten Bruches wirklich den Wert 1. Die beiden letzten Gleichungen bestimmen α und β; sie sind als zwei Gleichungen mit den beiden Unbekannten α und β anzusehen, und ihre Auflösung giebt

$$3) \quad \alpha = \frac{1}{b-a}, \quad \beta = \frac{-1}{b-a}.$$

Wir finden also schliesslich

$$\int \frac{dx}{(a-x)(b-x)} = \int \frac{1}{b-a} \frac{dx}{a-x} - \int \frac{1}{b-a} \frac{dx}{b-x}$$

und dies ergiebt nach S. 117

$$4) \quad \int \frac{dx}{(a-x)(b-x)} = \frac{-1}{b-a} \ln(a-x) + \frac{1}{b-a} \ln(b-x)$$

$$= \frac{1}{b-a} \{\ln(b-x) - \ln(a-x)\}$$

$$= \frac{1}{b-a} \ln \frac{b-x}{a-x} + C.$$

Dies ist die gesuchte Integralfunktion.

Nicht wesentlich verschieden hiervon ist die Bestimmung des Integrals

$$\int \frac{A+Bx}{(a-x)(b-x)} dx,$$

wo A und B gegebene Konstanten sind. Wir suchen auch jetzt zunächst zwei Zahlen α und β zu ermitteln, so dass

$$5) \quad \frac{A+Bx}{(a-x)(b-x)} = \frac{\alpha}{a-x} + \frac{\beta}{b-x}$$

ist. Wie im vorstehenden Beispiel berechnet wurde, ist

$$\frac{\alpha}{a-x} + \frac{\beta}{b-x} = \frac{\alpha b + \beta a - x(\alpha+\beta)}{(a-x)(b-x)},$$

und da der Zähler der rechten Seite den Wert $A+Bx$ haben soll, so ist α und β so zu wählen, dass

$$6) \quad \begin{aligned} \alpha b + \beta a &= A \\ -(\alpha+\beta) &= B \end{aligned}$$

ist. Diese beiden Gleichungen haben wir wieder als Gleichungen für α und β als Unbekannte aufzufassen; ihre Auflösung liefert

$$7)\quad \alpha = \frac{A+Ba}{b-a}, \quad \beta = \frac{A+Bb}{a-b}$$

Nachdem wir so die Werte von α und β berechnet haben, wollen wir der Kürze halber die Zeichen α und β für die weitere Rechnung in den Formeln beibehalten. Es ergiebt sich

$$\int \frac{A+Bx}{(a-x)(b-x)}\,dx = \int \frac{\alpha\,dx}{a-x} + \int \frac{\beta\,dx}{b-x}$$

und hieraus nach S. 117

$$\int \frac{A+Bx}{(a-x)(b-x)}\,dx = \alpha \ln \frac{1}{a-x} + \beta \ln \frac{1}{b-x} + C,$$

wo α und β die in Gleichung 7) stehenden Werte haben.

Die Zerlegung des unter dem Integralzeichen stehenden Quotienten in die beiden einzelnen Quotienten, deren Nenner nur je einen Faktor enthalten (Gleichung 5), bezeichnet man als Zerlegung in Partial-brüche.

Beispiele. Es ist

$$\int \frac{dx}{(1-x)(2-x)} = \ln \frac{2-x}{1-x} + C,$$

$$\int \frac{1-2x}{(1-x)(2-x)}\,dx = \ln(1-x) + 3\ln \frac{1}{2-x} + C$$

$$= \ln \frac{(1-x)\,^{*})}{(2-x)^3} + C.$$

Die vorstehend benutzte Methode lässt sich ohne weiteres auf den Fall ausdehnen, dass im Nenner des unter dem Integralzeichen stehenden Quotienten mehr als zwei Faktoren vorhanden sind. Wir zeigen die Art des allgemeinen Verfahrens für den Fall $n=3$, mit dem man in den einfacheren Anwendungen fast immer ausreicht, und verweisen für das weitere auf die in der Vorrede genannten Lehrbücher. Das Integral, das wir betrachten, sei[**])

$$\int \frac{A+Bx+Cx^2}{(a-x)(b-x)(c-x)}\,dx = \int \frac{Z(x)}{N(x)}\,dx,$$

indem wir zur Abkürzung für den Zähler und Nenner des Quotienten, die beide Funktionen von x sind, die Funktionszeichen

$$8)\quad \begin{aligned} Z(x) &= A+Bx+Cx^2\\ N(x) &= (a-x)(b-x)(c-x) \end{aligned}$$

einführen. A, B, C, a, b, c sind als gegebene Zahlgrössen zu betrachten.

---

*) Vgl. Formel 19 und 21 des Anhangs.
**) Vgl. auch den Schluss von S. 127.

Das Verfahren geht wiederum davon aus, den gegebenen Quotienten in Partialbrüche zu zerlegen. Wir setzen

$$9)\quad \frac{Z(x)}{N(x)} = \frac{A + Bx + Cx^2}{(a-x)(b-x)(c-x)} = \frac{\alpha}{a-x} + \frac{\beta}{b-x} + \frac{\gamma}{c-x}$$

und stehen somit der Aufgabe gegenüber, drei Zahlen α, β, γ so zu bestimmen, dass die vorstehende Gleichung richtig ist und zwar, welches auch der Wert von x sein mag. Diese Aufgabe gestattet folgende Lösung. Wir multiplizieren die Gleichung mit $a - x$ und finden

$$\frac{Z(x)}{(b-x)(c-x)} = \frac{A + Bx + Cx^2}{(b-x)(c-x)} = \alpha + \beta \frac{a-x}{b-x} + \gamma \frac{a-x}{c-x}.$$

Setzen wir jetzt $x = a$, so nimmt rechts der zweite und dritte Summand den Wert Null an, es bleibt also nur α stehen, und wir erhalten

$$\frac{Z(a)}{(b-a)(c-a)} = \frac{A + Ba + Ca^2}{(b-a)(c-a)} = \alpha$$

und dies ist bereits diejenige Gleichung, die α bestimmt. In derselben Weise finden wir β und γ. Da unsere Ausdrücke in α, β, γ, resp. a, b, c durchaus analog gebildet sind, so müssen auch die Werte von β und γ demjenigen von α analog geformt sein; wir erhalten also die gesuchten Ausdrücke aus demjenigen von α einfach durch die bezüglichen Vertauschungen. Wir finden so:

$$10)\quad \begin{aligned} \alpha &= \frac{A + Ba + Ca^2}{(b-a)(c-a)} = \frac{Z(a)}{(b-a)(c-a)} \\[1mm] \beta &= \frac{A + Bb + Cb^2}{(a-b)(c-b)} = \frac{Z(b)}{(a-b)(c-b)} \\[1mm] \gamma &= \frac{A + Bc + Cc^2}{(a-c)(b-c)} = \frac{Z(c)}{(a-c)(b-c)}. \end{aligned}$$

Wir lassen auch hier der Kürze halber die so gefundenen Werte von α, β, γ in den Formeln stehen und finden alsdann

$$11)\quad \int \frac{Z(x)}{N(x)}\, dx = \int \frac{\alpha\, dx}{a-x} + \int \frac{\beta\, dx}{b-x} + \int \frac{\gamma\, dx}{c-x}$$

$$= \alpha \ln \frac{1}{a-x} + \beta \ln \frac{1}{b-x} + \gamma \ln \frac{1}{c-x} + C.$$

Beispiel. Das gesuchte Integral sei

$$\int \frac{1 - 2x + 3x^2}{(1-x)(2-x)(3-x)}\, dx.$$

Hier ist $A = 1$, $B = -2$, $C = 3$, $a = 1$, $b = 2$, $c = 3$; also

$$\alpha = \frac{1 - 2.1 + 3.1}{(2-1)(3-1)} = \frac{2}{2} = 1$$

$$\beta = \frac{1 - 2.2 + 3.4}{(1-2)(3-2)} = \frac{9}{-1} = -9$$

$$\gamma = \frac{1 - 2.3 + 3.9}{(1-3)(2-3)} = \frac{22}{2} = 11$$

und es folgt daher

$$\int \frac{1 - 2x + 3x^2}{(1-x)(2-x)(3-x)}\, dx = \int \frac{dx}{1-x} - \int \frac{9\, dx}{2-x} + \int \frac{11\, dx}{3-x}$$

$$= \ln \frac{1}{(1-x)} + 9 \ln(2-x) + 11 \ln \frac{1}{(3-x)} + C$$

$$= \ln \frac{(2-x)^9 \,{}^*)}{(1-x)(3-x)^{11}} + C.$$

Wir geben endlich noch einige Beispiele für den Fall, dass von den drei Faktoren des Nenners zwei einander gleich sind. Es handle sich um das Integral

$$\int \frac{dx}{(a-x)^2 (b-x)}.$$

Auch in diesem Fall hat man den unter dem Integral stehenden Quotienten in Partialbrüche zu zerlegen. Wir setzen jetzt

$$12) \quad \frac{1}{(a-x)^2(b-x)} = \frac{\alpha}{(a-x)^2} + \frac{\beta}{(a-x)(b-x)},$$

wo α und β noch unbekannte Konstanten bedeuten; in der That wird bei diesem Ansatz erreicht, dass die rechte Seite den Generalnenner $(a-x)^2(b-x)$ hat. Es fragt sich nun wieder, ob man α und β so bestimmen kann, dass diese Gleichung erfüllt ist.

Um diese Bestimmung auszuführen, verfahren wir folgendermassen: Zunächst multiplizieren wir unsere Gleichung mit $(a-x)^2$ und erhalten

$$\frac{1}{b-x} = \alpha + \beta \frac{a-x}{b-x},$$

und wenn wir jetzt wieder $x = a$ setzen, so bleibt rechts nur α stehen. es ergiebt sich also

$$13) \quad \frac{1}{b-a} = \alpha.$$

Damit ist bereits α bestimmt.

Um nun noch β zu bestimmen, gehen wir auf die Gleichung 12) zurück. In ihr ist jetzt nur β unbekannt und kann daher berechnet werden. Setzen wir für α seinen Wert ein und multiplizieren mit $(a-x)^2(b-x)$, so folgt

*) Vgl. Formel 19 und 21 des Anhangs.

$$1 = \frac{b-x}{b-a} + \beta(a-x),$$

$$\beta(a-x) = 1 - \frac{b-x}{b-a}$$

$$= \frac{b-a-(b-x)}{b-a} = -\frac{a-x}{b-a},$$

und wenn wir noch durch $(a-x)$ dividieren, so ergiebt sich

$$14)\quad \beta = -\frac{1}{b-a}.$$

Daraus folgt

$$15)\quad \frac{\beta}{(a-x)(b-x)} = -\frac{1}{b-a} \cdot \frac{1}{(a-x)(b-x)}$$

und die Gleichung 12) verwandelt sich nunmehr in

$$\frac{1}{(a-x)^2(b-x)} = \frac{1}{b-a} \cdot \frac{1}{(a-x)^2} - \frac{1}{b-a} \cdot \frac{1}{(a-x)(b-x)}.$$

Jetzt hätten wir den zweiten Bruch rechts nach der oben gelehrten Methode in Partialbrüche zu zerlegen, wenn wir die volle Zerlegung kennen lernen wollen. In unserem Falle sind wir dessen aber nicht benötigt, da wir diese Zerlegung oben auf S. 121 schon ausgeführt, resp. das bezügliche Integral schon ermittelt haben. Wir finden

$$\int \frac{dx}{(a-x)^2(b-x)} = \frac{1}{b-a}\left\{ \int \frac{dx}{(a-x)^2} - \int \frac{dx}{(a-x)(b-x)} \right\}$$

und mit Rücksicht auf Gleichung 4), S. 122 und auf S. 117

$$16)\quad \int \frac{dx}{(a-x)^2(b-x)} = \frac{1}{b-a}\left\{ \frac{1}{a-x} - \frac{1}{b-a} \ln \frac{b-x}{a-x} \right\}$$

$$= \frac{1}{b-a} \cdot \frac{1}{a-x} - \frac{1}{(b-a)^2} \ln \frac{b-x}{a-x} + C.$$

Endlich behandeln wir noch das Integral

$$\int \frac{A+Bx}{(a-x)^2(b-x)} dx.$$

Auch hier gelangen wir zum Ziel, wenn wir

$$17)\quad \frac{A+Bx}{(a-x)^2(b-x)} = \frac{\alpha}{(a-x)^2} + \frac{\beta}{(a-x)(b-x)}$$

setzen. Multiplizieren wir mit $(a-x)^2$, so folgt

$$\frac{A+Bx}{b-x} = \alpha + \beta \frac{a-x}{b-x},$$

und wenn wir jetzt $x = a$ setzen, so erhalten wir

$$18)\quad \frac{A+Ba}{b-a} = \alpha,$$

womit der Wert von α bereits wieder gefunden ist. Gehen wir jetzt zur Gleichung 17) zurück, lassen aber α der Kürze halber zunächst stehen, so folgt

$$\frac{\beta}{(a-x)(b-x)} = \frac{A+Bx}{(a-x)^2(b-x)} - \frac{\alpha}{(a-x)^2}$$

und hieraus durch Multiplikation mit $(a-x)^2(b-x)$

$$\beta(a-x) = A+Bx - \alpha(b-x)$$
$$= A+Bx - \frac{A+Ba}{b-a}(b-x)$$
$$= \frac{(A+Bx)(b-a) - (A+Ba)(b-x)}{b-a}.$$

Hieraus findet man durch Ausrechnung

$$\beta(a-x) = \frac{-(A+Bb)(a-x)}{b-a},$$

und nach Division mit $a-x$ folgt endlich

$$19) \quad \beta = \frac{A+Bb}{a-b}.$$

Damit ist das Integral auf bekannte Integrale zurückgeführt. Durch Einsetzen folgt noch

$$20) \quad \int \frac{A+Bx}{(a-x)^2(b-x)}dx = \int \frac{\alpha\,dx}{(a-x)^2} + \int \frac{\beta\,dx}{(a-x)(b-x)}$$
$$= \frac{A+Ba}{b-a}\cdot\frac{1}{a-x} - \frac{A+Bb}{(b-a)^2}\ln\frac{b-x}{a-x} + C.$$

Für kompliziertere Fälle verweisen wir auf die in der Vorrede genannten Lehrbücher. Will man die vorstehende Behandlung auf andere Fälle ausdehnen, so ist zu beachten, dass bei der Zerlegung des gegebenen Quotienten in nur zwei andere, wie in Gleichung 12) und 17) geschehen, statt des Zählers β im allgemeinen ein Ausdruck auftritt, der x noch enthält.

In den bisher behandelten Beispielen trat im Nenner stets eine höhere Potenz von x auf, als im Zähler, und die vorstehenden Methoden der Partialbruchzerlegung lassen sich nur in solchen Fällen anwenden. Es fragt sich demnach noch, wie wir das Integral eines Bruches in dem Fall bestimmen, dass der Zähler x mindestens in der gleichen Potenz enthält, wie der Nenner. Es wird genügen, wenn wir die Methode für den einfachsten Fall erörtern, zumal nur dieser in den hier berücksichtigten Anwendungen auftritt.

Das zu bestimmende Integral sei

$$\int \frac{a\,x+b}{x+\alpha}\,d\,x.$$

Die Methode besteht darin, dass man den Zähler in gewöhnlicher Weise durch den Nenner dividiert. Demgemäss finden wir

$$\frac{a\,x+b}{x+\alpha} = a + \frac{b-a\,\alpha\,*)}{x+\alpha}$$

und demnach

$$\int \frac{a\,x+b}{x+\alpha}\,d\,x = \int a\,d\,x + \int \frac{b-a\,\alpha}{x+\alpha}\,d\,x$$

$$= a\int d\,x + (b-a\,\alpha)\int \frac{d\,(x+\alpha)}{x+\alpha}$$

$$= a\,x + (b-a\,\alpha)\ln(x+\alpha) + C.$$

Beispiel. Es sei zu berechnen

$$\int \frac{2\,x+1}{x-3}\,d\,x.$$

Wir finden zunächst

$$\frac{2\,x+1}{x-3} = 2 + \frac{7}{x-3}$$

und demnach

$$\int \frac{2\,x+1}{x-3}\,d\,x = 2\,x + 7\ln(x-3) + C.$$

Analog hat man zu verfahren, wenn der Nenner aus mehr als einem Faktor besteht. Man hat ihn dann zunächst auszumultiplizieren, nach x zu ordnen und den in gleicher Weise umgeformten Zähler durch ihn zu dividieren, bis die weitere Division unmöglich wird; der Rest ist dann immer ein Bruch, dessen Zähler x in niederer Ordnung enthält als der Nenner.*)

§ 9. Integration irrationaler Differentiale.

Der Inhalt des dritten Kapitels lässt erkennen, dass sich der Differentialquotient der einfacheren Funktionen immer wieder durch die bekannten Funktionen ausdrückt; umgekehrt ist es dagegen nur in wenigen Fällen möglich, das Integral eines einfacheren Differentialausdrucks in

---

*) Vgl. § 1 der Formelsammlung.

ähnlicher Weise darzustellen. So führt bereits die Integration von Ausdrücken, die Quadratwurzeln enthalten, vielfach auf Funktionen, die das hier zu Grunde gelegte Funktionsgebiet überschreiten. Wir können daher nur solche einfachen Fälle behandeln, in denen die Integration durch die bekannten Funktionen gelingt.

Die zu benutzenden Fundamentalintegrale sind

$$\int \frac{dx}{\sqrt{1-x^2}} \quad \text{und} \quad \int \frac{dx}{\sqrt{1+x^2}}.$$

Zunächst folgt direkt aus der Tabelle auf S. 108, dass

$$1)\quad \int \frac{dx}{\sqrt{1-x^2}} = \arcsin x + C$$

ist. Das zweite Integral hat den Wert

$$2)\quad \int \frac{dx}{\sqrt{1+x^2}} = \ln(x + \sqrt{1+x^2}) + C.$$

wie das auf S. 96 behandelte Beispiel zeigt. Setzen wir in diesen Gleichungen

$$x = \frac{u}{a}, \quad dx = \frac{1}{a}du,$$

wo a eine Konstante ist, so erhalten wir, wie sich leicht ergiebt

$$\int \frac{du}{\sqrt{a^2 - u^2}} = \arcsin \frac{u}{a} + C$$

$$\int \frac{du}{\sqrt{a^2 + u^2}} = \ln \frac{u + \sqrt{a^2 + u^2}}{a} + C$$

$$= \ln(u + \sqrt{a^2 + u^2}) - \ln a + C.$$

Setzt man noch $C - \ln a = C_1$, wo auch C_1 eine Konstante ist, so folgt endlich

$$\int \frac{du}{\sqrt{a^2 + u^2}} = \ln(u + \sqrt{a^2 + u^2}) + C_1.$$

In der Elektrodynamik tritt das Integral

$$\int \frac{dx}{\sqrt{(a^2 + x^2)^3}}$$

auf. Um dies zu ermitteln, verfahren wir so. Es ist, wie eine leichte Ausrechnung ergiebt

$$d\frac{x}{\sqrt{a^2 + x^2}} = \frac{a^2}{\sqrt{(a^2 + x^2)^3}}dx,$$

hieraus ergiebt sich durch Integration

$$\frac{x}{\sqrt{a^2+x^2}} + C = \int \frac{a^2\,dx}{\sqrt{(a^2+x^2)^3}}\,,$$

so dass man schliesslich

$$\int \frac{dx}{\sqrt{(a^2+x^2)^3}} = \frac{1}{a^2} \cdot \frac{x}{\sqrt{a^2+x^2}} + C_1$$

erhält, wo C_1 wieder die neue Konstante bedeutet.

Einfacher zu behandeln sind die scheinbar schwierigeren Integrale

$$\int \frac{x\,dx}{\sqrt{a^2-x^2}} \quad \text{und} \quad \int \frac{x\,dx}{\sqrt{a^2+x^2}}\,.$$

Man substituiert hier $x^2 = u$, also $2\,x\,dx = d\,u$ und findet

$$\int \frac{x\,dx}{\sqrt{a^2-x^2}} = \int \frac{du}{2\sqrt{a^2-u}} = -\int \frac{d(a^2-u)}{2\sqrt{a^2-u}}$$

$$= -\sqrt{a^2-u} + C = -\sqrt{a^2-x^2} + C,$$

$$\int \frac{x\,dx}{\sqrt{a^2+x^2}} = \int \frac{du}{2\sqrt{a^2+u}} = \int \frac{d(a^2+u)}{2\sqrt{a^2+u}}$$

$$= \sqrt{a^2+u} + C = \sqrt{a^2+x^2} + C.$$

Übrigens kann man die Integrale, in denen $\sqrt{a^2-x^2}$ auftritt, auch dadurch umzuformen suchen, dass man $x = a\cos\varphi$ setzt, wofür sich in Kap. VI, § 4 ein Beispiel findet.

Fünftes Kapitel

Anwendungen der Integralrechnung.

Zur weiteren Übung wollen wir die vorstehend mitgeteilten Integrationsmethoden bei der rechnerischen Behandlung einiger naturwissenschaftlichen Aufgaben verwerten.

§ 1. Anziehung eines Stabes.

Befinden sich zwei Massenpunkte m und m' in einem Abstande r voneinander, so findet eine Anziehung von der Grösse

$$1) \quad A = \frac{m\,m'}{r^2}$$

(Gesetz von Newton) statt; wie gross ist die Anziehung, die ein dünner Stab von gleichförmiger Dicke und von der Länge l auf einen Massenpunkt m ausübt, der sich in der Richtung des Stabes und in einer Entfernung a von seinem Ende befindet?

Wir denken uns zunächst die Länge des Stabes veränderlich und setzen sie gleich x und fragen uns: um wieviel nimmt die Anziehung dieses Stabes zu, wenn seine Länge um das sehr kleine Stück dx vermehrt wird? Die Anziehung F des Stabes auf den Massenpunkt m wird durch die Verlängerung des Stabes um

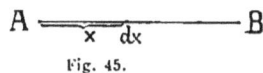

Fig. 45.

dx (Fig. 45) offenbar um denjenigen Betrag dF vermehrt, welcher der Anziehung eines sehr kurzen Stäbchens von der Länge dx entspricht. Dieses sehr kurze Stäbchen können wir aber als einen Massenpunkt behandeln, indem wir uns seine Masse in einem seiner Punkte konzentriert denken, weil seine Dimensionen ausserordentlich klein im Vergleich zu seinem Abstande von m sind, welch letzterer offenbar $m\ldots l + x$ $= a + x$ beträgt; die Masse des sehr kurzen Stäbchens beträgt nun aber

9*

Mdx, wenn M die Masse eines Stabes von der Länge Eins bezeichnet, und so ergiebt sich aus dem Fundamentgesetz 1) dF unmittelbar zu

$$dF = \frac{m\,M\,d\,x}{(a+x)^2}.$$

Diese Gleichung ist sehr leicht zu integrieren, indem wir der Reihe nach die Umformungen nach S. 113 Gleichung 6) und S. 96 vornehmen,

$$F = \int \frac{m\,M}{(a+x)^2}\,dx = m\,M \int \frac{d\,x}{(a+x)^2} = m\,M \int \frac{d\,(a+x)}{(a+x)^2}.$$

Auf diese Weise haben wir schliesslich das Integral auf die Form

$$\int \frac{d\,z}{z^2} = -\frac{1}{z} + C$$

gebracht und finden daher

$$2)\quad F = -\frac{m\,M}{(a+x)} + C.$$

Nun wissen wir aber, dass ein Stab von der Länge $x=0$ die Anziehung $F=0$ ausübt, weil ein solcher Stab keine Masse besitzt und daher auch keine Kraftwirkung verursachen kann. Setzen wir somit in 2) $x=0$, so folgt

$$3)\quad 0 = -\frac{m\,M}{a} + C$$

und durch Subtraktion 2) — 3) finden wir

$$4)\quad F = m\,M\left(\frac{1}{a} - \frac{1}{a+x}\right).$$

Wählen wir unsern Stab von der Länge l anstatt von x, so haben wir in 4) einfach $l=x$ zu setzen und finden schliesslich

$$5)\quad F = m\,M\left(\frac{1}{a} - \frac{1}{a+l}\right),$$

womit das Problem gelöst ist.

Denken wir uns die Länge unseres Stabes l sehr gross, so wird der Bruch $\frac{1}{a+l}$ sehr klein, sodass wir ihn neben $\frac{1}{a}$ vernachlässigen können; in diesem Falle nimmt die Formel also die überaus einfache Gestalt an

$$F = \frac{m\,M}{a}.$$

Ein Stab also, dessen Länge sehr gross im Vergleich zu der Entfernung seines einen Endes von dem in seiner Verlängerung gelegenen Massenpunkte m ist, übt eine von seiner Länge unabhängige und dem Abstand jenes Endes vom Massenpunkt umgekehrt proportionale Anziehung aus.

§ 2. Hypsometrische Formel.

Der Luftdruck auf der Erdoberfläche betrage B cm Quecksilber, die Dichte der Luft in Bezug auf Quecksilber sei daselbst S; wie gross ist der Luftdruck in der Entfernung h über der Erdoberfläche?

Der Luftdruck wird erzeugt durch das Gewicht der über uns befindlichen Luft und zwar übt eine Luftsäule von der Höhe h cm und konstanter Dichte S einen Druck von hS cm Quecksilber aus. Würde also die Dichte der Luft nach oben konstant bleiben, so würde der Barometerdruck pro cm Erhebung um S cm abnehmen. In Wirklichkeit nimmt aber mit dem abnehmenden Druck die Dichte der Luft ebenfalls ab und zwar ist nach dem Gesetz von Boyle die Dichte der Luft dem Barometerdruck direkt proportional.

Befinden wir uns daher in der Höhe x über der Erdoberfläche und finden daselbst den Druck zu y, so wird bei einer weiteren Erhebung um dx der Druck abnehmen um

$$s\,dx,$$

wenn wir mit s die Dichte der Luft in der Höhe x bezeichnen; innerhalb des sehr kleinen Stückchens dx können wir die Dichte der Luft als konstant ansehen. Nun verhält sich aber nach dem Gesetz von Boyle

$$s : S = y : B$$

und somit wird

$$s = S \frac{y}{B}.$$

Wir finden also für die Druckzunahme dy

$$1) \quad dy = -s\,dx = -S \frac{y}{B}\,dx;$$

die rechte Seite erhält das negative Vorzeichen, weil eben eine Druckabnahme stattfindet. Formen wir 1) passend um, so wird

$$dx = -\frac{B}{S} \frac{dy}{y}$$

oder integriert nach S. 108

$$2) \quad x = -\frac{B}{S} \ln y + C.$$

Nun ist aber für $x = 0$, d. h. für die Erdoberfläche, der Barometerdruck $y = B$; setzen wir dies in 2) ein, so wird

$$3) \quad 0 = -\frac{B}{S} \ln B + C.$$

2) — 3) liefert

$$4) \quad x = \frac{B}{S} \ln \frac{B}{y}.$$

und für den gesuchten Luftdruck in der Höhe $x = h$ folgt

$$\ln \frac{B}{y} = \frac{S}{B} h$$

oder

$$y = B e^{-\frac{S}{B} h},$$

während umgekehrt aus dem beobachteten Luftdruck y sich die Erhebung h über die Erdoberfläche nach 4) zu

$$h = \frac{B}{S} \ln \frac{B}{y}$$

berechnet 'hypsometrische Formel,.*)

§ 3. Erkaltungsgesetz von Newton.

Ein Körper habe die Temperatur ϑ_1, während die konstante Temperatur der Umgebung niedriger, etwa ϑ_0 sei: gesucht ist das Gesetz, nach welchem er erkalten wird.

Während der Abkühlung wird die Temperatur des Körpers infolge seiner Wärmeabgabe allmählich von ϑ_1 auf ϑ_0 sinken; wir wollen die Zeit t vom Beginn des Prozesses, also von dem Augenblick an zählen, in welchem der Körper die Temperatur ϑ_1 besitzt. Nach dem Ablauf der Zeit t möge die Temperatur des Körpers von ϑ_1 auf ϑ gesunken sein, so dass der Überschuss über die Temperatur der Umgebung nur mehr $\vartheta - \vartheta_0$ beträgt. Die von vornherein wahrscheinlichste Hypothese, die wir (mit Newton) machen können, ist offenbar die, dass die in der sehr kurzen Zeit dt abgegebene Wärmemenge $-dW$ des Körpers dem Überschuss über die Temperatur der Umgebung proportional ist. Wir hätten hiernach zu setzen

$$1) \quad -dW = k(\vartheta - \vartheta_0) dt,$$

worin k eine Konstante (Proportionalitätsfaktor) bezeichnet. Nun ist aber die Wärmemenge W, die der Körper bis zur Annahme der Temperatur der Umgebung ϑ_0 abzugeben vermag,

$$2) \quad W = m c (\vartheta - \vartheta_0),$$

wenn wir mit m die Masse des Körpers und mit c seine spezifische Wärme bezeichnen. Differenzieren wir 2), so finden wir

$$3) \quad dW = m c d\vartheta$$

und in 1) eingesetzt

$$4) \quad -m c d\vartheta = k(\vartheta - \vartheta_0) dt.$$

---

*) Vgl. wegen des Einflusses der Temperatur u. s. w. Kohlrausch, Leitfaden der prakt. Physik. 7. Aufl. S. 75.

Schreiben wir 4) in der Form

$$5) \quad -\frac{d\vartheta}{dt} = \frac{k}{mc}(\vartheta - \vartheta_0),$$

so können wir den negativ genommenen Differentialquotienten $\frac{d\vartheta}{dt}$ passend als »Abkühlungsgeschwindigkeit« bezeichnen und können die oben eingeführte Hypothese auch in der Form aussprechen: Die Abkühlungsgeschwindigkeit eines Körpers ist in jedem Augenblick dem Überschuss seiner Temperatur über die der Umgebung proportional.

Bei der Integration beachten wir, dass die Masse m absolut, die spezifische Wärme c sehr nahe von der Temperatur unabhängig ist und schreiben daher 4) in der Form

$$6) \quad -\frac{mc}{k}\frac{d\vartheta}{\vartheta - \vartheta_0} = dt$$

oder integriert (nach S. 117)

$$7) \quad -\frac{mc}{k}\ln(\vartheta - \vartheta_0) = t + C.$$

Nun ist für $t = 0$ der Wert der Temperatur $\vartheta = \vartheta_1$; setzen wir diese speziellen Werte in 7) ein, so wird

$$8) \quad -\frac{mc}{k}\ln(\vartheta_1 - \vartheta_0) = C;$$

7) — 8) liefert

$$9) \quad t = \frac{mc}{k}\ln\frac{\vartheta_1 - \vartheta_0}{\vartheta - \vartheta_0}.$$

Obige Gleichung haben wir aus einer an sich zwar wahrscheinlichen, aber immerhin zweifelhaften Hypothese abgeleitet. Direkt können wir dieselbe nicht prüfen, denn wir sind ja nicht im stande, die Temperaturänderung $d\vartheta$, die sich in dem äusserst kurzen Zeitintervall dt abspielt, experimentell zu bestimmen; wohl aber können wir uns mit der grössten Genauigkeit darüber Auskunft verschaffen, ob Gleichung 9) zutreffend ist.

Es wird nützlich sein, den Gebrauch dieser Gleichung an einem Beispiel zu erläutern, wozu eine Beobachtungsreihe dienen möge, die für die Erkaltung eines Körpers bei einer Umgebungstemperatur $\vartheta_0 = 0^0$ erhalten wurde.[*]

---

[*] Winkelmann, Wied. Ann. 44, 195, (1891).

ϑ	t	$\dfrac{1}{t}\overset{10}{\log}\dfrac{\vartheta_1-\vartheta_0}{\vartheta-\vartheta_0}$
18,9	3,45	0,006490
16,9	10,85	0,006540
14,9	19,30	0,006511
12,9	28,80	0,006537
10,9	40,10	0,006519
8,9	53,75	0,006502
6,9	70,95	0,006483

$$\vartheta_0 = 0; \quad \vartheta_1 = 19,90^0.$$

Der in der letzten Kolumne berechnete Ausdruck ist nach 9)

$$\frac{1}{t}\overset{10}{\log}\frac{\vartheta_1-\vartheta_0}{\vartheta-\vartheta_0} = 0,4343\,\frac{k}{m\,c}$$

(0,4343 = Modul der Briggischen Logarithmen) (S. 88) und er muss konstant sein, wenn unsere Fundamentalhypothese zutrifft. Thatsächlich lehrt obige Tabelle, dass dieser Ausdruck nur sehr kleine und überdies unregelmässige Schwankungen aufweist, die auf Rechnung der Beobachtungsfehler zu setzen sind.[*]

Der vorstehend eingeschlagene Weg kann als typischer Beleg der allgemeinen Ausführungen von S. 44 ff gelten; die mathematisch formulierte Hypothese betreffs einer Naturerscheinung führt zur Aufstellung eines Ausdrucks, der Differentialquotienten enthält (einer »Differentialgleichung«). Um die Forderungen jener Hypothese aber auf die Wirklichkeit zu übertragen, müssen wir durch Integration zu einer Gleichung zu gelangen suchen, die keine Differentiale mehr, sondern nur endliche, d. h. der Beobachtung und Anschauung direkt zugängliche Grössen enthält.

Die Aufstellung der Differentialgleichung muss durch einen glücklichen Griff des Naturforschers geschehen; ihre Integration ist dann lediglich Sache des mathematischen Kalkuls.[**]

§ 4. Maximaltemperatur einer Flamme.

Ehe wir diese Aufgabe behandeln, wollen wir die Wärmemenge ermitteln, die ein Körper, dessen Masse m Gramm beträgt, an die Umgebung abgiebt, wenn seine Temperatur von t_2 auf t_1 sinkt.

---

[*] Auf Gleichung 9) basiert eine Methode zur Bestimmung der spezifischen Wärme c; vgl. hierüber z. B. Kohlrausch, Leitf. d. prakt. Physik, VII. Aufl., S. 114.

[**] Vgl. die Beispiele in § 8 der Übungsaufgaben.

Wenn die spezifische Wärme c des Körpers mit der Temperatur sich nicht ändert, sondern konstant bleibt, so giebt der Körper bei der Abkühlung einfach die Wärmemenge W

$$W = m\, c\, (t_2 - t_1)$$

ab. Diese Bedingung ist aber häufig nicht erfüllt, indem c eine mehr oder minder deutlich ausgesprochene Temperaturfunktion ist. Man setzt sie in der Regel

$$c = \alpha + \beta\,(t - t_0) + \gamma\,(t - t_0)^2 + \ldots,$$

in welcher Gleichung die Zahl der Glieder je nach der Grösse der Annäherung sich richtet, welche die jeweiligen Beobachtungsdaten gestatten. Für $t = t_0$ wird $c = \alpha$; es bedeutet also α die spezifische Wärme für die als Ausgangstemperatur gewählte Temperatur t_0. Wenn die Temperatur des Körpers von t auf $t - dt$ sinkt, so giebt der Körper die Wärmemenge ab

$$d\,W = m\,c\,dt = m\,\{\alpha + \beta\,(t - t_0) + \gamma\,(t - t_0)^2 + ..\}\,dt$$

oder integriert

1) $$W = m\,\Big\{\alpha\,(t - t_0) + \frac{\beta\,(t - t_0)^2}{2} + \frac{\gamma\,(t - t_0)^3}{3} + ..\Big\} + C;$$

nun ist für $t = t_1$ offenbar $W = 0$, weil der Körper ja auf t_1 angelangt sich nicht weiter abkühlen soll. Somit wird

2) $$0 = m\,\Big\{\alpha\,(t_1 - t_0) + \frac{\beta\,(t_1 - t_0)^2}{2} + \frac{\gamma\,(t_1 - t_0)^3}{3} + ..\Big\} + C;$$

1) — 2) liefert

3) $$W = m\,\Big\{\alpha\,(t - t_1) + \beta\frac{(t - t_0)^2 - (t_1 - t_0)^2}{2} + \gamma\frac{(t - t_0)^3 - (t_1 - t_0)^3}{3} + ..\Big\}.$$

Setzen wir in obige Gleichung $t = t_2$, so erhalten wir offenbar die gesuchte Wärmemenge bei der Abkühlung von t_2 auf t_1.

Zur Maximaltemperatur einer Flamme führt uns nunmehr folgende einfache Überlegung. Die Temperaturerhöhung wird erzeugt durch die Verbrennungswärme der verbrennenden Substanz; die Wärmemenge, die das Produkt der Verbrennung bei seiner Abkühlung von der Flammentemperatur auf die Temperatur der Umgebung abgiebt, muss jener Verbrennungswärme gleich sein. Bezeichnen wir also die Verbrennungswärme mit V und ist die spezifische Wärme des Verbrennungsproduktes wieder wie oben

$$\alpha + \beta\,(t - t_0) + \gamma\,(t - t_0)^2 + \ldots,$$

so ist die Flammentemperatur, d. h. die Erwärmung $t - t_1$ des Verbrennungsproduktes über die Temperatur t_1 der Umgebung einfach nach Gleichung 3) zu berechnen, indem wir

$$V = W$$

setzen.

Als Beispiel wählen wir die Verbrennung von Kohlenoxyd in (reinem) Sauerstoff. Die Verbrennungswärme von $m = 28$ g Kohlenoxyd (Grammmolekül $CO = 28$) beträgt $W = 67700$ Kalorieen; für die spezifische Wärme des entstandenen Produktes $(28 + 16 = 44$ g Kohlensäure) giebt Le Chatelier die Formel[*]), $t_0 = -273$ angenommen,

$$m c = 6{,}5 + 0{,}0084 (t + 273)$$

(Molekularwärme von CO_2 bei konstantem Druck). Ist die Anfangstemperatur $t_1 = 0$, so liefert 3) die Gleichung

$$4) \quad 67700 = 6{,}5\, t + \frac{0{,}0084\, (t^2 + 2 \times 273\, t)}{2}.$$

Berechnen wir aus dieser (quadratischen) Gleichung t, so finden wir

$$t = 3100^0.$$

In Wirklichkeit wirken übrigens manche Umstände, die obige Maximaltemperatur nicht unerheblich herunterdrücken, wie Ausstrahlung, unvollständige Verbindung infolge von Dissociation u. dgl. Sehr stark aber würde man sich obigem Werte nähern, wenn man Kohlenoxyd und Sauerstoff in grosser Menge und bei grossem Drucke zur Explosion brächte.

§ 5. Arbeitsleistung bei isothermer Ausdehnung eines idealen Gases.

Wenn ein Gas bei konstant erhaltenem Drucke p sich um das Volum v ausdehnt, so beträgt die dabei geleistete Arbeit bekanntlich $p v$; lassen wir aber (bei konstant erhaltener Temperatur) eine abgeschlossene Gasmenge sich vom Volumen v_1 auf das Volumen v_2 ausdehnen, so ändert sich der Druck fortwährend, weil er ja um so kleiner wird, je mehr das Volumen wächst.

Wohl aber können wir während der Ausdehnung um das sehr kleine Volum dv den Druck p als konstant ansehen, weil letzterer ja während dieser Ausdehnung nur eine äusserst minimale Änderung erfährt, und daher die hierbei geleistete Arbeit gleich $p\, dv$ setzen. Bezeichnen wir die gesuchte Arbeitsgrösse mit A, so wird also

$$1) \quad d A = p\, d v.$$

Um 1) zu integrieren, müssen wir beachten, dass p eine Funktion von v ist, dass also

$$2) \quad p = f(v)$$

zu setzen ist. Die Natur dieser Funktion muss uns natürlich bekannt sein, damit die Rechnung ausführbar wird.

---

[*]) Vgl. z. B. Nernst, Theoret. Chemie S. 37.

Nehmen wir zunächst an, dass das Gas dem Gesetz von Boyle gehorcht, und dass die Ausdehnung bei konstant erhaltener Temperatur erfolgt. Dann wird

$$3) \quad pv = k,$$

wo k eine von den Versuchsbedingungen abhängige Konstante (d. h. keine Funktion des Druckes oder Volumens) bedeutet. Somit wird

$$4) \quad p = f(v) = \frac{k}{v}$$

und in 1) eingesetzt

$$dA = \frac{k}{v} dv$$

und integriert nach S. 108

$$5) \quad A = k \ln v + C.$$

Nun ist aber für $v = v_1$ offenbar $A = 0$, weil ohne Ausdehnung keine Arbeit geleistet wird. Somit wird

$$6) \quad 0 = k \ln v_1 + C$$

und aus 5)—6) wird

$$A = k \ln \frac{v}{v_1}.$$

Bei der Ausdehnung von v_1 auf v_2 wird natürlich

$$A = k \ln \frac{v_2}{v_1}.$$

Setzen wir

$$v_1 = \frac{k}{p_1} \quad \text{und} \quad v_2 = \frac{k}{p_2},$$

so wird

$$A = k \ln \frac{p_1}{p_2},$$

welche Gleichung die bei der Ausdehnung der betreffenden Gasmasse geleistete Arbeit angiebt, wenn infolge der Ausdehnung der Druck von p_1 auf p_2 sinkt.

Die vorstehend abgeleiteten Gleichungen liefern z. B. die bei der Expansion des im Cylinder einer Dampfmaschine abgeschlossenen Dampfes geleistete Arbeit; sie sind ferner für mannigfache Rechnungen in der Theorie der Lösungen grundlegend u. s. w.

§ 6. Arbeitsleistung bei isothermer Ausdehnung eines stark komprimierten Gases.

Ist das betreffende Gas so stark komprimiert, dass die Anwendung des Boyleschen Gesetzes keine richtigen Werte mehr giebt, so können

wir die Beziehung zwischen Druck und Volumen durch die Gleichung
von van der Waals (S. 34) ausdrücken

$$7) \quad \left(p + \frac{a}{v^2}\right)(v - b) = k,$$

worin a, b, k der betreffenden Gasmasse eigentümliche Konstanten sind.
Lösen wir 7) nach p auf, so wird

$$p = f(v) = \frac{k}{v - b} - \frac{a}{v^2}$$

und somit in 1) eingesetzt

$$dA = \frac{k}{v - b}\,dv - \frac{a}{v^2}\,dv.$$

Die Integration liefert (S. 117)

$$8) \quad A = k \ln(v - b) + \frac{a}{v} + C.$$

Für $v = v_1$ wird A wiederum gleich Null, d. h. wir erhalten

$$9) \quad 0 = k \ln(v_1 - b) + \frac{a}{v_1} + C.$$

8) — 9) liefert

$$A = k \ln \frac{v - b}{v_1 - b} - a\left(\frac{1}{v_1} - \frac{1}{v}\right),$$

und schliesslich $v = v_2$ gesetzt

$$10) \quad A = k \ln \frac{v_2 - b}{v_1 - b} - a\left(\frac{1}{v_1} - \frac{1}{v_2}\right).$$

Die obige Gleichung spielt in der Theorie von van der Waals
eine wichtige Rolle. — Um die Arbeitsleistung vom Drucke p_2 auf p_1
zu berechnen, müssten wir 7) nach v auflösen und die zu v_1 und v_2
gehörigen Werte in 10) einsetzen, doch wollen wir diese ziemlich
umständliche Rechnung hier nicht ausführen.

§ 7. Arbeitsleistung bei isothermer Ausdehnung eines sich dissoziierenden Gases.

Als dritten Fall betrachten wir ein Gas, das bei der Ausdehnung
sich dissoziiert, und·zwar sollen infolge der grösseren Raumerfüllung
einzelne der Gasmoleküle in zwei neue sich spalten (binäre Dissoziation).
Dann gilt für die Abhängigkeit des Dissoziationsgrades x von dem
Volum v, das die Gasmasse erfüllt, die Beziehung (vgl. S. 36)

$$1) \quad Kv = \frac{x^2}{1 - x}.$$

Würde das Gas gar nicht dissoziiert sein, so würde für die
Beziehung zwischen Druck und Volumen das Gesetz

$$2) \quad pv = k$$

gelten, worin also die Grösse k während der Ausdehnung konstant
bleibt. Da aber das Gas dissoziiert ist und demgemäss eine grössere
Zahl von Molekülen enthält, so ist der Druck grösser, und zwar steigt
der Druck im Verhältnis dieser Vergrösserung, weil ja bei konstanter
Temperatur der Druck der Zahl der Moleküle proportional ist. Wenn
aber der Bruchteil x der Gasmasse, die wir uns aus n nichtdissoziierten
Molekülen gebildet vorstellen wollen, dissoziiert ist, so beträgt $(1-x)\,n$
die Zahl der nichtdissoziierten und $2\,x\,n$ die Zahl der durch Dissoziation
neu gebildeten Moleküle. Demgemäss verhält sich der wirkliche Druck
zu dem Druck ohne Dissoziation wie

$$n : (1-x)\,n + 2\,x\,n = 1 : 1 + x$$

und wir finden für den thatsächlich vom Gase ausgeübten Druck P

$$3) \quad P = (1+x)p.$$

Die Arbeit dA während der Volumausdehnung dv ist nun wie oben

$$4) \quad dA = P\,dv,$$

oder nach 3)

$$5) \quad dA = (1+x)p\,dv = p\,dv + xp\,dv.$$

Die Arbeitsleistung erhalten wir in 5) in zwei Teile zerlegt und
wir können schreiben

$$6) \quad dA_1 = p\,dv,$$
$$7) \quad dA_2 = xp\,dv,$$

worin

$$8) \quad dA_1 + dA_2 = dA$$

ist. Gleichung 6) können wir aber genau wie S. 139 behandeln und
wir finden daher

$$9) \quad A_1 = k \ln \frac{v_2}{v_1},$$

so dass nur noch A_2 zu ermitteln ist.

Zu diesem Zweck müssen wir beachten, dass x, p und v sich
gleichzeitig ändern, doch in einer Weise, die durch die Gleichungen 1)
und 2) bestimmt ist. Wir können daher diese drei Variabeln durch
eine einzige ersetzen, als welche wir am einfachsten x wählen. Differenzieren wir 1), so finden wir dv

$$10) \quad dv = \frac{x(2-x)}{K(1-x)^2}\,dx$$

und für p nach 2) und 1)

$$11) \quad p = \frac{k}{v} = \frac{kK(1-x)}{x^2}.$$

10) und 11) in 7) eingesetzt, ergiebt

$$dA_2 = k\frac{2-x}{(1-x)}\,dx = k\left(1 + \frac{1}{1-x}\right)dx.$$

Die Integration liefert (nach S. 117)

$$12)\quad A_2 = k\,(x - \ln[1-x]) + C.$$

Nun ist A_2 (ebenso wie A_1) für $v = v_1$ gleich Null; somit wird

$$13)\quad 0 = k\,(x_1 - \ln[1-x_1]) + C,$$

worin x_1 den zu v_1 gehörigen und aus Gleichung 1) zu berechnenden Wert bezeichnet.

Subtrahieren wir 13) von 12) und setzen gleichzeitig den zu v_2 gehörigen Wert von x ein, den wir mit x_2 bezeichnen wollen, so wird

$$14)\quad A_2 = k\left(x_2 - x_1 - \ln\frac{1-x_2}{1-x_1}\right).$$

Aus

$$A = A_1 + A_2$$

folgt schliesslich [Gleichung 9) und 14)]

$$15)\quad A = k\left(\ln\frac{v_2}{v_1} + x_2 - x_1 - \ln\frac{1-x_2}{1-x_1}\right).$$

Darin ist x_1 und x_2, wie bemerkt, aus Gleichung 1) zu berechnen, und zwar ergiebt sich

$$x_1 = \frac{Kv_1}{2}\left(\sqrt{1 + \frac{4}{Kv_1}} - 1\right)$$

$$x_2 = \frac{Kv_2}{2}\left(\sqrt{1 + \frac{4}{Kv_2}} - 1\right).$$

Gleichung 15) wird aber übersichtlicher, wenn wir umgekehrt v_1 und v_2 durch x_1 und x_2 ausdrücken, d. h. wenn wir einführen, wiederum nach Gleichung 1),

$$v_1 = \frac{x_1{}^2}{K(1-x_1)}, \quad v_2 = \frac{x_2{}^2}{K(1-x_2)};$$

wir erhalten so

$$A = k\left(x_2 - x_1 - 2\ln\frac{x_1[1-x_2]}{[1-x_1]x_2}\right).$$

§ 8. Berechnung des Reaktionsverlaufs vollständig verlaufender Reaktionen.

Wenn n verschiedene Moleküle sich miteinander umsetzen, so ist die Reaktionsgeschwindigkeit nach dem Gesetze der chemischen Massenwirkung in jedem Augenblick dem Produkt ihrer Konzentrationen proportional.*) Nehmen wir der Einfachheit willen an, dass sämtliche

---

*) Vgl. z. B. Nernst, Theoret. Chemie S. 430.

Molekülgattungen bei Beginn der Reaktion, also zur Zeit $t = 0$, in äquimolekularer Menge, etwa mit der Konzentration a, vorhanden seien, so wird ihre Konzentration zur Zeit t nur noch $(a - x)$ betragen, wo dann x die inzwischen umgesetzte Menge bedeutet. Wenn in der nunmehr folgenden sehr kleinen Zeit dt sich die Menge dx umsetzt, so bedeutet $\frac{dx}{dt}$ die Reaktionsgeschwindigkeit und wir erhalten also

$$1) \quad \frac{dx}{dt} = k(a - x)^n;$$

hierin bedeutet k eine während des Reaktionsverlaufes konstante, d. h. von den beiden Variablen x und t unabhängige Grösse.

Die Integration der passend umgeformten Gleichung 1)

$$\frac{dx}{(a - x)^n} = k\,dt$$

liefert (S. 117)

$$2) \quad \frac{1}{(n-1)(a-x)^{n-1}} = kt + C.$$

Nun ist für $x = 0$ auch $t = 0$; somit wird

$$3) \quad \frac{1}{(n-1)a^{n-1}} = C$$

und 2) — 3) liefert

$$4) \quad \frac{1}{(n-1)}\left(\frac{1}{(a-x)^{n-1}} - \frac{1}{a^{n-1}}\right) = kt.$$

Setzen wir z. B. $n = 2$, so finden wir für die Reaktionskonstante k

$$5) \quad k = \frac{1}{t}\,\frac{x}{(a - x)\,a}.$$

Gleichung 4) gilt für den Fall, dass $n > 1$ ist; für den Fall $n = 1$, dessen Integration zum Logarithmus führt, haben wir bereits S. 105 in der Zuckerinversion ein Beispiel kennen gelernt.

Wir wollen schliesslich noch den Fall, dass die Konzentrationen der reagierenden Molekülgattungen verschieden sind, an einem Beispiel behandeln. Es mögen zwei verschiedene Molekülgattungen aufeinander reagieren, deren Konzentrationen zur Zeit $t = 0$ etwa a bez. b sein mögen; dann ist nach dem eingangs erwähnten Satze die Reaktionsgeschwindigkeit zur Zeit t, nachdem sich x Moleküle von den beiden Substanzen umgesetzt haben und ihre Konzentrationen demgemäss auf $a - x$, bez. $b - x$ gesunken sind,

$$6) \quad \frac{dx}{dt} = k(a - x)(b - x).$$

Ordnen wir diese Gleichung zur Integration, so wird

$$\frac{d\,x}{(a-x)\,(b-x)} = k\,d\,t.$$

Der links stehende Ausdruck ist nicht ohne weiteres integrabel: zerlegen wir ihn aber nach S. 21 in Partialbrüche, so nimmt er die Form an

$$\frac{d\,x}{a-b}\left(\frac{1}{b-x} - \frac{1}{a-x}\right) = k\,d\,t,$$

welche Gleichung sich unmittelbar integrieren lässt (S. 122)

$$7)\quad -\frac{1}{a-b}[\ln(b-x) - \ln(a-x)] = k\,t + C.$$

Setzen wir hierin das durch die Anfangsbedingungen gegebene Wertepaar $x = 0$ und $t = 0$ ein, so wird

$$-\frac{1}{a-b}(\ln b - \ln a) = C$$

und durch Subtraktion folgt

$$8)\quad \frac{1}{(a-b)}\ln\frac{(a-x)\cdot b}{(b-x)\cdot a} = k\,t.$$

Diese Gleichung enthält z. B. die Theorie der Verseifung von Äthylacetat (oder einem andern Ester) durch Essigsäure (oder eine andere Säure).

Setzen wir in Gleichung 8) $a = b$, so muss natürlich die Gleichung 5) resultieren; wir stossen hier aber auf die eigentümliche Schwierigkeit, dass für $a = b$ der erste Faktor obigen Produktes den Wert $\frac{1}{0}$, also einen unendlich grossen Betrag, annimmt, während der Logarithmus den Wert $\ln 1$, also den unendlich kleinen Betrag Null, erhält. Diese (scheinbare) Schwierigkeit wird erst in Kap. VIII, § 13 behoben werden.

§ 9. Verlauf unvollständiger Reaktionen.

Für den Fall, dass eine chemische, in einem homogenen Gasgemische oder in einer homogenen Lösung sich bei konstanter Temperatur abspielende Reaktion nicht bis zum völligen Verschwinden der reagierenden Substanzen verläuft, sondern früher Halt macht, besagt das Gesetz der chemischen Massenwirkung folgendes[*]: Die Reaktionsgeschwindigkeit ist in jedem Augenblick gleich dem Produkt der Konzentrationen der reagierenden, vermindert um das

---

[*] Vgl. z. B. Nernst, Theoret. Chemie S. 430.

Produkt der Konzentrationen der sich bildenden Molekülgattungen, jedes Produkt multipliziert mit einem Proportionalitätsfaktor (den sog. Geschwindigkeitskonstanten).

In einer Formel ausgedrückt, nimmt obiges Gesetz die Gestalt an:

$$1) \quad \frac{dx}{dt} = k(a-x)(b-x)(c-x)\ldots - k'(a'+x)(b'+x)\ldots;$$

darin ist x die Zahl der zur Zeit t umgesetzten Moleküle; a, b, c ...
sind die Anfangskonzentrationen (die also der Zeit $t = 0$ entsprechen)
der sich umsetzenden, a', b' ... diejenigen der sich bildenden Molekülgattungen, k und k' die beiden Geschwindigkeitskoeffizienten.

Zur Zeit t sind demgemäss die Konzentrationen der sich umsetzenden Molekülgattungen $a-x$, $b-x$, $c-x$, ... diejenigen der
sich bildenden $a'+x$, $b'+x$, ...; stellen wir nach obiger Regel die
Geschwindigkeitsgleichung auf, so resultiert Formel 1).

Gleichung 1) ist stets integrierbar, da nach Kap. X, § 4 der Ausdruck

$$\frac{1}{k(a-x)(b-x)(c-x)\ldots - k'(a'+x)(b'+x)\ldots}$$

in Partialbrüche zerlegt werden kann. In Wirklichkeit liegt übrigens in
allen bisher studierten Fällen die Sache stets aus dem Grunde sehr einfach, weil sowohl die Zahl der reagierenden, wie die der sich bildenden
Molekülgattungen ziemlich klein ist, z. B. 1, 2, höchstens 3 beträgt.
Wir können daher uns hier darauf beschränken, einige der bisher
untersuchten speziellen Anwendungen der Gleichung 1) zu besprechen.

Laktonbildung.*) Einzelne Säuren, wie z. B. Oxybuttersäure,
bilden in wässeriger Lösung unter Wasserabspaltung ein Lakton (inneres
Anhydrid); bezeichnet a die anfängliche Konzentration der Säure, a'
diejenige des Laktons, so wird nach 1)

$$2) \quad \frac{dx}{dt} = k(a-x) - k'(a'+x)$$

oder umgeformt

$$\frac{dx}{(ka-k'a') - (k+k')x} = dt,$$

wovon das Integral

$$3) \quad -\frac{1}{k+k'} \ln[(ka-k'a') - (k+k')x] = t + C$$

beträgt. Nun ist für $t = 0$ auch $x = 0$; somit wird

$$4) \quad -\frac{1}{k+k'} \ln(ka-k'a') = C$$

---

*) Vgl. darüber P. Henry, Zeitschr. für physik. Chemie 10. 96 (1892); Nernst,
Theoret. Chemie S. 450.

und 3) — 4) liefert

$$5)\quad \ln\frac{k\,a - k'a'}{(k\,a - k'a') - (k + k')x} = (k + k')\,t.$$

Warten wir sehr lange Zeit, so stellt sich der Gleichgewichtszustand zwischen den reagierenden Stoffen her und zwar möge dann A die Konzentration der Säure, A' die des Laktons sein. Im Gleichgewichtszustand ist die Reaktionsgeschwindigkeit aber offenbar gleich Null, und es nimmt Gleichung 2) die Form an

$$0 = k\,A - k'A'$$

oder

$$6)\quad K = \frac{k}{k'} = \frac{A'}{A};$$

K bezeichnet man als Gleichgewichtskonstante; sie kann, weil einer direkten experimentellen Bestimmung zugänglich, im gegebenen Falle als bekannt angesehen werden. Dividieren wir Zähler und Nenner des hinter dem Logarithmus stehenden Bruches der Gleichung 5) durch k', so finden wir

$$7)\quad \frac{1}{t}\ln\frac{K\,a - a'}{(K\,a - a') - (1 + K)\,x} = k + k'.$$

In dieser Form kann die gefundene Beziehung direkt experimentell geprüft werden; bei einer gegebenen Versuchsreihe braucht man nur den auf der linken Seite stehenden Ausdruck zu berechnen und auf seine Konstanz zu prüfen. Um ein Zahlenbeispiel zu geben, so fand man für einen Versuch, bei dem die anfängliche Konzentration des Laktons $a' = 0$, diejenige der Säure $a = 18{,}23$ und bei dem

$$K = \frac{A'}{A} = \frac{13{,}28}{4{,}95} = 2{,}68$$

betrug, folgende zusammengehörige Werte für t und x, wobei für die Berechnung von $k + k'$ aus Bequemlichkeitsrücksichten der Briggische Logarithmus benutzt ist, was für die Konstanz ohne Belang ist.

t	x	$k + k' = \dfrac{1}{t}\overset{10}{\log}\dfrac{K\,a}{K\,a - (1 + K)\,x}$
21	2,39	0,0411
50	4,98	0,0408
80	7,14	0,0444
120	8,88	0,0400
220	11,56	0,0404
320	12,57	0,0398
∞	13,28	—

Die Konstanz des in der letzten Kolumne befindlichen Ausdrucks ist durchaus zufriedenstellend und beweist für obigen Fall schlagend die Richtigkeit der entwickelten Theorie.

Esterbildung.*) Essigsäure (oder eine andere Säure) und Äthyl-alkohol (oder irgend ein anderer Alkohol) bilden Äthylacetat (oder einen andern entsprechenden Ester) und Wasser. Seien a und b die Konzentrationen der reagierenden, a' und b' die der entstehenden Substanzen zur Zeit t, so nimmt Gleichung 1) für diesen Fall die Gestalt an:

$$8) \quad \frac{dx}{dt} = k\,(a-x)(b-x) - k'\,(a'+x)(b'+x)$$

oder umgeformt

$$\frac{dx}{k\,(a-x)(b-x) - k'\,(a'+x)(b'+x)} = dt.$$

Den Nenner des links stehenden Bruches können wir auf die Form bringen**)

$$(k-k')\,(x-\xi_1)(x-\xi_2),$$

wenn wir mit ξ_1 und ξ_2 die Wurzeln der quadratischen Gleichung bezeichnen, die wir erhalten, wenn wir den ausmultiplizierten Nenner durch den Faktor von x^2, nämlich $k-k'$ dividieren. Die Integration läuft also auf diejenige des Ausdrucks

$$\frac{dx}{(x-\xi_1)(x-\xi_2)} \quad \text{oder} \quad \frac{dx}{(\xi_1-x)(\xi_2-x)}$$

hinaus, die wir bereits S. 121 durchgeführt haben.

Die spezielle Rechnung wollen wir nun an einem einfacheren Beispiele anstellen, bei dem (entsprechend einem von Berthelot experimentell untersuchten und von Guldberg und Waage berechneten Falle)

$$a=1, \quad b=1, \quad a'=0, \quad b'=0$$

war. Es wird dann

$$9) \quad \frac{dx}{dt} = k\,(1-x)^2 - k'\,x^2$$

oder umgeformt

$$\frac{dx}{x^2 - 2\,\dfrac{k}{k-k'}\cdot x + \dfrac{k}{k-k'}} = (k-k')\,dt.$$

Setzen wir zur Abkürzung

$$\frac{k}{k-k'} = m,$$

---

*) Guldberg und Waage, Journ. f. pr. Chemie [2] 19. 69 (1879); Nernst. Theoret. Chemie S. 358.

**) Vgl. § 6 der Formelsammlung.

so sind die beiden Wurzeln ξ_1 und ξ_2 der quadratischen Gleichung

$$x^2 - 2\,m\,x + m = 0,$$

10) $\xi_1 = m + \sqrt{m^2 - m}, \quad \xi_2 = m - \sqrt{m^2 - m}.$

Das Integral von

$$\frac{d\,x}{(x - \xi_1)(x - \xi_2)} = (k - k')\,d\,t$$

ist nun aber nach S. 121 (wo $\xi_1 = a$, $\xi_2 = b$ ist)

$$\frac{1}{\xi_1 - \xi_2}\,[\ln(\xi_1 - x) - \ln(\xi_2 - x)] = (k - k')\,t + C$$

und da auch hier die Grenzbedingungen die gleichen sind, d. h. für $t = 0$ auch $x = 0$ ist, so wird

11) $$\frac{1}{\xi_1 - \xi_2}\ln\frac{(\xi_1 - x)\,\xi_2}{(\xi_2 - x)\,\xi_1} = (k - k')\,t$$

Substituieren wir ξ_1 und ξ_2 nach der Gleichung 10), so wird

12) $$\frac{1}{2\sqrt{m^2 - m}}\ln\frac{(m + \sqrt{m^2 - m} - x)(m - \sqrt{m^2 - m})}{(m - \sqrt{m^2 - m} - x)(m + \sqrt{m^2 - m})} = (k - k')\,t.$$

Die Bestimmung des Gleichgewichtzustandes, d. h. desjenigen Zustandes des Reaktionsgemisches, der nach hinreichend langer Zeit eintritt, liefert den Zahlenwert von $\frac{k}{k'}$, d. h. auch den von

$$m = \frac{1}{1 - \dfrac{k'}{k}}.$$

Für die Einwirkung von Essigsäure auf Äthylalkohol z. B. ist

$$\frac{k}{k'} = 4{,}00$$

und somit

$$m = \frac{4}{3} \text{ und } \sqrt{m^2 - m} = \frac{2}{3}.$$

Setzen wir diese speziellen Werte in 12) ein, so finden wir

$$\frac{4}{3}(k - k') = \frac{1}{t}\ln\frac{2 - x}{2 - 3\,x}.$$

Dies ist die von Guldberg und Waage bei Berechnung der Versuche Berthelots benutzte Gleichung.[*]

---

[*] Vgl. Nernst, Theoret. Chemie S. 450.

§ 10. Auflösungsgeschwindigkeit fester Körper.

Bringen wir einen festen Körper (z. B. Benzoesäure) mit einem Lösungsmittel (z. B. Wasser) in Berührung, so stellt sich allmählich eine gesättigte Lösung her; die Auflösung geht anfänglich rasch, dann immer langsamer vor sich und sie erreicht ihr Ende, wenn der Zustand der Sättigung sich hergestellt hat.

Die Annahme liegt nahe, dass bei konstant erhaltener Oberfläche des festen Körpers und konstant erhaltener Temperatur die Auflösungsgeschwindigkeit in jedem Augenblick der Menge des zu lösenden Körpers proportional ist, welche bis zur Sättigung noch fehlt. Ist also S die zur Sättigung nötige, x die zur Zeit t bereits gelöste Menge, so wird

$$\frac{dx}{dt} = C(S-x),$$

worin C einen Proportionalitätsfaktor bedeutet. Da zur Zeit $t = 0$ auch $x = 0$ wird, so ergiebt sich genau, wie im § 3 dieses Kapitels,

$$C = \frac{1}{t} \ln \frac{S}{S-x}.$$

Es fanden A. Noyes und R. Whitney[*]) für die Auflösung von Benzoesäure in Wasser ($S = 27,92$):

t	x	C
10	6,38	112,7
30	15,51	117,4
60	21,89	110,9

also für C einen hinreichend konstanten Wert, wodurch die Ausgangshypothese bestätigt ist. — Ganz analog ist der Fall chemischer Auflösung (z. B. von Marmor in Säuren) zu behandeln.

Das auf den vorstehenden Seiten Besprochene dürfte für die mathematische Behandlung der Probleme der chemischen Kinetik ausreichend sein, wenigstens bei dem bisherigen Stande dieses Kapitels der theoretischen Chemie.

---

[*]) Zeitschr. physik. Chem. **23**. 689 (1897).

Sechstes Kapitel.

Bestimmte Integrale.

§ 1. Die Fläche der Parabel.

Eine der wichtigsten Anwendungen der Integralrechnung ist die folgende.

Es sei die Aufgabe gestellt, die Fläche eines Parabelsegments zu berechnen und zwar (Fig. 46) desjenigen Segments, das von einer zur Axe der Parabel senkrechten Geraden PP' abgeschnitten wird. Dieses Segment wird durch die Axe in zwei gleiche Teile zerlegt. Ziehen wir noch im Scheitel O der Parabel die Tangente, und fällen von P das Lot PQ auf sie, so ist die Hälfte des gesuchten Segments gleich der Differenz zwischen dem Rechteck aus OQ und PQ und dem Flächenstück OPQ, das von der Parabel und der Tangente begrenzt wird. Wir brauchen also nur das letztere zu bestimmen.

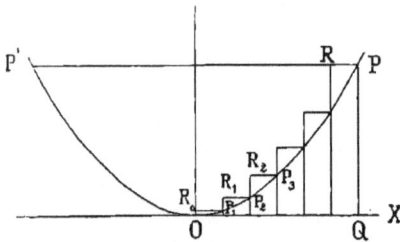

Fig. 46.

Wir knüpfen auch hier zunächst an ein Annäherungsverfahren an. Wir wählen die Tangente im Scheitel als x-Axe und teilen die Strecke OQ in lauter gleiche Teile von der Länge h, errichten in den Teilpunkten Lote bis zur Parabel und ziehen durch die Endpunkte P_1, P_2, P_3 ... dieser Lote Parallelen zur x-Axe; sie mögen je die vorhergehenden Lote — für den Punkt P_1 ist dies die y-Axe — in den Punkten R_0, R_1, R_2, R_3 ... schneiden. Auf diese Weise entsteht die treppenförmig begrenzte Figur

$$O R_0 P_1 R_1 P_2 R_2 P_3 \ldots \ldots RPQ,$$

die das gesuchte Flächenstück umschliesst.

Für diese Figur können wir den Inhalt wie folgt ermitteln. Da die y-Axe die Symmetrieaxe der Parabel ist, so lautet ihre Gleichung (S. 48)

$$1) \quad x^2 = 2py, \text{ resp. } y = \frac{x^2}{2p}.$$

Sind $x_1, y_1, x_2, y_2, x_3, y_3 \ldots x, y$ die Koordinaten der Punkte $P_1, P_2, P_3 \ldots P$, so haben die einzelnen, zwischen je zwei Ordinaten liegenden kleinen Rechtecke den Inhalt

$$y_1 h, \quad y_2 h, \quad y_3 h \ldots \ldots y h,$$

die Gesamtfläche ist daher

$$\begin{aligned} 2) \quad \mathcal{J} &= y_1 h + y_2 h + y_3 h + \ldots + y h \\ &= h (y_1 + y_2 + y_3 + \ldots + y). \end{aligned}$$

Sei jetzt n die Zahl der Teile auf OQ, so ist

$$3) \quad x_1 = h, \quad x_2 = 2h, \quad x_3 = 3h, \ldots x = nh,$$

also wird nach 1)

$$y_1 = \frac{h^2}{2p}, \; y_2 = \frac{(2h)^2}{2p}, \; y_3 = \frac{(3h)^2}{2p}, \; \ldots y = \frac{(nh)^2}{2p}.$$

und wenn wir diese Werte oben einsetzen, so folgt

$$\begin{aligned} \mathcal{J} &= \frac{h}{2p} \{ h^2 + 2^2 h^2 + 3^2 h^2 + \ldots + n^2 h^2 \} \\ &= \frac{h^3}{2p} \{ 1 + 2^2 + 3^2 + \ldots + n^2 \}. \end{aligned}$$

Für die Summe der ersten n Quadrate gilt aber die Formel[*])

$$4) \quad 1 + 2^2 + 3^2 + \ldots + n^2 = \frac{(n+1)\,n\,(2n+1)}{1.2.3}.$$

also erhalten wir

$$\begin{aligned} \mathcal{J} &= \frac{h^3}{2p} \frac{(n+1)\,n\,(2n+1)}{1.2.3} \\ &= \frac{(hn+h)\,hn\,(2hn+h)}{1.2.3.2p}. \end{aligned}$$

Nun ist aber (Gleichung 3) $nh = x$, demnach wird

$$\begin{aligned} \mathcal{J} &= \frac{(x+h)\,x\,(2x+h)}{1.2.3.2p} \\ &= \frac{2x^3 + 3hx^2 + h^2 x}{1.2.3.2p}. \end{aligned}$$

oder schliesslich

$$5) \quad \mathcal{J} = \frac{x^3}{6p} + h\frac{x^2}{4p} + h^2 \frac{x}{12p}.$$

_____

*) Vgl. Formel 59 des Anhangs.

Das betrachtete Flächenstück kommt der von der Parabel begrenzten Fläche auch hier um so näher, je kleiner wir die Grösse h,
je grösser also die Zahl n der Rechtecke nehmen. Der genaue Übergang der ersten Fläche in die zweite tritt aber erst dann ein, wenn
wir h den Wert Null erteilen, so dass die Zahl der Rechtecke unendlich
gross wird. Diesen Übergang können wir in seinem letzten Verlauf
auch in diesem Fall begrifflich nicht mitmachen, denn das Bild eines
Flächenstückes, das aus unendlich vielen Teilen von der Breite Null
besteht, ist keine klare Vorstellung mehr, unsere Formel aber bleibt
für ihn in Kraft; sie gestattet, dass wir $h = 0$ setzen und giebt in
diesem Fall den wirklichen Wert des gesuchten Flächenstücks F, nämlich

$$6)\quad F = \frac{x^3}{6\,p} \text{*)}.$$

Der Flächeninhalt des Parabelsegments selbst ergiebt sich nun
folgendermassen. Das Rechteck mit den Seiten $OQ = x$ und $PQ = y$,
wo y durch Gleichung 1) bestimmt ist, hat den Inhalt

$$x\,y = \frac{x^3}{2\,p}.$$

Für die Fläche S des Parabelsegments, das von PP' und der y-Axe
begrenzt wird, erhalten wir daher

$$7)\quad S = \frac{x^3}{2\,p} - \frac{x^3}{6\,p} = \frac{x^3}{3\,p}$$

und demnach folgt noch aus Gleichung 6)

$$8)\quad S = 2\,F.$$

Die Parabel teilt also das Rechteck in zwei Teile, von
denen der eine das doppelte des andern ist.

Wir finden für die eben behandelte Aufgabe wiederum bestätigt,
was wir in der Einleitung des zweiten Kapitels ausgeführt haben. An
der entscheidenden Stelle, wo die Begriffe ihre Bestimmtheit verlieren
und zu zerfliessen anfangen, verliert die Rechnung ihre Bestimmtheit
nicht; sie leistet, was wir begrifflich nicht zu leisten vermögen. Die
Formel ist uns in dieser Hinsicht überlegen. Analog liegen die Dinge
in allen Fällen, in denen es sich darum handelt, den Wert einer Summe

---

*) Man kann die obige Betrachtung dadurch schärfen, dass man einen zweiten
treppenförmigen Linienzug zu Hilfe nimmt, den man erhält, wenn man die Geraden $R_0 P_1$,
$R_1 P_2 \ldots$ über P_1, $P_2 \ldots$ bis zur nächsten Vertikalen verlängert. Beide Flächenstücke
nehmen für $h = 0$ denselben Grenzwert an, ähnlich wie die Flächen der einem Kreis ein-
und umgeschriebenen Polygone gegen die Kreisfläche als gemeinsame Grenze konvergieren,
sobald die Seitenzahl über die Maassen wächst.

zu ermitteln, deren Summanden wir uns der Zahl nach ins Ungemessene wachsend und der Grösse nach gegen Null konvergierend denken müssen. Der Inhalt einer beliebig begrenzten Fläche, der Inhalt eines Körpers von variablem Querschnitt, die Gesamtmasse eines Körpers von variabler Dichtigkeit, die Summe aller anziehenden Kräfte, die von allen Teilen eines Körpers auf einen und denselben Punkt ausgeübt werden, sind Beispiele, die derjenigen Klasse von Problemen angehören, die wir nach dem vorstehenden Verfahren zu behandeln haben.

Wir haben noch einige Bezeichnungen einzuführen. Für die in Gleichung 2) auftretende Summe

$$y_1 h + y_2 h + y_3 h + \ldots$$

hat man ein abkürzendes Zeichen eingeführt; man schreibt dafür

$$\Sigma(y\,h) \text{ oder } \Sigma y\,h,$$

wo Σ bedeutet, dass man aus $y\,h$ eine Summe bilden soll, und zwar so, dass man für y der Reihe nach alle seine Werte $y_1, y_2, y_3 \ldots$ setzt. Ferner wollen wir jetzt wieder h, die Differenz der Abscissen von zwei benachbarten Punkten der Parabel, durch $\varDelta x$ ersetzen, so erhalten wir

9) $\quad \mathcal{J} = \Sigma y\,\varDelta x$

als Ausdruck für die Summe aller Rechtecke.

Der Wert dieses Ausdrucks geht, wie wir wissen, in den Ausdruck für die Fläche F der Parabel über, wenn wir $\varDelta x$ gegen Null konvergieren lassen. Dies können wir an dem obigen Ausdruck formal nur dadurch kennzeichnen, dass wir analog wie in Kapitel II (S. 61)

10) $\quad F = \underset{\varDelta x = 0}{\text{limes}} \{\Sigma y\,\varDelta x\}$

schreiben. Von diesem Grenzwert gilt die höchst wichtige Thatsache, dass er kein anderer ist, als das Integral

11) $\quad \int y\,dx$

oder genauer gesprochen, als einer der unendlich vielen Werte, die, wie wir wissen, dieses Integral besitzt. Ersetzen wir nämlich y in 11) durch seinen Wert gemäss Gleichung 1), so ergiebt sich

$$\int y\,dx = \int \frac{x^2}{2p}\,dx = \frac{1}{2p}\int x^2\,dx$$

$$= \frac{1}{2p}\frac{x^3}{3} = \frac{x^3}{6p}$$

und dies ist in der That derselbe Wert, den wir in der Gleichung 6) für die Fläche F gefunden haben.

§ 2. Die Fläche einer beliebigen Kurve.

Die vorstehenden Untersuchungen lassen sich ohne weiteres auf beliebige Kurven und die von ihnen begrenzten Flächenstücke ausdehnen. Es sei

$$1) \quad y = f(x)$$

die Gleichung der nebenstehenden Kurve (Fig. 47). Wir nehmen an, die y-Axe habe eine solche Lage, dass sie die Kurve schneidet, wie es in der Figur auch wirklich der Fall ist, und stellen uns wiederum die Aufgabe, den Inhalt desjenigen Flächenstücks zu berechnen, das von der x-Axe, der y-Axe, der Kurve und der Ordinate PQ begrenzt wird. Wir gehen von derselben Vorstellung aus, der wir im vorstehenden Beispiel gefolgt sind. Wir denken uns wiederum die Abscisse OQ in beliebig viele kleine Teile geteilt, die übrigens nicht notwendig gleich zu sein brauchen und die wir jetzt mit $h_1, h_2, h_3 \ldots$ bezeichnen. Dann denken wir uns in den Teilpunkten die Lote, bis sie die Kurve in P_1, P_2, $P_3 \ldots$ treffen, und fassen wieder die geradlinig begrenzte Figur ins Auge, deren Inhalt dem des Flächenstücks nahe kommt. Diese Figur wird zum Teil über die Fläche der Kurve hinausragen, zum Teil aber auch gegen sie zurückbleiben; dies ist jedoch für

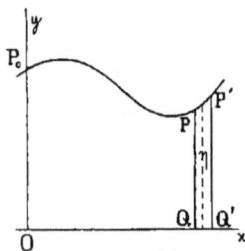

Fig. 47.

das folgende ohne Belang. Nennen wir die Koordinaten von $P_1, P_2, P_3 \ldots$ wieder

$$x_1, y_1, \quad x_2, y_2, \quad x_3, y_3 \ldots \ldots,$$

so ist der Inhalt $\mathcal{F}$ dieses Flächenstücks jetzt

$$2) \quad \mathcal{F} = h_1 y_1 + h_2 y_2 + h_3 y_3 \ldots \ldots$$

oder, wenn wir

$$3) \quad h_1 = x_1 - x_0 = \varDelta x_1, \quad h_2 = x_2 - x_1 = \varDelta x_2 \ldots \ldots$$

setzen,

$$\mathcal{F} = y_1 \varDelta x_1 + y_2 \varDelta x_2 + \ldots,$$

und wenn wir das abkürzende Zeichen Σ anwenden,

$$4) \quad \mathcal{F} = \Sigma y h = \Sigma y \varDelta x.$$

Von dieser Summe wissen wir, dass sie, wenn wir alle h, resp. alle Grössen $\varDelta x$ gegen Null konvergieren lassen, während zugleich ihre Anzahl unbegrenzt wächst, den Inhalt des Flächenstückes ergiebt. Sie hat also einen bestimmten Grenzwert; wir werden beweisen, dass er durch einen der Werte des Integrals

$$5) \quad \int y \, dx = \int f(x) \, dx$$

dargestellt wird. Mit anderen Worten, es wird behauptet, dass der Inhalt unserer Fläche eine Integralfunktion von $f(x)$ ist.

Der Inhalt der Fläche $OP_0 PQ$ hängt von der sie begrenzenden Ordinate, resp. von der Abscisse x des Punktes P ab und ist daher jedenfalls eine Funktion von x, die wir kurz durch $F(x)$ bezeichnen wollen.

Soll nun diese Funktion gleich einem der Werte des obigen Integrals sein, d. h. soll die Gleichung

6) $\quad F(x) = \int y\, d(x) = \int f(x)\, dx$

wirklich richtig sein, so muss nach der Definition der Integralfunktion (S. 104) der Differentialquotient von $F(x)$ gleich $f(x)$ sein, d. h. es muss die Gleichung

$$\frac{d F(x)}{dx} = f(x)$$

bestehen. Diese Gleichung haben wir zu erweisen.

Um den Differentialquotienten von $F(x)$ zu erhalten, haben wir den Grenzwert von

$$\frac{F(x+h) - F(x)}{h}$$

zu bilden. Wir bezeichnen den Punkt der Kurve, der zu der Abscisse $x + h = OQ'$ gehört, durch P', so ist nach unseren Bezeichnungen

$$F(x+h) = OP_0 P'Q', \quad F(x) = OP_0 PQ$$

und demnach folgt

$$F(x+h) - F(x) = PQ P'Q'.$$

Nun giebt es jedenfalls einen Punkt zwischen P und P', mit den Koordinaten ξ, η, so dass das Flächenstück $PQ P'Q'$ gleich dem Rechteck mit der Grundlinie $QQ' = h$ und der Höhe $\eta = f(\xi)$ ist, d. h. es ist

$$F(x+h) - F(x) = h\eta = h f(\xi)$$

und daraus folgt

7) $\quad \dfrac{F(x+h) - F(x)}{h} = f(\xi).$

Lassen wir nun h gegen Null konvergieren, so fällt P' mit P zusammen, also fällt auch der Punkt mit den Koordinaten ξ und η, der immer zwischen P und P' liegt, mit P zusammen, d. h. es wird $\xi = x$, und es folgt

8) $\quad \underset{h=0}{\lim} \dfrac{F(x+h) - F(x)}{h} = f(x)$

oder in anderer Schreibweise

$$9) \quad \frac{dF(x)}{dx} = f(x),$$

und damit ist der Beweis für unsere Behauptung erbracht. Schreiben wir noch die letzte Gleichung in die Form

$$10) \quad dF(x) = f(x)\,dx = y\,dx,$$

so können wir das Ergebnis unserer Entwicklungen dahin interpretieren, dass das Differential der Fläche $F(x)$ den Wert $y\,dx$ hat und durch eines der unendlich kleinen Rechtecke dargestellt wird, in die wir durch Ziehen von parallelen Ordinaten die Fläche zerlegen können.

Denken wir nun daran, dass die Fläche $F(x)$ der Grenzwert der Summe war, von der wir gemäss Gleichung 4) ausgingen, so erhalten wir

$$11) \quad F(x) = \int y\,dx = \operatorname{limes} \{ \varSigma y\,\varDelta x \}$$

und diese Gleichung besagt einfach, dass das Integral des Differentials $y\,dx$ nichts anderes ist, als die Summe dieser Differentiale, resp. als der Grenzwert dieser Summe, wenn die Differentiale unendlich klein werden. Hieran hat sich die Bezeichnungsart des Integrals angeknüpft. Das bereits von Leibniz eingeführte Zeichen $\int$ soll nämlich ein langgezogenes s bedeuten, um die Summe anzudeuten, und $y\,dx$ stellt dasjenige kleine Flächenstück dar, das in seinen verschiedenen Werten die einzelnen Summanden liefert.

Hiermit sind wir zu einem der wichtigsten, wenn auch bei näherer Betrachtung durchaus selbstverständlichen Resultate gelangt. Wir. sehen, dass die Beziehungen zwischen Differentialrechnung und Integralrechnung darauf hinauslaufen, jede Funktion als Summe ihrer elementaren Teile, d. h. ihrer Differentiale aufzufassen. So evident dies ist, so wichtige Anwendungen werden wir davon machen.

Es liegt nahe, zu fragen, wie die geometrische Interpretation des Integrals zu den unendlich vielen Werten desselben führt.

Dies ergiebt sich unmittelbar aus der Erwägung, dass das Integral dasjenige Flächenstück darstellt, dessen eine Grenzlinie die y-Axe ist, dass wir aber diese Axe beliebig gewählt haben. Man sieht daraus sofort, wie die geometrische Auffassung sehr einfach zu den unendlich vielen Werten des Integrals führt, und erkennt überdies leicht, dass sich zwei Integralfunktionen für alle Werte von x nur um dieselbe Konstante unterscheiden können, nämlich um dasjenige Flächenstück, das zwischen den bezüglichen beiden y-Axen liegt.

§ 3. Das bestimmte Integral.

Wir stellen uns jetzt die Aufgabe, ein Flächenstück $\mathcal{J}$ zu bestimmen, das zwischen zwei Ordinaten $P_1 Q_1 = b_1$ und $P_2 Q_2 = b_2$ unserer Kurve liegt (Fig. 48). Auch dieses Flächenstück können wir zunächst als einen Grenzwert darstellen. Sind die zugehörigen Abscissen $OQ_1 = a_1$ und $OQ_2 = a_2$, so teilen wir die Strecke $Q_1 Q_2 = a_2 - a_1$ wieder in beliebig viele Teile $h_1, h_2, h_3 \ldots$ und finden, wie oben, dass die gesuchte Fläche der Grenzwert ist, dem sich die Summe

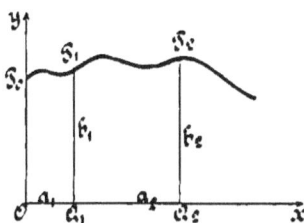

Fig. 48.

$$y_1 h_1 + y_2 h_2 + y_3 h_3 + \ldots = \Sigma y h$$

nähert, falls die Zahl der Teile unbegrenzt wächst und jeder Teil gegen Null konvergiert.

Zur wirklichen Berechnung verfahren wir einfach wie folgt. Die Fläche $P_1 Q_1 Q_2 P_2$ ist augenscheinlich die Differenz zwischen denjenigen Flächenstücken, die einerseits von der y-Axe, andererseits von $P_2 Q_2$ resp. $P_1 Q_1$ begrenzt werden. Nun ist unter Anwendung der Bezeichnung des vorigen Paragraphen $O P_0 P_1 Q_1 = F(a_1)$ und $O P_0 P_2 Q_2 = F(a_2)$. wir erhalten daher

1) $\quad \mathcal{J} = F(a_2) - F(a_1).$

Ausgehend von der Gleichung

$$F(x) = \int y \, dx = \int f(x) \, dx$$

hat man hierfür folgende Bezeichnung eingeführt; man schreibt

2) $\quad F(a_2) - F(a_1) = \int_{a_1}^{a_2} y \, dx = \int_{a_1}^{a_2} f(x) \, dx,$

so dass man für den Inhalt auch die Gleichung

3) $\quad \mathcal{J} = \int_{a_1}^{a_2} y \, dx = \int_{a_1}^{a_2} f(x) \, dx$

erhält. Man nennt das bezügliche Integral ein **bestimmtes Integral**; a_2 heisst seine **obere**, a_1 seine **untere Grenze**.

Wollen wir dies in Worte fassen, so können wir sagen, dass der Wert eines bestimmten Integrals gleich der Differenz derjenigen Werte ist, welche die Integralfunktion für die obere resp. untere Grenze des bestimmten Integrals besitzt.

Beispielsweise haben wir im Fall der Parabel

$$F(x) = \frac{x^3}{6p},$$

daher ist, wenn wir den begrenzenden Punkten P_1 und P_2 wieder a_1 und a_2 als Abscissen beilegen,

$$P_1 Q_1 Q_2 P_2 = \int_{a_1}^{a_2} y\, dx = \frac{a_2{}^3}{6p} - \frac{a_1{}^3}{6p}.$$

Da ein bestimmtes Integral den Inhalt eines zwischen bestimmten Grenzen liegenden Flächenstücks angiebt, so ist sein Wert naturgemäss eine bestimmte Zahl. Wir wollen von nun an auch den Flächenstücken Vorzeichen erteilen; wir denken sie uns dadurch entstanden, dass die Kurvenordinate sich parallel der y-Axe bewegt, und nehmen sie positiv, falls diese Bewegung in der Richtung der positiven x-Axe vor sich geht, und negativ, falls sie in negativer Richtung erfolgt. Wir zählen also die von b_1 bis b_2 sich erstreckende Fläche positiv, die von b_2 bis b_1 gerechnete negativ, und zwar so, dass sie einander entgegengesetzt gleich sind, also ihre Summe Null ist. Nach dem Vorstehenden haben wir den Inhalt der zweiten Fläche durch

$$\int_{a_2}^{a_1} f(x)\, dx$$

zu bezeichnen und haben demnach die Gleichung

$$\int_{a_1}^{a_2} f(x)\, dx + \int_{a_2}^{a_1} f(x)\, dx = 0, \text{ resp.}$$

$$\int_{a_1}^{a_2} f(x)\, dx = - \int_{a_2}^{a_1} f(x)\, dx.$$

Man spricht diese Gleichung dahin aus, dass das bestimmte Integral bei Vertauschung der Integrationsgrenzen sein Vorzeichen ändert.

Dieser Satz ist nichts anderes als ein besonderer Fall des allgemeinen mathematischen Prinzips, dass sich der Gegensatz von positiv und negativ geometrisch durch den Gegensatz der Richtung, hier der Integrationsrichtung, ausdrückt.

Endlich ist noch zu erwähnen, dass man im Gegensatz zum bestimmten Integral die Integralfunktion $F(x)$ selbst als das unbestimmte Integral bezeichnet, und dass man die Gleichung 2) auch folgendermassen schreibt

$$4)\quad \int_{a_1}^{a_2} y\,dx = \int_{a_1}^{a_2} f(x)\,dx = \Big|_{a_1}^{a_2} F(x),$$

wo also die rechte Seite nichts anderes bedeutet als die Differenz $F(a_2) - F(a_1)$.

Setzt man noch zu Abkürzung $u = F(x)$, also

$$5)\quad du = d F(x) = f(x)\,dx$$

und sind u_1 und u_2 die Werte von $u = F(x)$, die den Werten a_1 und a_2 von x entsprechen, so geht die Gleichung 2) in

$$6)\quad u_2 - u_1 = \int_{a_1}^{a_2} f(x)\,dx$$

über. Man kann also **von der Gleichung 5) direkt zur Gleichung 6) übergehen.**

Um hiervon eine Anwendung zu geben, sollen einige Aufgaben, die früher mittelst unbestimmter Integration behandelt wurden, hier so gelöst werden, dass man sofort zu bestimmten Integralen übergeht.

Für die Zuckerinversion z. B. hatten wir die Gleichung (S. 111)

$$\frac{dx}{dt} = k(a - x),$$

woraus sich

$$dt = \frac{dx}{k(a-x)}$$

ergab. Entsprechen nun den Werten x_1 und x_2 die Werte t_1 und t_2, so erhalten wir gemäss dem obigen sofort

$$t_2 - t_1 = \int_{x_1}^{x_2} \frac{dx}{k(a-x)} = \frac{1}{k}\Big|_{x_1}^{x_2} \ln \frac{1}{a-x}$$

$$= \frac{1}{k} \ln \frac{(a-x_1)}{(a-x_2)}.$$

Die Anziehung eines homogenen Stabes auf einen Punkt m, der mit ihm in einer Geraden liegt, hatten wir folgendermaassen bestimmt. Die Anziehung des Linienelements dx auf den Punkt m war (S. 131)

$$dF = \frac{m\,M\,dx}{(a+x)^2}$$

und daraus ergiebt sich, da für den Anfangspunkt des Stabes $x = 0$. für den Endpunkt $x = l$ ist,

$$F = \int_0^l \frac{m\,M\,dx}{(a+x)^2} = \Big|_0^l -\frac{m\,M}{a+x} = m\,M\Big(\frac{1}{a} - \frac{1}{a+l}\Big).$$

wie wir es nach der Methode der unbestimmten Integration bereits in Gleichung 4) S. 132 gefunden haben. Übrigens ist die Anwendung des bestimmten Integrals in diesem Fall auch vom physikalischen Standpunkt aus vorzuziehen, da das Integral

$$F = \int_0^l \frac{m\,M\,dx}{(a + x)^2},$$

wie S. 156 erörtert wurde, die Gesamtanziehung des Stabes als die Summe der Anziehungen darstellt, die von den einzelnen kleinen Stückchen desselben ausgehen.

Nach dem Vorstehenden ist wohl ohne weiteres klar, dass wir die Erhebung h über der Erdoberfläche (S. 133), die dem Luftdruck y entspricht, als das bestimmte Integral

$$h = -\int_B^y \frac{B}{S}\frac{dy}{y} = \frac{B}{S}\ln\frac{B}{y}$$

aufzufassen haben, dass ferner (S. 135) die Zeit, die zur Abkühlung von der Temperatur ϑ_1 zur Temperatur ϑ nötig ist, durch das bestimmte Integral

$$t = -\int_{\vartheta_1}^{\vartheta} \frac{mc}{k}\frac{d\vartheta}{\vartheta - \vartheta_0} = \frac{mc}{k}\ln\frac{\vartheta_1 - \vartheta_0}{\vartheta - \vartheta_0}$$

gegeben ist u. s. w.

Je nach Umständen ist die eine oder die andere Rechnungsmethode bequemer und anschaulicher, stets aber führt, richtig angewandt, jede der beiden (im Prinzip ja wenig verschiedenen) Integrationsmethoden zum Ziele.

§ 4. Die Fläche der Ellipse und Hyperbel.

Um die Fläche der Ellipse zu berechnen, legen wir die Axen wie gewöhnlich, so dass die Gleichung der Ellipse

$$1)\quad \frac{x^2}{a^2} + \frac{y^2}{b^2} = 1$$

ist. Der Inhalt des Flächenstücks $P_1\,Q_1\,Q_2\,P_2$ (Fig. 49) ist

$$2)\quad P_1\,Q_1\,P_2\,Q_2 = \int_{a_1}^{a_2} y\,dx.$$

Wenn wir aus der Ellipsengleichung y berechnen, so folgt

$$3)\quad y = b\sqrt{1 - \frac{x^2}{a^2}}$$

und wenn wir diesen Wert in das Integral einsetzen, so erhalten wir unter dem Integralzeichen eine Wurzel. Wir berechnen das bezügliche Integral am besten wie folgt (vgl. den Schluss von S. 130). Wir zeigen zunächst, dass man für jeden Punkt der Ellipse

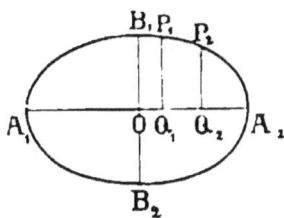

$$4) \quad x = a \cos \varphi$$
$$y = b \sin \varphi$$

setzen darf. Zeichnet man nämlich über der grossen Axe als Durchmesser den Kreis und verlängert PQ bis zum Schnittpunkt P' mit

Fig. 49.

ihm (Fig. 50), so ist $\varphi = P'OQ$. Denn im Dreieck $P'OQ$ ist

$$x = a \cos \varphi,$$

und wenn man diesen Wert in die Gleichung 3) einsetzt, so findet man

$$y = b \sqrt{1 - \cos^2 \varphi} = b \sin \varphi *),$$

womit die Behauptung erwiesen ist.

Wir haben zunächst den Wert des unbestimmten Integrals 2) zu ermitteln. Aus Gleichung 4) folgt durch Differentiation

$$d x = - a \sin \varphi \, d \varphi,$$

also wird

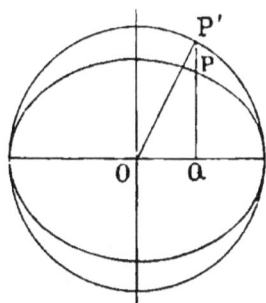

Fig. 50.

$$5) \quad \int y \, d x = - \int a b \sin^2 \varphi \, d \varphi = - a b \int \sin^2 \varphi \, d \varphi.$$

Nun haben wir aber**)

$$\sin^2 \varphi = \frac{1 - \cos 2 \varphi}{2},$$

also folgt weiter

$$\int y \, d x = - \frac{a b}{2} \int (1 - \cos 2 \varphi) \, d \varphi$$

$$= - \frac{a b}{2} \int d \varphi + \frac{a b}{2} \int \cos 2 \varphi \, d \varphi.$$

Setzen wir im zweiten Integral

$$2 \varphi = \vartheta, \quad 2 \, d \varphi = d \vartheta,$$

so ergiebt sich

$$\int \cos 2 \varphi \, d \varphi = \int \tfrac{1}{2} \cos \vartheta \, d \vartheta = \tfrac{1}{2} \sin \vartheta = \tfrac{1}{2} \sin 2 \varphi$$

---

*) Vgl. Formel 33 des Anhangs.
**) Vgl. Formel 39a des Anhangs.

und demnach

$$\int y\, dx = -\frac{ab}{2}\varphi + \frac{ab}{4}\sin 2\varphi.$$

Aus dem so gefundenen Wert des unbestimmten Integrals haben wir durch Einsetzen der Grenzen den Wert des bestimmten Integrals abzuleiten.

Die Grenzen waren ursprünglich a_2 und a_1; inzwischen haben wir als neue Variable φ eingeführt und haben daher diejenigen Werte φ_2 und φ_1 als Grenzen, die den Punkten P_2 und P_1 entsprechen. Wir finden demnach für den Inhalt E der Ellipsenfläche $P_1 Q_1 P_2 Q_2$

$$7) \quad E = \left| \left\{ -\frac{ab}{2}\varphi + \frac{ab}{4}\sin 2\varphi \right\} \right._{\varphi_1}^{\varphi_2}$$

und wenn wir jetzt die Grenzen einsetzen,

$$8) \quad \begin{aligned} E &= -\frac{ab}{2}(\varphi_2 - \varphi_1) + \frac{ab}{4}(\sin 2\varphi_2 - \sin 2\varphi_1) \\ &= \frac{ab}{2}(\varphi_1 - \varphi_2) - \frac{ab}{4}(\sin 2\varphi_1 - \sin 2\varphi_2). \end{aligned}$$

Im besonderen finden wir für den Ellipsenquadranten — es fällt P_2 auf A_2 und P_1 auf B_1 —, dass

$$\varphi_1 = \frac{\pi}{2}, \quad \varphi_2 = 0$$

ist, und demgemäss folgt für seinen Inhalt E_q

$$9) \quad E_q = \frac{ab}{2}\cdot\frac{\pi}{2} = \frac{ab}{4}\pi.$$

Der Inhalt der ganzen Ellipse ist daher gleich $ab\pi$.

Diese Formel hat eine nahe Beziehung zu der Formel für die Kreisfläche. Der über der grossen Axe $2\,a$ der Ellipse stehende Kreis hat den Inhalt $a^2\pi$; aus ihm entsteht der Inhalt der Ellipse, wenn wir den einen Faktor a durch die kleine Halbaxe b der Ellipse ersetzen. Dies entspricht dem Umstande, dass auch jede Ordinate der Ellipse gegen diejenige Kreisordinate, die zu demselben Abscissenwert gehört, im Verhältnis $b:a$ verkleinert ist. (Vgl. S. 24.)

Die Hyperbelfläche soll nur für den besondern Fall bestimmt werden, dass die Hyperbel gleichseitig ist. (Fig. 51.) Wir denken sie uns in diesem Fall auf die Asymptoten als Axen bezogen, so dass ihre Gleichung (S. 30)

$$10) \quad xy = a^*)$$

---

*) Jedoch hat dieses a andere Bedeutung als Seite 30.

ist. Das Flächendifferential $d F$ hat daher den Wert

$$d F = y\, d x = \frac{a}{x}\, d x$$

und daraus folgt für den Inhalt H desjenigen Flächenstücks, das von zwei Ordinaten y_2 und y_1 begrenzt wird, deren Abscissen x_1 und x_2 sind,

$$H = \int_{x_1}^{x_2} \frac{a}{x}\, d x = a\, \Big| \ln x$$

und hieraus

11) $H = a\,(\ln x_2 - \ln x_1) = a \ln \dfrac{x_2}{x_1}.$

Durch diese einfache Formel wird der Inhalt des Flächenstücks dargestellt. Nehmen wir als untere Grenze im besondern denjenigen Punkt, dessen Abscisse $x_1 = 1$ ist, so erhalten wir, wenn wir jetzt noch die obere Grenze durch x bezeichnen,

12) $H = a \ln x$

Fig. 51.

für den bezüglichen Inhalt. Wegen dieser Beziehung der Hyperbel-fläche zu den natürlichen Logarithmen werden diese gelegentlich auch als hyperbolische Logarithmen bezeichnet.

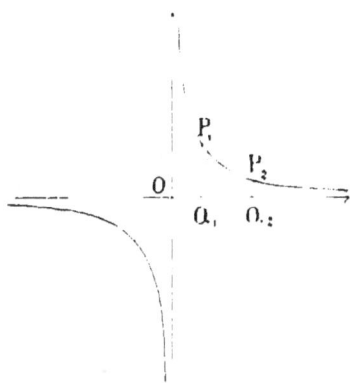

§ 5. Der Inhalt der Kugel und des Rotationsparaboloids.

Um den Inhalt eines Körpers, z. B. einer Kugel zu berechnen, denkt man sich den Körper durch parallele Ebenen genau so in lauter elementare (d. h. differentielle) Bestandteile zerlegt, wie die Fläche durch die Ordinaten in lauter differentielle Flächenstücke. Für ein solches kleines Körperdifferential kann man angenähert ebenso ein Prisma substituieren, wie für die kleinen Flächenstücke ein Rechteck; in der That geht die Summe aller diesbezüglichen Prismen, wenn man ihre Höhen gegen Null konvergieren lässt, in das Körpervolumen über. Dies entspricht ganz der Art, wie man geographische Reliefbilder durch Aufeinanderlegen geeignet geschnittener Blätter mit allergrösster Genauigkeit darstellen kann.

Wir bezeichnen das Volumen des Körpers durch V; das zwischen zwei unendlich nahen Ebenen liegende kleine Körpervolumen, welches das Differential des ganzen Volumens darstellt, ist daher gemäss S. 85 durch dV zu bezeichnen.

11*

Wenn wir seine Grundfläche G nennen und seine Höhe, die das Differential der ganzen Höhe h ist, dh, so ergiebt sich

1) $\quad dV = G\,dh$,

woraus sich durch Integration das Volumen selber finden lässt; wir erhalten also die Formel

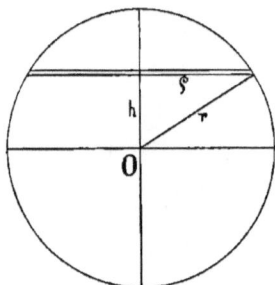

Fig. 52.

2) $\quad V = \int G\,dh$.

Im Fall der Kugel hat die Grundfläche, die durch eine Schnittebene in der Höhe h bestimmt wird, wenn wir ihren Radius mit ϱ bezeichnen (Fig. 52), den Inhalt

$$G = \varrho^2\,\pi.$$

Andrerseits ist

$$\varrho^2 = r^2 - h^2,$$

wo r der Kugelradius ist, also ergiebt sich

3) $\quad dV = (r^2 - h^2)\pi\,dh$

und für das Volumen der Kugel erhalten wir

4) $\quad V = \int_{-r}^{+r} (r^2 - h^2)\,\pi\,d\,h.$

Für das unbestimmte Integral finden wir

$$\int (r^2 - h^2)\,\pi\,d\,h = \pi\left\{ \int r^2\,dh - \int h^2\,dh \right\}$$

$$= \pi\left(r^2 h - \frac{h^3}{3} \right),$$

und wenn wir für h die Grenzen einsetzen, nämlich als obere r, als untere $-r$, so kommt für die Kugel K

5) $\quad K = \left| \pi\left(r^2 h - \frac{h^3}{3} \right) \right._{-r}^{\,r}$

und daher

$$K = \pi\left\{ \left(r^3 - \frac{r^3}{3} \right) + \left(r^3 - \frac{r^3}{3} \right) \right\}$$

oder auch

6) $\quad K = \frac{4\,\pi\,r^3}{3}.$

In ähnlicher Weise kann man den Inhalt aller Rotationskörper berechnen. Wir bestimmen noch den Inhalt eines Körpers, der von einer Fläche begrenzt ist, die durch Rotation einer Parabel um ihre Axe entsteht. Ein gewöhnlicher parabolischer Hohlspiegel stellt eine solche Fläche dar; sie heisst Rotationsparaboloid. Die Koordinaten-axen der Parabel denken wir uns genau so gelegt, wie auf S. 150; die Höhe des parabolischen Segments sei h. Das Differential des Volumens in der Höhe y ist wieder ein unendlich dünner gerader Kreiscylinder; sein Radius ist x und seine Höhe ist dy, also folgt

$$7)\quad d\,V = x^2\,\pi\,d\,y.$$

Nun lautet die Gleichung der Parabel (S. 151)

$$x^2 = 2\,p\,y,$$

also ergiebt sich durch Einsetzen

$$d\,V = 2\,p\,y\,\pi\,d\,y$$

und daraus

$$8)\quad V = \int_0^h 2\,p\,\pi\,y\,d\,y = \Big|_0^h y^2 p\,\pi;$$

$$9)\quad V = h^2 p\,\pi.$$

Das Volumen ist also, wie die Formel lehrt, gleich dem eines geraden Cylinders vom Radius h und der Höhe p. Sämtliche derartigen Segmente lassen sich also durch Cylinder vom Radius y, aber von konstanter Höhe darstellen.

§ 6. Rechnungsregeln für bestimmte Integrale.

Da die bestimmten Integrale als Grenzwerte von Summen definiert sind, und ihrer Bedeutung nach Flächen, Volumina u. s. w. darstellen, so gestatten sie die Anwendung folgender Rechnungsregeln. Man kann eine Fläche in Teile zerlegen, und die Aufgabe, die Fläche auszuwerten, dadurch lösen, dass man den Inhalt der einzelnen Teilstücke bestimmt. Ferner kann man die Berechnung einer Summe durch die Berechnung einzelner Teilsummen leisten, in die man die Gesamtsumme zerlegt. Aus diesem selbstverständlichen Prinzip fliessen einige Formeln über bestimmte Integrale, die, da sie allgemein als Sätze ausgesprochen zu werden pflegen, auch hier eine Stelle finden mögen.

Folgen die Abscissen a, b, c der Grösse nach aufeinander, so ist

$$1)\quad \int_a^b f(x)\,dx + \int_b^c f(x)\,dx = \int_a^c f(x)\,dx,$$

was in der That nur aussagt, dass die Fläche von a bis c gleich der Summe der Flächen von a bis b und von b bis c ist. Dasselbe gilt naturgemäss für eine Summe von mehr als zwei derartigen Integralen.

Die Gleichung 1) gilt aber auch, wenn die Abscissen a, b, c nicht der Grösse nach aufeinander folgen. Ist z. B. $a < c < b$, so ergiebt sich nach Gleichung 1) zunächst

$$\int_a^c f(x)\,dx + \int_c^b f(x)\,dx = \int_a^b f(x)\,dx.$$

Aber nach S. 158 ist

$$\int_c^b f(x)\,dx = -\int_b^c f(x)\,dx;$$

subtrahieren wir beide Gleichungen voneinander, so folgt

$$2)\quad \int_a^c f(x)\,dx = \int_a^b f(x)\,dx + \int_b^c f(x)\,dx,$$

also besteht in der That Gleichung 1) auch für diesen Fall.

Eine zweite Bemerkung allgemeiner Art knüpfen wir an die Thatsache, dass das bestimmte Integral

$$\int_0^{2\pi} \sin x\,dx = \Big|_0^{2\pi} (-\cos x) = 0$$

ist. Geometrisch stellt das Integral die Fläche der Sinuskurve (S. 69) zwischen den Abscissen 0 und 2π dar. Diese Fläche zerfällt in zwei andere, die einerseits kongruent, andererseits mit verschiedenen Vorzeichen behaftet sind; die Ordinaten der einen sind nämlich sämtlich positiv, die der andern hingegen sämtlich negativ. Flächenteile dieser Art sind stets entgegengesetzt gleich, und man erkennt daher die Richtigkeit folgenden, auch praktisch richtigen Satzes.

Ein bestimmtes Integral $\int_a^b f(x)\,dx$ hat den Wert Null, wenn die Werte x zwischen a und b so gepaart sind, dass zu jedem Wert x, für den $f(x)$ positiv ist, genau ein Wert x gehört, für den $f(x)$ negativ ist, und umgekehrt.

Beispiel: $\int_{-a}^{a} x^n\,dx = 0$; falls n ungerade.

§ 7. Mehrfache Integrale.

Die Fläche des Ellipsenquadranten haben wir nach S. 162 durch das bestimmte Integral

$$E = \int_0^a dx \cdot y$$

auszudrücken; darin war $y\,dx$ der Wert des Flächendifferentials, d. h. des unendlich kleinen Streifens, der von zwei benachbarten Ordinaten begrenzt wird und die Breite dx besitzt. Ersetzen wir in vorstehender

Gleichung y durch $\int_0^y dy$, so erhalten wir

$$E = \int_0^a dx \int_0^y dy,$$

wofür man auch

$$1) \quad E = \int_0^a \int_0^y dx\, dy$$

schreibt. Das so umgeformte Integral heisst Doppelintegral.

Wir können uns seine geometrische Bedeutung unabhängig von der vorstehenden Ableitung folgendermassen zurechtlegen. (Fig. 53.) Das Produkt $dx\,dy$ stellt den Inhalt eines unendlich kleinen Rechtecks mit den Seiten dx und dy dar; zerlegen wir die Ellipse

Fig. 53.

durch Parallelen zu den Axen in lauter solche Rechtecke und bilden dann wieder ihre Summe resp. ihr Integral, so erhalten wir die Ellipsenfläche. Diese Integration führt man so aus, dass man erst nach einer Variabeln, z. B. nach y, integriert, d. h. man bildet die Summe aller solchen Rechtecke, die einen zur y-Axe parallelen Flächenstreifen ausmachen; die untere Grenze dieser Integration ist 0, während die obere für jeden Flächenstreifen das zu ihm gehörige y ist, das seine Höhe angiebt. Dann hat man noch die Summe aller dieser Flächenstreifen zu nehmen; die Grenzen dieser Integration sind 0 und a. Analytisch drückt sich dies so aus. Da bei der Integration nach y die Grundlinie dx aller bezüglichen Rechtecke dieselbe Länge hat, also konstant ist, so wird

$$2) \quad E = \int_0^a \int_0^y dx\, dy = \int_0^a dx \int_0^y dy$$

$$= \int_0^a dx \cdot y,$$

womit die erste Integration ausgeführt ist; die zweite, die der Summierung aller Flächenstreifen entspricht, ist dieselbe, wie oben (S. 160.

Man kann die Integration auch so ausführen, dass man zunächst nach x integriert, und dann nach y. Wir bestimmen demgemäss erst die Summe aller Rechtecke, die einen zur x-Axe parallelen Streifen bilden, d. h. wir integrieren zwischen den Grenzen 0 und x (wobei jetzt dy einen konstanten Wert hat); dann bilden wir die Summe aller dieser zur x-Axe parallelen Flächenstreifen zwischen den Grenzen 0 und b. In diesem Fall haben wir also zunächst

$$3)\quad E = \int_0^b\int_0^x dx\,dy = \int_0^b dy \int_0^x dx = \int_0^b dy\,.\,x$$

und das so erhaltene Integral würde ganz analog, wie das oben (S. 160) betrachtete, zu behandeln sein.

Man bezeichnet das unendlich kleine Rechteck mit dem Inhalt $dx\,dy$ auch als Flächenelement.

Ein zweites Beispiel sei das folgende. Man soll die Gesamtmasse eines Rechtecks bestimmen, wenn seine Masse proportional dem Abstand von der Grundlinie zunimmt.

Wir legen das Koordinatensystem in eine Ecke des Rechtecks; ist a die Länge der Grundlinie und h die Höhe, so sind die Grenzen für x resp. 0 und a, für y resp. 0 und h. Ist die Masse für die Einheit der Fläche μ, so ist die Masse des unendlich kleinen Rechtecks

$$\mu\,.\,dx\,dy.$$

Nun ist aber μ proportional zu y, d. h. es ist $\mu = \alpha y$, wo α die Masse in der Höhe 1 angiebt. Demnach folgt als Gesamtmasse des Rechtecks

$$4)\quad M = \int_0^a\int_0^h \alpha y\,dx\,dy.$$

Wir integrieren zunächst nach y und erhalten

$$M = \int_0^a dx \left|\alpha \frac{y^2}{2}\right|_0^h = \int_0^a dx\,.\,\alpha \frac{h^2}{2}$$

und daraus folgt nach weiterer Integration

$$5)\quad M = \alpha \frac{a h^2}{2}.$$

Für den Inhalt eines Körpers erhält man in ähnlicher Weise ein dreifaches Integral. Man denkt sich den Körper längs dreier zu einander senkrechten Richtungen, die wir mit x, y, z bezeichnen wollen, in lauter unendlich kleine Parallelepipeda zerlegt; man nennt sie Körperelemente oder Volumelemente. Der Inhalt eines solchen ist dann $dx\,dy\,dz$. Der Inhalt des gesamten Körpers entsteht durch Integration dieser Elemente nach den drei Richtungen x, y, z. Die erste Integration parallel zu x giebt den Inhalt eines unendlich dünnen Streifens, durch Integration solcher Streifen längs y ergiebt sich der Inhalt eines unendlich dünnen Flächenstücks und die dritte Integration längs z giebt als Summe aller dieser Flächenstücke den Inhalt des Körpers.

Ein derartiges dreifaches Integral schreibt man

$$6) \quad \int\int\int f\,dx\,dy\,dz,$$

die Grenzen hängen in jedem Fall von der Form des Körpers ab.

Als letztes Beispiel wollen wir die Anziehung zweier sehr dünner Stäbe betrachten, die in einer Geraden gelegen sind und deren einander zugekehrte Enden den Abstand b besitzen. Auf S. 131 haben wir bereits die Anziehung eines Stabes auf einen in seiner Verlängerung gelegenen Massenpunkt bestimmt und dafür den Ausdruck

$$7) \quad F = \int_0^l \frac{m\,M}{(a+x)^2}\,dx = m\,M\left(\frac{1}{a} - \frac{1}{a+l}\right)$$

gefunden, wo a die Entfernung des Punktes vom Ende des Stabes bedeutet. Jetzt können wir ein sehr kurzes Stückchen dy des zweiten Stabes wie einen Massenpunkt behandeln, in dem wir uns seine Masse

$$m = M'dy$$

konzentriert denken, worin M' (analog M) die Masse der Längeneinheit des zweiten Stabes bedeutet. Die Anziehung des Stabes auf das Stück dy ist daher

$$8) \quad dA = \int_0^l \frac{M'M\,dy\,dx}{(b+y+x)^2},$$

weil die Entfernung des Stückes dy vom Ende des zweiten Stabes $b+y$ beträgt. Wir erhalten daher für die gesamte Anziehung der beiden Stäbe

$$9) \quad A = \int_0^{l'}\int_0^l \frac{M'M\,dy\,dx}{(b+y+x)^2},$$

wo l' die Länge des zweiten Stabes bedeutet. Indem wir nunmehr zuerst nach x integrieren und beachten, dass dabei dy und y einen konstanten Wert haben, erhalten wir auf Grund der Formel 7), worin nur a durch $b+y$ zu ersetzen ist,

$$A = \int_0^{l'} M'M\left(\frac{1}{b+y} - \frac{1}{b+y+l}\right)dy$$

und indem wir nunmehr die zweite Integration (nach y) vornehmen,

$$A = MM'\left[\ln\frac{b+l'}{b} - \ln\frac{b+l+l'}{b+l}\right]$$

oder schliesslich

$$A = MM'\ln\frac{(b+l)(b+l')}{b(b+l+l')}.$$

Siebentes Kapitel

Die höheren Differentialquotienten und die Funktionen mehrerer Variabeln.

§ 1. Definition der höheren Differentialquotienten und Ableitungen.

Für die Funktion

$$1) \quad y = \sin x$$

hat der Differentialquotient den Wert

$$2) \quad y' = \frac{dy}{dx} = \cos x.$$

Dieser Differentialquotient ist ebenfalls eine Funktion von x; man bezeichnet sie (S. 85) auch als Ableitung; Ableitung und Differentialquotient sind also gleichbedeutende Bezeichnungen derselben Funktion. Von ihr kann man wiederum den Differentialquotienten bilden und erhält

$$3) \quad \frac{dy'}{dx} = \frac{d}{dx}\left(\frac{dy}{dx}\right) = -\sin x.$$

Den so erhaltenen Ausdruck bezeichnet man als die zweite Ableitung resp. als den zweiten Differentialquotienten von $\sin x$, und hat dafür die Bezeichnung

$$y'' \quad \text{resp.} \quad \frac{d^2 y}{dx^2}$$

eingeführt; man erhält daher die Gleichung

$$4) \quad y'' = \frac{d^2 y}{dx^2} = \frac{d^2 \sin x}{dx^2} = -\sin x.$$

In dieser Weise kann man fortfahren. Auch die zweite Ableitung ist eine Funktion von x, man kann von ihr wieder den Differentialquotienten bilden und kann dies immer weiter ohne Ende fortsetzen.

Was wir soeben für $\sin x$ entwickelt haben, lässt sich auf alle von uns betrachteten Funktionen übertragen. Die Bezeichnungen sind den vorstehenden analog. Bezeichnen wir die Funktion durch

$$y \text{ resp. } f(x),$$

so stellen

$$5) \quad y',\ y'',\ y'''\ldots \text{ resp. } f'(x),\ f''(x),\ f'''(x)\ldots$$

oder auch

$$6) \quad \frac{dy}{dx},\ \frac{d^2y}{dx^2},\ \frac{d^3y}{dx^3}\ldots \text{ resp. } \frac{df(x)}{dx},\ \frac{d^2f(x)}{dx^2},\ \frac{d^3f(x)}{dx^3}\ldots$$

die ersten, zweiten, dritten u. s. w. Ableitungen resp. Differentialquotienten dar. Man nennt sie zusammenfassend höhere Ableitungen oder auch höhere Differentialquotienten.

§ 2. Die höheren Ableitungen der einfachsten Funktionen.

Am einfachsten lassen sich die höheren Differentialquotienten der Funktion e^x bilden. Für sie folgt, wenn

$$y = e^x$$

gesetzt wird, gemäss S. 87 sofort

$$y' = e^x,\ y'' = \frac{dy'}{dx} = e^x,\ y''' = \frac{dy''}{dx} = e^x\ldots$$

u. s. w. Alle Differentialquotienten sind also einander gleich und zwar gleich der Funktion e^x selbst. Die besondere Einfachheit der Exponentialfunktion tritt auch hier deutlich hervor.

Es sei ferner

$$y = \cos x,$$

so folgt gemäss S. 68 ff

$$y' = -\sin x,\ y'' = \frac{dy'}{dx} = -\cos x,$$

$$y''' = \frac{dy''}{dx} = \sin x,\ y^{IV} = \frac{dy'''}{dx} = \cos x$$

u. s. w.,

die vierte Ableitung ist daher wieder gleich der Funktion y selbst; die nächstfolgenden Ableitungen haben demnach der Reihe nach dieselben Werte wie y' und die darauf folgenden Ableitungen.

Das gleiche Gesetz gilt für die Funktion $\sin x$. Hier finden wir aus der Gleichung

$$y = \sin x$$

durch fortgesetzte Differentiation

$$y' = \cos x, \quad y'' = \frac{dy'}{dx} = -\sin x,$$

$$y''' = \frac{dy''}{dx} = -\cos x, \quad y^{\text{IV}} = \frac{dy'''}{dx} = \sin x,$$

die nächste Ableitung ist daher wieder gleich $\cos x$, d. h. gleich der ersten, und es wiederholen sich nunmehr auch diesmal die Werte der Ableitungen in regelmässiger Reihenfolge.

Ist ferner

$$y = \ln x,$$

so folgt nach S. 82 zunächst

$$y' = \frac{1}{x} = x^{-1}$$

und nunmehr nach S. 91

$$y'' = \frac{dy'}{dx} = -1\,x^{-2} = -\frac{1}{x^2}$$

$$y''' = \frac{dy''}{dx} = 1\,.\,2\,x^{-3} = \frac{1\,.\,2}{x^3}$$

$$y'''' = \frac{dy'''}{dx} = -1\,.\,2\,.\,3\,x^{-4} = -\frac{1\,.\,2\,.\,3}{x^4}$$

u. s. w. u. s. w.

Es sei endlich

$$y = x^n,$$

wo n eine beliebige Zahl sein kann. Man erhält sofort nach S. 93 die Gleichungen

$$y' = n\,x^{n-1}$$
$$y'' = n\,(n-1)\,x^{n-2}$$
$$y''' = n\,(n-1)\,(n-2)\,x^{n-3}$$
$$y'''' = n\,(n-1)\,(n-2)\,(n-3)\,x^{n-4}$$

u. s. w. Ist im besondern n eine ganze positive Zahl, so erhält für den $(n-1)^{\text{ten}}$ Differentialquotienten der Exponent von x den Wert $n-(n-1)=1$, also folgt

$$y^{(n-1)} = n\,(n-1)\,(n-2)\ldots\ldots 2\,.\,x$$
$$y^{(n)} = n\,(n-1)\,(n-2)\ldots\ldots 2\,.\,1$$

und da jetzt $y^{(n)}$ eine Konstante ist, erhalten alle folgenden Differentialquotienten den Wert Null. Ist n keine ganze positive Zahl, so kann man die Reihe der Ableitungen ins Unendliche fortsetzen, ohne dass eine den Wert Null erhält.

§ 3. Physikalische Bedeutung der zweiten Ableitung.

Auch die höheren Ableitungen haben wichtige Bedeutungen für die Anwendungen. Für die hier vorliegenden Zwecke genügt es, die Bedeutung des zweiten Differentialquotienten an einigen Beispielen klar zu legen; von den höheren haben wir nur wenig Gebrauch zu machen.

Es sei irgend eine geradlinige Bewegung durch die Gleichung

$$1) \quad s = f(t)$$

gegeben, beispielsweise die Bewegung des freien Falles. Nach Verlauf von resp.

$$t, \ t_1, \ t_2, \ t_3 \ldots$$

Sekunden möge der bewegliche Punkt Wege von

$$s, \ s_1, \ s_2, \ s_3 \ldots$$

Metern zurückgelegt haben. Seine Geschwindigkeit sei in den bezüglichen Zeitmomenten

$$v, \ v_1, \ v_2, \ v_3 \ldots$$

Die Geschwindigkeit wird im allgemeinen in jedem Augenblick wechseln. Um sich von der Art dieses Wechsels eine Vorstellung zu schaffen, hat man bekanntlich den Begriff der Beschleunigung eingeführt. Dieser Begriff knüpft zunächst an gleichförmig beschleunigte Bewegungen an, d. h. an solche, bei denen die Geschwindigkeit in gleichen Zeiträumen gleiche Zunahmen erleidet, und zwar stellt die Zunahme der Geschwindigkeit in der Zeiteinheit (z. B. einer Sekunde) die Beschleunigung dar. Beträgt daher diese Zunahme in τ Sekunden η Längeneinheiten (z. B. Meter), so ist die Beschleunigung ω durch die Gleichung

$$2) \quad \omega = \frac{\eta}{\tau}$$

gegeben.

Dies haben wir nun auf die durch die Gleichung 1) dargestellte Bewegung anzuwenden. In der Zeit dt ist der Zuwachs, den die Geschwindigkeit erfährt, gleich dem Differential dv und daher ergiebt sich für die momentane Beschleunigung ω der Wert

$$3) \quad \omega = \frac{dv}{dt}.$$

Wir wissen aber aus Kapitel II (S. 56), dass v der Differentialquotient von s nach der Zeit ist, d. h.

$$4) \quad v = \frac{ds}{dt}$$

und daher ist ω der zweite Differentialquotient von s, also

$$5) \quad \omega = \frac{dv}{dt} = \frac{d^2s}{dt^2}.$$

Beispielsweise ist für die Bewegung des freien Falls (S. 52)

$$v = gt,$$

daher folgt für die Beschleunigung

$$\frac{d^2s}{dt^2} = \frac{dv}{dt} = g.$$

In der That bedeutet ja gerade g die Beschleunigung des freien Falls.

Hieran knüpft sich sofort eine Folgerung von grosser Tragweite. Bekanntlich giebt die Beschleunigung ein Maass der Kraft ab, welche die Bewegung verursacht; wir definieren ja die Kräfte durch die Beschleunigungen, die sie einem Körper von der Masse 1 erteilen, der ihrer Wirkung unterliegt. Ist uns daher das Gesetz irgend einer Bewegung bekannt, so können wir nunmehr in einfacher Weise auf die wirkenden Kräfte schliessen, welche die Bewegung hervorrufen.

Ein einfaches Beispiel dieser Art ist das folgende. Ein Punkt P von der Masse 1 bewege sich auf einer Geraden (Fig. 54),

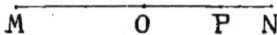

Fig. 54.

so dass sein Abstand x von einem festen Punkt O durch die Gleichung

$$6) \quad x = A \sin t$$

gegeben ist. Wir erhalten zunächst für die Geschwindigkeit des Punktes

$$7) \quad v = \frac{dx}{dt} = A \cos t$$

und hieraus, indem wir den zweiten Differentialquotienten bilden, für die Beschleunigung

$$8) \quad \omega = \frac{dv}{dt} = \frac{d^2x}{dt^2} = - A \sin t.$$

Setzen wir für $A \sin t$ aus Gleichung 6) seinen Wert x, so folgt noch

$$9) \quad \frac{d^2x}{dt^2} = - x$$

und diese Gleichung besagt, dass die Beschleunigung, d. h. also **die auf den Punkt wirkende Kraft seinem Abstand von dem festen Zentrum gleich ist.** Das negative Zeichen bedeutet, dass die Kraft die Entfernung des beweglichen Punktes von O zu verringern strebt, dass sie also eine anziehende ist.

Unter dieses Gesetz fällt eine grosse Zahl von Bewegungen, die in der Natur vorkommen, nämlich die meisten Bewegungen, bei denen Körper um eine Gleichgewichtslage oszillieren. Solcher Art sind nach Huygens die Bewegungen der Ätherteilchen bei der Fortpflanzung

des Lichts, die Bewegungen der Luftteilchen bei der Fortpflanzung
des Schalls, die vertikalen Bewegungen der Wasserteilchen bei Fortpflanzung von Wasserwellen, die Bewegungen der einzelnen Teilchen
einer schwingenden Seite, kurz alle Bewegungen der kleinen Teilchen,
die bei stehenden oder fortschreitenden Wellen auftreten.

Die Natur dieser Bewegung ist von der nämlichen Art, wie die
Bewegung des Pendels um seine Ruhelage. Setzen wir nämlich für t resp.

$$0, \ \tfrac{1}{2}\pi, \ \pi, \ \tfrac{3}{2}\pi, \ 2\pi, \ \tfrac{5}{2}\pi \ \ldots \ldots$$

und bezeichnen die wirkende Kraft durch k, so erhalten wir für x, v, k
in den eben genannten Momenten die folgenden Werte

$$x = 0, \quad A, \quad 0, \quad -A, \quad 0, \quad A \ldots$$
$$v = A, \quad 0, \quad -A, \quad 0, \quad A, \quad 0 \ldots$$
$$k = 0, \quad -A, \quad 0, \quad A, \quad 0, \quad -A \ldots$$

Daraus entnehmen wir folgende Schilderung des Bewegungsvorgangs.
Im Anfang der Bewegung, d. h. zur Zeit $t = 0$, steht der Punkt in O,
er hat die Geschwindigkeit A, während die wirkende Kraft gleich Null
ist. Nach $\tfrac{1}{2}\pi$ Sekunden steht er in N, seine Geschwindigkeit ist inzwischen zu Null geworden und die anziehende Kraft hat ihren höchsten
Wert A erreicht. Der Punkt kehrt um und seine Geschwindigkeit
nimmt infolge der anziehenden Kraft ununterbrochen zu. Nach π Sekunden
befindet er sich wieder in O und geht mit der grössten Geschwindigkeit, deren er fähig ist, durch O hindurch. Nach $\tfrac{3}{2}\pi$ Sekunden ist er
in M; er hat seinen grössten Abstand linksseitig von O erreicht, seine
Geschwindigkeit ist wieder zu Null geworden, während die Kraft wieder
ihren Maximalwert erreicht hat. Nach 2π Sekunden ist der Punkt
wieder in O, geht mit der Geschwindigkeit A durch O hindurch, die
anziehende Kraft ist Null. Diese nimmt jetzt wieder zu, die Geschwindigkeit nimmt dadurch ab, bis der Punkt nach N gelangt, und
so schwingt er dauernd in regelmässiger Weise geradlinig hin und her.

§ 4. Geometrische Bedeutung des zweiten Differentialquotienten.

Der zweite Differentialquotient hat auch eine wichtige geometrische
Bedeutung. Von der umstehenden Kurve (Fig. 55) sagt man, dass sie
in dem Teil ABC konkav gegen die x-Axe gekrümmt ist, in dem
Teil CDE konvex; es ist dies die nämliche Bezeichnung, die in der
Optik zur Unterscheidung der Linsen u. s. w. benutzt wird. Es sei

$$1) \quad y = f(x)$$

die Gleichung der Kurve; wir wollen die Werte ins Auge fassen, die tg τ auf den einzelnen Kurventeilen besitzt. Längs des Kurvenzuges *ABC* nimmt der Winkel τ von *A* an unaufhörlich ab, desgleichen also auch tg τ. Im Punkte *B*, dem höchsten Punkt der Kurve, ist τ = 0, in den dann folgenden Punkten ist τ zunächst wenig von π verschieden und nimmt bis *C* wiederum unaufhörlich ab; tg τ ist daher im Punkte *B* gleich Null, hat dann zunächst einen kleinen negativen Wert und erhält hernach immer grössere negative Werte, es nimmt also ebenfalls ab. Für diesen ganzen Kurvenzug muss demnach (S. 70) der Differential-quotient von tg τ negativ sein; d. h. es ist

$$2)\quad \frac{d\,\mathrm{tg}\,\tau}{d\,x} = \frac{d\,y'}{d\,x} = \frac{d^2 y}{d\,x^2} < 0.$$

Das umgekehrte folgt für den Kurventeil *CDE*. Hier nimmt, wenn *x* wächst, auch τ und demnach auch tg τ unaufhörlich zu; von *C* bis *D* hat nämlich tg τ negative Werte, die bis Null abnehmen, und von *D* bis *E* erhält tg τ immer grösser werdende positive Werte. Es ist daher für diesen Kurvenzweig

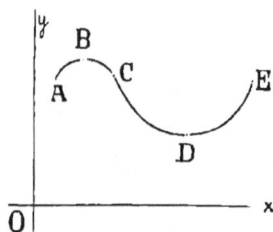

Fig. 55.

$$3)\quad \frac{d\,\mathrm{tg}\,\tau}{d\,x} = \frac{d^2 y}{d\,x^2} > 0.$$

Wir sehen hieraus, dass das Vorzeichen des zweiten Differentialquotienten von *y* darüber entscheidet, ob die in Fig. 55 gezeichnete Kurve konkav oder konvex gegen die *x*-Axe liegt.

Die beiden Kurvenzüge werden durch den Punkt *C* getrennt, in dem der zweite Differentialquotient

$$4)\quad \frac{d^2 y}{d\,x^2} = 0$$

ist, und der den Namen **Wendepunkt** führt.

Übrigens hängt die Eigenschaft einer Kurve, konkav oder konvex gekrümmt zu sein, davon ab, auf welcher Seite der Kurve man sich befindet. Bisher hatten wir angenommen, dass die Kurve ganz auf der positiven Seite der *x*-Axe verläuft. Verläuft sie dagegen auf der negativen Seite der *x*-Axe — man denke sich die *x*-Axe parallel mit sich so lange verschoben, bis dies eintritt — so wird jetzt konkav gegen die Axe, was vorher konvex war und umgekehrt.

Ein einfaches Beispiel für diese Verhältnisse bietet die Sinuskurve (vgl. Fig. 87 auf S. 69), deren Gleichung

$$y = \sin x$$

ist. Längs je eines über oder unter der *x*-Axe liegenden Kurvenzuges ist der zweite Differentialquotient abwechselnd negativ oder positiv und das zugehörige y abwechselnd positiv oder negativ; die Kurve liegt also gegen die x-Axe stets konkav. Die Schnittpunkte der Kurve mit der x-Axe sind sämtlich Wendepunkte.

§ 5. Die höheren Differentiale.

Wie die ersten Differentialquotienten zur Einführung von Differentialen Veranlassung gegeben haben, so auch die höheren Differentialquotienten. Man bezeichnet

$$d^2y \ \text{resp.} \ d^2f(x)$$

als das zweite Differential von y resp. $f(x)$. Aus der Gleichung

$$1) \quad \frac{d^2y}{dx^2} = \frac{d^2f(x)}{dx^2} = f''(x)$$

erhalten wir als definierende Gleichung des zweiten Differentials

$$2) \quad d^2y = d^2f(x) = f''(x)\,dx^2,$$

Im besonderen erhalten wir z. B. für die Funktion x^n

$$3) \quad d^2(x^n) = n(n-1)\,x^{n-2}\,dx^2,$$

für die Funktion e^x ist

$$4) \quad d^2(e^x) = e^x\,dx^2,$$

für die Funktion $\sin x$

$$5) \quad d^2(\sin x) = -\sin x \cdot dx^2.$$

Die wirkliche Berechnung des zweiten Differentials hat man durch zweimalige Differentiation auszuführen.

Beispielsweise folgt aus

$$d(3x^4 + 4\sin x) = (12x^3 + 4\cos x)\,dx$$

durch weitere Differentiation sofort

$$d^2(3x^4 + 4\sin x) = (36x^2 - 4\sin x)\,dx^2;$$

ebenso findet man

$$d^2(x\sin x) = (2\cos x - x\sin x)\,dx^2$$

u. s. w. u. s. w.

In analoger Weise kann man auch die höheren Differentiale als Rechnungsgrössen einführen; da wir keinen besonderen Gebrauch davon zu machen haben, gehen wir nicht weiter darauf ein.

§ 6. Die partiellen Differentialquotienten und das totale Differential.

Wenn sich ein Gas unter veränderlichem Druck befindet, ohne dass seine Temperatur konstant erhalten wird, so hängt das Volumen v sowohl von dem Druck p, als auch von der Temperatur ϑ ab. Wir bezeichnen demgemäss v als eine Funktion von p und ϑ. In derselben Weise ist der Inhalt einer Ellipse, der von der Länge der grossen

Axe $2a$ und der kleinen Axe $2b$ abhängt, eine Funktion von a und b, der Inhalt eines geraden Parallelepipedons eine Funktion seiner drei Kanten u. s. w. u. s. w. Wir gelangen so zu dem Begriff einer **Funktion von zwei oder mehr veränderlichen Grössen.** In Analogie mit dem Inhalt von § 7 des zweiten Kapitels (S. 57) nennen wir das Volumen v, wenn wir es als Funktion von p und ϑ auffassen, die abhängige Variable, während wir p und ϑ als die beiden unabhängigen Variabeln bezeichnen und analog in den anderen vorstehend erwähnten Fällen.

Für Funktionen von zwei oder mehr als zwei Veränderlichen, die wir jetzt mit x, y, z ... bezeichnen wollen, hat man folgende Zeichen eingeführt:

$$f(x, y), \quad F(x, y, z), \quad \varphi(x, y) \ldots\ldots$$

Auf diese Funktionen haben wir nun die Regeln und Sätze der Differentialrechnung auszudehnen.

Wir knüpfen an folgendes Beispiel an. Es sei I der Inhalt eines Rechtecks $OABC$ (Fig. 56), dessen Seiten die Länge x und y haben, so dass

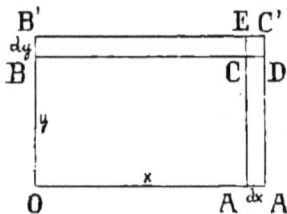

Fig. 56.

1) $\quad I = xy$

ist. Die Längen dieser Seiten denken wir uns nun veränderlich, so wird auch der Inhalt I des Rechtecks sich mit ihnen ändern. Wir können das Rechteck zunächst so ändern, dass wir die Seite $OB = y$ unverändert lassen, also nur die Länge x der Seite OA als veränderlich betrachten. Bei dieser Auffassung ist der Inhalt I eine Funktion von x allein, und wir können auf sie die bisher auseinandergesetzten Regeln der Differentialrechnung anwenden. Wir erteilen also der Seite $OA = x$ einen Zuwachs AA', den wir durch dx bezeichnen und bestimmen das zugehörige Differential von I. Um anzudeuten, dass wir jetzt I nur als Funktion von x auffassen, bezeichnen wir das bezügliche Differential durch dI_x und erhalten durch Differentiation der Gleichung 1) sofort

$$2) \quad dI_x = y\, dx,$$

das Differential dI_x stellt also geometrisch den Inhalt des kleinen Rechtecks $AA'CD$ dar.

Das Rechteck $OABC$ kann sich aber auch so ändern, dass nur die Länge y der Seite OB sich ändert, während x konstant bleibt; alsdann wird sein Inhalt I eine Funktion von y allein. Wir erteilen jetzt y einen Zuwachs dy und bezeichnen in diesem Fall das Differential von I zum Unterschied durch dI_y, so ergiebt sich, wenn wir die Gleichung 1) nach y differenzieren,

$$3) \quad dI_y = x\,dy,$$

das Differential dI_y stellt also geometrisch den Inhalt des kleinen Rechtecks $BB'CE$ dar.

Gehen wir in den Gleichungen 2) und 3) zu den Differentialquotienten über, so erhalten wir

$$\frac{dI_x}{dx} = y, \quad \frac{dI_y}{dy} = x$$

und es stellen diese beiden Quotienten die Differentialquotienten von I nach x und von I nach y dar. Man hat für sie die etwas kürzeren Bezeichnungen

$$4) \quad \frac{\partial I}{\partial x} \quad \text{resp.} \quad \frac{\partial I}{\partial y}$$

eingeführt, bei denen die runden ∂ schon an und für sich daran erinnern sollen, dass man I in dem einen Fall nur als Funktion von x, in dem anderen nur als Funktion von y ansehen soll. Man hat also

$$5) \quad \frac{\partial I}{\partial x} = y, \quad \frac{\partial I}{\partial y} = x,$$

und wenn man diese Werte von y und x in die Gleichungen 2) und 3) einsetzt, so folgt

$$6) \quad dI_x = \frac{\partial I}{\partial x}\,dx, \quad dI_y = \frac{\partial I}{\partial y}\,dy.$$

Wir können endlich an unserem Rechteck sowohl x als y sich ändern lassen. Ändern wir wieder x um dx, y um dy, so ändert sich das Rechteck um die kleine Fläche $AA'C'B'BC$, deren Inhalt wir mit $\varDelta I$ bezeichnen wollen; $\varDelta I$ zeigt also den Zuwachs an, den der Inhalt I erfährt, wenn die Seiten x und y den Zuwachs dx resp. dy erleiden. Hier entsteht sofort die Frage, wie sich der Gesamtzuwachs von I zu den Differentialen dI_x und dI_y verhält. Wir sehen sofort, dass die Fläche

$$\varDelta I = AA'CD + BB'CE + CDEC'$$

ist; resp. da $CDEC'$ den Inhalt $dx\,dy$ hat,

$$7) \quad \varDelta I = dI_x + dI_y + dx\,dy.$$

Es folgt also, dass $\varDelta I$ bis auf ein kleines Rechteck mit dem Inhalt $dx\,dy$ gleich der Summe von dI_x und dI_y ist. Wir führen jetzt noch die Bezeichnung

$$8) \quad dI = dI_x + dI_y$$

ein und nennen dI das totale Differential, dI_x und dI_y, resp. die ihnen nach 3) zukommenden Werte

$$\frac{\delta I}{\delta x}\,dx \quad \text{und} \quad \frac{\delta I}{\delta y}\,dy$$

partielle Differentiale. Das totale Differential ist daher gleich der Summe der partiellen Differentiale. Dies ist die Eigenschaft, durch die es rechnerisch definiert ist. Seine weitere Bedeutung ergiebt sich aus Formel 7); wie sie erkennen lässt, kommt das totale Differential dI dem Gesamtzuwachs $\varDelta I$ ausserordentlich nahe: der Fehler beträgt, wenn dx und dy kleine Grössen erster Ordnung bedeuten (S. 87), nur eine kleine Grösse zweiter Ordnung, wenn also beispielsweise dx resp. dy je den Wert 0,001 haben, nur den Wert 0,000001. Wir treffen also hier auf die gleichen Beziehungen, die uns von Funktionen einer Variabeln her geläufig sind. Auch hier wird sich ebenso, wie im Bereich der Funktionen einer Variabeln, er- geben, dass das in die Rechnung eingehende nicht die Differential- grössen selbst, sondern ihre Quotienten sind, und dass diese Quotienten wiederum die exakte Darstellung der in Frage stehenden Erscheinungen und Gesetze vermitteln (S. 48).*) Aus diesem Grunde ist es wiederum praktisch gerechtfertigt, wenn wir uns unter dI direkt den Gesamt- zuwachs von I vorstellen, der dem Zuwachs dx von x und dy von y entspricht.

Setzen wir in Gleichung 8) noch für dI_x und dI_y ihre Werte ein, so erhalten wir für dI den Ausdruck

$$9)\quad dI=\frac{\delta I}{\delta x}\,dx+\frac{\delta I}{\delta y}\,dy$$

und in dem hier vorliegenden Fall wird im besondern gemäss Gleichung 5)

$$dI=y\,dx+x\,dy.$$

In der Thatsache, dass man die Summe der partiellen Differentiale als den totalen Zuwachs der Funktion auffassen darf, kommt nichts anderes zum Ausdruck, als die naturwissenschaftlich geläufige Vor- stellung, die man als Prinzip der Superposition kleiner Wir- kungen bezeichnet. Nach dieser Auffassung betrachtet man die un- endlich kleine Gesamtwirkung, der ein Körper oder ein einzelnes Teilchen in jedem Augenblick unterliegt, als die einfache und direkte Summe aller unendlich kleinen Einzelwirkungen, und dies läuft in der That darauf hinaus, das totale Differential als die Gesamtänderung anzusehen, die eine Funktion erfährt. Handelt es sich z. B. um das Volumen v eines Gases, dessen Druck p und dessen Temperatur ϑ sich ändern, so besteht die Gesamtänderung des Volumens aus der Summe der Änderungen, die bei konstantem Druck, resp. bei konstanter Temperatur eintreten; dies heisst eben, dass das totale Differential von v gleich der Summe der partiellen Differentiale ist, die der blossen Änderung einerseits von ϑ, andererseits von p entsprechen. Auch hier stimmen also die mathematischen Methoden mit den allgemeinen physikalischen Vorstellungen überein.

Im Anschluss an diese Überlegungen lassen sich die obigen Entwicklungen wie folgt ausdehnen. Ist u eine Funktion von x und y, also

$$10) \quad u = f(x, y),$$

so können wir zunächst wieder u als Funktion von x allein auffassen, d. h. wir denken uns, dass y einen festen Wert behält und nur x sich ändert; dem entspricht ein partieller Differential-quotient von u oder $f(x, y)$ nach x, den man auch durch $f'(x)$ bezeichnet*), so dass

$$11) \quad \frac{\partial u}{\partial x} = \frac{\partial f(x, y)}{\partial x} = f'(x)$$

zu setzen ist; für das bezügliche Differential du_x besteht die Gleichung

$$du_x = \frac{\partial u}{\partial x} dx = \frac{\partial f(x, y)}{\partial x} dx = f'(x) dx.$$

Ebenso erhalten wir unter der Annahme, dass x konstant bleibt und nur y sich ändert, den partiellen Differentialquotienten nach y, für den man analog die kurze Bezeichnung $f'(y)$ gebraucht, so dass

$$12) \quad \frac{\partial u}{\partial y} = \frac{\partial f(x, y)}{\partial y} = f'(y)$$

zu setzen ist; für das bezügliche Differential du_y wird demgemäss

$$du_y = \frac{\partial u}{\partial y} dy = \frac{\partial f(x, y)}{\partial y} dy = f'(y) dy.$$

Aus beiden bilden wir den Ausdruck

---

*) Diese Bezeichnung will ausdrücken, dass man $f(x, y)$ zunächst nur als Funktion von x ansieht, sie also so behandelt, als ob sie eine $f(x)$ wäre; deren Ableitung ist dann $f'(x)$.

$$du = \frac{\partial u}{\partial x} dx + \frac{\partial u}{\partial y} dy$$

13)
$$= \frac{\partial f(x,y)}{\partial x} dx + \frac{\partial f(x,y)}{\partial y} dy$$

$$= f'(x) dx + f'(y) dy,$$

den wir als das totale Differential von u bezeichnen. Seine Beziehung zu dem Gesamtzuwachs $\varDelta u$, den u erleidet, wenn x den Zuwachs dx und y den Zuwachs dy erfährt, ist die nämliche wie oben; du und $\varDelta u$ sind bis auf unendlich kleine Grössen höherer Ordnung einander gleich. Ist, um noch ein zweites Beispiel zu behandeln,

$$u = ax^2 + cy^2,$$

so ist

$$\frac{\partial u}{\partial x} = 2ax, \quad \frac{\partial u}{\partial y} = 2cy.$$

Ferner ist der Zuwachs $\varDelta u$ gleich der Differenz der beiden Werte, die u für $x + dx$, $y + dy$ und für x, y hat; es ist also

$$\varDelta u = a(x + dx)^2 + c(y + dy^2) - (ax^2 + cy^2)$$
$$= 2ax\,dx + a\,dx^2 + 2cy\,dy + c\,dy^2$$
$$= \frac{\partial u}{\partial x} dx + \frac{\partial u}{\partial y} dy + a\,dx^2 + c\,dy^2.$$

Demnach ist

$$\varDelta u = du + a\,dx^2 + c\,dy^2,$$

und wenn dx und dy unendlich kleine Grössen erster Ordnung sind, so beträgt der Fehler nur eine unendlich kleine Grösse zweiter Ordnung.

Wir schliessen mit der selbstverständlichen Bemerkung, dass das totale Differential einer konstanten Grösse C Null ist. Denn es ist

$$\frac{\partial C}{\partial x} = 0, \quad \frac{\partial C}{\partial y} = 0,$$

also auch

14) $dC = 0.$

Wir haben hiervon sehr bald eine wichtige Anwendung zu machen und haben deshalb ausdrücklich darauf hingewiesen.

Beispiele. Es sei $u = x^2 - y^2$, so ist

$$\frac{\partial u}{\partial x} = 2x, \quad \frac{\partial u}{\partial y} = -2y, \quad du = 2x\,dx - 2y\,dy.$$

Ist $u = (x + y)^2$, so ist

$$\frac{\partial u}{\partial x} = 2(x + y), \quad \frac{\partial u}{\partial y} = 2(x + y), \quad du = 2(x + y)(dx + dy).$$

Ist $u = \sin x \cos y$, so ist

$$\frac{\partial u}{\partial x} = \cos x \cos y, \quad \frac{\partial u}{\partial y} = -\sin x \sin y,$$

$$du = \cos x \cos y \, dx - \sin x \sin y \, dy.$$

Ist $u = \ln(x^2 + y^2)$, so ist

$$\frac{\partial u}{\partial x} = \frac{2x}{x^2 + y^2}, \quad \frac{\partial u}{\partial y} = \frac{2y}{x^2 + y^2}$$

$$du = \frac{2(x \, dx + y \, dy)}{x^2 + y^2}.$$

Nichts steht im Wege, die obigen Definitionen und Formulierungen auf Funktionen von drei und mehr Variabeln zu übertragen. Ist z. B.

$$15) \quad u = f(x, y, z)$$

eine Funktion von drei Variabeln, so haben wir drei partielle Differentialquotienten,

$$16) \quad \begin{aligned} \frac{\partial u}{\partial x} &= \frac{\partial f(x, y, z)}{\partial x} = f'(x), \\ \frac{\partial u}{\partial y} &= \frac{\partial f(x, y, z)}{\partial y} = f'(y), \\ \frac{\partial u}{\partial z} &= \frac{\partial f(x, y, z)}{\partial z} = f'(z), \end{aligned}$$

die so definiert sind, dass man in u entweder nur x oder nur y oder nur z als variabel betrachtet; aus ihnen bildet man das totale Differential

$$17) \quad \begin{aligned} du &= \frac{\partial u}{\partial x} dx + \frac{\partial u}{\partial y} dy + \frac{\partial u}{\partial z} dz \\ &= \frac{\partial f(x, y, z)}{\partial x} dx + \frac{\partial f(x, y, z)}{\partial y} dy + \frac{\partial f(x, y, z)}{\partial z} dz \\ &= f'(x) dx + f'(y) dy + f'(z) dz, \end{aligned}$$

dessen Bedeutung die analoge ist, wie bisher. Ist z. B.

$$u = xyz,$$

so dass u den Inhalt eines rechtwinkligen Parallelepipedons mit den Seiten x, y, z bedeutet, so folgt

$$\frac{\partial u}{\partial x} = yz, \quad \frac{\partial u}{\partial y} = xz, \quad \frac{\partial u}{\partial z} = xy$$

und daher

$$du = yz \, dx + xz \, dy + xy \, dz$$

und dieser Ausdruck unterscheidet sich, wie die Ausrechnung leicht ergiebt, von dem Zuwachs des Parallelepipedons, der dem Zuwachs von x um dx, von y um dy, von z um dz entspricht, nur um unendlich kleine Grössen zweiter und dritter Ordnung.

§ 7. Differentiation von Funktionen, die aus mehreren Funktionen einer Variabeln zusammengesetzt sind.

Eine erste wichtige Anwendung finden die Formeln, die das totale Differential geben, in dem Fall, dass u eine Funktion ist, die in ihrem Ausdruck von zwei Variabeln x und y abhängt, während x und y ihrerseits wieder von einer dritten Variabeln t abhängen. Die Funktion u hängt dann in Wirklichkeit nur von t ab, und es ist die Frage, wie wir ihren Differentialquotienten nach t erhalten. Ist

$$1)\quad u = F(x, y),$$

während für x und y die Gleichungen

$$2)\quad x = f(t),\quad y = \varphi(t)$$

bestehen, so folgt nach Gleichung 13) S. 182 zunächst, dass für beliebige Änderungen von x und y

$$du = \frac{\delta F}{\delta x}\,dx + \frac{\delta F}{\delta y}\,dy$$

ist; diese Gleichung gilt daher auch für die hier in Frage kommenden Änderungen. Wir haben jetzt diese Gleichung nur durch dt zu dividieren, um zu der Gleichung

$$3)\quad \frac{du}{dt} = \frac{\delta F}{\delta x}\frac{dx}{dt} + \frac{\delta F}{\delta y}\frac{dy}{dt}$$

zu gelangen. Diese giebt uns den gesuchten Differentialquotienten, und zwar sind nach 2) die Differentialquotienten

$$4)\quad \frac{dx}{dt} = f'(t),\quad \frac{dy}{dt} = \varphi'(t),$$

so dass also

$$\frac{du}{dt} = \frac{\delta F}{\delta x}f'(t) + \frac{\delta F}{\delta y}\varphi'(t)$$

ist. Dasselbe Verfahren hat man anzuwenden, wenn die Funktion u zunächst von drei oder mehr Variabeln abhängt. Ist also

$$5)\quad u = F(x, y, z),$$

während x, y, z Funktionen von t sind, also

$$6)\quad x = f(t),\quad y = \varphi(t),\quad z = \psi(t),$$

so erhält man auf dieselbe Weise

$$du = \frac{\delta F}{\delta x}\,dx + \frac{\delta F}{\delta y}\,dy + \frac{\delta F}{\delta z}\,dz$$

und hieraus durch Division mit dt

$$7)\quad \frac{du}{dt} = \frac{\partial F}{\partial x}\frac{dx}{dt} + \frac{\partial F}{\partial y}\frac{dy}{dt} + \frac{\partial F}{\partial z}\frac{dz}{dt}$$

oder, indem wir für die Differentialquotienten von x, y, z nach t ihre Werte einsetzen,

$$\frac{du}{dt} = \frac{\partial F}{\partial x}f'(t) + \frac{\partial F}{\partial y}\varphi'(t) + \frac{\partial F}{\partial z}\psi'(t).$$

Eine Funktion dieser Art ist z. B. der Abstand eines Planeten von der Sonne. Dieser Abstand ist in Wirklichkeit einzig und allein eine Funktion der Zeit; wir können diesen Abstand aber nur so bestimmen, dass wir ihn abhängig machen von den Koordinaten des Ellipsenpunktes, in dem sich der Planet befindet, und nun erst jede dieser Koordinaten als eine Funktion der Zeit t ansehen.

Wir geben zunächst eine rein rechnerische Anwendung der vorstehenden Resultate. Man kann nämlich das obige Verfahren selbst dann mit Vorteil anwenden, wenn es sich um Funktionen handelt, deren Ausdruck nur eine einzige Variable enthält, z. B. um die Funktion

$$8)\quad u = x^x.$$

Diese Funktion hängt in der That in ihrem Ausdruck nur von einer einzigen Variabeln x ab, aber wir können keine unserer Grundformeln des Differenzierens auf sie anwenden, sie ist nämlich sowohl als Potenz x^n, sowie auch als Funktion a^x zu betrachten. Wir gehen daher am sichersten so vor, dass wir zunächst mit der Funktion

$$u = y^z$$

operieren, die jetzt eine Funktion von y und z ist, und nachher $y = z = x$ setzen. Es ist

$$du = \frac{\partial u}{\partial y}dy + \frac{\partial u}{\partial z}dz$$

und zwar haben wir (S. 93 und 95)

$$\frac{\partial u}{\partial y} = z y^{z-1}, \quad \frac{\partial u}{\partial z} = y^z \ln y,$$

folglich ist

$$du = z y^{z-1}dy + y^z \ln y\, dz.$$

Setzen wir nun $y = z = x$, so wird schliesslich

$$9)\quad du = x^x dx + x^x \ln x\, dx$$
$$= x^x(1 + \ln x)dx.$$

§ 8. Der planare und kubische Ausdehnungskoeffizient.

Um ein Beispiel aus den Anwendungen zu geben, denke man sich eine rechteckige ebene Platte von geringer Dicke, die vermöge

ihrer Struktur nach ihren beiden Hauptrichtungen verschiedene Ausdehnungskoeffizienten besitzt, z. B. eine krystallinische Platte des rhombischen Systems, die senkrecht zu der einen Hauptaxe liegt, während
ihre Seiten mit den beiden anderen Hauptaxen zusammenfallen. Wird
sie der Erwärmung unterworfen, so dehnt sie sich nach beiden Hauptrichtungen ungleich aus, doch so, dass sie rechteckige Form bewahrt.
Wir wollen ihren thermischen Ausdehnungskoeffizienten ε bestimmen;
wie aus S. 53 hervorgeht, wird er durch den Differentialquotienten
einer quadratischen Fläche F von der Grösse 1 nach der Temperatur
dargestellt; d. h. es ist

$$\varepsilon = \frac{dF}{d\vartheta}.$$

Wir bilden zunächst das totale Differential dI einer rechtwinkligen
Fläche I mit den Seiten x und y. Es ist

$$1) \quad I = xy,$$

und

$$2) \quad dI = \frac{\partial I}{\partial x}dx + \frac{\partial I}{\partial y}dy,$$

und wenn wir jetzt diese Gleichung durch $d\vartheta$ dividieren und beachten, dass

$$\frac{\partial I}{\partial x} = y, \quad \frac{\partial I}{\partial y} = x$$

ist, so folgt

$$\frac{dI}{d\vartheta} = y\frac{dx}{d\vartheta} + x\frac{dy}{d\vartheta}.$$

Setzen wir jetzt $x = y = 1$, so giebt diese Gleichung den gesuchten
Ausdehnungskoeffizienten der Fläche F, nämlich

$$3) \quad \varepsilon = \frac{dF}{d\vartheta} = \frac{dx}{d\vartheta} + \frac{dy}{d\vartheta}.$$

Hier bedeuten $\frac{dx}{d\vartheta}$ und $\frac{dy}{d\vartheta}$ (nach S. 53) die linearen Ausdehnungskoeffizienten nach den beiden Hauptrichtungen; der Flächenaus-
dehnungskoeffizient ist also gleich der Summe der linearen.

Die Differentialquotienten von x und y nach ϑ hängen von den
Gleichungen ab, welche die Ausdehnung nach beiden Richtungen bestimmen; ist z. B. in erster Annäherung

$$4) \quad \begin{array}{l} x = 1 + \alpha\vartheta \\ y = 1 + \beta\vartheta \end{array},$$

so wird

$$\frac{dx}{d\vartheta} = \alpha, \quad \frac{dy}{d\vartheta} = \beta,$$

und wir erhalten schliesslich

$$5) \quad \frac{dF}{d\vartheta} = \alpha + \beta$$

als den Ausdehnungskoeffizienten der Platte selbst.

Analog kann man eine Formel für den kubischen Ausdehnungs-koeffizienten ε eines nach seinen drei Hauptrichtungen verschieden sich ausdehnenden rechtwinkligen Parallelepipedons ableiten, beispielsweise wiederum eines Krystalls des rhombischen Systems, dessen Kanten die Richtung der krystallographischen Hauptaxen haben. Sind die Kanten zunächst x, y, z, so ist sein Inhalt

$$6) \quad I = xyz$$

und es folgt als totales Differential wieder

$$7) \quad dI = \frac{\partial I}{\partial x} dx + \frac{\partial I}{\partial y} dy + \frac{\partial I}{\partial z} dz,$$

oder aber, weil

$$\frac{\partial I}{\partial x} = yz, \quad \frac{\partial I}{\partial y} = xz, \quad \frac{\partial I}{\partial z} = xy$$

ist, die Formel

$$dI = yz\,dx + xz\,dy + xy\,dz$$

und hieraus durch Division mit $d\vartheta$

$$\frac{dI}{d\vartheta} = yz\frac{dx}{d\vartheta} + xz\frac{dy}{d\vartheta} + xy\frac{dz}{d\vartheta},$$

wo die drei in der Formel auf der rechten Seite auftretenden Differential-quotienten die linearen Ausdehnungskoeffizienten längs der drei Haupt-richtungen sind. Den gesuchten Ausdehnungskoeffizienten erhalten wir nun, indem wir die ursprünglichen Längen des Parallelepipedons $x = y = z = 1$ setzen, und finden:

$$8) \quad \varepsilon = \frac{dx}{d\vartheta} + \frac{dy}{d\vartheta} + \frac{dz}{d\vartheta},$$

d. h. der räumliche Ausdehnungskoeffizient ist gleich der Summe der linearen. Die Formel gilt, wie auch x, y, z von ϑ ab-hängen mögen. Nehmen wir wieder den einfachsten Fall an, nämlich dass

$$9) \quad \begin{aligned} x &= 1 + \alpha\vartheta \\ y &= 1 + \beta\vartheta \\ z &= 1 + \gamma\vartheta, \end{aligned}$$

so wird

$$\frac{dx}{d\vartheta} = \alpha, \quad \frac{dy}{d\vartheta} = \beta, \quad \frac{dz}{d\vartheta} = \gamma$$

und es ergiebt sich schliesslich

$$10) \quad \varepsilon = \alpha + \beta + \gamma$$

für den kubischen Ausdehnungskoeffizienten des Parallelepipedons. Wenn insbesondere $\alpha = \beta = \gamma$ ist, was z. B. auch einem isotropen Körper entsprechen würde, so entsteht die bekannte Formel

$$11) \quad \frac{dI}{d\vartheta} = 3\,\alpha;$$

der kubische Ausdehnungskoeffizient ist dann das dreifache des linearen.

§ 9. Die höheren partiellen Differentialquotienten.

Der Vollständigkeit halber wollen wir nicht unterlassen, kurz die höheren partiellen Differentialquotienten zu erwähnen. Es genügt, die bezüglichen Verhältnisse an einem Beispiel auseinanderzusetzen. Sei

$$1) \quad u = \sin x \cdot \cos y,$$

so hatten wir gefunden

$$2) \quad \frac{\partial u}{\partial x} = \cos x \cos y, \quad \frac{\partial u}{\partial y} = -\sin x \sin y.$$

Differenzieren wir die vorstehenden partiellen Differentialquotienten noch einmal je nach x und y, so erhalten wir in leicht verständlicher Bezeichnung aus der ersten Gleichung

$$3) \quad \frac{\partial^2 u}{\partial x^2} = -\sin x \cos y, \quad \frac{\partial^2 u}{\partial y\,\partial x} = -\cos x \sin y$$

und aus der zweiten

$$4) \quad \frac{\partial^2 u}{\partial x\,\partial y} = -\cos x \sin y, \quad \frac{\partial^2 u}{\partial y^2} = -\sin x \cos y.$$

Einer kurzen Erläuterung bedürfen nur die Differentialquotienten $\frac{\partial^2 u}{\partial x\,\partial y}$ und $\frac{\partial^2 u}{\partial y\,\partial x}$; der eine entsteht, wenn man zuerst nach x und dann nach y differenziert, der andere, wenn man zuerst nach y und dann nach x differenziert. Wie die vorstehenden Gleichungen zeigen, ist

$$5) \quad \frac{\partial^2 u}{\partial x\,\partial y} = \frac{\partial^2 u}{\partial y\,\partial x};$$

der Wert dieses Differentialquotienten ist also von der Reihenfolge der Differentiation unabhängig. Dies ist freilich hier nur für unser Beispiel erwiesen, es ist aber ein Satz, der für alle in Betracht kommenden Funktionen gilt.

Man nennt

$$\frac{\partial^2 u}{\partial x^2}, \quad \frac{\partial^2 u}{\partial x\,\partial y}, \quad \frac{\partial^2 u}{\partial y^2}$$

zweite partielle Differentialquotienten. Durch nochmaliges Differenzieren entstehen die dritten partiellen Differentialquotienten u. s. w., auch für sie gilt das Gesetz, dass ihr Wert von der Reihenfolge der Differentiation unabhängig ist. Für das genauere verweisen wir auf die genannten Lehrbücher.

Auf eine aus der Gleichung 5) sich ergebende höchst wichtige Folgerung müssen wir jedoch ausdrücklich hinweisen. Ist $f(x)$ eine Funktion von x allein, und setzen wir

$$6) \quad dy = f(x)\,dx,$$

so definiert diese Gleichung, wie aus Kap. IV folgt, y als ganz bestimmte Funktion von x; es ist nämlich

$$7) \quad y = \int f(x)\,dx.$$

Für diese Thatsache existiert im Gebiet der Funktionen von mehreren Veränderlichen keine volle Analogie. Sind nämlich $f(x, y)$ und $\varphi(x, y)$ Funktionen von x und y und setzen wir

$$8) \quad du = f(x, y)\,dx + \varphi(x, y)\,dy,$$

so braucht u durchaus nicht immer eine Funktion von x und y zu sein. Ist nämlich u eine Funktion von x und y, so ist ja

$$du = \frac{\partial u}{\partial x}\,dx + \frac{\partial u}{\partial y}\,dy$$

und demgemäss ist

$$f(x, y) = \frac{\partial u}{\partial x}, \quad \varphi(x, y) = \frac{\partial u}{\partial y}.$$

Auf Grund der Gleichung 5) muss daher notwendig

$$9) \quad \frac{\partial f(x, y)}{\partial y} = \frac{\partial \varphi(x, y)}{\partial x}$$

sein. Hierdurch wird augenscheinlich eine Bedingungsgleichung für f und φ eingeführt, und nur wenn diese erfüllt ist, lässt sich aus der Gleichung 8) u als Funktion von x und y bestimmen.*) Man nennt Gleichung 9) die Integralitätsbedingung, und bezeichnet, falls sie erfüllt ist, das durch Gleichung 8) definierte du als vollständiges oder exaktes Differential.

Setzt man z. B.

$$du = (x - y)\,dx + (x + y)\,dy,$$

---

*) Für die bezüglichen Methoden verweisen wir auf die genannten Lehrbücher. Gegen das im Text gefundene Resultat ist sogar in wissenschaftlichen Abhandlungen mehrfach gefehlt worden.

so ist, wie eine leichte Rechnung zeigt, Gleichung 9) nicht erfüllt; dagegen ist es der Fall, wenn

$$du = (x+y)\,dx + (x-y)\,dy$$

gesetzt wird, und zwar findet man

$$u = \tfrac{1}{2}(x^2 + 2xy - y'^2).$$

§ 10. Differentiation unentwickelter Funktionen.

Eine sehr wichtige Anwendung der Entwicklungen des § 5 ist die folgende. Denken wir uns, um die Begriffe zu fixieren, die Gleichung der Ellipse

$$1)\quad \frac{x^2}{a^2} + \frac{y^2}{b^2} = 1$$

und stellen die Aufgabe, $\operatorname{tg}\tau$, d. h. also $\frac{dy}{dx}$ zu bestimmen. Um dies zu thun, haben wir die Gleichung nach y aufzulösen, so dass wir y als Funktion von x erhalten, und dann zu differenzieren. Es giebt aber noch eine andere, einfachere Methode. Die linke Seite unserer Gleichung stellt nämlich, für sich betrachtet, jedenfalls eine Funktion von x und y dar, die wir durch $F(x,y)$ bezeichnen, so dass wir

$$2)\quad F(x,y) = \frac{x^2}{a^2} + \frac{y^2}{b^2} = 1$$

erhalten. Diese Funktion können wir nach den oben auseinandergesetzten Regeln differenzieren. Wir bilden das totale Differential für die Gleichung 2) und erhalten, da das totale Differential der rechten Seite, wie (S. 182) bemerkt, Null ist,

$$3)\quad \frac{\partial F}{\partial x}\,dx + \frac{\partial F}{\partial y}\,dy = 0$$

und hieraus folgt, wenn wir die Werte

$$4)\quad \frac{\partial F}{\partial x} = \frac{2x}{a^2},\quad \frac{\partial F}{\partial y} = \frac{2y}{b^2}$$

in Gleichung 3) einsetzen, sofort

$$5)\quad \frac{2x\,dx}{a^2} + \frac{2y\,dy}{b^2} = 0.$$

Sonach ergiebt sich

$$6)\quad \frac{dy}{dx} = -\frac{x}{y}\cdot\frac{b^2}{a^2}.$$

Wir haben somit den Differentialquotienten von y bestimmt, ohne dass wir nötig hatten, die Gleichung 1), die y als Funktion von x definiert, aufzulösen. Man nennt dies Verfahren die Differentiation unentwickelter Funktionen.

Die allgemeine Darstellung des vorstehenden lautet wie folgt
Es sei eine Gleichung zwischen x und y in der Form

$$7) \quad F(x, y) = C$$

gegeben, wo C eine Konstante ist und $F(x, y)$ eine Funktion von x
und y. Wir bilden wieder von beiden Seiten der Gleichung das totale
Differential und erhalten

$$8) \quad \frac{\partial F}{\partial x} dx + \frac{\partial F}{\partial y} dy = 0$$

und hieraus

$$9) \quad \frac{dy}{dx} = -\frac{\partial F}{\partial x} : \frac{\partial F}{\partial y} = -\frac{F'(x)}{F'(y)},$$

wo $F'(x)$ und $F'(y)$ die S. 181 angegebene Bedeutung haben.

Besteht z. B. zwischen x und y die Gleichung

$$xy = C,$$

so folgt durch Differentiation

$$y dx + x dy = 0$$

und hieraus sofort

$$\frac{dy}{dx} = -\frac{y}{x} = -\frac{C}{x^2}.$$

Dies entspricht genau dem auf S. 77 gefundenen Resultat.

Ein weiteres Beispiel sei die durch die Gleichung

$$F(x, y) = x^3 + y^3 - a xy = 0$$

dargestellte Kurve. Hier ist

$$\frac{\partial F}{\partial x} = 3 x^2 - a y, \quad \frac{\partial F}{\partial y} = 3 y^2 - a x$$

und daraus folgt

$$\frac{dy}{dx} = -\frac{3 x^2 - a y}{3 y^2 - a x}.$$

In den folgenden Paragraphen geben wir noch einige weitere wichtige geometrische und physikalische Anwendungen des vorstehenden.

§ 11. Die Brennpunktseigenschaften der Parabel.

Wird die Gleichung der Parabel in der Form (Fig. 57)

$$1) \quad F(x, y) = y^2 - 2 p x = 0$$

geschrieben, so erhalten wir

$$2) \quad \frac{\partial F}{\partial x} = -2 p, \quad \frac{\partial F}{\partial y} = 2 y$$

und demgemäss

$$3)\quad \frac{dy}{dx}=\frac{2p}{2y}=\frac{p}{y}.$$

Wir stellen nun die Gleichung der Tangente im Punkte P auf, dessen Koordinaten x und y sind. Bezeichnen wir die variabeln Koordinaten der Punkte der Tangente durch X und Y, so ist die Gleichung der Tangente jedenfalls von der Form (S. 13)

$$Y = X.\operatorname{tg}\tau + b$$

und da sie durch den Punkt (xy) geht, so ist auch

$$y = x\operatorname{tg}\tau + b,$$

woraus durch Subtraktion

$$4)\quad Y - y = (X - x)\operatorname{tg}\tau$$

als die gesuchte Gleichung folgt, wie übrigens im ersten Kapitel a. a. O. bereits allgemein abgeleitet worden ist.

Setzen wir hier für $\operatorname{tg}\tau$ seinen Wert nach Gleichung 3) ein, so folgt

$$Y - y = (X - x)\frac{p}{y}\ \text{oder}$$

$$Yy - y^2 = p.X - p\,x.$$

Ersetzen wir noch y^2 nach Gleichung 1) durch $2px$, so erhalten wir schliesslich

$$5)\quad Yy = p(X + x)$$

als endliche Form der Gleichung der Parabeltangente.

Aus der Gleichung 3) sieht man zunächst, dass für $x = 0$ $\operatorname{tg}\tau$ unendlich ist, d. h. die Tangente in O steht auf der x-Axe senkrecht; die Parabel berührt also die y-Axe. Man nennt die y-Axe die Scheiteltangente und O selbst den Scheitel der Parabel.

Fig. 57.

Wir suchen den Schnittpunkt der Tangente im Parabelpunkte P mit der x-Axe. Wir finden den bezüglichen Wert von X aus Gleichung 5), wenn wir $Y = 0$ setzen, und zwar

$$6)\quad X + x = 0,\quad X = -x;$$

ist daher T dieser Schnittpunkt und OQ die Abscisse x von P, so müssen wir $OT = OQ$ machen. Die Gerade PT ist dann die Tangente, womit eine sehr einfache Konstruktion der Tangente für jeden Punkt der Parabel gewonnen ist.

Wir fällen noch von P das Loth PD auf die Directrix der Parabel — sein Schnittpunkt mit der Scheiteltangente sei S — und ziehen PF und DT, so ist, wie leicht zu zeigen, $PDTF$ ein Rhombus. Nämlich es ist

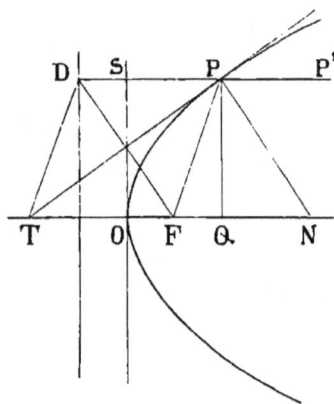

$$PD = PS + SD = x + \frac{p}{2} \quad \text{und}$$

$$TF = TO + OF = x + \frac{p}{2},$$

und da PD und TF überdies parallel sind, so folgt bereits, dass $PDTF$ ein Parallelogramm ist. Nach der Definition der Parabel ist aber auch $PD = PF$; das Parallelogramm ist also ein Rhombus, und es folgt nun, dass TP den Winkel DPF halbiert. Errichten wir noch auf der Tangente PT in P eine Senkrechte PN — wir nennen sie eine Normale der Parabel — so bildet auch PN mit PF und der Verlängerung PP' von PD gleiche Winkel. Wird PF als Brennstrahl[*] bezeichnet, so erhalten wir den Satz: In jedem Punkt der Parabel halbieren Tangente und Normale die Winkel, die vom Brennstrahl und der Parallelen zur Axe gebildet werden.

Diese Eigenschaft der Parabel ist wichtig für die Optik. Fallen nämlich Strahlen parallel zur Hauptaxe auf die Parabel und werden hier durch Spiegelung reflektiert, so ist PF für jeden Strahl PP' der reflektierte Strahl, d. h. die reflektierten Strahlen vereinigen sich sämtlich im Punkt F, der deshalb Brennpunkt heisst. Umgekehrt, befindet sich eine Lichtquelle in F, so werden alle von F kommenden Strahlen von der Parabel parallel zur Hauptaxe reflektiert. Dies bleibt bestehen, wenn wir die Parabel um die Hauptaxe rotieren und damit die spiegelnde Linie in eine spiegelnde Fläche übergehen lassen. Hierauf beruht die Verwendung parabolischer Spiegel als Hohlspiegel, sei es als Brennspiegel oder als Beleuchtungsspiegel. Auch Hertz hat von dieser Eigenschaft der Parabel bei seinen berühmten ersten Versuchen über die Ausbreitung der Strahlen elektrischer Kraft Anwendung gemacht. Er benutzte grosse parabolische Spiegel aus Zinkblech, in deren Brennlinie der Erreger resp. der Empfänger der elektrischen Schwingungen gestellt war. Die elektrischen Strahlen gingen vom Erreger zu dem ersten parabolischen Spiegel, wurden von dort parallel reflektiert, trafen dann den zweiten parabolischen Spiegel wiederum parallel zur Axe und liefen endlich in dem Empfänger zusammen.

Da sich in dem Rhombus $PDTF$ die Diagonalen halbieren und aufeinander senkrecht stehen, so folgt übrigens noch, dass der Fusspunkt des vom Brennpunkt F auf die Parabeltangente gefällten Lotes auf der Scheiteltangente liegt.

---

[*] Die Bedeutung geht aus dem Folgenden hervor.

§ 12. Die Brennpunkteigenschaften der Ellipse.

Ist die Gleichung der Ellipse von der Form (Fig. 58)

$$1) \quad F(x,y) = \frac{x^2}{a^2} + \frac{y^2}{b^2} = 1,$$

so folgt

$$2) \quad \frac{\partial F}{\partial x} = \frac{2x}{a^2}, \quad \frac{\partial F}{\partial y} = \frac{2y}{b^2}$$

und daher

$$3) \quad \frac{dy}{dx} = -\frac{\partial F}{\partial x} : \frac{\partial F}{\partial y} = -\frac{b^2 x}{a^2 y}.$$

Die Gleichnng der Tangente im Punkte $P(x, y)$ ist, wenn wir dieselben Bezeichnungen benutzen, wie im vorigen Paragraphen,

$$Y - y = \operatorname{tg} \tau (X - x),$$

und wenn wir hier den Wert für $\operatorname{tg} \tau$ aus 3) einsetzen, so wird sie

$$4) \quad Y - y = -\frac{b^2 x}{a^2 y}(X - x).$$

Wir multiplizieren die Gleichung mit y und dividieren zugleich durch b^2, so finden wir

$$\frac{Yy}{b^2} - \frac{y^2}{b^2} = -\frac{Xx}{a^2} + \frac{x^2}{a^2}$$

oder

$$\frac{Xx}{a^2} + \frac{Yy}{b^2} = \frac{x^2}{a^2} + \frac{y^2}{b^2},$$

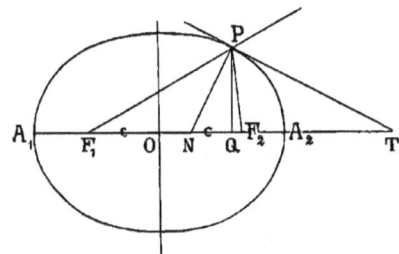

Fig. 58.

woraus sich wegen 1) die Gleichung der Tangente schliesslich in der Form

$$5) \quad \frac{Xx}{a^2} + \frac{Yy}{b^2} = 1$$

ergiebt; dabei sind x, y die Koordinaten des Ellipsenpunktes, und X, Y die variablen Koordinaten der Punkte der Tangente.

Den Schnittpunkt T der Tangente mit der x-Axe erhalten wir, wenn wir $Y = 0$ setzen; es folgt

$$6) \quad \frac{Xx}{a^2} = 1; \quad X = \frac{a^2}{x}. *)$$

---

*) Aus dieser Gleichung lässt sich eine einfache Konstruktion der Ellipsentangente entnehmen. Zunächst ist zu beachten, dass die kleine Axe b in der Formel überhaupt nicht vorkommt, es ist daher die Länge X, d. h. der Punkt T von b ganz unabhängig. Denkt man sich also über $2a$ als Axe mehrere Ellipsen und bestimmt für jede in denjenigen Punkten P, P', P''....., deren Abscisse $x = OQ$ ist, die Tangente, so gehen alle diese Tangenten durch denselben Punkt T. Unter diesen Ellipsen ist die einfachste

Hieraus lässt sich sofort folgende wichtige Eigenschaft ableiten. Wir verbinden noch F_1 und F_2 mit P und erhalten so die Strecken r_1 und r_2; für sie hatten wir im ersten Kapitel (S. 25) die Werte

$$PF_1 = r_1 = a + \frac{c}{a} x$$

$$PF_2 = r_2 = a - \frac{c}{a} x,$$

so dass

$$\frac{PF_1}{PF_2} = \frac{a + \frac{c}{a} x}{a - \frac{c}{a} x} = \frac{a^2 + c x}{a^2 - c x}$$

ist. Andrerseits ergiebt sich auf Grund von Gleichung 6)

$$F_1 T = X + c = \frac{a^2}{x} + c$$

$$F_2 T = X - c = \frac{a^2}{x} - c,$$

also

$$\frac{F_1 T}{F_2 T} = \frac{\frac{a^2}{x} + c}{\frac{a^2}{x} - c} = \frac{a^2 + c x}{a^2 - c x},$$

d. h. es besteht die Proportion

7) $\quad F_1 T : F_2 T = F_1 P : F_2 P.$

Nun besagt aber ein Satz der Elementargeometrie, dass in jedem Dreieck die Halbierungslinie eines Aussenwinkels die gegenüberliegende Seite in zwei äussere Abschnitte teilt, die sich wie die beiden andern Seiten verhalten, und umgekehrt; durch Anwendung dieses Satzes auf das Dreieck $F_1 P F_2$ folgt daher, dass die Tangente den Aussenwinkel von $F_1 P F_2$ halbiert. Bezeichnen wir noch die Gerade PN, die auf der Tangente in P senkrecht steht, als Normale der Ellipse,

---

der Kreis über $2a$, für den b den besonderen Wert a hat; die bezügliche Tangente dieses Kreises geht also ebenfalls durch T.

Die Konstruktion selbst lässt sich auf Grund der obigen Gleichung folgendermassen ausführen. Ist T der Schnittpunkt der Tangente mit der x-Axe, so sei OST ein rechtwinkliges Dreieck, in dem $OT = X$ die Hypotenuse, $OS = a$ eine Kathete und $OQ = x$ die Projektion der Kathete ist; in der That besteht dann die Gleichung

$$OS^2 = OT . OQ.$$

Die Konstruktion ist daher folgende: Man verlängere PQ bis zum Schnitt S mit dem Kreis um O, dessen Radius a ist, und ziehe ST senkrecht zu OS, so ist TP die Tangente der Ellipse. TS ist zugleich Tangente des Kreises um O, wie bereits in dem vorstehenden angegeben worden ist.

und $PF_1 = r_1$ resp. $PF_2 = r_2$ als Brennstrahlen, so folgt, dass die Normale den Winkel der Brennstrahlen halbiert; d. h.

Tangente und Normale einer Ellipse halbieren die von den Brennstrahlen gebildeten Winkel.

Denken wir uns in F_1 eine Lichtquelle, so ist F_1P irgend ein von F_1 ausgehender Lichtstrahl. Ist die Ellipse eine spiegelnde Linie, so giebt die Tangente in P ihre Richtung und die Normale bildet das Einfallslot. Der reflektierte Strahl bildet denselben Winkel mit dem Einfallslot, wie der auffallende; da nun

$$F_1 PN = NPF_2$$

ist, so giebt PF_2 den reflektierten Strahl; alle reflektierten Strahlen vereinigen sich also in F_2, d. h.

Alle Lichtstrahlen, die von einem Brennpunkt der Ellipse ausgehen, werden von ihr so reflektiert, dass sie sich sämtlich im andern Brennpunkt vereinigen.

Dasselbe gilt von den Schallwellen und den Wärmestrahlen. Hierauf beruhen z. B. die eigentümlichen Schall konzentrierenden Wirkungen von Gewölben, Grotten u. dgl. Ebenso beruht darauf das bekannte Experiment, dass ein Stück Schwamm, das sich in dem einen Brennpunkt der Ellipse befindet, sich entzündet, wenn in den andern Brennpunkt eine glühende Kohle gebracht wird.

§ 13. Die Asymptoten der Hyperbel.

Ist die Gleichung der Hyperbel (vgl. Fig. 22 auf S. 26)

$$1) \quad F(x,y) = \frac{x^2}{a^2} - \frac{y^2}{b^2} = 1,$$

so erhalten wir

$$2) \quad \frac{\partial F}{\partial x} = \frac{2x}{a^2}, \quad \frac{\partial F}{\partial y} = -\frac{2y}{b^2}$$

und hieraus

$$3) \quad \frac{dy}{dx} = \frac{x b^2}{y a^2}.$$

Für die Gleichung der Tangente im Punkte xy haben wir, wenn wir die Koordinaten eines Tangentenpunktes wieder X, Y nennen, wie in dem vorigen Paragraphen,

$$Y - y = \frac{dy}{dx}(X - x) = \frac{x}{y}\frac{b^2}{a^2}(X - x),$$

und wenn wir mit y multiplizieren und durch b^2 dividieren,

$$\frac{Yy}{b^2} - \frac{y^2}{b^2} = \frac{x \cdot X}{a^2} - \frac{x^2}{a^2}$$

resp.

$$\frac{Xx}{a^2} - \frac{Yy}{b^2} = \frac{x^2}{a^2} - \frac{y^2}{b^2},$$

also auf Grund der Hyperbelgleichung schliesslich

$$4)\qquad \frac{Xx}{a^2} - \frac{Yy}{b^2} = 1.$$

Für den Schnittpunkt der Tangente mit der x-Axe ist $Y = 0$; das zugehörige X ergiebt sich daher in der Form

$$5)\qquad \frac{Xx}{a^2} = 1; \quad X = \frac{a^2}{x},$$

nebenbei bemerkt, derselbe Wert, wie bei der Ellipse (S. 194).

Im besondern interessieren die Tangenten in denjenigen Punkten der Hyperbel, die unendlich fern liegen. Wegen der Symmetrie der Hyperbel genügt es, eine von ihnen ins Auge zu fassen, nämlich die Tangente desjenigen unendlich fernen Hyperbelpunktes, der im ersten Quadranten liegt. Zunächst folgt aus Gleichung 5), da x unendlich gross ist,

$$X = 0,$$

d. h. die Tangente geht durch den Anfangspunkt. Um den Winkel, den sie mit der x-Axe bildet, aus Gleichung 3) zu finden, müssen wir das bezügliche Verhältnis von x und y ermitteln. Nun folgt aus Gleichung 1)

$$\frac{y^2}{b^2} = \frac{x^2}{a^2} - 1,$$

also, wie sich durch Multiplikation mit $\dfrac{b^2}{x^2}$ ergiebt,

$$\frac{y^2}{x^2} = \frac{b^2}{a^2} - \frac{b^2}{x^2},$$

und wenn wir nun x unendlich gross werden lassen, folgt schliesslich für das gesuchte Verhältnis dieses x und des zugehörigen y der Grenzwert

$$6)\qquad \operatorname*{limes}_{x=\infty} \frac{y^2}{x^2} = \frac{b^2}{a^2}, \quad \operatorname*{limes}_{x=\infty} \frac{y}{x} = \frac{b}{a}.$$

Setzen wir diesen Wert in Gleichung 3) ein und bezeichnen den bezüglichen Winkel jetzt mit φ, so erhalten wir

$$7)\qquad \operatorname{tg}\varphi = \frac{a}{b} \cdot \frac{b^2}{a^2} = \frac{b}{a}.$$

Konstruieren wir nun (Fig. 22, S. 26) das Rechteck, dessen Seiten den Axen parallel sind, und das auf den Axen resp. die Strecken $OA_1 = OA_2 = a$,

$OB_1 = OB_2 = b$ abschneidet, so hat die im ersten Quadranten enthaltene Diagonale genau die Lage zu den Axen, wie die betrachtete Tangente; sie geht durch den Anfangspunkt, und für den Winkel α, den sie mit der x-Axe bildet, ist

$$\operatorname{tg}\alpha = \frac{b}{a}.$$

Diese Diagonale ist daher mit der fraglichen Tangente identisch. Aus der Symmetrie der Hyperbel folgt sofort, dass die andere Diagonale gleichfalls die Hyperbel in einem unendlich fernen Punkte berührt. Diese beiden Tangenten heissen die Asymptoten der Hyperbel. Da sie Tangenten der Hyperbel im Unendlichen sind, so nähern sie sich der Hyperbel um so mehr an, je weiter sie verlaufen. Wir treffen also bei einer beliebigen Hyperbel dieselben Verhältnisse wieder, die wir früher bei der gleichseitigen Hyperbel kennen gelernt haben. (S. 31.)

Als Gleichungen der beiden Asymptoten erhalten wir, indem wir beachten, dass die zweite Diagonale den Winkel $\pi - \varphi$ mit der x-Axe bildet, resp.

$$Y = X \operatorname{tg}\varphi \quad \text{und} \quad Y = X \operatorname{tg}(\pi - \varphi)$$

oder mit Rücksicht auf Gleichung 7)

$$8) \quad \begin{aligned} \frac{X}{a} - \frac{Y}{b} &= 0 \quad \text{und} \\ \frac{X}{a} + \frac{Y}{b} &= 0. \end{aligned}$$

§ 14. Die Zustandsgleichung.

Jede homogene, sei es flüssige, sei es gasförmige Substanz besitzt eine für sie charakteristische Zustandsgleichung der Form

$$1) \quad F(p, v, \vartheta) = 0.$$

Darin ist p der Druck, v das Volum und ϑ die Temperatur der Substanz. Diese Gleichung besagt also, dass der Zustand einer gegebenen Substanzmenge bestimmt ist, wenn von den angeführten drei Zustandsvariabeln zwei bekannt sind. In der Gasgleichung und der van der Waalsschen Gleichung (S. 36) haben wir bereits Beispiele solcher Zustandsgleichungen kennen gelernt. Gleichung 1), nach p aufgelöst, liefert eine Beziehung der Form

$$2) \quad p = f(v, \vartheta),$$

die p als Funktion von v und ϑ definiert und damit zu jedem Wertepaar v_0, ϑ_0 das zugehörige p_0 bestimmt.

Die Differentiation von Gleichung 2) giebt

$$dp = \frac{\partial p}{\partial v} dv + \frac{\partial p}{\partial \vartheta} d\vartheta = \frac{\partial f}{\partial v} dv + \frac{\partial f}{\partial \vartheta} d\vartheta.$$

Von den hier auftretenden partiellen Differentialquotienten von p ist der negativ genommene reciproke Wert von $\dfrac{\partial p}{\partial v}$ nichts anderes als die Volumabnahme, die einer Drucksteigerung entspricht, also einfach der Kompressibilitätskoeffizient, während $\dfrac{\partial p}{\partial \vartheta}$ den sogenannten Spannungskoeffizienten darstellt. Ihnen kommt für das betrachtete Wertsystem p_0, v_0, ϑ_0 ein ganz bestimmter Wert zu, der durch die Werte von $\dfrac{\partial f}{\partial v}$ und $\dfrac{\partial f}{\partial \vartheta}$ für v_0, ϑ_0 dargestellt wird.

Betrachtet man, vom Wertsystem p_0, v_0, ϑ_0 ausgehend, nur solche Zustandsänderungen, bei denen p konstant bleibt, also $dp = 0$ ist, so folgt für sie

$$0 = \frac{\partial p}{\partial v} dv + \frac{\partial p}{\partial \vartheta} d\vartheta,$$

wo naturgemäss $\dfrac{\partial p}{\partial v}$ und $\dfrac{\partial p}{\partial \vartheta}$ die nämlichen Funktionen von v und ϑ sind, resp. die nämlichen Werte haben wie bisher. In dieser Gleichung bedeutet jetzt dv die Volumzunahme, die einer Temperatursteigerung $d\vartheta$ bei konstantem Druck entspricht und $\dfrac{dv}{d\vartheta}$ demgemäss den thermischen Ausdehnungskoeffizienten bei konstantem Druck, wofür wir nach unsern Bezeichnungen $\dfrac{\partial v}{\partial \vartheta}$ zu schreiben haben. Es folgt also

$$3)\quad \frac{\partial p}{\partial \vartheta} = -\frac{\partial p}{\partial v}\cdot\frac{\partial v}{\partial \vartheta} = -\frac{\partial v}{\partial \vartheta}:\frac{\partial v}{\partial p}.$$

Man bezeichnet übrigens nach Clausius diesen Differentialquotienten auch durch

$$\left(\frac{dv}{d\vartheta}\right)_p,$$

wie man überhaupt nach Clausius diejenige Zustandsvariable, die während der Änderung der beiden anderen konstant gehalten werden soll, häufig als Index zu dem in Klammern geschlossenen Differentialquotienten hinzufügt. Man schreibt demgemäss obige Gleichung auch in der Form

$$4)\quad \left(\frac{dp}{d\vartheta}\right)_v = -\left(\frac{dp}{dv}\right)_\vartheta\cdot\left(\frac{dv}{d\vartheta}\right)_p = \left(\frac{dv}{d\vartheta}\right)_p:\left(-\frac{dv}{dp}\right)_\vartheta.$$

Diese Gleichung besagt, dass der sogenannte Spannungskoeffizient gleich dem Quotienten des thermischen Ausdehnungskoeffizienten und Kompressibilitätskoeffizienten ist.

Für Quecksilber bei 0^0 und Atmosphärendruck ist der thermische Ausdehnungskoeffizient der Volumeinheit 0,00018 und er beträgt 0,00018 v_0, wenn die betrachtete Quecksilbermenge das Volum v_0 einnimmt. Der Kompressibilitätskoeffizient der Volumeinheit beträgt 0,000003, d. h. das Volum von 1 ccm Hg nimmt bei 0^0 pro Drucksteigerung von 1 Atm. um 0,000003 ccm ab. Der Kompressibilitätskoeffizient des Volumens v_0 beträgt natürlich 0,000003 v_0. Somit wird der Spannungskoeffizient

$$\frac{0,00018 \, v_0}{0,000003 \, v_0} = 60,$$

d. h. es bedarf einer Drucksteigerung von 60 Atm., um bei der Erwärmung von 0^0 auf 1^0 eine gegebene Quecksilbermenge bei konstantem Volum zu erhalten.

Achtes Kapitel

Unendliche Reihen und Taylorscher Satz.

§ 1. Beispiele unendlicher Reihen.

Man kann den periodischen Dezimalbruch $0,333\ldots$ dessen Wert $\frac{1}{3}$ ist, in folgende Form setzen:

$$\frac{3}{10} + \frac{3}{100} + \frac{3}{1000} + \frac{3}{10\,000} + \cdots,$$

d. h. in die Form einer Summe aus unendlich vielen Gliedern. Es giebt also Reihen von unendlich vielen Summanden, die eine endliche Summe besitzen. Eine solche Reihe ist auch

$$\frac{1}{2} + \frac{1}{4} + \frac{1}{8} + \frac{1}{16} + \cdots\cdots;$$

bildet man nacheinander die Summe von $2, 3, 4, 5\ldots$ Gliedern, so gelangt man leicht zu der Vermutung, dass ihre Summe die Zahl 1 ist (§ 2).

Dass nicht alle derartigen Reihen eine endliche Summe besitzen, liegt auf der Hand. Weder für die Reihe

$$1 + 2 + 3 + 4 + \cdots$$

noch für die Reihe

$$1 + 1 + 1 + 1 + \cdots$$

ist es der Fall. Aber selbst für die Reihe

$$1 + \frac{1}{2} + \frac{1}{3} + \frac{1}{4} + \frac{1}{5} + \cdots$$

ist die Summe nicht endlich, wie sich leicht beweisen lässt. Die Summe der letzten Reihe wird nämlich verkleinert, wenn wir einzelne ihrer Summanden verkleinern, d. h. wenn wir z. B. $\frac{1}{3}$ durch $\frac{1}{4}$, ferner $\frac{1}{5}, \frac{1}{6}, \frac{1}{7}$ je durch $\frac{1}{8}$ ersetzen u. s. w., also die Reihe

$$1 + \frac{1}{2} + \frac{1}{4} + \frac{1}{4} + \frac{1}{8} + \frac{1}{8} + \frac{1}{8} + \frac{1}{8} + \cdots$$

bilden. Diese Reihe hat aber augenscheinlich den Wert

$$1 + \frac{1}{2} + \frac{1}{2} + \frac{1}{2} + \cdots$$

und ist somit unbegrenzt gross, um so mehr also auch die ursprüngliche Reihe. Ersetzen wir nun aber die positiven Vorzeichen unserer
Reihe durch abwechselnde, d. h. bilden wir die Reihe

$$1 - \frac{1}{2} + \frac{1}{3} - \frac{1}{4} + \frac{1}{5} - \frac{1}{6} \cdots,$$

so hat diese, wie das folgende lehren wird, wieder eine endliche Summe.
Dagegen lässt sich von der Reihe

$$1 - 1 + 1 - 1 + 1 - 1 \ldots.$$

überhaupt nicht mehr sagen, dass sie eine bestimmte Summe hätte;
für diese Reihe verliert die bezügliche Fragestellung ihren Sinn.

§ 2. Der Konvergenzbegriff.

Reihen mit unendlich vielen Gliedern kommen für praktische
Zwecke besonders zur angenäherten Berechnung der durch sie dargestellten Grössen in Betracht, und zwar so, dass man die Reihe bei
irgend einem Glied abbricht. Die Reihen eignen sich hierzu um so
besser, je weniger Glieder man nötig hat. Es springt in die Augen,
dass zwei Momente von Wichtigkeit sind. Erstens bedarf man der
Gewissheit, dass man sich der zu berechnenden Grösse mehr und mehr
annähert, je mehr Glieder man berücksichtigt, und zweitens muss man
die Genauigkeit der Annäherung kennen, d. h. man muss wissen, wie
gross der Fehler ist, den man begeht, wenn man die Reihe bei einem
bestimmten Glied abbricht. Ausdrücklich sei übrigens bemerkt, dass
wir für unsere Reihen stets eine bestimmte Gliederfolge voraussetzen, an die sie gebunden ist.

Wie die obigen Beispiele zeigen, können bei unendlichen Reihen
drei verschiedene Fälle vorkommen. Die Summe, die man erhält, indem
man immer mehr Glieder berücksichtigt, kann über alle endlichen
Zahlen hinaus wachsen; alsdann heisst die Reihe divergent. Zweitens
kann diese Summe zwar stets endlich bleiben, wie viele Glieder der
Reihe man auch beibehält, aber so, dass sie dauernd zwischen bestimmten
Werten hin und her schwankt (vgl. das letzte Beispiel); alsdann heisst
die Reihe oscillierend. Liegen diese Fälle nicht vor, so wird die
Reihe mit wachsender Gliederzahl einem bestimmten endlichen Wert S
näher und näher kommen.

In diesem Fall, der von allen der wichtigste ist und für unsere
Zwecke allein in Betracht kommt, heisst die Reihe konvergent und S
ihre Summe; nach dem vorigen ist S auch der Grenzwert, dem sich
die Summe s_n der n ersten Glieder der Reihe mit wachsendem n unbegrenzt nähert. Die Differenz

$$1)\quad S - s_n = \sigma_n$$

stellt daher den Fehler dar, den man begeht, wenn man die Reihe nach den n ersten Gliedern abbricht; σ_n heisst auch der Rest der Reihe, mit Rücksicht auf die aus 1) folgende Gleichung

$$S = s_n + \sigma_n.$$

Die vorstehend genannten Beziehungen lassen sich kurz durch

$$\lim_{n=\infty} s_n = S, \quad \lim_{n=\infty} \sigma_n = 0$$

darstellen. Da der ganze Rest σ_n mit wachsendem n unbegrenzt klein wird, so gilt dies auch für jedes einzelne Glied; jedoch ist die letzte Eigenschaft für die Konvergenz nicht hinreichend, wie die Reihe $1 + \frac{1}{2} + \frac{1}{3} + \cdots$ sofort erkennen lässt; in der That soll ja nicht bloss jedes Glied, sondern σ_n selbst mit n unbegrenzt klein werden. Man spricht dies gewöhnlich wie folgt als Satz aus:

Die notwendige und hinreichende Bedingung für die Konvergenz einer unendlichen Reihe besteht darin, dass der Rest σ_n mit wachsendem n unbegrenzt klein wird (gegen Null konvergiert).

§ 3. Die geometrische Reihe.

Das einfachste Beispiel unendlicher Reihen tritt schon in der Elementarmathematik auf; es ist die ins Unendliche fortgesetzte geometrische Reihe

$$1)\quad 1 + \alpha + \alpha^2 + \alpha^3 + \alpha^4 + \cdots\cdots$$

für den Fall, dass $\alpha < 1$ ist.

Für sie können wir die Konvergenz direkt nachweisen, indem wir zeigen, dass die Summe s_n mit wachsendem n gegen einen festen Grenzwert konvergiert. Es ist nämlich[*])

$$2)\quad s_n = 1 + \alpha + \alpha^2 + \cdots + \alpha^{n-1} = \frac{1 - \alpha^n}{1 - \alpha} = \frac{1}{1 - \alpha} - \frac{\alpha^n}{1 - \alpha}.$$

Nehmen wir jetzt an, dass n über alle Maassen wächst, so bleibt der erste Quotient der rechten Seite von 2) ungeändert, der zweite aber wird Null. Denn wenn α ein echter Bruch ist, so muss die Potenz α^n, wenn n über alle Maassen wächst, gegen Null konvergieren, und damit auch der Bruch selbst. Wir erhalten demnach als Wert der Reihe (1)

$$3)\quad S = 1 + \alpha + \alpha^2 + \alpha^3 + \cdots \text{ in inf.} = \frac{1}{1 - \alpha}$$

und es folgt:

---

[*]) Vgl. Formel 53 des Anhangs.

Die unendliche geometrische Reihe 1), in der α kleiner ist als 1, ist konvergent, und hat den Wert $1 : (1 - \alpha)$.

Ersetzen wir in der Gleichung 3) α durch $-\beta$, so ergiebt sich

$$5) \quad 1 - \beta + \beta^2 - \beta^3 + \beta^4 \ldots = \frac{1}{1 + \beta}.$$

Den Fehler σ_n, den man begeht, wenn man die geometrische Reihe beim n^{ten} Glied abbricht, kann man aus Gleichung 2) unmittelbar ablesen; wir brauchen diese Gleichung nur in die Form

$$\frac{1}{1 - \alpha} = 1 + \alpha + \alpha^2 + \ldots + \alpha^{n-1} + \frac{\alpha^n}{1 - \alpha}$$

zu setzen und erkennen sofort, dass

$$6) \quad \sigma_n = \frac{\alpha^n}{1 - \alpha}$$

ist. Wie auch an sich klar ist, ist der Fehler stets positiv, und mithin s_n immer zu klein.

Für die Reihe 5) ergiebt sich, wenn wir in 6) α durch $-\beta$ ersetzen,

$$\sigma_n' = \frac{\pm \beta^n}{1 + \beta},$$

wo das positive Zeichen für gerades n, das negative für ungerades n gilt. Im ersten Fall ist daher s_n zu klein, im zweiten zu gross.

Die praktische Verwendbarkeit der unendlichen Reihen hängt von der Schnelligkeit ihrer Konvergenz ab, mit anderen Worten davon, wie viele ihrer Glieder man zu berechnen hat, um eine Genauigkeit bis auf eine geforderte Zahl von Dezimalstellen zu erhalten. Der günstigste Fall ist der, dass man mit zwei oder drei Gliedern ausreicht, und die rechnerische Nützlichkeit der Reihen ist gerade in diesen Fällen besonders gross. Wir kommen hierauf am Schluss dieses Kapitels noch einmal generell zurück, wollen doch aber bereits hier an einem Beispiel auf die zweckmässige Benutzung der geometrischen Reihe hinweisen. Handelt es sich z. B., um zunächst ein einfaches numerisches Beispiel zu geben, um die Bestimmung des Bruches $\frac{0,432}{0,998}$, so kann man folgendermassen verfahren. Man setzt

$$\frac{0,432}{0,998} = 0,432 \, \frac{1}{1 - 0,002}$$

$$= 0,432 \, \{1 + 0,002 + (0,002)^2 + \ldots.\}$$

und da $0,002^2 = 0,000004$ ist, so sieht man sofort, dass man bis auf fünf Stellen genau

$$\frac{0,432}{0,998} = 0,432 \cdot 1,002$$

setzen darf. Wenn es sich also nur um eine Genauigkeit bis auf vier oder fünf Dezimalstellen handelt, so kann der gegebene Bruch ohne weiteres durch das vorstehende Produkt ersetzt werden. Ist eine grössere Genauigkeit notwendig, z. B. bis auf sieben oder acht Stellen, so reicht man mit drei Gliedern der Reihe aus; man erhält in diesem Fall

$$\frac{0,432}{0,998} = 0,432 \, (1 + 0,002 + 0,000004)$$

$$= 0,432 \cdot 1,002004;$$

das dritte Glied hat also die Bedeutung eines höheren Korrektions-gliedes und jedes folgende Glied hat eine analoge Bedeutung.

Nicht immer wird man übrigens mit zwei oder drei Gliedern aus-reichen; je mehr Glieder man zu berücksichtigen hätte, um so unbe-quemer ist natürlich die Anwendung der Reihen.

§ 4. Allgemeine Sätze über Konvergenz der Reihen.

Wir bezeichnen die Glieder irgend einer Reihe von nun an durch

$$a_1, \ a_2, \ a_3, \ a_4 \ldots\ldots\ldots\ldots,$$

so dass der Index die Stelle des Gliedes in der Reihe angiebt, also a_m das m^{te} Glied ist. Wir betrachten zunächst Reihen mit ab-wechselnden Vorzeichen der Glieder; eine solche Reihe können wir durch

$$1) \quad a_1 - a_2 + a_3 - a_4 + a_5 - a_6 \ldots\ldots$$

darstellen, wo jetzt $a_1, \ a_2, \ a_3 \ldots$ lauter positive Zahlen bedeuten. Für sie gilt der Satz:

Wenn in einer unendlichen Reihe mit abwechselnden Vorzeichen die Glieder unaufhörlich abnehmen und mit wachsendem n unbegrenzt klein werden, so hat die Reihe einen endlichen Wert und ist konvergent.

Der Beweis ist der folgende. Nehmen wir zunächst einmal an, dass n eine gerade Zahl ist, so haben wir

$$s_n = (a_1 - a_2) + (a_3 - a_4) + \ldots + (a_{n-1} - a_n)$$
$$\sigma_n = a_{n+1} - a_{n+2} + a_{n+3} - \ldots\ldots$$

Schreiben wir jetzt σ_n auf folgende zwei Weisen:

$$\sigma_n = a_{n+1} - (a_{n+2} - a_{n+3}) - (a_{n+4} - a_{n+5}) - \ldots\ldots$$
$$\sigma_n = (a_{n+1} - a_{n+2}) + (a_{n+3} - a_{n+4}) + \ldots,$$

so sind alle Klammerdifferenzen notwendig positiv, da ja die Glieder beständig abnehmen. Aus der letzten Gleichung folgt daher, dass σ_n jedenfalls positiv ist, aus der vorletzten, dass $\sigma_n < a_{n-1}$ ist. Da nun aber a_n mit wachsendem n gegen Null konvergiert, so gilt es auch von σ_n.

Ist n eine ungerade Zahl, so ist σ_n negativ; da aber nur der absolute Wert von σ_n in Frage steht, so lässt sich der Beweis auch auf diesen Fall ausdehnen.

Wir wenden uns nun zu den Reihen mit lauter positiven Gliedern. Wir können sie durch

$$2) \quad a_1 + a_2 + a_3 + a_4 + \dots$$

darstellen, wenn wir wieder a_1, a_2, $a_3 \dots$ sämtlich als positive Zahlen ansehen.

Ist a_m das m^{te} Glied unserer Reihe, so kommen für die Frage, ob die Reihe konvergiert resp. eine endliche Summe hat, nur die Glieder in Betracht, die auf a_m folgen, d. h. die Glieder

$$3) \quad a_m + a_{m+1} + a_{m+2} + \dots,$$

die vorhergehenden $m - 1$ Glieder $a_1 + a_2 + \dots + a_{m-1}$ haben selbstverständlich eine endliche Summe.   Für sie gilt folgender Satz:

Wenn in einer unendlichen Reihe mit lauter positiven Gliedern von irgend einem Gliede an der Quotient je zweier aufeinander folgender Glieder stets kleiner bleibt als 1, so ist die Reihe konvergent.

Der Beweis gestaltet sich folgendermassen. Genauer gesprochen ist die Bedingung des Satzes die, dass der Grenzwert des genannten Quotienten für unbegrenzt wachsendes m ($\lim m = \infty$) höchstens gleich einer Grösse α ist, die selbst kleiner als 1 ist. Es sind also alle Quotienten

$$\frac{a_{m+1}}{a_m}, \quad \frac{a_{m+2}}{a_{m+1}}, \quad \frac{a_{m+3}}{a_{m+2}}, \dots \dots$$

höchstens gleich α, wenn α kleiner als 1 ist. Es bestehen mithin folgende Beziehungen

$$\frac{a_{m+1}}{a_m} \leqq \alpha^{*}),$$

$$4) \quad \begin{aligned} &\frac{a_{m+2}}{a_{m+1}} \leqq \alpha, \\[4pt] &\frac{a_{m+3}}{a_{m+2}} \leqq \alpha, \\[4pt] &\frac{a_{m+4}}{a_{m+3}} \leqq \alpha, \end{aligned}$$

u. s. w. u. s. w.

Multipliziert man jetzt die ersten zwei, dann die ersten drei, dann die ersten vier dieser Relationen u. s. w., so erhält man

$$\frac{a_{m+1}}{a_m} \leqq \alpha, \quad \text{d. h. } a_{m+1} \leqq \alpha \cdot a_m,$$

---

*) Das Zeichen $\leqq$ bedeutet »kleiner als oder höchstens gleich«.

$$\frac{a_{m+2}}{a_m} < a^2, \quad \text{d. h. } a_{m+2} < a^2 . a_m,$$

$$\frac{a_{m+3}}{a_m} < a^3, \quad \text{d. h. } a_{m+3} < a^3 . a_m$$

und hieraus fliesst durch einfache Addition

$$a_{m+1} + a_{m+2} + a_{m+3} \ldots < a\, a_m + a^2 a_m + a^3 a_m + \ldots$$

also, wenn wir beiderseits a_m addieren,

$$a_m + a_{m+1} + a_{m+2} + \ldots < a_m (1 + a + a^2 + a^3 + \ldots)$$

und nach § 2 Gleichung 3) endlich

$$5) \quad a_m + a_{m+1} + a_{m+2} + \ldots \leqq \frac{a_m}{1-a}.$$

Hieraus schliesst man leicht, dass die Reihe 3) konvergent ist, und damit auch die Reihe 2), womit der Beweis erbracht ist.

Aus Gleichung 5) folgt noch, dass der Fehler, den man begeht, wenn man die Reihe 2) durch

$$a_1 + a_2 + \ldots + a_{m-1}$$

ersetzt, eine Grösse ist, die kleiner ist als

$$\frac{a_m}{1-a}.$$

Eine Anwendung dieses Satzes auf die Reihe für e, d. h. die Reihe (S. 80)

$$1 + \frac{1}{1} + \frac{1}{2!} + \frac{1}{3!} + \ldots$$

zeigt, dass die Quotienten

$$\frac{a_{m+1}}{a_m} = \frac{1}{m}, \quad \frac{a_{m+2}}{a_{m+1}} = \frac{1}{m+1}, \quad \frac{a_{m+3}}{a_{m+2}} = \frac{1}{m+2} \ldots$$

sind; jeder dieser Quotienten ist also gleich, resp. kleiner als $\frac{1}{m}$, woraus die Konvergenz folgt.

Ferner beträgt der Fehler, den man begeht, wenn man die Reihe bei $m-1$ Gliedern abbricht, sie also durch

$$1 + \frac{1}{1} + \frac{1}{2!} + \ldots + \frac{1}{(m-2)!}$$

ersetzt, da $a = \frac{1}{m}$ ist, höchstens

$$\frac{a_m}{1-a} = \frac{m}{(m-1)(m-1)!}$$

und wir sehen, dass der auf S. 81 abgeleitete Wert, der nur die ersten sieben Glieder berücksichtigte, sich von dem wahren Wert höchstens um

$$\frac{1}{7!}\left(1+\frac{1}{7}\right)=\frac{8}{7\cdot 7}=\frac{1}{90\cdot 49}=0,00022\ldots$$

unterscheidet, was mit dem dort gefundenen Resultat übereinstimmt.

Hier möge noch ein Satz eine Stelle finden, der sich oft mit Vorteil anwenden lässt und dessen Richtigkeit in die Augen springt. Hat man irgend eine Reihe von positiven Gliedern

6) $a_1 + a_2 + a_3 + \cdots$

und weiss man, dass ihre Glieder sämtlich kleiner sind, als die entsprechenden Glieder einer gewissen konvergenten Reihe mit ebenfalls positiven Gliedern, so ist auch die Reihe 6) sicherlich konvergent.

§ 5. Die Reihe von Mac Laurin.

Im Bereich naturwissenschaftlicher Untersuchungen ist es ein geläufiges Verfahren, dass man versucht, das Gesetz, das den unbekannten Verlauf eines Naturvorgangs darstellt, zunächst durch eine empirische Annäherungsformel zu ersetzen. Handelt es sich beispielsweise um die Ausdehnung eines Körpers, der bei der Temperatur Null die Länge 1 besitzt, durch die Wärme, so kann man in erster, noch grober Annäherung seine Länge l, die der Temperatur ϑ entspricht, durch eine Formel

1) $l = 1 + \alpha\vartheta$

darstellen, in der α den Ausdehnungskoeffizienten bedeutet. Diese Formel entspricht der Annahme, dass die Ausdehnung mit der Temperatur proportional erfolgt. Will man eine Formel haben, die sich dem Gesetz der Längenzunahme enger anschmiegt, so setzt man

2) $l = 1 + \alpha\vartheta + \beta\vartheta^2$,

in der α und β Konstanten sind, die dadurch bestimmt werden, dass man in bekannter Weise die Formel mit den Resultaten der Beobachtung vergleicht. Ist z. B. der Stab aus Platin, so ist die bezügliche Formel, wie durch das Experiment festgestellt worden ist,

$$l = 1 + 0,00000851\,\vartheta + 0,0000000035\,\vartheta^2;$$

es hat daher, wie ersichtlich, der Koeffizient β den Charakter eines Korrektionsgliedes. Dieses Korrektionsglied hat in dem hier vorliegenden Fall bereits einen so geringen Wert, dass die Formel 1) für die praktischen Bedürfnisse vollständig hinreicht. Wäre dies nicht der Fall und reichte auch 2) nicht aus, so könnte man in der angegebenen Weise weitergehen und noch ein drittes Glied $\gamma\vartheta^3$ hinzufügen u. s. w.

Die Verallgemeinerung dieser Denkweise fuhrt zunächst rein theoretisch auf die Frage, ob man der Formel nicht eine absolute Genauigkeit verschaffen kann. Um die absolute Genauigkeit zu erreichen, hätte man augenscheinlich sämtliche möglichen Korrektionsglieder in die Formel aufzunehmen, d. h. man hat sich die Formel als eine unendliche Reihe

$$1 + \alpha \vartheta + \beta \vartheta^2 + \gamma \vartheta^3 + \ldots\ldots$$

zu denken, genau in der Weise, wie wir sie vorstehend betrachtet haben. Es versteht sich von selbst, dass eine solche Reihe konvergent sein muss, was bei der Natur der einzelnen Glieder als Korrektionsglieder sicher erfüllt ist.

Die vorstehende Überlegung ist für die Entwickelung der Infinitesimalrechnung von grosser Fruchtbarkeit gewesen. Von ihr ausgehend ist man zu unendlichen Reihen gelangt, mit deren Hilfe man den Wert vieler Funktionen für einen gegebenen Wert der Variabeln numerisch einfach berechnen kann. Sie spielen überdies in allen möglichen Anwendungen eine grosse Rolle und bedürfen daher einer eingehenderen Behandlung.

Freilich kann es nicht unsere Aufgabe sein, eine genaue Prüfung aller einschlägigen mathematischen Fragen zu geben und insbesondere zu prüfen, ob das obige naturwissenschaftliche Raisonnement vor der exakten mathematischen Kritik standhält.[*] Für die hier zu behandelnden Funktionen ist dies in der That der Fall und deshalb soll es genügen, zur Ableitung der Reihen denjenigen Weg zu gehen, den die Erfinder selbst eingeschlagen haben.

In dem oben angeführten Beispiel handelte es sich darum, eine Formel zu gewinnen, welche die Länge l des Stabes für jeden Wert der Temperatur darstellt. Die Länge l ist demgemäss eine Funktion der Temperatur ϑ, und diese unbekannte Funktion $f(\vartheta)$ ist es, die durch die Formel ausgedrückt werden sollte. Bezeichnen wir jetzt, indem wir zu dem allgemeinen Verfahren übergehen, die Variable, von der die Funktion abhängt, durch x und die Funktion durch $f(x)$, so haben wir für sie eine unendliche Reihe, deren Glieder nach Potenzen von x fortschreiten, der wir also die Form

3) $f(x) = A + Bx + Cx^2 + Dx^3 + Ex^4 \ldots$

geben können, in der A, B, C, D … bestimmte, aber noch unbekannte Zahlen bedeuten. Sobald die Existenz dieser Reihe einmal feststeht,

---

[*] Vgl. hierüber z. B. das Lehrbuch von Serret-Bohlmann, Bd. I, S. 150 ff.

ist die ganze Aufgabe, die wir zu erledigen haben, die, dass wir die Werte von A, B, C zu ermitteln haben.

Hierzu gelangt man nach Mac Laurin auf folgende einfache für alle einschlägigen Funktionen gleiche Art.[*]   Setzt man zunächst $x = 0$, so ergiebt sich

$$4)\quad f(0) = A,$$

d. h. A ist der Wert, den die Funktion für $x = 0$ besitzt, genau wie in den Formeln 1) und 2) das konstante Glied 1 der rechten Seite die Länge des Stabes für die Temperatur $\vartheta = 0$ ergab. Bildet man nun auf beiden Seiten von Gleichung 3) den Differentialquotienten, so erhält man

$$5)\quad f'(x) = B + 2\,Cx + 3Dx^2 + 4\,Ex^3 + \ldots,$$

und wenn man jetzt wieder $x = 0$ setzt, so folgt

$$6)\quad f'(0) = B \text{ oder } B = \frac{f'(0)}{1},$$

d. h. B ist gleich demjenigen Wert, den die Ableitung $f'(x)$ annimmt, wenn man x den Wert Null erteilt. Wir bilden den Differentialquotienten von Gleichung 5) und erhalten

$$7)\quad f''(x) = 2\,C + 2.3.Dx + 3.4\,Ex^2 + \ldots,$$

und wenn wir jetzt $x = 0$ setzen, so folgt

$$8)\quad f''(0) = 2\,C; \quad C = \frac{f''(0)}{1.2},$$

wo $f''(0)$ wieder den Wert bedeutet, den $f''(x)$ für $x = 0$ annimmt, und wenn wir noch einmal den Differentialquotienten bilden, so ergiebt sich

$$9)\quad f'''(x) = 1.2.3.D + 2.3.4\,Ex + \ldots$$

d. h. also

$$10)\quad f'''(0) = 1.2.3.D; \quad D = \frac{f'''(0)}{1.2.3}$$

u. s. w. u. s. w. Damit haben wir die unbekannten Koeffizienten auf einfache, einheitliche Weise bestimmt; für die bezügliche Funktion $f(x)$ finden wir daher die Reihe

$$11)\quad f(x) = f(0) + \frac{x}{1}f'(0) + \frac{x^2}{1.2}f''(0) + \frac{x^3}{1.2.3}f'''(0) + \ldots;$$

sie führt den Namen der Mac Laurinschen Reihe.

---

[*] Vgl. Treatise of fluxions, Edinburgh 1742, Bd. I, S. 610.

§ 6. Die Reihen für e^x, sin x und cos x.

Die nächstliegende Anwendung dieser Gleichung ist die, dass wir uns mit ihrer Hilfe Formeln für die einfachen Funktionen verschaffen, mit denen wir es zu thun haben. Die erste dieser Funktionen sei

$$1) \quad f(x) = e^x.$$

Wir erhalten nach Kap. VII (S. 171) für die Ableitungen die Werte

$$f'(x) = e^x, \quad f''(x) = e^x, \quad f'''(x) = e^x \ldots,$$

also insbesondere, da $e^0 = 1$ ist,

$$f(0) = 1, \quad f'(0) = 1, \quad f''(0) = 1, \quad f'''(0) = 1 \ldots$$

und demgemäss nimmt die obige Reihe (§ 5, $_{11}$) die Gestalt an

$$2) \quad e^x = 1 + \frac{x}{1} + \frac{x^2}{1 \cdot 2} + \frac{x^3}{1 \cdot 2 \cdot 3} + \ldots \text{ in inf.}$$

Diese Reihe wird Exponentialreihe genannt. Mit ihrer Hilfe können wir uns den Wert von e^x für einen gegebenen Wert von x ebenso durch ein Annäherungsverfahren berechnen, wie wir uns e selbst berechnet haben. Die Formel ergiebt, wie nötig, für $x = 1$ genau die Reihe, die wir früher (S. 80) für e abgeleitet haben.

Setzen wir

$$3) \quad f(x) = \sin x,$$

so erhalten wir der Reihe nach folgende Gleichungen (S. 171)

$$f'x = \cos x, \qquad f''(x) = -\sin x,$$
$$f'''(x) = -\cos x, \quad f^{IV}(x) = \sin x, \quad f^{V}(x) = \cos x \ldots$$

und demgemäss wird

$$f(0) = f''(0) = f^{IV}(0) = \ldots = 0,$$
$$f'(0) = 1, \quad f'''(0) = -1, \quad f^{V}(0) = 1 \ldots,$$

mithin erhalten wir

$$4) \quad \sin x = \frac{x}{1} - \frac{x^3}{3!} + \frac{x^5}{5!} - \frac{x^7}{7!} + \frac{x^9}{9!} \ldots$$

Analog ergiebt sich (S. 171) für

$$5) \quad f(x) = \cos x$$
$$f'(x) = -\sin x, \quad f''(x) = -\cos x, \quad f'''(x) = \sin x,$$
$$f^{IV}(x) = \cos x, \quad f^{V}(x) = -\sin x \ldots$$

und demgemäss

$$f'(0) = f'''(0) = f^{V}(0) = \ldots = 0,$$
$$f(0) = 1, \quad f''(0) = -1, \quad f^{IV}(0) = 1 \ldots$$

somit erhalten wir folgende Reihe für cos x

$$5) \quad \cos x = 1 - \frac{x^2}{2!} + \frac{x^4}{4!} - \frac{x^6}{6!} \ldots$$

14*

Zu beachten ist, dass gemäss den Festsetzungen von S. 65 x hier immer die Länge des Bogens auf dem Einheitskreis bedeutet. Wollen wir uns z. B. die Werte von sin 1 und cos 1, d. h. den sinus und cosinus desjenigen Bogens berechnen, dessen Länge gleich 1 ist, der also in Graden $57^0 17' 45''$ beträgt (S. 66), so finden wir

$$\cos 1 = 1 - \frac{1}{2!} + \frac{1}{4!} - \frac{1}{6!} + \frac{1}{8!} + \cdots$$

$$\sin 1 = \frac{1}{1} - \frac{1}{3!} + \frac{1}{5!} - \frac{1}{7!} + \cdots.$$

Benutzen wir hier die früher (S. 81) gefundenen Zahlenwerte, so folgt

$1 = 1$	$\frac{1}{2!} = 0{,}5$	$\frac{1}{1!} = 1$	$\frac{1}{3!} = 0{,}1667$
$\frac{1}{4!} = 0{,}0417$	$\frac{1}{6!} = 0{,}0014$	$\frac{1}{5!} = 0{,}0083$	$\frac{1}{7!} = 0{,}0002$
$\frac{1}{8!} = 0{,}0000$	$0{,}5014$	$1{,}0083$	$0{,}1669$
$1{,}0417$			

d. h.

$$\cos 1 = 1{,}0417 - 0{,}5014 = 0{,}5403$$
$$\sin 1 = 1{,}0083 - 0{,}1669 = 0{,}8414,$$

während die wirklichen Werte 0,5403 resp. 0,8415 sind. Wir erhalten also die vierte Stelle im ersten Fall genau, im zweiten nur um eine Einheit zu klein.

Die vorstehenden Reihen werden für die Herstellung der Tabellen von $\sin x$ und $\cos x$ wirklich zu Grunde gelegt, und können in Ermangelung solcher Tabellen gut benutzt werden. Es kommt dazu, dass man $\sin x$ und $\cos x$ nur für solche Winkel zu berechnen braucht, deren Bogen zwischen 0 und $\frac{1}{4}\pi$ liegen; aus ihnen kann man wegen der Formeln

$$\sin\left(\tfrac{1}{2}\pi - x\right) = \cos x, \quad \cos\left(\tfrac{1}{2}\pi - x\right) = \sin x$$

die Werte für alle übrigen Winkel ableiten. Die Reihen konvergieren für diese Werte von x noch schneller als im obigen Beispiel.

Die theoretische Brauchbarkeit der Reihen ist natürlich vorhanden, sobald die Reihen konvergieren. Es ist daher für die vorliegenden, sowie für die später abzuleitenden Reihen durchaus wesentlich, dass man die Bedingungen ihrer Konvergenz kennt. Für die hier behandelten Reihen gilt der wichtige Satz, dass sie für jeden Wert von x konvergieren. Wir zeigen es zunächst für die Reihe 2).

Nach § 3 ist für eine Reihe die Konvergenz vorhanden, wenn der Quotient von a_{m+1} und a_m für $\lim m = \infty$ kleiner als 1 ist. Nun haben in der Reihe 2) die Glieder a_m und a_{m+1} die Werte

$$a_m = \frac{x^m}{m!}, \quad a_{m+1} = \frac{x^{m+1}}{(m+1)!}$$

und daraus folgt

$$\frac{a_{m+1}}{a_m} = \frac{x^{m+1}}{(m+1)!} : \frac{x^m}{m!} = \frac{x}{m+1},$$

und welchen Wert auch die Zahl x haben mag, so wird dieser Quotient, wenn m über alle Maassen wächst, stets kleiner als 1 bleiben, und sich sogar zuletzt immer mehr dem Wert Null nähern. Ist z. B. $x = 100$, so ist, wenn für m der Reihe nach 100, 101, 102... gesetzt wird, d. h. vom 100sten Gliede an, jener Quotient resp. gleich

$$\frac{100}{101}, \quad \frac{100}{102}, \quad \frac{100}{103} \cdots$$

Die Reihe ist daher stets konvergent. Bei grösseren Werten von x bedarf man allerdings einer grösseren Anzahl von Gliedern der Reihe zur Berechnung, ehe die nachfolgenden den Charakter von Korrektionsgliedern annehmen.

Die nämlichen Verhältnisse treffen für die Reihen 4) und 5) zu. Wir können uns hier kurz darauf stützen, dass diese Reihen — abgesehen vom Vorzeichen — die nämlichen Glieder enthalten, wie die Reihe für e^x allein; wenn also für die letzte Reihe der Quotient von zwei aufeinander folgenden Gliedern zuletzt stets kleiner als 1 ist, und sogar gegen Null konvergiert, so ist dies für die Reihen 4) und 5) erst recht der Fall.

Wir können auch für die hier behandelten Reihen die Frage stellen, wie gross der Fehler ist, den man begeht, wenn man die Reihe nach n Gliedern abbricht. Diesen Fehler bezeichnet man wieder als Rest der Reihe. Es ist klar, dass er, falls die Reihe langsam konvergiert, sehr gross sein kann, so dass die Reihe für die Zwecke der numerischen Berechnung nicht mehr in Frage kommt. Wir gehen daher auf die Methoden, die seine Abschätzung ermöglichen, hier nicht ein und verweisen dafür auf die ausführlichen Handbücher.

§ 7. Die Reihe von Taylor.

Um die Reihen für e^x, $\sin x$, $\cos x$ zu bestimmen, hatten wir von denjenigen Werten Gebrauch zu machen, die diese Funktionen sowie ihre Ableitungen für $x = 0$ annehmen. Nicht alle Funktionen lassen sich in dieser Weise behandeln; so wird z. B. ln x nebst seinen sämtlichen Ableitungen (S. 172) für $x = 0$ unendlich gross. Um auch für solche Funktionen eine Reihenentwickelung zu geben, kann man eine Formel benutzen, die von Taylor stammt, und die Mac Laurinsche als speziellen Fall unter sich enthält.

Wir haben soeben erwähnt, dass die Mac Laurinsche Reihe mit denjenigen Werten operiert, welche die Funktion resp. deren Ableitungen für $x = 0$ annehmen; ebenso stützt sich die Taylorsche Reihe auf diejenigen Werte, welche die Funktion resp. deren Ableitungen für irgend einen Wert $x = a$ annehmen. Sie giebt den Wert der Funktion $f(a + \xi)$, wenn alle Werte

$$f(a), \quad f'(a), \quad f''(a) \ldots \ldots$$

bekannt sind. Die Herleitung der Taylorschen Formel lässt sich genau in der nämlichen Weise ausführen*), wie die der Mac Laurinschen. Wir gehen also wieder davon aus, dass eine Gleichung von der Form

$$1) \quad f(a + \xi) = A + B\xi + C\xi^2 + D\xi^3 + E\xi^4 + \ldots$$

besteht, in der A, B, C, D, $E \ldots$ feste, noch zu bestimmende Werte haben. Die Variable unserer Gleichung ist jetzt ξ. Den Wert von A erhalten wir, wenn wir $\xi = 0$ setzen, in der Form

$$2) \quad f(a) = A.$$

Bilden wir die Ableitung der Gleichung 1) nach ξ, so folgt

$$3) \quad f'(a + \xi) = B + 2C\xi + 3D\xi^2 + 4E\xi^3 + \ldots,$$

wo $f'(a + \xi)$ den Wert der Ableitung $f'(x)$ für $x = a + \xi$ bedeutet, und wenn wir jetzt wieder $\xi = 0$ setzen, finden wir

$$4) \quad f'(a) = B, \quad B = \frac{f'(a)}{1}.$$

Durch nochmaliges Differenzieren folgt

$$5) \quad f''(a + \xi) = 2C + 2 \cdot 3 D\xi + 3 \cdot 4 E\xi^2 + \ldots,$$

woraus sich, wenn $\xi = 0$ gesetzt wird,

$$6) \quad f''(a) = 2C, \quad C = \frac{f''(a)}{1 \cdot 2}$$

ergiebt. In dieser Weise kann man fortfahren, und erhält demnach

$$A = f(a), \quad B = \frac{f'(a)}{1}, \quad C = \frac{f''(a)}{1 \cdot 2}, \quad D = \frac{f'''(a)}{1 \cdot 2 \cdot 3}, \ldots$$

so dass sich die Gleichung 1) in

---

*) Vgl. Methodus incrementorum, London 1715, S. 27.

$$7)\quad f(a+\xi)=f(a)+\frac{f'(a)}{1}\xi+\frac{f''(a)}{1\cdot2}\xi^2+\frac{f'''(a)}{1\cdot2\cdot3}\xi^3$$

verwandelt. Die auf der rechten Seite dieser Gleichung stehende Reihe wird als die Taylorsche Reihe bezeichnet. Eine zweite derartige Reihe erhält man, wenn man ξ einen negativen Wert giebt, also durch $-\xi$ ersetzt; es ergiebt sich sofort

$$8)\quad f(a-\xi)=f(a)-\frac{f'(a)}{1}\xi+\frac{f''(a)}{1\cdot2}\xi^2-\frac{f'''(a)}{1\cdot2\cdot3}\xi^3+\cdots$$

Über den praktischen und theoretischen Wert dieser Reihen, sowie über die Frage des Restes greifen naturgemäss die Bemerkungen des vorigen Paragraphen Platz.

Bemerkung. Wir können mit Hilfe des Taylorschen Satzes die im dritten Kapitel (S. 87) enthaltenen Ausführungen über die Beziehung des Differentials dy zum Zuwachs Δy noch weiter entwickeln. Wir schreiben die Taylorsche Reihe 7), indem wir a durch x und ξ durch h ersetzen, zunächst in folgende Form:

$$9)\quad f(x+h)=f(x)+hf'(x)+\frac{h^2}{1\cdot2}f''(x)+\frac{h^3}{1\cdot2\cdot3}f'''(x)+\cdots$$

Bezeichnen wir jetzt $f(x)$ durch y, so ist

$$f(x+h)-f(x)=\Delta f(x)=\Delta y,$$

und wenn wir dementsprechend noch h durch $\Delta x=dx$ ersetzen (S. 87) und beachten, dass

$$f'(x)=\frac{dy}{dx},\text{ also}$$

$$hf'(x)=dx\cdot\frac{dy}{dx}=dy$$

ist, so ergiebt sich aus 9)

$$10)\quad \Delta y=dy+f''(x)\frac{(dx)^2}{1\cdot2}+f'''(x)\cdot\frac{(dx)^3}{1\cdot2\cdot3}+\cdots$$

Diese Gleichung giebt den genauen Wert von Δy, resp. von $\Delta y-dy$. Sie zeigt allgemein, dass die Differenz zwischen Δy und dy eine unendlich kleine Grösse zweiter Ordnung ist, wenn dx eine unendlich kleine Grösse erster Ordnung bedeutet. Auf S. 87 hatten wir dies zunächst nur für den Fall der Parabel erhärten können.

§ 8. Die logarithmische Reihe.

Es sei zunächst

$$1)\quad f(x)=\ln x.$$

Wir finden (S. 172)

$$2)\quad f'(x)=\frac{1}{x},\ f''(x)=-\frac{1}{x^2},\ f'''(x)=+\frac{1\cdot2}{x^3},\ f''''(x)=-\frac{1\cdot2\cdot3}{x^4}\cdots$$

Wir setzen ferner $a=1$; dass wir gerade für a diesen Wert wählen, geschieht deshalb, weil alsdann die vorstehenden Werte der Ableitungen die einfachste Form erhalten und die Reihe demgemäss zur Berechnung am tauglichsten ist. Wir finden

$$f(1)=0, \quad f'(1)=1, \quad f''(1)=-1, \quad f'''(1)=1.2, \quad f''''(1)=-1.2.3, \ldots$$

und wenn wir diese Werte in Gleichung 7) des vorigen Paragraphen einsetzen,

$$3) \quad \ln(1+\xi) = \frac{\xi}{1} - \frac{\xi^2}{2} + \frac{\xi^3}{3} - \frac{\xi^4}{4} \ldots\ldots$$

Diese Reihe kann man benutzen, um die Logarithmen von Zahlen zu finden, die grösser als 1 sind, vorausgesetzt, dass die Reihe konvergiert. Die Logarithmen derjenigen Zahlen, die kleiner als 1 sind, erhalten wir, wenn wir in der letzten Gleichung dem ξ einen negativen Wert geben, also $-\xi$ dafür schreiben, resp. von der Gleichung 8) des letzten Paragraphen ausgehen. Dann finden wir

$$4) \quad \ln(1-\xi) = -\frac{\xi}{1} - \frac{\xi^2}{2} - \frac{\xi^3}{3} - \frac{\xi^4}{4} \ldots\ldots$$

Dass jetzt alle Zeichen negativ sind, entspricht der Thatsache, dass die Logarithmen aller echten Brüche negative Werte haben.

Nach der Schlussbemerkung von § 3 konvergieren die vorstehenden Reihen sicher, sobald $\xi<1$ ist; jedes Glied einer der beiden Reihen ist nämlich kleiner als das entsprechende Glied der geometrischen Reihen 3) und 5) von § 2. Ein weiteres Konvergieren ist übrigens schon deshalb ausgeschlossen, weil Logarithmen negativer Zahlen nicht existieren und demnach $1-\xi$ nicht negativ werden kann.

Setzt man $\xi=1$, so giebt die Gleichung 4) als Wert von $\ln(0)$ formal den Ausdruck

$$-\left\{1 + \tfrac{1}{2} + \tfrac{1}{3} + \tfrac{1}{4} + \tfrac{1}{5} + \ldots\right\}$$

Der Wert von $\ln(0)$ ist bekanntlich negativ unendlich gross; wir haben uns aber bereits in § 1 überzeugt, dass die Summe der vorstehenden Reihe unendlich ist. Die Gleichung 3) dagegen führt, wenn $\xi=1$ gesetzt wird, auf die Reihe

$$1 - \tfrac{1}{2} + \tfrac{1}{3} - \tfrac{1}{4} + \tfrac{1}{5} - \tfrac{1}{6} \ldots,$$

die nach § 1 S. 202 konvergent ist. Diese Reihe giebt den Wert von $\ln 2$; ihre Summe ist 0,69325.

Bemerkung. Der Vollständigkeit halber weisen wir hier kurz darauf hin, wie man die Logarithmen der Zahlen findet, die grösser als 2 sind. Zunächst erinnern wir daran, dass

$$\ln\left(\frac{1+\xi}{1-\xi}\right) = \ln(1+\xi) - \ln(1-\xi)$$

ist. Demgemäss folgt durch Subtraktion von Gleichung 3) und 4)

$$\ln\frac{1+\xi}{1-\xi} = 2\left\{\frac{\xi}{1} + \frac{\xi^3}{3} + \frac{\xi^5}{5} + \ldots\right\}$$

Ist nun N eine Zahl, so dass $N > 1$, so kann man stets

$$N = \frac{1 + \xi}{1 - \xi}$$

setzen; es ergiebt sich daraus für ξ der Wert

$$\xi = \frac{N - 1}{N + 1},$$

der stets ein echter Bruch ist. Ist z. B. $N = 3$, so folgt $\xi = \frac{1}{2}$ und demgemäss finden wir

$$\ln 3 = \ln \frac{1 + \frac{1}{2}}{1 - \frac{1}{2}} = 2\left\{\tfrac{1}{2} + \tfrac{1}{3}\left(\tfrac{1}{2}\right)^3 + \tfrac{1}{5}\left(\tfrac{1}{2}\right)^5 + \cdots\right\}$$

Hiernach kann man $\ln 3$ berechnen. Die ausführlichere Erörterung dieser Frage findet man in den in der Vorrede genannten Lehrbüchern.

§ 9. Die binomische Reihe.

Ein zweites Beispiel sei

$$1)\quad f(x) = x^n,$$

wo jetzt n eine beliebige ganze oder gebrochene Zahl sein mag. Wir finden durch Differentiation

$$f'(x) = n\,x^{n-1},$$
$$f''(x) = n(n-1)\,x^{n-2},$$
$$f'''(x) = n(n-1)(n-2)\,x^{n-3}$$

u. s. w. u. s. w. Wir setzen wieder $a = 1$ und erhalten

$$f(1) = 1,\quad f'(1) = n,\quad f''(1) = n(n-1),\quad f'''(1) = n(n-1)(n-2)\ \ldots$$

unsere Reihe nimmt daher folgende Gestalt an

$$2)\quad (1 + \xi)^n = 1 + \frac{n}{1}\xi + \frac{n\,.(n-1)}{1.2}\xi^2 + \frac{n\,.(n-1)(n-2)}{1.2.3}\xi^3 + \cdots$$

Diese Reihe heisst die binomische Reihe. Setzt man in der Formel des binomischen Satzes (S. 63) $a = 1$, $b = \xi$, so geht sie direkt in die vorstehende Reihe über. Die vorstehende Reihe gilt aber ihrer Herleitung nach — und das ist ihre umfassendere Bedeutung — für jeden positiven oder negativen ganzen oder gebrochenen Wert von n, während die Formel des Kapitel III, § 1 nur für ganzes positives n bewiesen worden ist. Es besteht infolge davon auch noch ein formaler Unterschied zwischen der obigen Formel und dem binomischen Satz. Die Gliederzahl der Reihe 2) ist im allgemeinen unendlich gross; die Koeffizienten sind im allgemeinen sämtlich von Null verschieden; sie können nur dann den Wert Null annehmen, wenn eine der Zahlen

$$n-1,\quad n-2,\quad n-3,\quad n-4\ \ldots\ldots$$

schliesslich einmal Null wird, d. h. wenn n eine ganze positive Zahl ist. Dann bricht die Reihe ab, sie hat nur eine endliche Zahl Glieder und geht daher direkt in die früher gegebene Formel des binomischen Satzes über.

Auch die Reihe 2) liefert sofort eine zweite, wenn wir in ihr dem ξ einen negativen Wert geben, resp. es durch $-\xi$ ersetzen. Es folgt

$$3) \quad (1 - \xi)^n = 1 - \frac{n}{1}\xi + \frac{n.(n-1)}{1.2}\xi^2 - \frac{n.(n-1)(n-2)}{1.2.3}\xi^3 + \cdots$$

Man kann ohne besondere Mühe nachweisen, dass unsere Reihen, welches auch der Wert von n sein mag, konvergieren, wenn ξ ein echter Bruch ist. Für die Zwecke dieses Lehrbuches kommt, wie die Beispiele zeigen werden, die Reihe vorwiegend nur für solche Werte von ξ in Frage, die kleine Grössen sind, für die sich also die Konvergenz von selbst versteht. Wir können uns daher die Konvergenzbetrachtung ersparen und verweisen dafür auf die früher genannten Lehrbücher.

Die Art der Anwendung der binomischen Reihe geht aus folgenden Beispielen hervor. Wir behandeln zunächst einige Beispiele allgemeiner Art, nämlich

$$\sqrt[3]{1 + x} = (1 + x)^{\frac{1}{3}}.$$

Hier ist $n = \frac{1}{3}$ und wir erhalten daher nach Gleichung 2)

$$\sqrt[3]{1 + x} = 1 + \frac{\frac{1}{3}}{1}x + \frac{\frac{1}{3}\left(\frac{1}{3} - 1\right)}{1.2}x^2 + \frac{\frac{1}{3}\left(\frac{1}{3} - 1\right)\left(\frac{1}{3} - 2\right)}{1.2.3}x^3 + \cdots$$

oder, wenn wir die Zahlenkoeffizienten ausrechnen,

$$4) \quad \sqrt[3]{1 + x} = 1 + \frac{1}{3}\frac{x}{1} - \frac{1.2}{3.3}\frac{x^2}{1.2} + \frac{1.2.5}{3.3.3}\frac{x^2}{1.2.3} - \frac{1.2.5.8}{3.3.3.3}\frac{x^4}{1.2.3.4} + \cdots$$

Ein zweites Beispiel sei

$$\frac{1}{\sqrt{1 - x^2}} = (1 - x^2)^{-\frac{1}{2}}.$$

Hier ist $n = -\frac{1}{2}$ und ξ ist x^2; aus Gleichung 3) folgt also

$$\frac{1}{\sqrt{1 - x^2}} = 1 - \frac{-\frac{1}{2}}{1}x^2 + \frac{\left(-\frac{1}{2}\right)\left(-\frac{1}{2} - 1\right)}{1.2}x^4 - \frac{\left(-\frac{1}{2}\right)\left(-\frac{1}{2} - 1\right)\left(-\frac{1}{2} - 2\right)}{1.2.3}x^6 + \cdots$$

Bei der Ausrechnung der Zahlenkoeffizienten verschwinden alle negativen Zeichen, und wir finden daher

$$5) \quad \frac{1}{\sqrt{1 - x^2}} = 1 + \frac{1}{2}\frac{x^2}{1} + \frac{1.3}{2.2}\cdot\frac{x^4}{1.2} + \frac{1.3.5}{2.2.2}\cdot\frac{x^6}{1.2.3} + \cdots$$

Die Brauchbarkeit dieser Reihen hängt naturgemäss von der Schnelligkeit der Konvergenz, also von der Grösse von x ab. In dieser Hinsicht verweisen wir auf den letzten Paragraphen dieses Kapitels.

§ 10. Die Reihe für tg x.

Die Reihe für tg x können wir nach der Mac Laurinschen Formel ableiten. Wir bedürfen dazu der Werte, die tg x und seine höheren Differentialquotienten für $x = 0$ annehmen. Diese Werte sind nicht so unmittelbar zu beschaffen, wie dies für die Funktionen e^x, sin x, cos x möglich war; vielmehr bedienen wir uns dazu eines Kunstgriffs, den man auch für andere Funktionen mit Vorteil benutzen kann.

Bezeichnen wir zur Abkürzung

$$1) \qquad \operatorname{tg} x = \frac{\sin x}{\cos x} = y,$$

so folgt

$$2) \qquad y \cos x = \sin x.$$

Durch Differentiation folgt hieraus

$$3) \qquad y' \cos x - y \sin x = \cos x,$$

durch nochmaliges Differenzieren erhalten wir

$$4) \qquad y'' \cos x - 2 y' \sin x - y \cos x = -\sin x,$$

und wenn wir auch diese Gleichung differenzieren und die Glieder gehörig zusammenfassen,

$$5) \qquad y''' \cos x - 3 y'' \sin x - 3 y' \cos x + y \sin x = -\cos x.$$

So kann man fortfahren; man überzeugt sich leicht, dass die auf der linken Seite auftretenden Zahlenkoeffizienten dasselbe Bildungsgesetz befolgen, wie die Binomialkoeffizienten, und dass nach n-maliger Differentiation die linke Seite den Wert

$$6) \qquad y^{(n)} \cos x - \frac{n}{1} y^{(n-1)} \sin x - \frac{n(n-1)}{1 \cdot 2} y^{(n-2)} \cos x$$

$$+ \frac{n(n-1)(n-2)}{1 \cdot 2 \cdot 3} y^{(n-3)} \sin x + \dots$$

erhält, während die rechte Seite die n^{te} Ableitung von sin x ist.

Aus den vorstehenden Gleichungen kann man nun die Werte, die tg x und seine Ableitungen für $x = 0$ annehmen, der Reihe nach entnehmen. Bezeichnen wir sie durch

$$(y)_0, \ (y')_0, \ (y'')_0, \ (y''')_0 \dots$$

so folgt aus 2), aus 3), aus 4) u. s. w. der Reihe nach

$$(y)_0 = (y'')_0 = (y''')_0 = \dots = 0$$

$$(y')_0 = 1, \ (y''')_0 = 2, \ (y^{\text{V}})_0 = 16, \dots$$

mithin erhalten wir

$$7)\quad \mathrm{tg}\, x = \frac{x}{1} + \frac{x^3}{1.2.3} \cdot 2 + \frac{x^5}{1.2.3.4.5} \cdot 16 + \ldots$$

$$= \frac{x}{1} + \frac{x^3}{3} + \frac{2x^5}{15} + \ldots\ldots$$

Auch von dieser Reihe kann man beweisen, dass sie konvergiert, falls x ein positiver oder negativer echter Bruch ist.

§ 11. Integration durch Reihen.

Wir geben endlich einige Beispiele der Integralberechnung, die sich auf die Entwickelung der Funktionen in Reihen stützen. Solche Integralbestimmungen treten auch in den Anwendungen vielfach auf; zu ihnen muss man immer seine Zuflucht nehmen, wenn andere Methoden nicht zur Verfügung stehen. Man nennt diese Bestimmungsart der Integrale die Integration durch Reihen.

Das bezügliche Verfahren ist das folgende.*) Wir nehmen an, wir seien imstande, die in dem Integral

$$\int f(x)\, dx$$

auftretende Funktion $f(x)$ in eine konvergente Reihe zu entwickeln, die nach Potenzen von x fortschreitet, wie dies in diesem Kapitel gelehrt worden ist; d. h. es sei

$$1)\quad f(x) = a_0 + a_1 x + a_2 x^2 + a_3 x^3 + \ldots,$$

so erhalten wir sofort durch Integration

$$\int f(x)\, dx = \int (a_0 + a_1 x + a_2 x^2 + \ldots)\, dx$$

$$= \int a_0\, dx + \int a_1 x\, dx + \int a_2 x^2\, dx + \ldots.$$

und hieraus

$$2)\quad \int f(x)\, dx = a_0 x + a_1 \frac{x^2}{2} + a_2 \frac{x^3}{3} + a_3 \frac{x^4}{4} + \ldots\ldots + C.$$

Wir bemerken, dass diese Reihe sicherlich für alle Werte von x konvergiert, für die es die Reihe 1) thut. Wir brauchen sie nur in die Form

$$x \left(a_0 + \frac{a_1}{2} x + \frac{a_2}{3} x^2 + \frac{a_3}{4} x^3 + \ldots \right)$$

zu schreiben, so sehen wir auf Grund der Schlussbemerkung von § 4 (S. 208), dass die Klammer eine konvergente Reihe ist und damit auch die Reihe 2).

---

*) Das obige Verfahren stammt bereits von Leibniz.

Wir geben sofort einige Beispiele. Das erste sei

$$1)\quad \int \frac{dx}{1+x^2}.$$

Nach § 2 (S. 204) haben wir, wenn $x^2 < 1$ ist,

$$2)\quad \frac{1}{1+x^2} = 1 - x^2 + x^4 - x^6 + x^8 \ldots \text{ in inf.}$$

und erhalten daher

$$3)\quad \int \frac{dx}{1+x^2} = \int (1 - x^2 + x^4 - x^6 + x^8 \ldots) dx$$
$$= x - \frac{x^3}{3} + \frac{x^5}{5} - \frac{x^7}{7} + \frac{x^9}{9} \ldots + C.$$

Aus dieser Gleichung ziehen wir noch eine wichtige Folgerung. Nach S. 108 hat das Integral der linken Seite den Wert $\operatorname{arc\,tg} x$; wir erhalten daher die Gleichung

$$\operatorname{arc\,tg} x = x - \frac{x^3}{3} + \frac{x^5}{5} - \frac{x^7}{7} + \frac{x^9}{9} \ldots + C.$$

Um die Konstante zu bestimmen, setzen wir $x = 0$, dann ist auch $\operatorname{arc\,tg} x = 0$, denn der Bogen, dessen Tangente gleich Null ist, ist ebenfalls Null, und es folgt daher $C = 0$. Demgemäss folgt

$$4)\quad \operatorname{arc\,tg} x = x - \frac{x^3}{3} + \frac{x^5}{5} - \frac{x^7}{7} + \frac{x^9}{9} \ldots$$

Auf diese Weise haben wir uns eine Reihenentwickelung von $\operatorname{arc\,tg} x$ verschafft; nach dem Satz von Mac Laurin würde dies nur mit Aufwand vieler Rechnungen ausführbar sein, da wir dazu die höheren Ableitungen von $\operatorname{arc\,tg} x$ nötig haben.

Setzen wir $x = 1$, so ist $\operatorname{arc\,tg} 1$ die Länge desjenigen Bogens, dessen Tangente gleich 1 ist, und dieser Bogen ist $\frac{\pi}{4}$; denn er entspricht einem Winkel von $45°$, d. h. dem achten Teil der ganzen Peripherie 2π. Es ist also $\operatorname{arc\,tg} 1 = \frac{\pi}{4}$; wir erhalten daher für $x = 1$ aus Gleichung 4)

$$5)\quad \frac{\pi}{4} = 1 - \frac{1}{3} + \frac{1}{5} - \frac{1}{7} + \frac{1}{9} - \frac{1}{11} + \ldots$$

und haben damit eine Reihe, die uns den genauen Wert von $\frac{\pi}{4}$ darstellt. Die Reihe heisst die Leibnizsche Reihe, da Leibniz sie zuerst aufgestellt hat. Um mit ihrer Hilfe π wirklich zu berechnen, schreiben wir noch zweckmässig

$$\frac{\pi}{4} = \left(1 - \frac{1}{3}\right) + \left(\frac{1}{5} - \frac{1}{7}\right) + \left(\frac{1}{9} - \frac{1}{11}\right) + \cdots$$

$$= \frac{2}{1 \cdot 3} + \frac{2}{5 \cdot 7} + \frac{2}{9 \cdot 11} + \frac{2}{13 \cdot 15} \cdots, \text{ resp.}$$

6) $$\frac{\pi}{8} = \frac{1}{1 \cdot 3} + \frac{1}{5 \cdot 7} + \frac{1}{9 \cdot 11} + \frac{1}{13 \cdot 15} \cdots\cdots$$

Ein zweites Beispiel sei das Integral

7) $$\int \frac{dx}{\sqrt{1 - x^2}}.$$

Auf Grund der in § 9 stehenden Entwickelung erhalten wir sofort

8) $$\frac{dx}{\sqrt{1 - x^2}} = dx \left\{ 1 + \frac{1}{2} \frac{x^2}{1} + \frac{1}{2} \cdot \frac{3}{2} \cdot \frac{x^4}{1 \cdot 2} + \frac{1}{2} \cdot \frac{3}{2} \cdot \frac{5}{2} \cdot \frac{x^6}{1 \cdot 2 \cdot 3} + \cdots \right\}$$

und daraus durch Integration

$$\int \frac{dx}{\sqrt{1 - x^2}} = \int dx + \int \frac{1}{2} \cdot \frac{x^2}{1} dx + \int \frac{1}{2} \cdot \frac{3}{2} \cdot \frac{x^4}{1 \cdot 2} dx + \ldots + C$$

$$= x + \frac{1}{2} \cdot \frac{x^3}{3} + \frac{\frac{1}{2} \cdot \frac{3}{2}}{1 \cdot 2} \cdot \frac{x^5}{5} + \frac{\frac{1}{2} \cdot \frac{3}{2} \cdot \frac{5}{2}}{1 \cdot 2 \cdot 3} \cdot \frac{x^7}{7} + \ldots + C.$$

Dieses Beispiel können wir ebenso verwenden, wie das vorhergehende. Nach S. 108 hat das Integral der linken Seite den Wert arc sin x; wir erhalten daher die Gleichung

$$\text{arc sin } x = x + \frac{\frac{1}{2}}{1} \cdot \frac{x^3}{3} + \frac{\frac{1}{2} \cdot \frac{3}{2}}{1 \cdot 2} \cdot \frac{x^5}{5} + \frac{\frac{1}{2} \cdot \frac{3}{2} \cdot \frac{5}{2}}{1 \cdot 2 \cdot 3} \cdot \frac{x^7}{7} + \ldots C.$$

Um die Konstante zu bestimmen, setzen wir wieder $x = 0$; dann ist auch arc sin $x = 0$, denn der Bogen, dessen sinus Null ist, ist ebenfalls Null. Also ergiebt sich

9) $$\text{arc sin } x = x + \frac{\frac{1}{2}}{1} \cdot \frac{x^3}{3} + \frac{\frac{1}{2} \cdot \frac{3}{2}}{1 \cdot 2} \cdot \frac{x^5}{5} + \frac{\frac{1}{2} \cdot \frac{3}{2} \cdot \frac{5}{2}}{1 \cdot 2 \cdot 3} \cdot \frac{x^7}{7} + \ldots$$

Auf diese Weise haben wir eine Reihe für arc sin x abgeleitet. Setzen wir hier $x = \frac{1}{2}$, so ist arc sin $x = \frac{\pi}{6}$, denn arc sin $\frac{1}{2}$ ist derjenige Bogen, dessen sinus gleich $\frac{1}{2}$ ist, und dies trifft für den Winkel von 30^0, also denjenigen Bogen zu, welcher der zwölfte Teil der ganzen Peripherie 2π ist. Wir erhalten somit

10) $$\frac{\pi}{6} = \frac{1}{2} + \frac{\frac{1}{2} \cdot \left(\frac{1}{2}\right)^3}{1 \cdot 3} + \frac{\frac{1}{2} \cdot \frac{3}{2}}{1 \cdot 2} \cdot \frac{\left(\frac{1}{2}\right)^5}{5} + \frac{\frac{1}{2} \cdot \frac{3}{2} \cdot \frac{5}{2}}{1 \cdot 2 \cdot 3} \cdot \frac{\left(\frac{1}{2}\right)^7}{7} + \ldots$$

Diese Reihe eignet sich besser zur Berechnung von π, als die vorstehende; aus diesem Grunde haben wir sie hier mitgeteilt.

Die wirkliche Berechnung würde sich wie folgt gestalten. Es ist

$$\frac{1}{2} = 0,5$$

$$\frac{\frac{1}{2} \cdot \left(\frac{1}{2}\right)^3}{1 \cdot 3} = 0,020833\ldots$$

$$\frac{\frac{1}{2} \cdot \frac{3}{2}}{1 \cdot 2} \cdot \frac{\left(\frac{1}{2}\right)^5}{5} = 0,002248$$

$$\frac{\frac{1}{2} \cdot \frac{3}{2} \cdot \frac{5}{2}}{1 \cdot 2 \cdot 3} \cdot \frac{\left(\frac{1}{2}\right)^7}{7} = 0,000334$$

$$\overline{0,523415.}$$

Daraus würde folgen $\pi = 3,14049$; der Fehler beträgt also nur ein Tausendstel, obwohl wir nur die ersten vier Glieder benutzt haben. Wir sehen zugleich, in wie hohem Maasse unsere Methoden denjenigen überlegen sind, die man in der Elementargeometrie zur Berechnung von π anzuwenden pflegt.

§ 12. Ermittelung unbestimmter Werte.

Eine wichtige Anwendung erfahren die Entwickelungen dieses Kapitels in folgenden Fällen. Wir haben im dritten Kapitel (S. 68) nachgewiesen, dass sich der Quotient

$$\frac{\sin x}{x}$$

dem Werte 1 nähert, wenn x gegen Null konvergiert. Dies können wir jetzt aus unseren Reihenentwickelungen unmittelbar entnehmen. Wir erhalten sofort (S. 211)

$$1)\qquad \frac{\sin x}{x} = \frac{\dfrac{x}{1} - \dfrac{x^3}{3!} + \dfrac{x^5}{5!} \cdots}{x}$$

und wenn wir rechts die Division durch x Glied für Glied ausführen, so folgt, dass ganz allgemein

$$2)\qquad \frac{\sin x}{x} = 1 - \frac{x^2}{3!} + \frac{x^4}{5!} \cdots$$

ist; für $x = 0$ nimmt daher die linke Seite, wie sich nun unmittelbar ergiebt, den Wert 1 an; d. h. es ist

$$3)\qquad \lim_{x=0}\left[\frac{\sin x}{x}\right] = 1.$$

Dieses Verfahren können wir stets anwenden, um den Wert eines Quotienten zu ermitteln, für den die gewöhnliche Rechnungsart aus dem Grunde versagt, dass Zähler und Nenner für einen bestimmten Wert der Variabeln gleich Null werden. Ein solcher Quotient ist z. B.

$$\frac{1-(1+x)^n}{\ln(1+x)}.$$

Für $x=0$ erhält sowohl der Zähler wie der Nenner den Wert Null. Benutzen wir jetzt unsere in § 8 und 9 abgeleiteten Reihenentwickelungen, so folgt

$$4)\quad \frac{1-(1+x)^n}{\ln(1+x)}=\frac{1-\left\{1+\frac{n}{1}x+\frac{n\cdot(n-1)}{1\cdot 2}x^2+\cdots\right\}}{x-\frac{x^2}{2}+\frac{x^3}{3}+\cdots}$$

und wenn wir im Zähler die Klammer auflösen und dann durch x heben, so ergiebt sich

$$5)\quad \frac{1-(1+x)^n}{\ln(1+x)}=\frac{-\frac{n}{1}-\frac{n\cdot(n-1)}{1\cdot 2}x-\cdots}{1-\frac{x}{2}+\frac{x^2}{3}\cdots\cdots}.$$

Setzen wir jetzt $x=0$, so finden wir, dass der Quotient für $x=0$ der Wert $-n$ annimmt, d. h. es ist

$$\lim_{x=0}\left[\frac{1-(1+x)^n}{\ln(1+x)}\right]=-n.$$

In manchen Fällen ist es einfacher, ein anderes Verfahren zu benutzen; in der Sache stimmt es, wie auch die folgende Entwickelung zeigen wird, mit dem vorstehenden überein. Es handle sich z. B. um den Wert, den der Quotient

$$6)\quad \frac{x^3-6\,x^2+11\,x-6}{x^3+2\,x^2-x-2}$$

für $x=1$ annimmt. Für diesen Wert von x verschwindet sowohl der Zähler als der Nenner, die gewöhnliche Berechnungsart, den Quotienten durch einfaches Einsetzen des Wertes von x zu bestimmen, versagt also auch hier.

Da jetzt der fragliche Wert von x nicht $x=0$, sondern $x=1$ ist, so haben wir diesmal nicht die Reihe von Mac Laurin, sondern die Reihe von Taylor anzuwenden. Wir werden jedoch das bezügliche Verfahren sofort für den Fall durchführen, dass im Zähler und Nenner beliebige Funktionen stehen, um so zu einer allgemeinen, stets anwendbaren Regel zu gelangen.

Wir bezeichnen jetzt Zähler und Nenner durch $f(x)$ resp. $\varphi(x)$, so dass der bezügliche Quotient

$$7)\quad \frac{f(x)}{\varphi(x)}$$

sei. Ferner nehmen wir an, dass beide Funktionen für $x = a$ den Wert Null annehmen, so dass also

$$8)\quad f(a) = 0 \text{ und } \varphi(a) = 0$$

ist. Nun ist nach dem Taylorschen Satz

$$9)\quad \begin{aligned} f(a + h) &= f(a) + h f'(a) + \frac{h^2}{1.2} f''(a) + \dots \\ \varphi(a + h) &= \varphi(a) + h \varphi'(a) + \frac{h^2}{1.2} \varphi''(a) + \dots \end{aligned}$$

und daraus folgt wegen $f(a) = 0$ und $\varphi(a) = 0$

$$\frac{f(a+h)}{\varphi(a+h)} = \frac{h f'(a) + \frac{h^2}{1.2} f''(a) + ..}{h \varphi'(a) + \frac{h^2}{1.2} \varphi''(a) + ..}$$

oder, wenn wir durch h Zähler und Nenner dividieren,

$$10)\quad \frac{f(a+h)}{\varphi(a+h)} = \frac{f'(a) + \frac{h}{1.2} f''(a) + \dots}{\varphi'(a) + \frac{h}{1.2} \varphi''(a) + \dots}.$$

Dies gilt für beliebige Werte von h, für welche die Taylorschen Reihen konvergieren. Setzen wir nun im besonderen $h = 0$, so folgt

$$11)\quad \lim_{x=a} \left[\frac{f(x)}{\varphi(x)} \right] = \frac{f'(a)}{\varphi'(a)}.$$

Wir erhalten also den gesuchten Wert des Quotienten einfach dadurch, dass wir Zähler und Nenner durch ihre Ableitung ersetzen.

In dem oben angeführten Beispiel ist im besonderen

$$f'(x) = 3 x^2 - 12 x + 11$$
$$\varphi'(x) = 3 x^2 + 4 x - 1$$

und demnach $f'(1) = 2$, $\varphi'(1) = 6$, also

$$\frac{f'(1)}{\varphi'(1)} = \frac{2}{6} = \frac{1}{3}.$$

Der bezügliche Quotient hat also für $x = 1$ den Wert $\frac{1}{3}$; d. h. es ist

$$12)\quad \lim_{x=1} \left[\frac{x^3 - 6 x^2 + 11 x - 6}{x^3 + 2 x^2 - x - 2} \right] = \frac{1}{3}.$$

Ein zweites Beispiel sei das folgende. Es soll der Wert von

$$\frac{f(x)}{\varphi(x)} = \frac{1 - x}{\ln x}$$

für $x = 1$ bestimmt werden. Wir finden

$$f'(x) = -1, \quad \varphi'(x) = \frac{1}{x}$$

und demnach als Wert des Quotienten

$$13) \quad \lim_{x=1} \left[\frac{1-x}{\ln x} \right] = \frac{-1}{1} = -1.$$

Wenn dagegen

$$\frac{f(x)}{\varphi(x)} = \frac{x^2 - 1}{\ln x}$$

zu bestimmen ist, so wird

$$f'(x) = 2\,x, \quad \varphi'(x) = \frac{1}{x}$$

und damit der Wert des Quotienten

$$14) \quad \lim_{x=1} \left[\frac{x^2 - 1}{\ln x} \right] = \frac{2}{1} = 2.$$

Es liegt nahe zu fragen, welches der innere Grund dafür ist, dass die gewöhnlichen Rechnungsmethoden für die Auswertung der vorstehenden Quotienten versagen. Wir wollen an den Quotienten

$$\frac{f(x)}{\varphi(x)} = \frac{x^3 - 6\,x^2 + 11\,x - 6}{x^3 + 2\,x^2 - x - 2}$$

anknüpfen. Durch einfaches Ausrechnen überzeugt man sich, dass

$$x^3 - 6\,x^2 + 11\,x - 6 = (x - 1)(x - 2)(x - 3)$$
$$x^3 + 2\,x^2 - x - 2 = (x - 1)(x + 1)(x + 2)$$

ist; es ist daher

$$\frac{x^3 - 6\,x^2 + 11\,x - 6}{x^3 + 2\,x^2 - x - 2} = \frac{(x - 1)(x - 2)(x - 3)}{(x - 1)(x + 1)(x + 2)}.$$

Zähler und Nenner des Quotienten enthalten daher den Faktor $x - 1$. Hat man $f(x)$ und $\varphi(x)$, wie eben geschehen, in Faktoren zerlegt, so wird man durch $x - 1$ heben, und findet, dass

$$\frac{f(x)}{\varphi(x)} = \frac{(x - 2)(x - 3)}{(x + 1)(x + 2)} = \frac{x^2 - 5\,x + 6}{x^2 + 3\,x + 2}$$

ist; jetzt kann man ohne weiteres $x = 1$ setzen und erhält als Wert des Quotienten, wie oben, $\frac{1}{3}$. In der ursprünglichen Form von $f(x)$ und $\varphi(x)$ kann man jedoch nicht erkennen, dass beide Funktionen den Faktor $x - 1$ enthalten; man erkennt es erst daran, dass Zähler und Nenner für $x = 1$ den Wert Null annehmen. Dies gilt allgemein; mit anderen Worten, wenn Zähler und Nenner für $x = 0$ oder $x = a$ beide zu Null werden, so heisst dies nur, dass beide den Faktor x, resp.

$x - a$ enthalten, und es bedarf daher, um den Wert des Quotienten zu ermitteln, eines Verfahrens, das Zähler und Nenner von dem bezüglichen Faktor befreit. Gerade dies geschieht in den Fällen, in denen man die Reihenentwickelung benutzt, direkt; aber auch die andere Methode läuft, wovon man sich ohne Mühe überzeugen kann, hierauf hinaus.

Die Entwickelung der Funktionen in Reihen ist auch dann sehr zweckmässig, wenn es sich um die Ermittelung der wahren Werte von Quotienten handelt, bei denen Zähler und Nenner unendlich werden, ferner um Produkte, deren einer Faktor Null, deren anderer Faktor unendlich ist, und dergleichen mehr. Ein erstes Beispiel dieser Art — vgl. den Schluss von § 8 auf S. 144 — sei das folgende. Es soll der Grenzwert

$$15) \quad \lim_{a \, = \, b} \left[\frac{1}{a - b} \ln \frac{(a - x)\, b}{(b - x)\, a} \right]$$

bestimmt werden. Der bezügliche Ausdruck ist ein Produkt, dessen zweiter Faktor für $a = b$ den Wert $\ln 1 = 0$ annimmt, während der erste unendlich wird.

Wir setzen

$$a - x = a\left(1 - \frac{x}{a}\right), \quad b - x = b\left(1 - \frac{x}{b}\right),$$

so wird

$$\ln \frac{(a - x)\, b}{(b - x)\, a} = \ln \frac{a\, b \left(1 - \frac{x}{a}\right)}{a\, b \left(1 - \frac{x}{b}\right)} = \ln \frac{1 - \frac{x}{a}}{1 - \frac{x}{b}}.$$

Hieraus folgt weiter*)

$$\ln \frac{(a - x)\, b}{(b - x)\, a} = \ln \left(1 - \frac{x}{a}\right) - \ln \left(1 - \frac{x}{b}\right) \text{ oder (S. 216)}$$

$$= - \left\{ \frac{x}{a} + \frac{1}{2} \frac{x^2}{a^2} + \frac{1}{3} \frac{x^3}{a^3} + \cdots \right\} + \left\{ \frac{x}{b} + \frac{1}{2} \frac{x^2}{b^2} + \frac{1}{3} \frac{x^3}{b^3} + \cdots \right\}$$

$$= x \left(\frac{1}{b} - \frac{1}{a} \right) + \frac{x^2}{2} \left(\frac{1}{b^2} - \frac{1}{a^2} \right) + \frac{x^3}{3} \left(\frac{1}{b^3} - \frac{1}{a^3} \right) + \cdots$$

$$= x \frac{a - b}{a\, b} + \frac{x^2}{2} \frac{a^2 - b^2}{a^2 b^2} + \frac{x^3}{3} \frac{a^3 - b^3}{a^3 b^3} + \cdots$$

Beachtet man nun, dass**)

$$a^2 - b^2 = (a + b)(a - b),$$
$$a^3 - b^3 = (a^2 + a\, b + b^2)(a - b),$$
$$a^4 - b^4 = (a^3 + a^2 b + a\, b^2 + b^3)(a - b) \text{ u. s. w.,}$$

---

*) Vgl. Formel 20 des Anhangs.
**) Vgl. Formel 56 ff. des Anhangs.

so ergiebt sich schliesslich

16) $\quad \ln \dfrac{(a-x)\,b}{(b-x)\,a} = a-b)\left\{\dfrac{x}{1}\cdot\dfrac{1}{a\,b} + \dfrac{x^2}{2}\dfrac{a+b}{a^2 b^2} + \dfrac{x^3}{3}\dfrac{a^2+a\,b-b^2}{a^3 b^3} + \cdot\cdot\right\}.$

Wenn wir diesen Wert in den Ausdruck 15) einsetzen, so hebt sich $a-b$ weg und es bleibt

$$\frac{1}{a-b}\ln\frac{(a-x)\,b}{(b-x)\,a} = \frac{x}{1}\cdot\frac{1}{a\,b} + \frac{x^2}{2}\frac{a+b}{a^2 b^2} + \frac{x^3}{3}\frac{a^2+a\,b+b^2}{a^3 b^3} + \cdots.$$

Jetzt können wir rechts $a=b$ setzen und erhalten für diesen besonderen Fall

$$\lim_{a=b}\left[\frac{1}{a-b}\ln\frac{(a-x)\,b}{(b-x)\,a}\right] = \frac{x}{a^2} + \frac{x^2}{a^3} + \frac{x^3}{a^4} + \cdots.$$

$$= \frac{x}{a^2}\left(1 + \frac{x}{a} + \frac{x^2}{a^2} + \cdots\right)$$

und hieraus erhält man schliesslich nach der Summenformel der geometrischen Reihe (S. 203)

17) $\quad \lim\limits_{a=b}\left[\dfrac{1}{a-b}\ln\dfrac{(a-x)\,b}{(b-x)\,a}\right] = \dfrac{x}{a^2}\dfrac{1}{1-\dfrac{x}{a}} = \dfrac{x}{a\,(a-x)}.$

Dementsprechend wird aus der S. 144 erhaltenen Formel 8)

$$\frac{1}{(a-b)}\ln\frac{(a-x)\,b}{(b-x)\,a} = k\,t$$

für $a=b$

$$\frac{x}{a\,(a-x)} = k\,t.$$

Diese letztere Formel aber haben wir bereits direkt durch Integration der Gleichung 1) von S. 143 erhalten, indem wir darin $n=1$ setzten.

Auch hier tritt die unbestimmte Form des Produktausdruckes dadurch auf, dass Zähler und Nenner denselben Faktor enthalten, der ihnen den Wert Null beilegt. Es ist der Faktor $a-b$, der, wie aus Gleichung 16) hervorgeht, auch im Wert des Logarithmus auftritt.

Erhält in dem Ausdruck

$$u = \frac{1}{x} - \frac{1}{\ln(1+x)}$$

x den Wert Null, so wird Minuendus und Subtrahendus unendlich, der Ausdruck wird also ebenfalls unbestimmt. Um seinen wahren Wert zu finden, muss man entweder die Reihenentwickelung direkt anwenden, oder ihn so umzuformen suchen, dass er ein Quotient wird, dessen Zähler und Nenner Null sind. Beides lässt sich leicht ausführen. Wir wollen den zweiten Weg einschlagen und finden

$$u = \frac{\ln(1 + x) - x}{x \ln(1 + x)}.$$

Hieraus erhalten wir durch Reihenentwickelung sofort

$$u = \frac{\dfrac{x}{1} - \dfrac{x^2}{2} + \dfrac{x^3}{3} \cdots - x}{x\left(\dfrac{x}{1} - \dfrac{x^2}{2} \cdots\right)} = \frac{-\dfrac{x^2}{2} + \dfrac{x^3}{3} \cdots}{x\left(\dfrac{x}{1} - \dfrac{x^2}{2} \cdots\right)}$$

und wenn wir jetzt Zähler und Nenner durch x^2 dividieren und dann $x = 0$ setzen, so ergiebt sich als der gesuchte Grenzwert

$$18) \qquad \lim_{x = 0}\left[\frac{1}{x} - \frac{1}{\ln(1 + x)}\right] = -\frac{1}{2}.$$

Der im Zähler und Nenner auftretende Faktor, der für beide den Wert Null bedingt, ist diesmal x^2.

Wir behandeln schliesslich einige Beispiele, in denen **Zähler und Nenner beide unendlich gross** werden. Ein einfaches Beispiel dieser Art ist

$$u = \frac{x + a}{x + b}$$

für $\lim x = \infty$. Wir setzen zunächst $x = \dfrac{1}{y}$, so dass für $\lim x = \infty$ $\lim y = 0$ ist. Es wird

$$u = \frac{1 + ay}{1 + by}$$

und es folgt jetzt sofort, dass

$$\lim u = \lim \frac{x + a}{x + b} = 1$$

ist. Ein zweites Beispiel ist das folgende. Man soll den Wert

$$\lim_{x = \infty}\left[\frac{e^x}{x}\right]$$

finden. Wenn x unendlich wird, wird in der That Zähler und Nenner unendlich gross. Der wirkliche Wert dieses Quotienten ergiebt sich folgendermassen. Man hat sofort unter Anwendung der Reihe für e^x

$$\frac{e^x}{x} = \frac{1}{x} + 1 + \frac{x}{1 \cdot 2} + \frac{x^2}{1 \cdot 2 \cdot 3} + \frac{x^3}{1 \cdot 2 \cdot 3 \cdot 4} + \cdots$$

und diese Reihe nimmt sicher den Wert unendlich an, wenn x selbst unendlich wird, d. h. es ist

$$19) \qquad \lim_{x = \infty}\left[\frac{e^x}{x}\right] = \infty.$$

Man sagt daher, dass die Exponentialfunktion in einer viel höheren Ordnung unendlich wird als x selbst.

Setzt man jetzt

$$e^x = y, \text{ also } x = \ln y,$$

so ist für $x = \infty$ auch $y = \infty$ und es folgt, dass auch

$$20) \quad \lim_{y = \infty} \left[\frac{y}{\ln y} \right] = \infty$$

ist und daraus ergiebt sich umgekehrt, dass

$$21) \quad \lim_{y = \infty} \left[\frac{\ln y}{y} \right] = 0$$

ist. Wenn also y unendlich wird, so ist der Quotient von $\ln y$ und y gleich Null; man sagt daher, dass der Logarithmus von einer viel geringeren Ordnung unendlich wird als y selbst.

Setzt man jetzt in der letzten Gleichung endlich noch

$$y = \frac{1}{x},$$

so entspricht dem Wert $y = \infty$ der Wert $x = 0$, und es ist

$$\frac{\ln y}{y} = x \ln \frac{1}{x} = - x \ln x;$$

es folgt also eine Formel für den Grenzwert des Produktes $x \ln x$, dessen einer Faktor, nämlich x, Null, und dessen anderer Faktor, nämlich $\ln x$, unendlich gross wird. Der Grenzwert ist nach 21) gleich Null, d. h. es ist

$$22) \quad \lim_{x = 0} [x \ln x] = 0.$$

Hiervon kann man schliesslich noch eine Anwendung machen, indem man den Grenzwert

$$\lim_{x = 0} [x^x]$$

bestimmt. Es ist[*)]

$$x^x = e^{x \ln x}.$$

Der gesuchte Grenzwert ist also derselbe, wie der Grenzwert von $e^{x \ln x}$ für $x = 0$. Dies ist aber nach dem Vorigen $e^0 = 1$, also folgt

$$23) \quad \lim_{x = 0} [x^x] = 1.$$

§ 13. Rechnen mit kleinen Grössen.

Ihre für den Naturforscher wichtigste Anwendung finden die in den vorstehenden Paragraphen mitgeteilten Reihenentwickelungen beim Rechnen mit kleinen Grössen; in diesem Falle genügt es meistens, von der Reihenentwickelung nur die allerersten Glieder zu verwenden,

---

[*)] Vgl. Formel 16 des Anhangs.

so dass aus einer ursprünglich zahllosen Reihe von Summanden ein einfacher, leicht zu handhabender Ausdruck entsteht.

Vor einem Missverständnis muss jedoch gewarnt werden. Grössen, die man in jedem Fall als »klein« bezeichnen darf, giebt es für den Naturforscher nicht. Sucht man den wahren Inhalt eines Literkolbens durch Auswägen mit Wasser zu ermitteln, so wird in fast allen Fällen eine Bestimmung bis auf ein zehntel pro Mille, also eine Wägung bis auf 0,1 Gramm genügen und wir werden letzteres Gewicht als eine kleine Grösse bezeichnen können, auf die es uns meistens nicht sonderlich mehr ankommen wird. Bei analytischen Wägungen hingegen, wo oft die zehntel Milligramme noch von grösstem Interesse sind, würden 0,1 Gramm Fehler fast stets eine total missglückte Analyse bedeuten. Der Astronom, der den Abstand der Planeten voneinander misst, kann Entfernungen von der Grösse vieler Kilometer als gar nicht in Betracht kommend vernachlässigen; dem Physiker, der mit Messung von Lichtwellen beschäftigt ist, sind oft Entfernungen von Millionstelmillimeter für Rechnung und Beobachtung von entscheidender Bedeutung.

»Kleine Grösse« ist also ein relativer Begriff und wir können einen Betrag daher »klein« nur in Bezug auf einen zweiten, sehr viel grösseren, bezeichnen. Vernachlässigen dürfen wir also in der Rechnung eine Grösse nie aus dem Grunde, weil sie uns absolut klein erscheint (etwa nur nach Millionstel zählt), sondern nur dann, wenn sie als Summand neben einem sehr viel grösseren Betrag auftritt, dessen Bestimmung nicht so genau möglich oder wichtig ist, dass es auf jenen Summand noch ankäme. Um derartig kleine Grössen aber als Summanden neben sehr viel grösseren auftreten zu lassen, dazu leisten eben die Reihenentwickelungen häufig unschätzbare Dienste, wie wir nunmehr an einigen Beispielen sehen wollen. (Vgl. auch die Formelsammlung Anhang § 8.)

Reduktion des Barometerstandes auf 0^0. Die Länge l einer Quecksilbersäule von konstantem Querschnitt ändert sich mit der Temperatur nach der Formel

$$l = l_0 (1 + 0,00018\, t),$$

worin l_0 die Länge bei der Temperatur $t = 0^0$ bezeichnet. Die bei t beobachtete Barometerhöhe l würde also bei 0^0

$$l_0 = \frac{l}{1 + 0,00018\,t}$$

betragen. Nun ist aber nach S. 204

$$\frac{1}{1+\alpha} = 1 - \alpha + \alpha^2 \dots$$

oder, $\alpha = 0,00018\,t$ gesetzt,

$$l_0 = l(1 - 0,00018\,t + [0,00018\,t]^2 \dots).$$

Nun würde, selbst wenn $t = 30^0$ betragen sollte, das dritte Glied der Reihe $(0,00018\,t)^2$ kleiner als $0,00003$, also neben 1 ganz zu vernachlässigen sein, so dass wir mit weitaus genügender Genauigkeit einfacher

$$l_0 = l(1 - 0,00018\,t)$$

schreiben können. Beträgt t z. B. 10^0, so haben wir von der abgelesenen Länge l einfach nur 1,8 pro Mille abzuziehen, eine in jedem Fall leicht im Kopf anzubringende Korrektion.

Bemerkung. Allgemein ist es nützlich, die betreffenden Gleichungen so umzuformen, dass die kleinen Grössen als Summanden neben der Einheit erscheinen. Ist eine Rechnung oder eine Messung nur z. B. bis auf einige pro Mille genau auszuführen, so kann man Summanden vernachlässigen, die kleiner als 0,001 sind; begnügt man sich gar nur mit einigen Prozenten, so können neben der Einheit Summanden, die kleiner als 0,01 sind, vernachlässigt werden u. s. w.

Vereinfachte hypsometrische Formel. Wir fanden früher (S. 137) für die Erhebung h über die Erdoberfläche

$$1) \quad h = \frac{B}{S}\ln\frac{B}{y};$$

nun ist selbst bei Erhebungen bis zu 1000 m immerhin B nur wenig grösser als y, so dass wir $B - y$ als klein sowohl gegen B, wie gegen y ansehen können. Bringen wir 1) auf die Form

$$h = \frac{B}{S}\ln\left(1 + \frac{B-y}{y}\right)$$

und entwickeln nach S. 216

$$\ln(1+x) = x - \frac{x^2}{2} + \dots,$$

so wird

$$2) \quad h = \frac{B}{S}\cdot\frac{B-y}{y}\left(1 - \frac{B-y}{2y}\right),$$

worin wir bereits häufig das in der Klammer befindliche zweite Glied vernachlässigen können.

Wir können aber auch 1) in der Form

$$h = -\frac{B}{S}\ln\left(1 - \frac{B-y}{B}\right)$$

schreiben und erhalten so durch Reihenentwickelung

$$3) \quad h = \frac{B}{S} \cdot \frac{B-y}{B} \left(1 + \frac{B-y}{2B} \right).$$

Auch diese Formel ist für mässige Erhebungen brauchbar; eine weit bessere Annäherung erhalten wir aber durch folgenden Kunstgriff. In Formel 2) ist das Korrektionsglied negativ, in 3) positiv und zwar in beiden Fällen nahe gleich gross ($\frac{B-y}{2y}$ ist ja von $\frac{B-y}{2B}$ wenig verschieden); der richtige Wert liegt also nahe zwischen

$$\frac{B}{S} \cdot \frac{B-y}{y} \quad \text{und} \quad \frac{B}{S} \cdot \frac{B-y}{B};$$

die beiden Ausdrücke unterscheiden sich dadurch, dass im linken y, im rechten B im Nenner steht. Führen wir daher als mittleren Nenner $\frac{y+B}{2}$ ein, so folgt

$$4) \quad h = 2 \frac{B}{S} \cdot \frac{B-y}{B+y},$$

die in der Praxis meist benutzte Formel.[*]

Korrektion von mittelst Skala und Fernrohr gemessenen Ausschlägen.[**] Dreht sich ein Spiegel um den Winkel φ, so beschreibt das Bild eines von ihm gespiegelten Punktes den Winkel 2φ; misst man anstatt dieses Winkels die Verschiebung c eines Punktes (Fadenkreuz eines Fernrohrs) an einer geraden Skala, die der Ruhelage der Spiegelebene parallel ist und deren Nullpunkt senkrecht zu letzterer sich befindet, so ist offenbar die Tangente des vom Spiegelbild beschriebenen Winkels 2φ

$$\operatorname{tg} 2\varphi = \frac{c}{A},$$

worin A den Abstand des Spiegels von der Skala bedeutet; es ist

---

[*] $2\frac{B}{S}$ hat bei gegebener Temperatur (weil B und S einander proportional sind) den konstanten Wert 16000^m bei 0^0. Vgl. Kohlrausch, Leitfaden der prakt. Physik. VIII. Aufl., S. 96. Übrigens erhält man Formel 4) direkt, wenn man in Gleichung 1) (vergl. die Bemerkung auf S. 216)

$$\frac{B}{y} = \frac{1+\xi}{1-\xi}$$

setzt, so dass sich

$$\xi = \frac{B-y}{B+y}$$

ergiebt. Dass die so erzielte Annäherung besser ist, folgt direkt aus dem Umstand, dass in der Reihenentwickelung S. 216 auf die Glieder erster Ordnung sofort Glieder dritter Ordnung folgen.

[**] Kohlrausch, Leitfaden der prakt. Physik. VIII. Aufl. S. 240.

somit der Winkel, um den der Spiegel sich thatsächlich gedreht hat,

$$1) \quad \varphi = \frac{1}{2} \operatorname{arc tg} \frac{e}{A}.$$

Nun beobachtet man fast stets nur Ausschläge, die viel kleiner sind als A, so dass $\frac{e}{A}$ ein echter und meist ziemlich kleiner Bruch ist. Entwickeln wir 1) in eine Reihe, so wird nach S. 221

$$2) \quad \varphi = \frac{e}{2A}\Big(1 - \frac{1}{3}\frac{e^2}{A^2} + \frac{1}{5}\frac{e^4}{A^4} \cdots\Big) \,^{*)};$$

zuweilen kann man das Glied $\frac{1}{3}\frac{e^2}{A^2}$ bereits vernachlässigen und nur sehr selten ist es nötig, das dritte Glied der Reihe hinzuzuziehen.

Da die durch einen konstanten Strom hervorgerufene dauernde Ablenkung der Magnetnadel eines Galvanometers bekanntlich der Tangente von φ proportional ist (»Tangentenbussole«), so entwickeln wir nach S. 220

$$\operatorname{tg}\varphi = \varphi + \frac{1}{3}\varphi^3 + \frac{2}{15}\varphi^5 + \cdots;$$

substituieren wir nach 2) hierin

$$3) \quad \varphi = \frac{e}{2A}\Big(1 - \frac{1}{3}\frac{e^2}{A^2}\Big),$$

so wird bei Vernachlässigung der höheren Glieder

$$\operatorname{tg}\varphi = \frac{e}{2A}\Big(1 - \frac{1}{3}\frac{e^2}{A^2}\Big) + \frac{1}{3}\Big(\frac{e}{2A}\Big)^3$$

oder vereinfacht

$$\operatorname{tg}\varphi = \frac{e}{2A}\Big(1 - \frac{1}{4}\frac{e^2}{A^2}\Big).$$

Der durch einen momentanen Stromstoss erzeugte Ausschlag ist dem Sinus des halben Winkels proportional**); man findet leicht, indem man 3) in die Reihenentwickelung (S. 211)

$$\sin\frac{\varphi}{2} = \frac{\varphi}{2} - \frac{1}{6}\Big(\frac{\varphi}{2}\Big)^3 + \cdots$$

substituiert, genau wie oben

$$\sin\frac{\varphi}{2} = \frac{e}{4A}\Big(1 - \frac{11}{12}\frac{e^2}{A^2}\Big).$$

Weitere Anwendungen des Rechnens mit kleinen Grössen werden uns in der Fehlerrechnung S. 248 begegnen.

---

*) Um φ in Graden ausgedrückt zu erhalten, ist die rechte Seite der Gleichung nach S. 66 mit 57,296 zu multiplizieren.

**) Vgl. z. B. Kohlrausch, Leitfaden der prakt. Physik. VIII. Aufl. S. 368.

Neuntes Kapitel

Theorie der Maxima und Minima.

§ 1. Bedingungen für ein Maximum oder Minimum.

Die Kurve (Fig. 59), die der Gleichung

$$1) \quad y = \sin x$$

entspricht, erreicht in denjenigen Punkten, für die die Abscisse x einen der Werte

$$\frac{1}{2}\pi, \quad \frac{5}{2}\pi, \quad \frac{9}{2}\pi \ldots$$

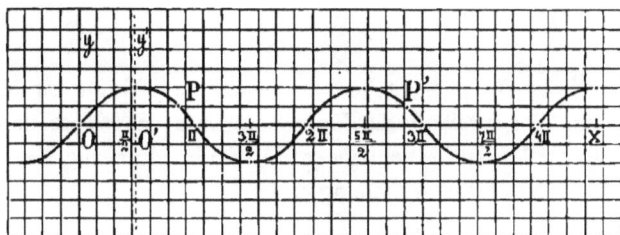

Fig. 59.

besitzt, eine höchste Lage, in denjenigen Punkten dagegen, in denen x einen der Werte

$$-\frac{1}{2}\pi, \quad \frac{3}{2}\pi, \quad \frac{7}{2}\pi \ldots$$

annimmt, ihre tiefste. Man sagt, dass sie an den erstgenannten Stellen Maxima, an den letztgenannten Minima besitzt. Dasselbe sagt man von der Ordinate der Kurve, resp. von der Funktion $\sin x$, die durch die Ordinate dargestellt wird. Die Funktion $\sin x$ besitzt daher Maxima, wenn x einen der Werte

$$\frac{\pi}{2}, \quad \frac{1}{2}\pi \pm 2\pi, \quad \frac{1}{2}\pi \pm 4\pi \ldots$$

hat, und Minima, wenn x resp. gleich

$$\frac{3}{2}\,\pi,\quad \frac{3}{2}\,\pi \pm 2\,\pi,\quad \frac{3}{2}\,\pi \pm 4\,\pi \ldots .$$

ist. An allen diesen Stellen ist die Kurventangente der x-Axe parallel; für alle diese Werte von x ist also $\operatorname{tg}\tau = 0$, d. h. es ist der Differential-quotient von $\sin x$

$$2)\quad \frac{d\sin x}{dx} = \cos x = 0.$$

In der That sind die oben genannten Werte von x gerade diejenigen, für die $\cos x$ gleich Null ist.

Dies lässt sich ohne weiteres auf jede beliebige Kurve ausdehnen, die durch eine Gleichung

$$3)\quad y = f(x)$$

dargestellt wird. An allen Stellen, an denen diese Kurve ein Maximum oder Minimum hat, verläuft die Kurventangente der x-Axe parallel; an allen diesen Stellen ist daher $\operatorname{tg}\tau$ gleich Null. Für alle diese Werte von x besteht daher die Gleichung

$$4)\quad \frac{dy}{dx} = \frac{df(x)}{dx} = f'(x) = 0.\text{*})$$

Dies ist diejenige Gleichung, aus der die Werte von x zu berechnen sind, für die $f(x)$ ein Maximum oder Minimum hat.

Beispielsweise hat die nebenstehende Kurve (Fig. 60) die Gleichung

$$y = 2\,x^3 - 9\,x^2 + 12\,x - 1,$$

wir finden, indem wir die Ableitung gleich Null setzen, die Gleichung

$$6\,(x^2 - 3\,x + 2) = 0$$

und haben diese Gleichung nach x aufzulösen. Die Wurzeln dieser Gleichung sind die Werte $x_1 = 1$ und $x_2 = 2$; für den ersten hat y ein Maximum, für den zweiten ein Minimum.

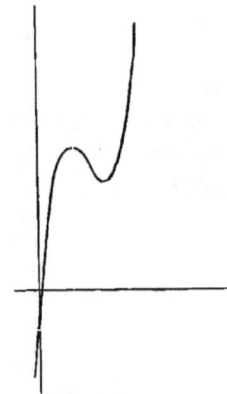

Fig. 60.

Es fragt sich noch, wie wir allgemein ent-scheiden können, ob den einzelnen Werten von x, die der Gleichung 4) genügen, ein Maximum oder ein Minimum der Funktion entspricht. Ein solches Kriterium ist nötig, da uns im allgemeinen nur die Funktionen selbst, nicht aber ihre Kurven-

---

*) Die Bedingung, dass eine Funktion $f(x)$ ein Maximum oder ein Minimum hat, pflegt man auch kurz dadurch auszudrücken, dass man

$$\delta f(x) = 0$$

schreibt.

bilder gegeben sind. Wir kehren zu diesem Zweck zu der Figur des letzten Beispiels zurück und betrachten diejenigen Kurventeile, in denen das Maximum resp. das Minimum liegt. Wie auf S. 176 erörtert wurde, sehen wir, dass für einen solchen Wert von x, für den ein Maximum eintritt,

$$\frac{d^2y}{dx^2} = \frac{d^2f(x)}{dx^2} < 0,$$

für solche aber, die ein Minimum liefern,

$$\frac{d^2y}{dx^2} = \frac{d^2f(x)}{dx^2} > 0$$

ist. Wir erhalten damit folgendes Resultat.

Um diejenigen Werte von x zu finden, für welche die Funktion $f(x)$ ein Maximum oder Minimum besitzt, hat man $f'x = 0$ zu setzen, und aus dieser Gleichung x zu berechnen. Ist für einen dieser Werte von x die zweite Abteilung $f''(x$ negativ, so giebt er ein Maximum der Funktion, ein Minimum dagegen, wenn die zweite Ableitung positiv ist.*)

In dem obigen Beispiel erhalten wir

$$y'' = \frac{d^2y}{dx^2} = 6(2x - 3),$$

und für $x = 1$ ist $y'' = -6$, für $x = 2$ ist $y'' = 6$. Daher entspricht $x = 1$ einem Maximum, $x = 2$ einem Minimum, wie auch die Figur zeigt.

§ 2. Die Wendepunkte der Kurven.

Wir geben zunächst eine geometrische Anwendung des vorstehend abgeleiteten Resultates. Es soll bestimmt werden, wann eine Kurve einen Wendepunkt besitzt. Man versteht darunter, wie bereits S. 176 erwähnt wurde, einen Punkt, der einen konkaven und einen konvexen Kurventeil von einander trennt; in ihm wird die Kurve von der Kurventangente gekreuzt, so dass sie teils auf der einen, teils auf der andern Seite der Tangente liegt. Die Tangente selbst wird auch Wendetangente genannt.

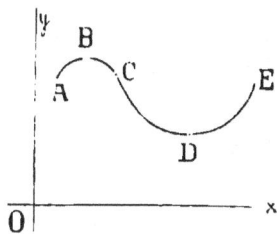
Fig. 61.

Um die Begriffe zu fixieren, wollen wir annehmen, dass die Kurve vor dem Wendepunkte konkav, hinter ihm konvex gegen die x-Axe

---

*) Über den Fall, dass auch die zweite Ableitung Null ist, sehe man den folgenden Paragraphen.

verlaufe, wie es Fig. 61 zeigt. Längs des konkaven Kurventeils, d. h. von A bis C nimmt tg τ ununterbrochen ab, längs des konvexen Kurventeils dagegen, d. h. von C bis E nimmt tg τ umgekehrt ununterbrochen zu, daher erreicht tg τ im Punkte C einen Minimalwert. Umgekehrt ist es für einen konkaven Kurventeil, der sich an E anschliessen würde; alsdann ist auch E ein Wendepunkt und es erreicht tg τ in ihm einen Maximalwert. Es ist leicht ersichtlich, dass einer dieser beiden Fälle stets eintreten muss, wenn eine Kurve einen Wendepunkt besitzt.

Um daher die Wendepunkte einer Kurve zu finden, haben wir diejenigen Werte von x zu suchen, für welche tg $\tau = y'$ ein Maximum oder Minimum annimmt, d. h. diejenigen Werte, für die

$$\frac{d \operatorname{tg} \tau}{d x} = \frac{d y'}{d x} = \frac{d^2 y}{d x^2} = 0$$

ist. Man hat also nur den zweiten Differentialquotienten gleich Null zu setzen und diejenigen Werte von x zu suchen, die dieser Bedingung genügen.

Ist z. B. die Kurve die oben betrachtete (Fig. 60), also ihre Gleichung

$$y = 2 x^3 - 9 x^2 + 12 x - 1,$$

so finden wir

$$\frac{d y}{d x} = 6 (x^2 - 3 x + 2), \qquad \frac{d^2 y}{d x^2} = 6 (2 x - 3).$$

Der Wendepunkt, resp. seine Abscisse ergiebt sich also aus der Gleichung

$$2 x - 3 = 0.$$

Sie liefert

$$x = \frac{3}{2}, \text{ wozu } y = \frac{7}{2}$$

als Ordinate gehört. Dies sind die Koordinaten des Wendepunktes, wie auch mit Fig. 60 im Einklang steht.

Hieran knüpfen wir folgende Bemerkung. Wir sahen, dass der Wert von x, für den die Funktion $y = f'(x)$ ein Maximum oder Minimum erlangt, der Gleichung

$$\frac{d y}{d x} = f'(x) = 0$$

genügt. Es kann nun der besondere Fall eintreten, dass für diesen nämlichen Wert x auch die zweite Ableitung im betrachteten Punkte den Wert Null hat, also

$$\frac{d^2 y}{d x^2} = 0$$

ist. Alsdann ist immer noch die Tangente der x-Axe parallel, die Kurve hat aber kein Maximum oder Minimum, sondern, wie eben bewiesen wurde, einen Wendepunkt. Eine Ausnahme würde erst dann eintreten können, wenn auch noch die dritte Ableitung Null würde. Für diesen Fall sind weitere Erörterungen nötig, auf die wir jedoch deshalb nicht einzugehen brauchen, weil bei den Aufgaben, die in den Anwendungen auftreten, sich solche Ausnahmefälle im allgemeinen nicht einstellen und man überdies von vornherein weiss, dass ein Maximum oder Minimum vorhanden ist.

Ein Beispiel zu der vorstehenden Bemerkung giebt die Kurve, deren Gleichung (Fig. 62)*)

$$y = x^3 - 3x^2 + 3x + 2$$

ist. Für sie folgt

$$\frac{dy}{dx} = 3x^2 - 6x + 3$$

$$\frac{d^2y}{dx^2} = 6x - 6.$$

Die Gleichung

$$3x^2 - 6x + 3 = 0$$

hat zu Wurzeln nur den Wert $x = 1$; die zugehörige Ordinate ist $y = 3$; im Punkt $x = 1$,

Fig. 62.

$y = 3$ ist also die Kurventangente sicher der x-Axe parallel. Für $x = 1$ ist aber auch die zweite Ableitung Null; der bezügliche Punkt stellt daher kein Maximum der Kurve dar, sondern vielmehr einen Wendepunkt.

Für die Kurve, die das van der Waalssche Gesetz darstellt, besteht die Gleichung (S. 36)

$$\left(p + \frac{a}{v^2}\right)(v - b) = 1 + \frac{t}{273}.$$

Wir setzen noch $1 + \dfrac{t}{273} = c$ und haben alsdann die Gleichung

$$\left(p + \frac{a}{v^2}\right)(v - b) = c,$$

woraus, sich, wenn wir nach p auflösen,

$$p = \frac{c}{v - b} - \frac{a}{v^2}$$

ergiebt. Hieraus finden wir

$$\frac{dp}{dv} = \frac{-c}{(v-b)^2} + \frac{2a}{v^3},$$

$$\frac{d^2p}{dv^2} = \frac{2c}{(v-b)^3} - \frac{2 \cdot 3a}{v^4}.$$

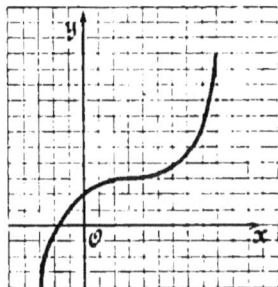

*) Um die Figur deutlicher zu machen, ist als Einheit für die x-Axe das dreifache derjenigen für die y-Axe gewählt worden. Vgl. die Anmerkung auf S. 16.

Die Wendepunkte sind daher diejenigen, deren Koordinaten v der Gleichung

$$\frac{c}{(v-b)^3} - \frac{3\,a}{v^4} = 0$$

oder

$$v^4 - \frac{3\,a}{c}\,(v-b)^3 = 0$$

genügen. Dies ist eine Gleichung vierten Grades in v, nämlich

$$v^4 - \frac{3\,a}{c}\,v^3 + \frac{9\,a}{c}\,b\,v^2 - \frac{9\,a\,b^2}{c}\,v + \frac{3\,a\,b^3}{c} = 0,$$

aus der sich, wenn a, b, t bestimmte Werte haben, die bezüglichen Werte von v numerisch berechnen lassen. Wir zeigen im zehnten Kapitel, dass es im allgemeinen entweder vier Werte von v giebt, oder zwei, oder gar keinen; nur für besondere Werte von t können sich drei oder ein Wert von v als Lösung obiger Gleichung einstellen. Die Lage dieser Wendepunkte kann man aus den S. 35 und 36 stehenden Kurvenbildern entnehmen; man sieht, dass an den gezeichneten Kurvenstücken im allgemeinen nur einer auftritt, die übrigen liegen auf den fehlenden Kurventeilen.

§ 3. Das Reflexionsgesetz.

Auf der geraden Linie GH soll man einen Punkt P so finden (Fig. 63), dass die Summe seiner Entfernungen von zwei festen Punkten A und B ein Minimum ist. (Reflexionsgesetz.)

Die von A und B auf GH gefällten Lote AA' resp. BB' mögen die Längen a und b haben; ferner sei $A'B' = p$. Wir bezeichnen die Entfernung $A'P$, wenn P zunächst ein beliebiger Punkt zwischen A' und B' ist, durch x, so ist $PB' = p - x$ und daher folgt aus den Dreiecken $AA'P$, resp. $BB'P$

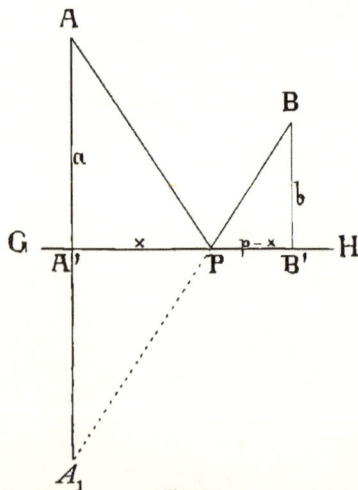

Fig. 63.

$$1)\quad \begin{aligned} AP &= \sqrt{a^2 + x^2} \\ BP &= \sqrt{b^2 + (p-x)^2}. \end{aligned}$$

Da die Summe von AP und BP ein Minimum werden soll, so haben wir denjenigen Wert x zu suchen, für den

$$2) \quad f(x) = \sqrt{a^2 + x^2} + \sqrt{b^2 + (p-x)^2}$$

ein Minimum wird. Wir erhalten durch Differentiation

$$f'(x) = \frac{x}{\sqrt{a^2 + x^2}} - \frac{(p-x)}{\sqrt{b^2 + (p-x)^2}};$$

und da dies gleich Null zu setzen ist, so folgt

$$3) \quad \frac{x}{\sqrt{a^2 + x^2}} = \frac{p-x}{\sqrt{b^2 + (p-x)^2}}$$

als diejenige Gleichung, aus der die gesuchten Werte von x zu berechnen sind.

Diese Gleichung führt zunächst zu einem einfachen geometrischen Resultat. Bezeichnen wir mit φ und ψ die Winkel APA' resp. BPB', so ergiebt sich mit Rücksicht auf Gleichung 1) direkt

$$\cos \varphi = \cos \psi,$$

das Minimum tritt also für denjenigen Punkt P ein, für den AP und BP gleiche Winkel mit der gegebenen Geraden bilden. Denken wir uns jetzt A als Lichtquelle, GH als spiegelnde Wand, so wird bekanntlich der Lichtstrahl AP nach BP gespiegelt, wenn $\varphi = \psi$ ist; d. h. das Licht, das durch Spiegelung an GH von A nach B gelangen soll, wird so gespiegelt, dass der von ihm zurückgelegte Weg ein Minimum ist.

Die wirkliche Bestimmung des Punktes P kann man jetzt einfach folgendermassen geben. Aus der Gleichheit der Winkel φ und ψ folgt sofort

$$4) \quad A'P : AA' = B'P : BB',$$

d. h. es teilt P die Strecke $A'B'$ im Verhältnis von $a : b$.

Weiter ergiebt sich durch Einsetzen der Werte in 4)

$$x : a = p - x : b$$

und daraus

$$5) \quad bx = a(p-x); \quad x = \frac{ap}{a+b}.$$

Man sieht noch leicht, dass, wenn man zu A den Punkt A_1 so zeichnet, dass $AA' = A'A_1$ ist, die Punkte $A_1 PB$ in einer Geraden liegen.

Um zu beweisen, dass der gefundene Punkt ein Minimum liefert, müssten wir die zweite Ableitung bilden. Man kann aber ohne Rechnung zu dem gleichen Resultat gelangen. Da wir für x nur einen

Wert gefunden haben, so brauchen wir nur zu zeigen, dass es Werte x, resp. Punkte P giebt, für welche die Summe $AP' + BP'$ grösser ist, als $AP + BP$. Dies ist, wenn wir nur P' weit genug von P entfernt nehmen, sicher der Fall; damit ist der verlangte Beweis erbracht.

§ 4. Das Brechungsgesetz.

Zwei Punkte A und B (Fig. 64) liegen auf verschiedenen Seiten einer Geraden GH; ein Punkt, der sich auf beiden Seiten dieser Geraden mit gleichförmiger, aber verschiedener Geschwindigkeit bewegt, soll in der kürzesten Zeit von A nach B gelangen. An welcher Stelle überschreitet er die Gerade GH? (Brechungsgesetz.)

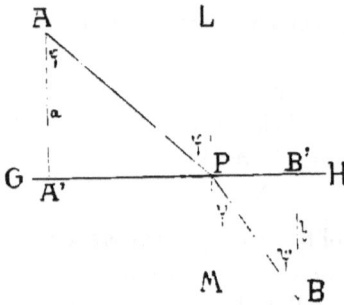

Fig. 64.

Wir fällen wieder von A und B die Lote $AA' = a$ resp. $BB' = b$ auf GH und setzen $A'B' = p$. Ferner sei P zunächst ein beliebiger Punkt auf GH zwischen A' und B' und $x = A'P$ wieder sein Abstand von A', also $p - x$ sein Abstand von B'. Ist APB der zurückgelegte Weg und α die Geschwindigkeit auf der Strecke AP, d. h. also der Weg in einer Sekunde, so wird die Strecke AP in $AP:\alpha$ Sekunden zurückgelegt; ebenso folgt, dass, wenn β die Geschwindigkeit auf der Strecke BP ist, diese Strecke in $BP:\beta$ Sekunden zurückgelegt wird. Der Ausdruck, der ein Minimum werden soll, ist daher

$$1)\quad t = \frac{AP}{\alpha} + \frac{BP}{\beta}.$$

Nun folgt aus den Dreiecken APA' und BPB'

$$2)\quad AP = \sqrt{a^2 + x^2}, \quad BP = \sqrt{b^2 + (p - x)^2},$$

also ergiebt sich

$$3)\quad t = \frac{\sqrt{a^2 + x^2}}{\alpha} + \frac{\sqrt{b^2 + (p - x)^2}}{\beta}.$$

Dieser Ausdruck ist zum Minimum zu machen. Wir differenzieren und setzen das Resultat gleich Null; d. h. wir bilden

$$4)\quad \frac{dt}{dx} = \frac{x}{\alpha\sqrt{a^2 + x^2}} - \frac{(p - x)}{\beta\sqrt{b^2 + (p - x)^2}} = 0.$$

Hieraus ziehen wir zunächst wieder ein geometrisches Resultat. Errichten wir in P auf GH ein Lot LM und bezeichnen den Winkel APL durch φ, PBM durch ψ, so wird auch $\measuredangle A = \varphi$ und $\measuredangle B = \psi$, und es folgt

$$\sin \varphi = \frac{x}{\sqrt{a^2 + x^2}}, \quad \sin \psi = \frac{p - x}{\sqrt{b^2 + (p - x)^2}},$$

die obige Gleichung geht also in

$$\frac{\sin \varphi}{\alpha} = \frac{\sin \psi}{\beta} \text{ resp. in}$$

$$5) \quad \frac{\sin \varphi}{\sin \psi} = \frac{\alpha}{\beta}$$

über. Das Minimum tritt also für denjenigen Punkt P ein, für den die Geraden AP und BP mit dem Lot LM Winkel bilden, deren Sinus sich wie die bezüglichen Geschwindigkeiten verhalten.

Denken wir uns jetzt, dass GH zwei Medien von verschiedener Beschaffenheit trennt, und dass ein Lichtstrahl von A nach B gelangt, so ist der Weg, den er dem Brechungsgesetz gemäss zurücklegt, bekanntlich von der Art, dass der einfallende und der gebrochene Strahl, d. h. AP und BP, mit dem Einfallslot (d. h. LM) Winkel (φ resp. ψ) bilden, deren Sinus sich umgekehrt wie die zugehörigen Brechungskoeffizienten verhalten. Diese verhalten sich aber wieder umgekehrt wie die Geschwindigkeiten der Lichtbewegung, und daher stellt die obige Gleichung direkt das Brechungsgesetz dar. Der Lichtstrahl wird also von A nach B so gebrochen, dass er den Weg AB in der kürzesten Zeit zurücklegt.

Die wirkliche Berechnung von x ist dem vorstehenden geometrischen Resultat gegenüber ohne Interesse und kann daher unterbleiben. Dass wirklich ein Minimum vorliegt, erkennt man ebenso, wie bei der ersten Aufgabe.

§ 5. Das Minimum der Wärmeintensität.

Es seien A und B zwei Wärmequellen, so soll man auf der Geraden AB denjenigen Punkt M finden, der am wenigsten erwärmt wird, wenn die Intensität der Wärmestrahlung dem umgekehrten Quadrate der Entfernung von der Wärmequelle proportional ist.

Fig. 65.

Es sei a die Entfernung der Punkte AB (Fig. 65), ferner x die Entfernung eines Punktes M der Geraden AB von A, so dass

$$1) \quad MA = x, \quad MB = a - x$$

16*

ist. Die Intensitäten der beiden Wärmequellen für den Fall, dass sich der Punkt M in der Einheit der Entfernung von ihnen befindet, mögen durch α resp. β gegeben sein. Alsdann ist die gesamte Wärmeintensität ω, die dem Punkt M in der durch Gleichung 1) bestimmten Lage zu teil wird,

$$2) \quad \omega = \frac{\alpha}{x^2} + \frac{\beta}{(a-x)^2}$$

und dieser Ausdruck ist zu einem Minimum zu machen. Wir erhalten

$$\frac{d\omega}{dx} = -\frac{2\alpha}{x^3} + \frac{2\beta}{(a-x)^3}$$

und daraus ergiebt sich als die zu lösende Gleichung

$$3) \quad \frac{2\alpha}{x^3} = \frac{2\beta}{(a-x)^3}$$

oder

$$\frac{(a-x)^3}{x^3} = \frac{\beta}{\alpha},$$

und wenn wir hieraus die dritte Wurzel ziehen,

$$4) \quad \frac{a-x}{x} = \frac{\sqrt[3]{\beta}}{\sqrt[3]{\alpha}} = \frac{\beta_1}{\alpha_1}$$

wenn $\beta_1 = \sqrt[3]{\beta}$ und $\alpha_1 = \sqrt[3]{\alpha}$ gesetzt wird. Die Abstände BM und AM verhalten sich also wie die dritten Wurzeln aus den entsprechenden Wärmeintensitäten. Durch Auflösung der letzten Gleichung folgt noch

$$5) \quad x = \frac{\alpha_1 a}{\alpha_1 + \beta_1}.$$

In diesem Fall bedarf es einer Untersuchung, ob der gefundene Wert einem Maximum oder einem Minimum entspricht. Man sieht leicht, dass es ein Minimum ist. Nämlich es wird

$$\frac{d^2\omega}{dx^2} = \frac{2.3.\alpha}{x^4} + \frac{2.3\beta}{(a-x)^4},$$

was wegen der geraden Potenzen von x und $a-x$ jedenfalls positiv ist. Man kann sich hiervon übrigens auch direkt überzeugen; nämlich für $x = 0$ oder $a-x = 0$ wird ω gemäss Gleichung 2) beidemal unendlich gross, und zwischen diesen Werten liegt notwendig ein Minimum von ω.

§ 6. Vermischte Beispiele.

1. Man soll aus einem rechteckigen Flächenstück durch Ausschneiden der Ecken und Kappen der Ränder ein rechtwinkliges Gefäss bilden, dessen Inhalt ein Maximum ist.

Das gegebene Rechteck habe (Fig. 66) die Seiten a und b; x sei die Höhe des zu kappenden Randes, so ist der Inhalt I des so entstehenden Gefässes

1) $\quad I = (a - 2x)(b - 2x)\,x = abx - 2(a+b)x^2 + 4x^3.$

Wir bilden

$$\frac{dI}{dx} = ab - 4(a+b)\,x + 12x^2$$

und erhalten den Wert von x, der ein Maximum giebt, durch Auflösen der Gleichung

2) $\quad 12x^2 - 4(a+b)x + ab = 0.$

Aus ihr folgt

3)
$$x = \frac{a+b \pm \sqrt{(a+b)^2 - 3ab}}{6}$$
$$= \frac{a+b \pm \sqrt{a^2 - ab + b^2}}{6}.$$

Hier können wir nicht ohne weiteres entscheiden, welcher der beiden Werte von x das gesuchte Maximum liefert. Wir müssen daher die zweite Ableitung heranziehen. Aus Gleichung 2) folgt

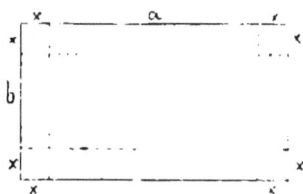

Fig. 66.

$$\frac{d^2I}{dx^2} = 24x - 4(a+b).$$

Setzen wir hier für x die Werte aus 3) ein, so folgt, dass für diese Werte

$$\frac{d^2I}{dx^2} = 4(a+b) \pm 4\sqrt{a^2 - ab + b} - 4(a+b)$$
$$= \pm 4\sqrt{a^2 - ab + b^2}$$

ist. Das negative Zeichen entspricht daher einem Maximum, das positive einem Minimum. Das Maximum tritt also ein für

4) $\quad x = \dfrac{a+b - \sqrt{a^2 - ab + b^2}}{6}.$

Würde man den Wert von x ausrechnen, der das Minimum liefert, so würde man finden, dass er zu gross ist, als dass sich ein Kasten wirklich herstellen liesse. Um dies zu erklären, denke man daran, dass uns die Rechnung die sämtlichen Maxima und Minima der Funktion I giebt, unabhängig davon, ob sie eine reelle Bedeutung für die ursprüngliche Aufgabe haben oder nicht.

2. Eine gegebene Kreisfläche soll durch Ausscheidung eines Sektors so gefaltet werden, dass der entstehende kegelförmige Filter den grössten Inhalt besitzt.

Wir betrachten der Einfachheit halber den Radius der gegebenen Kreisfläche (Fig. 67) als Längeneinheit und bezeichnen den Bogen des-jenigen Kreissektors, aus dem die Kegelfläche gebildet wird, durch φ, in dem S. 65 definierten Sinn. Dieser Bogen bildet die Peripherie des Grundkreises des Kegels; bezeichnen wir den Radius dieses Grundkreises durch r, so ist demnach

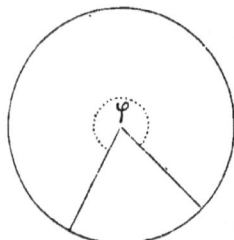

$$2r\pi = \varphi.$$

Ist nun h die Höhe des Kegels, so beträgt sein Volumen

Fig. 67.

$$5)\quad V = \frac{r^2\pi h}{3}.\,^{*})$$

Für h erhalten wir, da h mit r ein rechtwinkliges Dreieck bildet, dessen Hypotenuse die Seite des Kegelmantels ist, und demnach den Wert 1 hat,

$$h = \sqrt{1-r^2} = \sqrt{1-\frac{\varphi^2}{4\pi^2}}.$$

Setzen wir diese Werte in 5) ein, so folgt

$$6)\quad V = \frac{\pi}{3}\frac{\varphi^2}{4\pi^2}\sqrt{1-\frac{\varphi^2}{4\pi^2}} = \frac{1}{12.\pi}\varphi^2\sqrt{1-\frac{\varphi^2}{4\pi^2}}$$

und es ist jetzt φ so zu bestimmen, dass V ein Maximum wird. Wird V ein Maximum, so wird auch das 12π-fache von V ein Maximum, nämlich

$$V_1 = 12\pi V = \varphi^2\sqrt{1-\frac{\varphi^2}{4\pi^2}},$$

mit andern Worten, wir können bei der Rechnung von dem konstanten Faktor absehen und brauchen nur auf die Funktion V_1 unsere Regeln anzuwenden.$^{**})$ Es folgt als Bedingungsgleichung für φ

$$\frac{dV_1}{d\varphi} = 2\varphi\sqrt{1-\frac{\varphi^2}{4\pi^2}} - \varphi^2\cdot\frac{\frac{\varphi}{4\pi^2}}{\sqrt{1-\frac{\varphi^2}{4\pi^2}}} = 0.$$

---

*) Vgl. § 7 der Formelsammlung.

**) Dies ergiebt sich allgemein wie folgt. Soll
$$y = Cf(x)$$
ein Maximum oder Minimum werden, so hat man
$$y' = Cf'(x) = 0$$
zu setzen, d. h. man hat die Gleichung
$$f'(x) = 0$$
zu lösen, wie oben geschehen ist.

Durch Multiplikation mit der Wurzel folgt hieraus

$$7) \quad 2\,\varphi\left(1 - \frac{\varphi^2}{4\,\pi^2}\right) - \frac{\varphi^3}{4\,\pi^2} = 0.$$

Da φ nicht Null sein kann, so dürfen wir durch φ dividieren und finden

$$8) \quad 2 - 3\,\frac{\varphi^2}{4\,\pi^2} = 0; \quad \frac{\varphi}{2\,\pi} = \sqrt{\frac{2}{3}}.$$

Dies giebt den gesuchten Wert von φ. Dass er ein Maximum liefert, bedarf keiner weiteren Auseinandersetzung.

Um den zugehörigen Winkel in Graden zu finden, haben wir bekanntlich (S. 66), wenn x die Zahl der Grade bedeutet, die Proportion

$$\varphi : 2\,\pi = x : 360$$

zu benutzen. Aus ihr folgt

$$9) \quad x = \frac{\varphi}{2\,\pi} \cdot 360 = 360\,\sqrt{\frac{2}{3}}.$$

Dies ergiebt abgerundet $x = 294^0$, der Winkel des auszuschaltenden Sektors beträgt daher ungefähr 66^0.

Als Filterinhalt ergiebt sich nach Gleichung 5), wenn wir diesen Inhalt durch V_{max} bezeichnen,

$$10) \quad V_{max} = \frac{\pi}{3} \cdot \frac{2}{3}\,\sqrt{\frac{1}{3}} = \frac{2\,\pi}{9}\,\sqrt{\frac{1}{3}}.$$

In den Laboratorien pflegt man die Filter aus praktischen Gründen aus der Halbkreisfläche zu bilden.

3. Ein cylindrisches Hohlgefäss von gegebenem Inhalt J (z. B. 1 Liter) so herzustellen, dass dazu ein Minimum von Material (z. B. Blech) benutzt wird.

Das verbrauchte Material bildet den Mantel des Cylinders und die Grundfläche. Ist r der Radius der Grundfläche und h die Höhe des Cylinders, so stellt

$$11) \quad M = r^2\,\pi + 2\,r\pi\,h\,*)$$

die Grundfläche nebst Cylindermantel dar. Zugleich besteht die Gleichung

$$r^2\,\pi\,h = J\,**)$$

Hieraus können wir $h\pi$ berechnen und in Gleichung 11) einsetzen; diese geht alsdann in

$$12) \quad M = r^2\pi + \frac{2\,J}{r}$$

über; und nun ist r so zu bestimmen, dass M ein Minimum wird. Wir bilden

$$\frac{d\,M}{d\,r} = 2\,r\pi - \frac{2\,J}{r^2} = 0;$$

---

*) Vgl. § 7 der Formelsammlung.
**) Vgl. § 7 der Formelsammlung.

d. h. also

$$13) \quad 2r^3\pi = 2I; \quad r = \sqrt[3]{\frac{I}{\pi}}.$$

Ist im besonderen $I = 1$, so wird

$$14) \quad r = \sqrt[3]{\frac{1}{\pi}}.$$

Dass hier wirklich ein Minimum vorliegt, zeigt die zweite Ableitung. Es ist

$$\frac{d^2M}{dr^2} = 2\pi + \frac{4I}{r^3}$$

und dies ist für den obigen Wert von r sicher positiv.

§ 7. Fehlerrechnung.*)

Selten ist es möglich oder praktisch, eine gesuchte Grösse direkt zu messen; dann bestimmt man sie häufig in der Weise, dass eine oder mehrere andere Grössen gemessen werden, die mit jener in einer bekannten gesetzmässigen Beziehung stehen. So ermittelte man das Verbindungsgewicht des Natriums nicht direkt in der Weise, dass man etwa aus gewogenen Mengen Chlors und Natriums Chlornatrium herstellte oder gebildetes Chlornatrium in seine Bestandteile zerlegte, sondern man bestimmte die Menge Silbers, die das Natrium zu ersetzen im stande ist, und berechnete aus der als bekannt vorausgesetzten Zusammensetzung von Chlorsilber indirekt den gesuchten Wert; so erhält man bei Messung eines galvanischen Widerstandes mit der Wheatstoneschen Brücke die gesuchte Grösse nicht direkt, sondern muss sie aus dem Verhältnis der verschiedenen Brückenzweige durch Rechnung finden; so liefert die Ablesung einer Stromstärke an der Tangentenbussole nicht direkt den gesuchten Wert, sondern er muss erst aus der trigonometrischen Tangente des Ablenkungswinkels erschlossen werden u. s. w.

In allen diesen Fällen liefert die Fehlerrechnung, eine unmittelbare Anwendung der in diesem Kapitel dargelegten Rechnungsmethoden, wichtige Fingerzeige für eine sachgemässe Versuchsanordnung und kritische Berechnung der Resultate. Es sei y die gesuchte Grösse, x der direkt durch Messung erschlossene Wert, der nach der Gleichung

$$1) \quad y = f(x)$$

jene durch Rechnung zu finden erlaubt.

---

*) Vgl. hierzu besonders Kohlrausch, Leitf. prakt. Physik. VIII. Aufl. S. 1 ff.

Die Bestimmung von x wird nun mit einem gewissen Fehler $\varDelta x$ behaftet sein, der natürlich schädlich auf die Berechnung von y zurückwirkt, indem wir etwa anstatt zu dem wahren Wert y zu dem fehlerhaften $y + \varDelta y$ gelangen. Der Fehler im Endresultat beträgt also

$$\varDelta y = y + \varDelta y - y = f(x + \varDelta x) - f(x).$$

Nun können wir sicherlich $\varDelta x$ als eine kleine Grösse betrachten (andernfalls wäre die ganze Messung ja illusorisch!) und deshalb bei der Taylorschen Reihenentwickelung (S. 215)

$$f(x + \varDelta x) = f(x) + f'(x)\, \varDelta x + \dots$$

mit dem zweiten Gliede abbrechen. Somit wird

$$2)\qquad \varDelta y = f'(x)\, \varDelta x$$

und der relative Fehler*)

$$3)\qquad \frac{\varDelta y}{y} = \frac{f'(x)}{f(x)}\, \varDelta x.$$

Gleichung 3) findet bei der kritischen Sichtung der Brauchbarkeit von nach verschiedenen Methoden erhaltenen Resultaten häufige Anwendung.

Beispiel 1.**) Man habe behufs Ermittelung des Verbindungsgewichtes des Natriums (S. 248) gefunden, dass x Teile Chlornatrium durch ein Teil gelösten Silbers gefällt werden (als Chlorsilber). Wenn A das Verbindungsgewicht des Silbers, B dasjenige des Chlors ist (die beide als bekannt vorausgesetzt werden), so ergiebt sich das gesuchte Verbindungsgewicht des Natriums y aus der Gleichung

$$(y + B) : A = x : 1$$

oder

$$y = Ax - B$$

und der relative Fehler folgt nach Gleichung 3) zu

$$\frac{\varDelta y}{y} = \frac{f'(x)}{f(x)}\, \varDelta x = \frac{A}{Ax - B}\, \varDelta x$$

oder auch

$$\frac{\varDelta y}{y} = \frac{A}{y}\, \varDelta x = \frac{y + B}{y} \cdot \frac{\varDelta x}{x}.$$

---

*) Offenbar ist für die Beurteilung der Genauigkeit einer Messung nicht der absolute, sondern der relative Fehler massgebend; multiplizieren wir letzteren mit 100, so erhalten wir den sogenannten prozentischen Fehler. Wenn wir ein Gewicht bis auf 0,1 g sicher ermitteln, so kann die erreichte Genauigkeit in manchen Fällen bereits äusserst gross, in andern aber gänzlich unzureichend sein, je nachdem 0,1 g einen äusserst kleinen, oder aber bereits beträchtlichen Bruchteil des Gesamtgewichts bedeutet. Vgl. auch das S. 230 über kleine Grössen Bemerkte.

**) Vgl. hierzu Ostwald, Lehrbuch der allg. Chemie, II. Aufl., Bd. 1, S. 20.

Im obigen Beispiel ist

$$\frac{y + B}{y} = \frac{23 + 35,5}{23} = 2,54;$$

ein Fehler von 0,1 pro Mille in der Bestimmung von x macht also y um ca. 0,25 pro Mille fehlerhaft. Es ist daher unvorteilhaft, wenn B erheblich grösser als y ist; im Falle des Chlorbaryums, woselbst $y = \frac{137}{2}$ (Äquivalentgewicht des Baryums), somit

$$\frac{y + B}{y} = 1,52$$

beträgt, arbeitet die gleiche Methode (Fällung von Chlorbaryum mit Silber) erheblich vorteilhafter.

Beispiel 2. Wenn x der zur Zeit t erfolgte chemische Umsatz ist, so berechnet sich die Geschwindigkeitskonstante y (früher mit k bezeichnet) nach den Darlegungen von S. 142 ff. nach der allgemeinen Formel

$$y = \frac{1}{t}\, \varphi\,(x),$$

worin t die zu x gehörige Zeit und $\varphi(x)$ eine von der Natur der betreffenden Reaktion abhängige Funktion bedeutet; t sowohl wie x müssen bestimmt werden, um y berechnen zu können, allein in der Regel ist die Bestimmung von t so genau, dass sie mit keinem in Betracht kommenden Fehler verknüpft ist, während x mit einem merklichen Fehler $\varDelta x$ (der z. B. durch die Ungenauigkeit der Titration bedingt ist) behaftet sein wird. Wir finden also

$$\varDelta y = \frac{1}{t}\, \varphi'\,(x)\, \varDelta x.$$

Bei einer grösseren Beobachtungsreihe (wie sie z. B. Kap. V, § 9 mitgeteilt ist) werden die Werte von $\varDelta x$ in der Regel als gleich anzusehen sein, und die Fehler der aus den verschiedenen Beobachtungsdaten berechneten Reaktionskonstanten y sind somit dem Ausdruck $\frac{\varphi'(x)}{t}$, ihre Zuverlässigkeit somit $\frac{t}{\varphi'(x)}$ proportional. Unter solchen Umständen ist es daher nicht statthaft, einfach aus den gefundenen Werten von y das Mittel zu nehmen, sondern man muss jeden Wert von y mit dem dazu gehörigen Wert von $\frac{t}{\varphi'(x)}$ ($=$ »Gewicht der Beobachtung«) multiplizieren und die Summe dieser Produkte durch die Summe aller Werte letzteren Ausdrucks dividieren. So entsteht die Formel

$$y = \frac{y_1 \frac{l_1}{\varphi'(x_1)} + y_2 \frac{l_2}{\varphi'(x_2)} + \cdots}{\frac{l_1}{\varphi'(x_1)} + \frac{l_2}{\varphi'(x_2)} + \cdots},$$

bei deren Berechnung also jede einzelne Messung nicht in gleicher (unkritischer) Weise, sondern nach Massgabe ihrer Zuverlässigkeit verwertet wird. — Offenbar ist es in diesem Falle gleichgültig, ob wir mit dem relativen Fehler $\frac{dy}{y}$ oder, wie einfacher und oben geschehen, mit dem Fehler $\varDelta y$ selber rechnen.

Nach Gleichung 3) wächst der relative Fehler (wie selbstverständlich) einerseits mit dem Fehler der Messung $\varDelta x$, dann aber auch mit der Grösse von $\frac{f'(x)}{f(x)}$. Beide Faktoren müssen wir möglichst klein zu machen suchen, und zwar $\varDelta x$, indem wir möglichst genau messen, $\frac{f'(x)}{f(x)}$ aber in der Weise, dass wir die Versuchsanordnung so wählen, dass (unbeschadet dem ersten Erfordernis) $\frac{f'(x)}{f(x)}$ zu einem Minimum wird.

Letztere Bedingung ist aber (S. 235) erfüllt, wenn die Ableitung

$$4) \quad \frac{d}{dx}\left(\frac{f'(x)}{f(x)}\right) = \left(\frac{f'(x)}{f(x)}\right)' = 0$$

wird, und dieser Bedingung ist (wenn, wie allerdings häufig der Fall, aus anderweitigen Gründen ihre Erfüllung nicht unthunlich wird) im speziellen Fall nach Möglichkeit stattzugeben. Wie dies im einzelnen zu geschehen hat, werden folgende Beispiele lehren.

Messung galvanischer Widerstände in der Brücken-kombination. Der gesuchte Widerstand[*)] y ist nach der Formel

$$5) \quad y = f(x) = w \frac{x}{l-x}$$

zu berechnen ($w =$ Vergleichswiderstand, $l =$ Länge der Brücke, $x =$ Einstellung auf Stromlosigkeit). Es ist

$$f'(x) = w\frac{l}{(l-x)^2}; \quad \frac{f'(x)}{f(x)} = \frac{l}{x(l-x)}$$

und schliesslich

$$\left(\frac{f'(x)}{f(x)}\right)' = l\frac{2x-l}{x^2(l-x)^2}.$$

---

*) Kohlrausch, Leitf. prakt. Physik, VIII. Aufl. S. 319.

Dieser Ausdruck wird aber offenbar gleich Null für $x = \dfrac{l}{2}$; der

gleiche Einstellungsfehler (z. B. 0,1 mm) hat also in der Nähe der Mitte der Brücke den geringsten Einfluss auf das Endresultat und dieser Bedingung gemäss wird man, wo angängig, über die Grösse des Vergleichswiderstandes verfügen.

Messung der Stromstärke mit der Tangentenbussole. Die gesuchte Stromstärke y ist proportional der Tangente des abgelesenen Winkels x, d. h. es wird

$$y = f(x) = C \operatorname{tg} x;$$

wir finden

$$f'(x) = \frac{C}{\cos^2 x}; \quad \frac{f'(x)}{f(x)} = \frac{1}{\sin x \cos x}$$

und

$$\left(\frac{f'(x)}{f(x)}\right)' = \frac{\sin^2 x - \cos^2 x}{\sin^2 x \cos^2 x}.$$

Obiger Ausdruck wird aber offenbar gleich Null für

$$\sin x = \cos x,$$

d. h. für einen Winkel von 45^0; in dieser Gegend haben also Ablesefehler den geringsten Einfluss auf das Endresultat und man wird im gegebenen Fall die Dimensionen, Windungszahl u. dgl. der Bussole so wählen, dass ein Ausschlag von dieser Grössenordnung erfolgt. (Bei Ablesung mittels Fernrohr und Skala ist es natürlich nicht möglich, diese Bedingung einzuhalten.)

In der Regel müssen wir, um eine gesuchte Grösse y zu finden, nicht eine einzige Grösse x, wie bisher angenommen, direkt messen, sondern mehrere, etwa $x, w, v \ldots$; dann ist der Fehler des Endresultats Δy offenbar (S. 183), wenn y aus der Gleichung

$$y = f(x, w, v \ldots)$$

zu berechnen ist:

$$\Delta y = \frac{\partial y}{\partial x} \Delta x + \frac{\partial y}{\partial w} \Delta w + \frac{\partial y}{\partial v} \Delta v + \cdots$$

und der relative Fehler entsprechend

$$6) \quad \frac{\Delta y}{y} = \frac{1}{y} \frac{\partial y}{\partial x} \Delta x + \frac{1}{y} \frac{\partial y}{\partial w} \Delta w + \frac{1}{y} \frac{\partial y}{\partial v} \Delta v + \cdots$$

Die Gleichung 6) gestattet, den Einfluss der bei den einzelnen Messungen der verschiedenen Grössen begangenen Fehler auf das Endresultat zu diskutieren, wobei im einzelnen genau wie früher zu verfahren ist.

Häufig sind jedoch die durch Δw, Δv ... verursachten Fehler so geringfügig, dass wir sie neben dem durch Δx verursachten Fehler vernachlässigen können; so müssen wir in Gleichung 5) streng genommen auch w und l als fehlerhaft ansehen, so dass wir finden

$$\frac{\Delta y}{y} = \frac{l}{x\,(l-x)}\,\Delta x + \frac{1}{w}\,\Delta w - \frac{1}{l-x}\,\Delta l,$$

wodurch der Einfluss der verschiedenen Fehler klargelegt ist. Allein w sowohl wie l können im allgemeinen (durch Kalibrierung des Widerstandskastens, bezw. der Brücke) als ein für allemal so genau bestimmt angesehen werden, dass ihre Fehler nicht mehr in Frage kommen.

Ist ferner, um noch einen zweiten Fall zu betrachten, in dem Beispiel 2 S. 250 nicht nur x, sondern auch die Zeit t und die Anfangskonzentration a (= Wert für x zur Zeit $t = 0$) merklich fehlerhaft. so wird

$$\Delta y = \frac{\partial f(x, t, a)}{\partial x}\,\Delta x + \frac{\partial f(x, t, a)}{\partial t}\,\Delta t + \frac{\partial f(x, t, a)}{\partial a}\,\Delta a$$

oder

$$y = \frac{1}{t}\,f(x, a)$$

gesetzt

$$\Delta y = \frac{1}{t}\,\frac{\partial f(x, a)}{\partial x}\,\Delta x - \frac{1}{t^2}\,f(x, a)\,\Delta t + \frac{1}{t}\,\frac{\partial f(x, a)}{\partial a}\,\Delta a.$$

Man muss also die Werte Δx, Δt, Δa abschätzen können, um im gegebenen Falle die Zuverlässigkeit jeder einzelnen Bestimmung abwägen zu können.

Zehntes Kapitel

Auflösung numerischer Gleichungen.

§ 1. Graphische Deutung der Gleichungen.

Für die numerische Auflösung der Gleichungen bedient man sich mit Vorteil der graphischen Darstellung. Es sei

$$1) \quad x^n + a x^{n-1} + b x^{n-2} + \ldots + p x + q = 0$$

irgend eine Gleichung, in der a, b, $c \ldots p$, q gegebene Zahlen bedeuten sollen; es ist klar, dass jede algebraische Gleichung in diese Form übergeht, wenn man sie durch den Koeffizienten der höchsten Potenz von x dividiert. Alsdann stellt

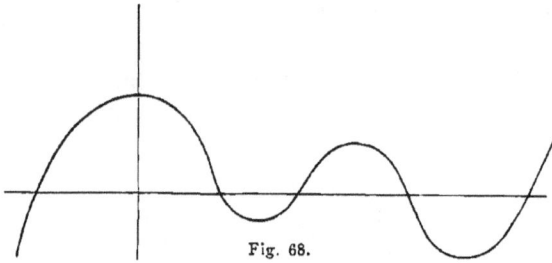

Fig. 68.

$$2) \quad y = x^n + a x^{n-1} + b x^{n-2} + \ldots + p x + q$$

die Gleichung einer Kurve dar; wir können uns von ihr, wenn nötig, so viele Punkte verschaffen, wie wir wollen, indem wir zu beliebigen Werten von x die zugehörigen Werte von y berechnen. Ist (Fig. 68) ξ die Abscisse irgend eines Punktes, in dem die Kurve die x-Axe schneidet, so ist seine Ordinate gleich 0; es besteht also die Gleichung

$$3) \quad 0 = \xi^n + a \xi^{n-1} + b \xi^{n-2} + \ldots + p \xi + q,$$

und es ist ξ eine Wurzel von 1). Jeder Schnittpunkt der Kurve mit der x-Axe giebt also eine Wurzel der gegebenen Gleichung.

Die Bestimmung der Wurzeln einer Gleichung ist demnach identisch mit der Aufgabe, die Schnittpunkte der zugehörigen Kurve mit der x-Axe zu berechnen. Es fragt sich jetzt nur, ob und wie wir uns ein gröberes oder genaueres Bild der Kurve so verschaffen können, dass es zur Ermittelung der Schnittpunkte benutzbar wird. Dies gelingt leicht mit alleiniger Hilfe der Erwägung, dass die Kurve zwischen zwei Punkten, die auf verschiedenen Seiten der x-Axe liegen, deren Ordinaten also verschiedenes Zeichen haben, die x-Axe notwendig schneidet. Es ist zweckmässig, dies sofort an bestimmten Zahlenbeispielen durchzuführen.

§ 2. Die Newtonsche Annäherungsmethode.

Es sei die gegebene Gleichung zunächst von der dritten Ordnung und laute z. B.

$$1) \quad x^3 - 7x + 1 = 0,$$

so ist die Gleichung der zugehörigen Kurve

$$2) \quad y = x^3 - 7x + 1.$$

Beachtet man, dass, wenn x sehr gross ist, x^3 die beiden folgenden Glieder weit überwiegt — dies ist schon der Fall, wenn man $x = 10$ setzt, also erst recht für grössere Werte — so folgt zunächst, dass y für sehr grosse positive Werte von x stets positiv ist und die Kurve daher über der x-Axe liegt; wenn aber x sehr grosse und negative Werte hat, so ist y stets negativ und die Kurve liegt unterhalb der x-Axe.

Man stelle jetzt folgende Tabelle zusammengehöriger Werte von x und y auf:

$$x = -3, \; -2, \; -1, \; 0, \quad 1, \quad 2, \; 3$$
$$y = -5, \quad 7, \quad 7, \; 1, \; -5, \; -5, \; 7,$$

so folgt aus der Lage der zugehörigen Punkte, dass die Kurve zwischen $x = 2$ und $x = 3$, ebenso zwischen $x = 0$ und $x = 1$, endlich auch zwischen $x = -2$ und $x = -3$ die x-Axe schneidet; denn die bezüglichen Ordinaten haben in allen drei Fällen verschiedene Vorzeichen.

Um jetzt beispielsweise die Wurzel zu ermitteln, die zwischen 0 und 1 liegt, setzen wir

$$x = 0,0 \quad 0,1 \quad 0,2 \quad 0,3 \quad 0,4$$

und bestimmen die zugehörigen Werte y, nämlich

$$y = 1 \quad 0,301 \quad -0,392 \ldots \ldots$$

und sehen sofort, dass die Wurzel zwischen 0,1 und 0,2 liegen muss.

Es ist klar, dass man auf diese Weise fortfahren kann; man kann sich aber die mühsamen Rechnungen, die hier notwendig werden, erleichtern, indem man von jetzt an ein anderes Verfahren einschlägt.

Wir setzen zunächst zur Abkürzung

$$3)\quad x^3 - 7x + 1 = f(x)$$

und bezeichnen die zwischen 0,1 und 0,2 liegende Wurzel resp. ihren Wert durch ξ, so dass die Gleichung

$$4)\quad f(\xi) = \xi^3 - 7\xi + 1 = 0$$

besteht. Da die Wurzel nach vorstehender Rechnung ziemlich in der Mitte zwischen 0,1 und 0,2 zu liegen scheint, so kann man 0,15 als eine erste Annäherung betrachten; d. h. es wird

$$\xi = 0{,}15 + h$$

sein, wo h die nötige Korrektion bedeutet. Nun ist nach dem Satz von Taylor (S. 215) für die Funktion $f(x)$

$$f(x + h) = f(x) + h f'(x) + \frac{h^2}{1 \cdot 2} f''(x) + \cdots.$$

und zwar ergiebt sich in dem hier vorliegenden Fall

$$f'(x) = 3x^2 - 7$$
$$f''(x) = 6x$$
$$f'''(x) = 6,$$

während alle folgenden Ableitungen den Wert Null erhalten. Es ist daher

$$5)\quad f(x + h) = f(x) + h f'(x) + \frac{h^2}{1 \cdot 2} f''(x) + \frac{h^3}{1 \cdot 2 \cdot 3} f'''(x).$$

Nun war

$$6)\quad \xi = 0{,}15 + h = a + h,$$

so dass $a = 0{,}15$ gesetzt ist, also folgt

$$7)\quad f(\xi) = f(a + h) = f(a) + h f'(a) + \frac{h^2}{1 \cdot 2} f''(a) + \frac{h^3}{1 \cdot 2 \cdot 3} f'''(a) = 0$$

und wenn wir nun, da h ein Korrektionsglied ist, die höheren Potenzen von h vernachlässigen, so folgt, dass angenähert

$$f(a) + h f'(a) = 0, \quad h = -\frac{f(a)}{f'(a)}$$

ist. In unserem Fall folgt

$$h = -\frac{0{,}046525}{6{,}9325}$$

und dies giebt angenähert

$$h = -0,007,$$

also 0,143 als neuen Näherungswert der Wurzel.

Jetzt setze man

$$\xi = 0,143 + h_1 = a_1 + h_1,$$

so ergiebt sich ebenso zur angenäherten Bestimmung von h_1 die Gleichung

$$f(a_1) + h_1 f'(a_1) = 0; \quad h_1 = -\frac{f(a_1)}{f'(a_1)}$$

und in unserem Fall

$$h_1 = +\frac{0,001924}{6,93865},$$

also in weiterer Annäherung

$$h_1 = +0,00028$$

und 0,14328 als Wurzel. Setzt man weiter

$$\xi = 0,14328 + h_2 = a_2 + h_2,$$

so ist h_2 aus der Gleichung

$$f(a_2) + h_2 f'(a_2) = 0, \quad h_2 = -\frac{f(a_2)}{f'(a_2)}$$

angenähert zu bestimmen, und man findet

$$h_2 = -0,0000026;$$

die Wurzel ist daher

$$\xi = 0,1432774\ldots$$

Der genaue Wert der Wurzel bis auf 8 Stellen ist

$$x = 0,14327732,$$

so dass unser Wert bis auf 6 Stellen genau ist.

Die hier benutzte Methode ist bereits von Newton angegeben worden.

Ein zweites Beispiel sei die Gleichung

$$f(x) = x^3 - 4x^2 - 2x + 4 = 0.$$

Man erhält folgende Tabelle:

$$x = -2, \; -1, \; 0, \; 1, \; 2, \; 3, \; 4, \; 5,$$
$$y = -16, \; 1, \; 4, \; -1, \; -8, \; -11, \; -4, \; 19,$$

die bezügliche Kurve schneidet also die x-Axe zwischen den Abscissen -2 und -1, zwischen 0 und 1 und zwischen 4 und 5; zwischen je zwei dieser Zahlen liegt daher eine Wurzel der Gleichung. Wir wollen diejenige berechnen, die zwischen 4 und 5 liegt. Wir finden, dass für

$$x = 4 \qquad 4,1 \qquad 4,2 \qquad 4,3$$
$$y = -4 \quad -2,519 \quad -0,872 \quad 0,947$$

ist; die Wurzel liegt also zwischen 4,2 und 4,3; wir setzen in erster Annäherung

$$a = 4,25.$$

Wir finden der Reihe nach folgende Korrektionsglieder

$$h = -\frac{f(a)}{f'(a)} = -\frac{0,015625}{18,1875} = -0,000859,$$

also als zweite Annäherung für die Wurzel

$$a_1 = 4,249141.$$

Jetzt finden wir weiter

$$h_1 = -\frac{f(a_1)}{f'(a_1)} = \frac{0,0000083933\ldots}{18,172\ldots}$$
$$= -0,00000046\ldots,$$

also als neue Annäherung

$$a_2 = 4,24914054\ldots$$

Im zweiten Beispiel schreitet die Annäherung viel schneller fort, als im ersten. Dies lässt sich von vornherein nicht übersehen, es kann sich immer erst während der Rechnung selbst ausweisen. Auf einen Umstand müssen wir jedoch noch generell eingehen. Es kann gelegentlich vorkommen, dass der sich ergebende Wert von h keine bessere Annäherung herbeiführt. In diesem Fall hat man den Wert von a, den man abzuschätzen hat, um eine Annäherung zu erzielen, durch einen andern zu ersetzen, der um eine Einheit der letzten Stelle verändert ist. Dies hätte z. B. geschehen müssen, wenn man im letzten Beispiel für a den Wert 4,24 angenommen hätte — was an sich näher zu liegen scheint. Aus diesem Grunde ist oben sofort $a = 4,25$ gesetzt worden. Das Gleiche gilt für a_1 und h_1 u. s. w.

§ 3. Trennung der Wurzeln.

Nicht in allen Fällen lassen sich die ganzzahligen Intervalle, zwischen denen die Wurzeln liegen, so einfach bestimmen, wie in den beiden eben behandelten Beispielen. Ist die gegebene Gleichung die folgende

$$1)\quad f(x) = x^3 - 7x + 7 = 0,$$

so ergiebt sich folgende Tabelle zusammengehöriger Werte:

$$x = 0, \quad 1, \quad 2, \quad 3 \ldots$$
$$y = 7, \quad 1, \quad 1, \quad 13 \ldots$$

Die zugehörige Kurve

$$2) \quad y = x^3 - 7x + 7$$

schneidet, wie wir finden werden, die x-Axe zwischen $x = 1$ und $x = 2$ zweimal, aus der obigen Tabelle geht dies aber nicht hervor, da y stets positiv ist. Jedenfalls sieht man aber aus dieser Tabelle bereits, dass die Kurve zwischen $x = 1$ und $x = 2$ ein Minimum besitzt, und die ganze Unbestimmtheit kommt daher, dass wir nicht wissen, ob dieses Minimum noch über oder bereits unter der x-Axe liegt. Um hierüber orientiert zu werden, brauchen wir nur das Minimum zu berechnen. Wir erhalten es durch Auflösung der Gleichung

$$3) \quad f'(x) = 3x^2 - 7 = 0,$$

als deren Wurzeln sich

$$4) \quad x_1 = \sqrt{\frac{7}{3}}, \quad x_2 = -\sqrt{\frac{7}{3}}$$

ergeben. Die für uns in Betracht kommende Wurzel ist die erste, also $x_1 = 1,5$.. Zu ihr finden wir

$$5) \quad y_1 = \left(\sqrt{\frac{7}{3}}\right)^3 - 7\left(\sqrt{\frac{7}{3}}\right) + 7 = 7 - \frac{14}{3}\sqrt{\frac{7}{3}}$$

und dies ist, wie die Ausrechnung zeigt, negativ. Daher schneidet die Kurve die x-Axe zwischen $x = 1$ und $x = 2$ in zwei verschiedenen Punkten, es liegen also zwei Wurzeln zwischen $x = 1$ und $x = 2$.

Um sie zu berechnen, bestimmen wir nunmehr, da das Minimum nahe bei $x = 1,5$ liegt, folgende Tabelle zusammengehöriger Werte.

$$x = 1,3 \qquad 1,4 \qquad 1,5 \qquad 1,6 \qquad 1,7 \quad ^*)$$
$$y = 0,097 \; -0,056 \; -0,125 \; -0,104 \quad 0,013.$$

Die eine Wurzel liegt daher zwischen 1,3 und 1,4, die andere zwischen 1,6 und 1,7. Wir wollen die letzte berechnen, indem wir jetzt wieder das oben benutzte Näherungsverfahren einschlagen.

Es ist

$$f(x) = x^3 - 7x + 7,$$
$$f'(x) = 3x^2 - 7,$$

wir setzen $a = 1,7$ und erhalten

$$h = -\frac{f(a)}{f'(a)} = -\frac{0,013}{1,67} = -0,008;$$

als erste Annäherung der Wurzel finden wir also $\xi = 1,692$. Die weitere Rechnung würde ebenso auszuführen sein, wie bei den anderen Beispielen.

---

*) Es bedarf kaum des Hinweises, dass man mit 1,5 und 1,6 beginnt und dann nach beiden Seiten so lange weitergeht, bis y positiv wird.

Ein zweites Beispiel dieser Art sei das folgende:

$$6) \quad f(x) = x^4 - 5x^3 + 5x^2 + 5x - 6,9 = 0.$$

Wir erhalten zunächst folgende Tabelle:

$$x = -2 \quad -1 \quad 0 \quad 1 \quad 2 \quad 3 \quad 4$$
$$y = \quad 59,1 \quad -0,9 \quad -6,9 \quad -0,9 \quad -0,9 \quad -0,9 \quad 29,1;$$

es liegt also eine Wurzel zwischen -2 und -1, und eine zwischen 3 und 4. Andererseits hat die Kurve

$$7) \quad y = x^4 - 5x^3 + 5x^2 + 5x - 6,9,$$

wie die Tabelle erkennen lässt, und eine zugehörige graphische Darstellung der Kurve, die man ohne Mühe entwirft, bestätigt, zwischen $x = 1$ und $x = 2$ sicher ein Maximum; es bleibt aber zunächst unentschieden, ob die zugehörige Ordinate bereits positiv ist. Wir bestimmen das Maximum, indem wir die Gleichung

$$8) \quad f'(x) = 4x^3 - 15x^2 + 10x + 5 = 0$$

nach x auflösen. Dies geht hier ohne grosse Mühe, da wir ja bereits wissen, dass die gesuchte Wurzel zwischen 1 und 2 liegen muss. Wir erhalten folgende Tabelle:

$$x = 1,4 \qquad 1,5 \qquad 1,6$$
$$f'(x) = 0,576 \quad -0,25 \quad -1,016.$$

Das Maximum liegt also zwischen 1,4 und 1,5. Wir untersuchen jetzt sofort, ob zu den vorstehenden Werten von x, resp. zu den benachbarten, bereits positive Werte von y gehören. Wir finden zu

$$x = \quad 1,3 \qquad 1,4 \qquad 1,5 \qquad 1,6$$
$$y = -0,0789 +0,0216 +0,0375 -0,0264$$

und daraus folgt sofort, dass zwischen 1,3 und 1,4, ebenso zwischen 1,5 und 1,6 je eine Wurzel der gegebenen Gleichung liegt. Wir wollen eine von ihnen berechnen. Da nach den Werten von y die Wurzel ziemlich in der Mitte zwischen 1,3 und 1,4 liegen dürfte, so setzen wir

$$a = 1,35 \, {}^*),$$

also erhalten wir

$$h = -\frac{f(a)}{f'(a)} = \frac{0,016\ldots}{1,002} = 0,016\ldots$$

also als erste Annäherung der Wurzel 1,366. Die weitere Rechnung ergiebt zunächst für $a_1 = 1,366$

$$h_1 = -\frac{f(a_1)}{f'(a_1)} = \frac{0,0039\ldots}{0,866\ldots} = 0,004\ldots,$$

---

*) Die Rechnung zeigt, dass dies wirklich zur Wurzel führt; sicherer geht man so vor, dass man zunächst die Werte von $f(x)$ für $x = 1,35, 1,36, 1,37 \ldots$ berechnet, bis man zum Zeichenwechsel gelangt.

demnach als zweite Annäherung $a_2 = 1,370$. Eine nochmalige Anwendung der Formel führt zu

$$h_2 = -\frac{f(a_2)}{f'(a_2)} = -\frac{0,000487}{0,832 \ldots} = -0,00059,$$

was für die gesuchte Wurzel 1,36941 ergeben würde.

§ 4. Zahl der reellen Wurzeln einer Gleichung.

Die Gleichung 7) des vorigen Paragraphen lässt erkennen, dass, wenn x sehr grosse positive oder negative Werte hat, y ebenfalls sehr gross und zwar positiv ist; bereits wenn wir $x = 10$ oder $x = -10$ setzen, so überwiegt das erste Glied x^4 alle übrigen Glieder, und dies ist in noch höherem Maasse der Fall, wenn die für x zu setzende Zahl numerisch noch grösser ist als 10. Die durch die Gleichung dargestellte Kurve liegt also für sehr grosse positive und sehr grosse negative Werte von x auf der positiven Seite der x-Axe. Schneidet sie die Axe und tritt demgemäss auf die negative Seite der x-Axe, so muss sie notwendig die Axe noch einmal schneiden, um wieder auf die positive Seite zu gelangen; d. h. die Gleichung hat entweder vier oder zwei oder keine reelle Wurzel, und das gleiche gilt augenscheinlich für jede Gleichung vierten Grades.*)

Umgekehrt ist es bei einer Gleichung dritten Grades. Wir haben bereits auf S. 255 hervorgehoben, dass die dort betrachtete Kurve

$$y = x^3 - 7x + 1$$

für sehr grosse positive Werte von x auf der positiven Seite der x-Axe verläuft, für sehr grosse negative dagegen auf der negativen Seite; denn das Glied x^3 überwiegt in diesem Fall die übrigen Glieder und ist negativ oder positiv, je nachdem x selbst negativ oder positiv ist. Die Kurve verläuft also zunächst auf der negativen, zuletzt auf der positiven Seite der x-Axe. Sie muss daher notwendig mindestens einmal die x-Axe kreuzen. Thut sie es mehr als einmal, so muss sie es auch zum dritten Mal thun, d. h. die betrachtete Gleichung hat entweder eine oder drei reelle Wurzeln. Dies gilt für jede Gleichung dritten Grades.

Allgemein sieht man, dass eine Gleichung ungeraden Grades notwendig wenigstens eine und stets eine ungerade Zahl reeller Wurzeln hat; für eine Gleichung geraden Grades dagegen ist die Zahl der reellen Wurzeln stets gerade, und kann im besondern auch Null sein.

---

*) Vgl. auch die Ausführungen des folgenden Paragraphen.

Eine Ausnahme hiervon tritt nur dann ein, wenn die x-Axe die bezügliche Kurve berührt. Dann fallen in den Berührungspunkt zwei sonst verschiedene Schnittpunkte der Axe mit der Kurve zusammen. Man sieht dies am einfachsten, wenn man in Fig. 68 die x-Axe parallel mit sich verschiebt, bis eine Berührung eintritt. Zählt man jetzt den Berührungspunkt als doppelten Schnittpunkt (vgl. den folgenden § 5), so bleiben alsdann die obigen Sätze über die Zahl der Wurzeln bestehen.

§ 5. Der Fundamentalsatz der Algebra.

Aus der Elementarmathematik ist bekannt, dass eine quadratische Gleichung zwei, eine Gleichung dritten Grades drei Wurzeln hat. Analog besteht der Satz, dass eine Gleichung n^{ten} Grades n Wurzeln besitzt. Diesen Satz, für den Gauss zuerst einen exakten Beweis gegeben hat, nennt man den Fundamentalsatz der Algebra. Wir denken uns die bezügliche Gleichung (§ 1) wieder auf die Form gebracht

$$1)\quad x^n + a x^{n-1} + b x^{n-2} + \ldots + p x + q = 0,$$

so können wir den Satz geometrisch dahin interpretieren, dass die Kurve

$$2)\quad y = x^n + a x^{n-1} + \ldots + p x + q$$

mit der x-Axe n Punkte gemein hat. Übrigens bedarf diese Fassung, wie wir sofort zeigen werden, einer genaueren Begriffsbestimmung.

Einen Beweis des Fundamentalsatzes zu führen, ist hier nicht der Ort: wir beschränken uns auf folgende an diesen Satz anknüpfende Ausführungen.

Wir bezeichnen die rechte Seite von 2) abkürzend durch $f(x)$, so dass also

$$3)\quad f(x) = x^n + a x^{n-1} + \ldots + p x + q$$

ist. (Man nennt $f(x)$ eine ganze Funktion n^{ter} Ordnung von x.) Ferner wollen wir annehmen, es sei uns eine Wurzel ξ_1 der Gleichung 1) bekannt, so dass also

$$4)\quad 0 = \xi_1^n + a \xi_1^{n-1} + \ldots + p \xi_1 + q$$

ist. Durch Subtraktion der Gleichung 4) von 3) folgt

$$5)\quad f(x) = x^n - \xi_1^n + a(x^{n-1} - \xi_1^{n-1}) + \ldots + p(x - \xi_1).$$

Nun ist nach Formel 54) des Anhangs

$$x^n - \xi_1^n = (x - \xi_1)\left\{ x^{n-1} + \xi_1 x^{n-2} + \ldots + \xi_1^{n-2} x + \xi_1^{n-1} \right\}$$

$$x^{n-1} - \xi_1^{n-1} = (x - \xi_1)\left\{ x^{n-2} + \xi_1 x^{n-3} + \ldots + \xi_1^{n-2} \right\}$$

u. s. w. und man sieht daher sofort, dass man in der letzten Gleichung
aus jedem Glied der rechten Seite den Faktor $x - \xi_1$ heraussetzen
kann. Thut man dies, so ergiebt sich

$$6) \quad f(x) = (x - \xi_1) f_1(x),$$

wo x in $f_1(x)$ nur mehr in der $(n-1)^{\text{ten}}$ Potenz auftritt, also $f_1(x)$ nach
obigem Sprachgebrauch eine ganze Funktion $(n-1)^{\text{ter}}$ Ordnung ist;
es wird $f_1(x)$ die Form haben

$$7) \quad f_1(x) = x^{n-1} + a_1 x^{n-2} + b_1 x^{n-3} + p_1 x + q_1 = 0,$$

wo sich die a_1, $b_1 \ldots p_1$, q_1 durch direktes Ausrechnen leicht bestimmen
lassen. Ist nun ξ_2 eine Wurzel von $f_1(x)$, so beweist man auf dieselbe
Weise, wie oben, dass

$$8) \quad f_1(x) = (x - \xi_2) f_2(x)$$

ist, wo $f_2(x)$ eine ganze Funktion $(n-2)^{\text{ter}}$ Ordnung darstellt. Die
Kombination von Gleichung 6) und 8) liefert

$$9) \quad f(x) = (x - \xi_1)(x - \xi_2) f_2(x),$$

und wenn wir in dieser Weise weiter schliessen, so finden wir
schliesslich

$$10) \quad f(x) = (x - \xi_1)(x - \xi_2) \ldots (x - \xi_n)$$

und es sind ξ_1, $\xi_2 \ldots \xi_n$ die n Wurzeln, die $f(x)$ dem Fundamentalsatz gemäss besitzt, resp. die Abscissen derjenigen Punkte, die die
Kurve $y = f(x)$ mit der x-Axe gemein hat.

Es wurde bisher stillschweigend angenommen, dass die Werte
ξ_1, $\xi_2 \ldots \xi_n$ voneinander verschieden sind. Dies ist aber durchaus
nicht nötig. Die Wurzel ξ_2 der Gleichung $f_1(x) = 0$ kann sehr wohl
dieselbe sein, wie die Wurzel ξ_1 von $f(x)$. Dadurch werden aber
andererseits die vorstehenden Schlüsse in keiner Weise berührt; die
Gleichung 9) lautet dann nur

$$f(x) = (x - \xi_1)^2 f_2(x)$$

und statt 10) ergiebt sich

$$f(x) = (x - \xi_1)^2 (x - \xi_3) \ldots (x - \xi_n).$$

Es ist klar, dass für gewisse Funktionen $f(x)$ auch $\xi_3 = \xi_1$ sein
kann, und ebenso können noch weitere ξ einander gleich werden. In
jedem Fall bleibt die Gleichung 10) bestehen, und dies spricht man
dahin aus, dass sich die ganze Funktion n^{ter} Ordnung $f(x)$ in
n Einzelfaktoren der Form $x - \xi$ zerlegen lässt, so dass die
ξ die Wurzeln der Gleichung $f(x) = 0$ sind. Tritt ein solcher
Faktor mehrfach auf, so nennt man das zugehörige ξ eine mehrfache
Wurzel, und zählt sie so oft, wie sie im Produkt 10) auftritt. Nur
wenn man so zählt, beträgt die Zahl der Wurzeln n; umgekehrt ist

der Sinn des Fundamentalsatzes gerade der, dass man die Wurzeln so zählen müsse.

Wir fragen noch, wie die Lage unseres Kurvenbildes zur x-Axe durch mehrfache Wurzeln beeinträchtigt wird. Beschränken wir uns auf eine Doppelwurzel. Es sei also

$$y = f(x) = (x - \xi_1)^2 f_2(x).$$

Wir haben dann

$$\operatorname{tg} \tau = f'(x) = (x - \xi_1)^2 f'_2(x) + 2(x - \xi_1) f_2(x)$$

und wir sehen sofort, dass auch $f'(x)$ für $x = \xi$ den Wert Null erhält, d. h. dass

$$f'(\xi_1) = 0$$

ist. Daraus folgt aber, dass im Punkte ξ_1 die Kurventangente mit der x-Axe zusammenfällt, d. h. die Kurve berührt in diesem Punkte die x-Axe. Man kann sich nun leicht überzeugen, dass gerade für diesen Fall die Überlegungen am Schluss des § 4 über die Lage der Kurve zur x-Axe, resp. die daraus gezogenen Folgerungen in Kraft treten.[*)]

Soll nun irgend eine gegebene ganze Funktion

$$F(x) = A x^n + B x^{n-1} + \ldots + P x + Q$$

in Faktoren zerlegt werden, so hat man folgendermassen zu verfahren. Man erhält zunächst

$$F(x) = A \left(x^n + \frac{B}{A} x^{n-1} + \ldots + \frac{P}{A} x + \frac{Q}{A} \right) = A f(x),$$

wo jetzt $f(x)$ eine Funktion ist, wie oben. Nun hat man die Wurzeln der Gleichung $f(x) = 0$ sämtlich zu bestimmen, dann liefert Gleichung 10) das verlangte. Dieser Methode bedarf man z. B. für die Partialbruchzerlegung (S. 124), wenn der Nenner $N(x)$ nicht in Faktoren gegeben ist, z. B. also für die Lösung der allgemeinen Aufgabe, die oben (S. 145) in ihren einfachsten Fällen behandelt wurde.

§ 6. Transcendente Gleichungen.

Allgemeine Methoden für die Auflösung von Gleichungen, in denen Logarithmen, Sinus, Kosinus u. s. w. (sogen. transcendente Gleichungen) vorkommen, giebt es nicht; allein für den Naturforscher, der sich vor die Aufgabe einer rechnerischen Behandlung derartiger Gleichungen gestellt sieht, giebt es in solchen Fällen keine andere Schwierigkeit, als die, der nötigen Geduld sich zu befleissigen und einfach durch Probieren die Auflösung schliesslich zu erzwingen. Aus

---

*) Von dem Fall, dass die Wurzeln ξ_1, ξ_2 ... nicht sämtlich reell sind, ist im Text abgesehen worden; alsdann ergeben sich noch weitere Modifikationen.

der Theorie der galvanischen Stromerzeugung*) ergiebt sich, um auch ein derartiges Beispiel kurz zu erläutern, für die Potentialdifferenz zwischen zwei Lösungen binärer Elektrolyte, deren Ionengeschwindigkeiten bezw. u_1, v_1 und u_2, v_2, und deren Konzentrationen c_1 und c_2 sind, der Ausdruck

$$F = 0,0576 \log x,$$

worin x aus der transcendenten Gleichung

$$1) \quad \frac{x c_2 u_2 - c_1 u_1}{c_2 v_2 - x v_1 c_1} = \frac{\log \frac{c_2}{c_1} - \log x}{\log \frac{c_2}{c_1} + \log x} \cdot \frac{x c_2 - c_1}{c_2 - x c_1}$$

zu berechnen ist.

Suchen wir z. B. die Potentialdifferenz zwischen einer 0,1-normalen Chlorkaliumlösung und einer 1-normalen Salzsäurelösung, so wird

$$u_1 = 52 \quad u_2 = 272 \quad c_1 = 0,1$$
$$v_1 = 54 \quad v_2 = 54 \quad c_2 = 1,0$$

und wir finden durch Auflösung von Gleichung 1) nach $\log x$ und Einsetzen der Zahlenwerte

$$2) \quad \log x = -\frac{0,2 + 218\,x}{-10,6 + 326\,x} = A.$$

Durch Probieren finden wir

	x	$\log x$	A
I	0,1105	— 0,9566	— 0,9554
II	0,112	— 0,9508	— 0,9500
III	0,115	— 0,9393	— 0,9398
IV	0,120	— 0,9208	— 0,9243

Bei I und II ist

$$\log x < A$$

bei III und IV hingegen

$$\log x > A;$$

zwischen II und III liegt daher die gesuchte Wurzel. Da innerhalb der obigen kleinen Änderungen von x sowohl diese Grösse, wie auch A sich nahe linear ändern, so findet man durch Mittelnehmen zwischen II und III sofort ein neues Paar zusammengehöriger Werte von $\log x$ und A, welche die gesuchte Wurzel noch mehr einengen; in dieser Weise fortfahrend ergiebt sich alsbald

$$\log x = A = -0,9436,$$
$$x = 0,1139.$$

---

*) Nernst, Zeitschr. f. physik. Chem. 4. 129 (1889); Planck, Wied. Ann. 40. 561 (1890).

In fast allen vorkommenden Fällen wird das Probieren dadurch sehr erleichtert, dass wir über den ungefähren Wert der gesuchten Grösse von vornherein durch die Natur des betreffenden Problems mehr oder weniger genau orientiert sind. — Übrigens ist darauf zu achten, dass man sich nicht durch Wurzeln irre führen lässt, die erst durch algebraische Umformungen solcher Gleichungen hineingebracht werden. So ist in Gleichung 2) auch $x = 0,1$ eine Wurzel, weil für diesen Wert sowohl A wie $\log x = -1$ werden; diese Wurzel stimmt jedoch nicht mehr für die Ausgangsgleichung 1), sondern ist erst dadurch entstanden, dass wir beide Seiten von 1) mit $\log \frac{c_2}{c_1} + \log x$ multiplizierten, wodurch

$$x = \frac{c_1}{c_2}$$

zu einer Wurzel gemacht wird, die keine physikalische Bedeutung besitzt.

Elftes Kapitel.
Differentiation und Integration empirisch festgestellter Funktionen.

§ 1. Differentiation.

Wenn der Experimentator die Beziehungen zwischen zwei veränderlichen Grössen durch direkte Beobachtung ermittelt, so stellt er die Ergebnisse seiner Messungen zunächst in einer Tabelle zusammen. Je nach Bedürfnis sucht er dann entweder nach einem mathematischen Ausdruck (Interpolationsformel), der mit möglichst guter Annäherung an die Ergebnisse des Experiments aus der einen Grösse die andere zu berechnen gestattet, oder aber er führt durch graphische Darstellung die erhaltene Beziehung anschaulich vor Augen.

In vielen Fällen ist nun der Differentialquotient der einen Grösse nach der andern von theoretischer Wichtigkeit; seine direkte Bestimmung ist natürlich ausgeschlossen, weil die Messungen zu ungenau würden, falls man die eine Grösse experimentell um unendlich wenig ändern und den Effekt hiervon auf die andere messend bestimmen wollte. Ist man jedoch im Besitze einer hinreichend leistungsfähigen Interpolationsformel, so führt natürlich unmittelbar die Differentiation derselben zum gewünschten Endresultat[*]); verfügt man andererseits über eine genaue graphische Darstellung, so liefert die Tangente, die man an die Kurve im gewünschten Punkte legt, nach S. 60 den Differentialquotienten.[**])

[*) So stellte **Horstmann**, um $\frac{d\,f}{d\,t}$ zu ermitteln, die Dissociationsspannung f des festen Salmiaks in ihrer Abhängigkeit von der Temperatur t durch die Interpolationsformel

$$\log f = a + b\,A^t$$

dar, worin a, b, A aus den Spannungstabellen zu ermittelnde Konstanten sind. Vgl. Ber. deutsch. chem. Ges. **2**. 137. (1869).

[**) So verfuhr **Horstmann**, um den in vorstehender Anmerkung erwähnten Differentialquotienten auf einem zweiten Wege zu finden. Lieb. Ann. Erg. S. 125 (1871—72).

Beide Methoden haben ihre Mängel; die erste setzt den Besitz einer guten Interpolationsformel voraus, die bisweilen überhaupt nicht und sonst fast immer nur durch mühsame Rechnungen zu erhalten ist; die zweite setzt zur exakten Durchführung ein ungewöhnliches Geschick im Zeichnen voraus.

Von hoher naturwissenschaftlicher Bedeutung ist daher eine Methode, die zur direkten Ermittelung des Differentialquotienten aus einer Tabelle führt und im folgenden auseinandergesetzt wird.

Es sei $f(x)$ die bezügliche Funktion; wir nehmen an, dass man ihre Werte für solche Werte der Variabeln kennt, die um dieselbe Grösse h voneinander verschieden sind, d. h. für

$$1) \quad x, \quad x \pm h, \quad x \pm 2h, \quad x \pm 3h \ldots$$

Eine solche Aufgabe liegt z. B. vor, wenn man den Dampfdruck p einer Flüssigkeit für Temperaturen ϑ kennt, die um gleich viele Grade (z. B. um je 1 Grad) voneinander verschieden sind, und daraus den Differentialquotienten $\frac{dp}{d\vartheta}$ für den Druck $p = p_0$ bestimmen soll.

Wir setzen die bezügliche Formel zunächst hierher und lassen den Beweis weiter unten folgen. Sie lautet:

$$2) \quad \frac{dp}{d\vartheta} = \frac{1}{h} \left\{ \frac{\varDelta_0 + \varDelta_{-1}}{2} - \frac{1}{6} \frac{\varDelta'_{-1} + \varDelta'_{-2}}{2} - \frac{1}{30} \frac{\varDelta'''_{-2} + \varDelta'''_{-3}}{2} \ldots \right\}$$

und zwar haben darin die Grössen $\varDelta_0$, $\varDelta_{-1}$, $\varDelta''_{-1} \ldots$ folgende Bedeutung. Wir setzen

$$p_0 = f(\vartheta), \qquad p_1 = f(\vartheta + h), \qquad p_2 = f(\vartheta + 2h) \ldots$$
$$p_{-1} = f(\vartheta - h), \qquad p_{-2} = f(\vartheta - 2h), \ldots$$

und bilden zunächst folgendes Schema

$$\begin{array}{ccccccc}
p_3 & & p_2 & & p_1 & & p_0 & & p_{-1} & & p_{-2} \\
& \varDelta_2 & & \varDelta_1 & & \varDelta_0 & & \varDelta_{-1} & & \varDelta_{-2} \\
& & \varDelta'_1 & & \varDelta'_0 & & \varDelta'_{-1} & & \varDelta'_{-2} \\
& & & \varDelta''_0 & & \varDelta''_{-1} & & \varDelta''_{-2} \\
& & & & \cdot & \cdot & \cdot & \cdot & \cdot
\end{array}$$

Hier ist

$$\begin{array}{ll}
p_1 - p_0 = \varDelta_0, & p_0 - p_{-1} = \varDelta_{-1} \\
p_2 - p_1 = \varDelta_1, & p_{-1} - p_{-2} = \varDelta_{-2}
\end{array} \quad \text{u. s. w.;}$$

die Werte

$$\varDelta_2, \quad \varDelta_1, \quad \varDelta_0, \quad \varDelta_{-1}, \quad \varDelta_{-2} \ldots$$

stellen also der Reihe nach die Differenzen je zweier auf einander folgender Druckwerte dar (erste Differenzenreihe). Ferner ist

$$\begin{array}{ll}
\varDelta_1 - \varDelta_0 = \varDelta'_0 & \varDelta_0 - \varDelta_{-1} = \varDelta'_{-1} \\
\varDelta_2 - \varDelta_1 = \varDelta'_1 & \varDelta_{-1} - \varDelta_{-2} = \varDelta'_{-2}
\end{array} \quad \text{u. s. w.,}$$

d. h. die Reihe

$$\varDelta'_1, \quad \varDelta'_0, \quad \varDelta'_{-1}, \quad \varDelta'_{-2} \ldots$$

stellt die Differenzen je zweier auf einander folgender Zahlen der ersten Differenzenreihe dar (zweite Differenzenreihe,. Ebenso bedeuten

$$\varDelta''_1, \varDelta''_0, \varDelta''_{-1}, \varDelta''_{-2} \ldots$$

die Differenzen je zweier Zahlen der zweiten Differenzenreihe dritte Differenzenreihe) u. s. w. u. s. w. Immer ist die Bezeichnung so gewählt, dass der Index des neuen $\varDelta$ mit dem Index des bezüglichen Subtrahenden übereinstimmt.

Beispiel. Aus den von Wiebe*) neuerdings mitgeteilten Werten für den Dampfdruck p des Wassers bei der Temperatur ϑ soll für 100^0 der Wert von $\frac{dp}{d\vartheta}$ berechnet werden. Wir finden von 0,5 zu 0,5 in den Tabellen folgende Werte für ϑ und p (in Atmosphären gezählt :

ϑ	p	$\varDelta$	$\varDelta'$	$\varDelta''$
99,0	$(733,24)_{-2}$			
99,5	$(746,52)_{-1}$	$(13,28)_{-2}$	$(0,20)_{-2}$	
100,0	$(760,00)_0$	$(13,48)_{-1}$	$(0,21)_{-1}$	$(+0,01)_{-2}$
100,5	$(773,69)_{+1}$	$(13,69)_0$	$(0,20)_0$	$(-0,01)_{-1}$
101,0	$(787,58)_{+2}$.	$(13,89)_1$		

In obiger Tabelle sind die Zahlenwerte mit den betreffenden Indices versehen; wir finden also aus 2)

$$\frac{dp}{d\vartheta} = \frac{1}{0,5}\left\{\frac{13,48+13,69}{2} - \frac{0,01-0,01}{12}\right\} = 27,17 \; \frac{mm}{\text{Celsiusgrade.}}$$

Die Werte von $\varDelta''''$ zu berücksichtigen, wird höchst selten erforderlich sein.

Wir knüpfen den Beweis zweckmässig direkt an das eben genannte Beispiel an. Wir nehmen also an, es sei für jedes der obigen p und ϑ

$$3) \quad p = f(\vartheta) = A + B\vartheta + C\vartheta^2 + D\vartheta^3 + E\vartheta^4 \ldots$$

die Reihe, durch die sich der Druck p als Funktion von ϑ darstellen lasse. Aus ihr folgt durch Differentiation

$$4) \quad \frac{dp}{d\vartheta} = f'(\vartheta) = B + 2C\vartheta + 3D\vartheta^2 + 4E\vartheta^3 + \ldots$$

und es ist nun die Aufgabe, die Koeffizienten der rechts stehenden Reihe durch das Zahlenmaterial der Tabelle auszudrücken. Dieses Zahlenmaterial enthält die Werte von p für die Temperaturen

$$\vartheta, \; \vartheta \pm h, \; \vartheta \pm 2h.$$

Ersetzen wir in Gleichung 3) ϑ durch $\vartheta + h$ und $\vartheta - h$, so ergeben sich folgende Gleichungen:

---

*) Tafeln über die Spannkraft des Wasserdampfes. Braunschweig 1894.

$$5) \quad \begin{aligned} p_1 &= f(\vartheta + h) = A + B(\vartheta + h) + C(\vartheta + h)^2 + D(\vartheta + h)^3 + E(\vartheta + h)^4 \\ p_{-1} &= f(\vartheta - h) = A + B(\vartheta - h) + C(\vartheta - h)^2 + D(\vartheta - h)^3 + E(\vartheta - h)^4. \end{aligned}$$

Aus ihnen und Gleichung 2) folgt durch Subtraktion nach einfachen Reduktionen *)

$$\begin{aligned} p_1 - p_0 &= Bh + C(2\vartheta h + h^2) + D(3\vartheta^2 h + 3\vartheta h^2 + h^3) \\ &\quad + E(4\vartheta^3 h + 6\vartheta^2 h^2 + 4\vartheta h^3 + h^4) + .. \\ p_0 - p_{-1} &= Bh + C(2\vartheta h - h^2) + D(3\vartheta^2 h - 3\vartheta h^2 + h^3) \\ &\quad + E(4\vartheta^3 h - 6\vartheta^2 h^2 + 4\vartheta h^3 - h^4) + .. \end{aligned}$$

Addieren wir diese Gleichungen und beachten, dass oben

$$p_1 - p_0 = \varDelta_0, \quad p_0 - p_{-1} = \varDelta_{-1}$$

gesetzt wurde, so folgt

$$\varDelta_0 + \varDelta_{-1} = 2Bh + 2C \cdot 2\vartheta h + 2D \cdot (3\vartheta^2 h + h^3) + 2E \cdot (4\vartheta^3 h + 4\vartheta h^3) + ..$$

und wenn wir noch durch $2h$ dividieren,

$$\frac{1}{h} \cdot \frac{\varDelta_0 + \varDelta_{-1}}{2} = B + 2C\vartheta + 3D\vartheta^2 + 4E\vartheta^3 + .. \\ + Dh^2 + 4E\vartheta h^2 + ...$$

Der erste Teil der rechten Seite ist aber der Differentialquotient von p, also folgt schliesslich

$$6) \quad \frac{dp}{d\vartheta} = \frac{1}{h}\left(\frac{\varDelta_0 + \varDelta_{-1}}{2}\right) - (Dh^2 + 4E\vartheta h^2 + ...).$$

Ist h sehr klein und kann man die mit h^2 multiplizierten Glieder vernachlässigen, so erhält man in erster Annäherung

$$7) \quad \frac{dp}{d\vartheta} = \frac{1}{h}\frac{\varDelta_0 + \varDelta_{-1}}{2}.$$

Zu einer genaueren Formel gelangt man, wenn man auch die rechts in der Klammer stehende Reihe durch das Zahlenmaterial der Tabelle ersetzt. Hier verfahren wir so:

Wir ersetzen in Gleichung 2) ϑ durch $\vartheta + 2h$, resp. $\vartheta - 2h$, und erhalten

$$\begin{aligned} p_2 &= A + B(\vartheta + 2h) + C(\vartheta + 2h)^2 + D(\vartheta + 2h)^3 + E(\vartheta + 2h)^4 + .. \\ p_{-2} &= A + B(\vartheta - 2h) + C(\vartheta - 2h)^2 + D(\vartheta - 2h)^3 + E(\vartheta - 2h)^4 + .. \end{aligned}$$

Aus ihnen und den Gleichungen 5) folgt durch Subtraktion und einfache Reduktionen, wenn wir beachten, dass

$$p_2 - p_1 = \varDelta_1, \quad p_{-1} - p_{-2} = \varDelta_{-2}$$

gesetzt wurde,

$$\begin{aligned} \varDelta_1 &= Bh + C(2\vartheta h + 3h^2) + D(3\vartheta^2 h + 9\vartheta h^2 + 7h^3) \\ &\quad + E(4\vartheta^3 h + 18\vartheta^2 h^2 + 28\vartheta h^3 + 15h^4) + ... \\ \varDelta_{-2} &= Bh + C(2\vartheta h - 3h^2) + D(3\vartheta^2 h - 9\vartheta h^2 + 7h^3) \\ &\quad + E(4\vartheta^3 h - 18\vartheta^2 h^2 + 28\vartheta h^3 - 15h^4) + ... \end{aligned}$$

---

*) Vgl. Formel 2 ff. des Anhangs.

Hierzu fügen wir die bereits oben abgeleiteten Gleichungen

$$\varDelta_0 = Bh + C(2\vartheta h + h^2) + D(3\vartheta^2h + 3\vartheta h^2 + h^3)$$
$$+ E(4\vartheta^3h + 6\vartheta^2h^2 + 4\vartheta h^3 + h^4) + \dots$$
$$\varDelta_{-1} = Bh + C(2\vartheta h - h^2) + D(3\vartheta^2h - 3\vartheta h^2 + h^3)$$
$$+ E(4\vartheta^3h - 6\vartheta^2h^2 + 4\vartheta h^3 - h^4) + \dots$$

Diese Gleichungen subtrahieren wir jetzt nochmals voneinander, und erhalten mit Rücksicht auf die obigen Bezeichnungen

$$\varDelta'_0 = C.2h^2 + D(6\vartheta h^2 + 6h^3) + E(12\vartheta^2h^2 + 24\vartheta h^3 + 14h^4) + \dots$$
$$\varDelta'_{-1} = C.2h^2 + D(6\vartheta h^2) + E(12\vartheta^2h^2 + 2h^4) + \dots$$
$$\varDelta'_{-2} = C.2h^2 + D(6\vartheta h^2 - 6h^3) + E(12\vartheta^2h^2 - 24\vartheta h^3 + 14h^4) + \dots$$

Endlich folgt hieraus durch nochmalige Subtraktion für die neuen Differenzen $\varDelta''_{-1} = \varDelta'_0 - \varDelta'_{-1}$ und $\varDelta''_{-2} = \varDelta'_{-1} - \varDelta'_{-2}$ der Wert

$$\varDelta''_{-1} = D.6h^3 + E(24\vartheta h^3 + 12h^4) + \dots$$
$$\varDelta''_{-2} = D.6h^3 + E(24\vartheta h^3 - 12h^4) + \dots$$

Hieraus ergiebt sich nunmehr durch Addition

$$\varDelta''_{-1} + \varDelta''_{-2} = 2D.6h^3 + 2E.24\vartheta h^3 + \dots$$

oder endlich, wenn wir durch $2h$ dividieren,

$$\frac{1}{h} \cdot \frac{\varDelta''_{-1} + \varDelta''_{-2}}{2} = 6Dh^2 + 24E\vartheta h^2 + \dots$$
$$= 6(Dh^2 + 4E\vartheta h^2 + \dots) + \dots$$

Der Ausdruck in der Klammer rechts ist aber gerade derjenige, dessen Wert wir suchten. Vernachlässigen wir die übrigen Glieder rechts, setzen also für die Klammer den so gefundenen Annäherungswert[*] in Gleichung 6) ein, so erhalten wir

$$8)\quad \frac{dp}{d\vartheta} = \frac{1}{h}\left\{ \frac{\varDelta_0 + \varDelta_{-1}}{2} - \frac{1}{6}\frac{\varDelta''_{-1} + \varDelta''_{-2}}{2} \right\}$$

als besseren Annäherungswert des gesuchten Differentialquotienten.

Eine noch genauere Formel ist die bereits oben erwähnte

$$\frac{dp}{d\vartheta} = \frac{1}{h}\left\{ \frac{\varDelta_0 + \varDelta_{-1}}{2} - \frac{1}{6}\frac{\varDelta''_{-1} + \varDelta''_{-2}}{2} - \frac{1}{30}\frac{\varDelta''''_{-2} + \varDelta''''_{-3}}{2} \right\},$$

wo $\varDelta''''_{-2}$ und $\varDelta''''_{-3}$ ganz analoge Bedeutung haben, wie die vorhergehenden Grössen.

---

[*] Auf der rechten Seite der letzten Gleichung erscheinen, wenn man auch $F\vartheta^5 + G\vartheta^6 + \dots$ berücksichtigt, ausser den oben hingeschriebenen Gliedern noch andere, die mit h^4, h^6 … multipliziert sind. Daher ist der gefundene Wert nur ein Annäherungswert.

§ 2. Integration.

Bisweilen wünscht man das bestimmte Integral

$$\int_{x_0}^{x_n} y\,dx$$

aus einer Tabelle zu berechnen. Ähnlich wie oben integriert man entweder eine Interpolationsformel, die sich den Beobachtungen hinreichend anschliesst, oder aber man trägt sich die Kurve graphisch auf und bestimmt den Inhalt des Flächenstückes, der nach S. 157 den Wert des bestimmten Integrals darstellt. Letztere Bestimmung geschieht entweder mit Hilfe eines Planimeters oder aber durch Auswägen des ausgeschnittenen Flächenstücks, nachdem man das Gewicht der Flächeneinheit des (hinreichend gleichförmig vorausgesetzten) Papiers oder sonstigen Materials vorher bestimmt hat.

Liegen die Werte von

$$x_0,\ x_1,\ x_2,\ \ldots\ x_n,$$

denen je die Funktionswerte

$$y_0,\ y_1,\ y_2\ \ldots\ y_n$$

entsprechen, hinreichend nahe aneinander, so ist der Wert des gesuchten Integrals $\mathcal{J}$ in einfachster Annäherung

1) $$\mathcal{J} = (x_1 - x_0)\frac{y_0 + y_1}{2} + (x_2 - x_1)\frac{y_1 + y_2}{2} + \ldots + (x_n - x_{n-1})\frac{y_{n-1} + y_n}{2};$$

diese Formel liefert nämlich die Summe der Flächeninhalte der Trapeze[*]), die durch die Abscissenaxe, zwei benachbarte y-Koordinaten und durch die Verbindungslinie der Endpunkte dieser Koordinaten begrenzt werden und sie wird offenbar in allen Fällen brauchbare Werte liefern, in denen die Kurve

$$y = f(x)$$

sich den geraden Verbindungslinien der y-Koordinaten hinreichend nahe anschliesst.

Beispiel. Man habe die Stärke eines Stromes, der zur Abscheidung von Silber benutzt wird (z. B. im Silbervoltameter) bei den Zeiten $t_0,\ t_1,\ t_2, \ldots t_n$ gemessen und hierfür die Werte $I_0,\ I_1,\ I_2 \ldots I_n$ beobachtet. Dann ist die Menge ausgefällten Silbers gleich dem Produkt aus dem Äquivalentgewicht des Silbers und der (elektrochemisch gemessenen) Elektrizitätsmenge, die den Stromkreis durchflossen hat. Letztere ist aber

---

[*]) Vgl. Formel 72 des Anhanges.

$$E = \int_{t_0}^{t_n} I\,dt$$

oder nach dem vorstehenden

$$E = (t_1 - t_0)\frac{I_0 + I_1}{2} + (t_2 - t_1)\frac{I_1 + I_2}{2} + \ldots + (t_n - t_{n-1})\frac{I_{n-1} + I_n}{2}.$$

Eine bessere Annäherung erhält man, wenn man durch die End-punkte dreier benachbarter y-Koordinaten je eine Parabel legt. Um z. B. die Endpunkte von y_0, y_1, y_2 durch ein Parabelstück zu verbinden, müssten wir eine Kurve zeichnen*)

2) $\quad y = f(x) = y_0 + a(x - x_0) + b(x - x_0)^2,$

worin die Konstanten a und b aus den Bedingungsgleichungen

3) $\quad \begin{aligned} y_1 &= y_0 + a(x_1 - x_0) + b(x_1 - x_0)^2, \\ y_2 &= y_0 + a(x_2 - x_0) + b(x_2 - x_0)^2 \end{aligned}$

zu berechnen sind. Diese Gleichungen drücken nämlich aus, dass unsere Parabel durch die Punkte $x_1 y_1$ und $x_2 y_2$ geht; da Gleichung 2) durch die Koordinaten x_0 und y_0 direkt befriedigt wird, so ist damit sichergestellt, dass die Parabel die drei betrachteten Punkte enthält.**) Aus Gleichung 2) und 3) ergiebt sich

4) $\quad a = \dfrac{(y_1 - y_0)(x_2 - x_0)^2 - (y_2 - y_0)(x_1 - x_0)^2}{(x_1 - x_0)(x_2 - x_0)(x_2 - x_1)}$

5) $\quad b = \dfrac{(y_2 - y_0)(x_1 - x_0) - (y_1 - y_0)(x_2 - x_0)}{(x_1 - x_0)(x_2 - x_0)(x_2 - x_1)}$

und es folgt für das Integral

6) $\quad \displaystyle\int_{x_0}^{x_2} y\,dx = y_0(x_2 - x_0) + \frac{a}{2}(x_2 - x_0)^2 + \frac{b}{3}(x_2 - x_0)^3,$

worin also die Zahlenwerte von a und b aus 4) und 5) zu berechnen sind. In derselben Weise behandelt man $x_2, x_3, x_4,$ bez. $y_2, y_3, y_4.$

---

*) Dass diese Kurve eine Parabel ist, erkennt man daraus, dass ihre Gleichung durch Koordinatentransformation (S. 29 ff.) in die Gestalt $\eta = 2 p \xi^2$ übergeführt werden kann. Dies erreicht man dadurch, dass man

$$x = \xi + \alpha, \quad y = \eta + \beta$$

setzt, und nun α und β dadurch bestimmt, dass in der neuen Gleichung das konstante Glied und der Faktor von ξ den Wert Null erhalten. Man sieht daraus noch, dass die ξ- und η-Axe bezüglich der x- und y-Axe parallel sind (S. 31), also der durch die Punkte 1, 2, 3 gelegte Parabelbogen einer Parabel angehört, deren Axe der y-Axe parallel ist.

**) Man kann zeigen, dass die Parabel, die durch die drei Punkte geht und die genannte Axenrichtung besitzt, eine ganz bestimmte ist.

y_5' u. s. w. Ist n gerade, so gelangt man schliesslich zu dem Werte für das Integral

$$\int\limits_{x_{n-2}}^{x_n} y\,dx$$

und der Wert des gesuchten Integrals ist natürlich

$$\mathcal{J}=\int\limits_{x_0}^{x_2} y\,dx+\int\limits_{x_2}^{x_4} y\,dx+\ldots+\int\limits_{x_{n-2}}^{x_n} y\,dx.$$

Ist n eine ungerade Zahl, so berechnet man sich entweder durch Interpolation ein Paar neuer zusammengehöriger Werte von y und x oder aber man berechnet einfacher das zwischen zwei möglichst nahe gelegenen Werten von y liegende Flächenstück, wie oben, als Trapez.

Sind die Abstände der y-Koordinaten sämtlich gleich gross, ist also

$$x_1-x_0=x_2-x_1=\ldots=x_n-x_{n-1}=h,$$

so vereinfacht sich vorstehende Gleichung durch eine einfache Rechnung zu

7) $\mathcal{J}=\dfrac{h}{3}[y_0+y_n+4(y_1+y_3+\ldots+y_{n-1})+2(y_2'+y_4'+\ldots+y_{n-2})]$,

ein unter dem Namen Simpsonsche Formel bekannter Ausdruck; n ist natürlich wieder eine gerade Zahl. Man erspart sich also viel Rechnung, wenn man im obigen Beispiel (S. 272) die Stromintensitäten in gleichen Zeitintervallen (etwa jede Minute) abliest.   .

Zahlenbeispiel. Gegeben seien die Werte

$$x_0=1,000 \quad y_0=0,5000$$
$$x_1=1,500 \quad y_1=0,3077$$
$$x_2=2,000 \quad y_2=0,2000$$

und es sei auszuwerten der Betrag

$$\mathcal{J}=\int\limits_{x_0}^{x_2} y\,dx.$$

Hierfür liefert Formel 1)

$$\mathcal{J}=0,5\,\frac{0,5000+0,3077}{2}+0,5\,\frac{0,3077+0,2000}{2}=0,32885.$$

Nehmen wir jedoch die genauere Formel 6) zu Hilfe, so ergiebt sich

$$y'_0 (x_2 - x_1) = + 0,5000$$

$$\frac{a}{2} (x_2 - x_0)^2 = - 0,2346$$

$$\frac{b}{3} (x_2 - x_0)^2 = + 0,0564$$

somit $\mathcal{J} = 0,3218.$

Da in unserem Beispiel

$$x_2 - x_1 = x_1 - x_0$$

ist, so können wir bequemer die vereinfachte Formel 7) anwenden und finden so

$$\mathcal{J} = \frac{0,5}{3} [0,5000 + 4 \times 0,3077 + 0,2000] = 0,3218,$$

ein Wert, der natürlich mit dem nach Gleichung 6) erhaltenen absolut übereinstimmen muss.

Die Werte von y sind in obigem Zahlenbeispiel nach der Gleichung

$$y = f(x) = \frac{1}{1 + x^2}$$

berechnet; der genaue numerische Wert des gesuchten Integrals ist also in diesem Falle direkt zu erhalten aus der Gleichung

$$\mathcal{J} = \int_1^2 \frac{dx}{1 + x^2} = \operatorname{arc\,tg} 2 - \operatorname{arc\,tg} 1 = 0,321751;$$

wir sehen also, dass die Formeln 6) und 7) einen sehr bemerkenswerten Grad von Genauigkeit besitzen.

Zwölftes Kapitel.

Beispiele aus der Mechanik und Thermodynamik.

§ 1. Bewegung eines Massenpunktes mit Reibung. — Theorie der Ionenbewegung.

Nach den Prinzipien der Mechanik ist bekanntlich die Beschleunigung das Maass der Kraft; Kräfte, die auf dieselbe Masse wirken, verhalten sich wie die Beschleunigungen, die sie der Masse erteilen, und wenn zwei Kräfte verschiedenen Massen die nämliche Beschleunigung erteilen, so stehen die Kräfte im direkten Verhältnis dieser Massen. Daraus folgt allgemein, dass zwei Kräfte k und k_1, die den Massen m und m_1 die Beschleunigung ω resp. ω_1 erteilen, sich verhalten wie die Produkte aus Masse und Beschleunigung, d. h.

$$1) \quad k : k_1 = m\omega : m_1\omega_1.$$

Bezeichnet man jetzt als Krafteinheit diejenige Kraft, die der Masse $m_1 = 1$ in der Zeit 1 die Beschleunigung $\omega_1 = 1$ erteilt, so folgt aus obiger Gleichung $k : 1 = m\omega : 1$ oder

$$2) \quad k = m\omega.$$

Setzen wir hier gemäss den Entwickelungen von Kap. VII, § 3 (S. 174) für ω seinen Wert, so folgt schliesslich

$$3) \quad k = m\frac{d^2s}{dt^2}.$$

Wir nehmen jetzt an, dass die auf einen Massenpunkt von der Masse m wirkende Kraft konstant sei und die Grösse X habe, so gilt also die Gleichung

$$4) \quad m\frac{d^2s}{dt^2} = X.$$

Erfährt der Massenpunkt auf seiner Bahn eine Reibung, so kann dieser erfahrungsgemäss durch folgende Auffassung Rechnung getragen werden. Eine Reibung ist als eine der jeweiligen Bewegungsrichtung entgegenwirkende Kraft aufzufassen, deren Grösse der augenblicklich herrschenden Geschwindigkeit v proportional ist. Zu der Kraft X, die wir in Gleichung 1) positiv zählen, wenn sie in der Richtung der s-Axe wirkt, addiert sich also infolge der Reibung eine zweite Kraft — av, die der Richtung der s-Axe entgegengesetzt wirkt, wenn v positiv ist, d. h. der Punkt sich nach wachsenden Werten von s hin-bewegt. Somit wird 1)

$$5) \quad m\,\frac{d^2 s}{d\,t^2} = X - av.$$

Die Bedeutung des Proportionalitätsfaktors a ist offenbar einfach die, dass a die Gegenkraft angiebt, die der Massenpunkt erfährt, wenn er sich mit der Geschwindigkeit $v = 1$ bewegt.

Behufs Integration setzen wir $\dfrac{d^2 s}{dt^2} = \dfrac{dv}{dt}$ (S. 173) und schreiben 2) in der Form

$$6) \quad \frac{dv}{X - av} = \frac{dt}{m},$$

woraus sich leicht

$$4) \quad -\frac{1}{a}\ln(X - av) = \frac{t}{m} + \text{konst}$$

ergiebt. War zur Zeit $t = 0$ auch $v = 0$, so wird aus 4)

$$7) \quad -\frac{1}{a}\ln X = \text{konst};$$

aus 4) und 5) folgt durch Subtraktion

$$8) \quad v = \frac{X}{a}\left(1 - e^{-\frac{a}{m}t}\right).$$

Da a sowohl als m notwendig ihrer physikalischen Bedeutung nach positive Grössen sind, so wird mit wachsendem t der Ausdruck $e^{-\frac{a}{m}t}$ immer kleiner; nach hinreichend langer Zeit ist er neben 1 gänzlich zu vernachlässigen und es wird dann einfach im stationären Zustande

$$9) \quad v = \frac{X}{a},$$

d. h. die Geschwindigkeit des Massenpunktes ist dann einfach der wirkenden Kraft proportional.

Ein sehr wichtiger Fall, auf den die Gleichungen 6) und 7) un-mittelbar anwendbar sind, ist die Ionenbewegung. Werden die Elektroden eines elektrolytischen Troges mit einer Stromquelle ver-bunden und demgemäss elektrisch geladen, so wird auf die im Elektro-lyten befindlichen Ionen eine elektrostatische Kraft X ausgeübt. Nun haben die Ionen eine sehr kleine Masse m, aber eine ausserordentlich grosse Reibung a. Die Folge hiervon ist, dass bereits äusserst kurze Zeit nach dem Stromschluss der Wert von $e^{-\frac{a}{m}t}$ auf einen neben der Einheit minimalen Betrag herabsinkt und daher fast sofort die Gültigkeit der Gleichung 7) einsetzt.*) Die Geschwindigkeit der Ionen ist also der wirkenden elektrostatischen Kraft, oder mit anderen Worten, die Stromintensität ist der elektromotorischen Kraft proportional — das Ohmsche Gesetz.

§ 2. Ungedämpfte Schwingungen.

In Kap. VII (S. 174) haben wir gezeigt, dass, wenn ein Punkt um eine Ruhelage gleichmässige Schwingungen ausführt, die durch die Gleichung

$$1) \quad x = A \sin t$$

gegeben sind, er unter dem Einfluss einer anziehenden Kraft steht, als deren Sitz die Ruhelage anzusehen ist, und die der Entfernung des beweglichen Punktes von der Ruhelage gleich ist. Wir wollen jetzt das umgekehrte Problem behandeln. Wir nehmen also an, es bewege sich ein Punkt geradlinig unter dem Einfluss einer anziehenden Kraft, die von einem Zentrum O ausgeht, und dem Abstand des Punktes P von diesem Zentrum proportional ist; die Aufgabe ist, die Bewegung des Punktes zu bestimmen.

Nun ist in dem hier vorliegenden Fall (Fig. 69) die Kraft der Entfernung des beweglichen Punktes vom Zentrum O proportional.

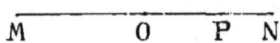

$$\overline{ \underset{\text{M}}{} \underset{O}{} \underset{P}{} \underset{N}{} }$$

Fig. 69.

Hat sie daher in der Entfernung 1 von O die Grösse e, so hat sie in der Entfernung $OP = s$ die Grösse es; da sie überdies als anziehende Kraft die Entfernung $OP = s$ zu verringern sucht, so ist sie negativ in Rechnung zu stellen, d. h. es besteht die Gleichung (§ 1)

$$m\frac{d^2 s}{dt^2} = -es,$$

wo e eine positive Zahl ist. Setzen wir noch

$$2) \quad \frac{e}{m} = \beta^2,$$

so finden wir schliesslich

$$3) \quad \frac{d^2 s}{dt^2} = -\beta^2 s$$

als diejenige Gleichung — sie heisst eine Differentialgleichung —

---

*) Näheres darüber befindet sich bei Cohn, Wied.. Ann. 38, 217 (1889).

die das Bewegungsgesetz enthält und die Bewegung bestimmt.*) Wir
haben nun eine Funktion s zu suchen, die dieser Gleichung genügt:
man nennt sie eine Lösung oder ein Integral der Differentialgleichung.

Wegen $\dfrac{d^2s}{dt^2} = \dfrac{dv}{dt}$ (S. 174) erhalten wir, wenn wir 6) mit $v = \dfrac{ds}{dt}$

multiplizieren,

$$v\frac{dv}{dt} = -\beta^2 s \frac{ds}{dt}$$

oder

$$4)\quad v\,dv = -\beta^2 s\,ds,$$

und hieraus folgt durch Integration $\int v\,dv = -\int \beta^2 s\,ds$ oder

$$5)\quad v^2 = \gamma^2 - \beta^2 s^2,$$

wo γ^2 die Integrationskonstante ist, die wir deshalb mit γ^2 bezeichnet
haben, weil sie, wie die Gleichung $\gamma^2 = v^2 + \beta^2 s^2$ lehrt, eine positive
Grösse bedeutet. Aus 8) folgt, wenn wir noch v durch den Differentialquotienten von s nach t ersetzen,

$$6)\quad \frac{ds}{dt} = \sqrt{\gamma^2 - \beta^2 s^2}\,;\quad dt = \frac{ds}{\sqrt{\gamma^2 - \beta^2 s^2}}.$$

Jetzt substituieren wir

$$\frac{\beta s}{\gamma} = u$$

und erhalten nach einfacher Umformung

$$dt = \frac{1}{\beta}\frac{du}{\sqrt{1-u^2}}$$

und daraus durch Integration (S. 107)

$$7)\quad t - t_0 = \frac{1}{\beta}\arcsin u,$$

wo t_0 die Integrationskonstante ist. Daraus folgt weiter

$$u = \sin \beta(t - t_0)$$

oder, wenn wir für u seinen Wert setzen,

$$8)\quad s = \frac{\gamma}{\beta}\sin \beta(t - t_0).$$

Setzen wir schliesslich noch

$$9)\quad \frac{\gamma}{\beta} = A,$$

*) Befindet sich P links von O, so ist s eine negative Grösse und die rechte
Seite von 6) positiv; jetzt hat aber auch die Kraft die Tendenz, den Wert der (negativen)
Zahl s zu vergrössern und ist daher positiv.

und zählen den Zeitpunkt Null von einem Augenblick an, in dem $s = 0$ ist, also der bewegliche Punkt durch O geht, so folgt $t_0 = 0$ und

$$10) \quad s = A \sin \beta t$$

als die gesuchte Gleichung in einfachster Form.

Auf die nämliche Weise wie auf S. 175 erkennt man, dass die Bewegung eine Schwingungsbewegung ist; A giebt die grösste Entfernung des schwingenden Punktes und heisst die **Amplitude** der Schwingung; der Punkt erreicht sie zur Zeit

$$\beta t = \frac{\pi}{2}.$$

Der hieraus sich ergebende Wert von t bedeutet die halbe Dauer einer einfachen Schwingung; bezeichnen wir diese Schwingungsdauer durch τ, so stellt

$$11) \quad \tau = \frac{\pi}{\beta}$$

die **Dauer einer einfachen Schwingung** dar.

Aus Gleichung 12) folgt, dass die Amplitude A, da γ eine Integrationskonstante ist, alle möglichen Werte annehmen kann; für jede beliebige Amplitude werden also die Schwingungen durch 13) dargestellt, wenn die Kraft in der Entfernung 1 den Wert $m\beta^2$ hat (Gleichung 5), für die Masse 1 also den Wert β^2.

Die Voraussetzung über das Kraftgesetz, von dem wir ausgegangen sind, trifft bekanntlich für Pendelschwingungen mit kleiner Amplitude in guter Annäherung zu. Dieselben Gleichungen gelten für ungedämpft schwingende Magnetnadeln bei kleiner Amplitude; es ist nämlich die Kraft, welche die Magnetnadel zur Ruhelage (Nord-Südstellung) zurückzuführen sucht, dem Sinus des Ablenkungswinkels φ proportinal, d. h. es besteht die Gleichung

$$K\frac{d^2\varphi}{dt^2} = -D \sin\varphi,$$

worin K das Trägheitsmoment und D die Direktionskraft bedeutet. Ist nun φ ein kleiner Winkel, so kann man in erster Annäherung nach S. 211 $\sin\varphi$ durch φ ersetzen*), so dass sich ergiebt

$$\frac{d^2\varphi}{dt^2} = -\frac{D}{K}\cdot\varphi.$$

---

*) Das erste vernachlässigte Glied ist $\frac{\varphi^3}{3}$ (S. 211). Hat nun φ den Wert 0,1 was einem Winkel von ungefähr 6° entspricht (etwa dem Maximalwinkel, den man mit Fernrohr und Skala noch beobachtet), so beträgt die Vernachlässigung nur den dritten Teil von einem Tausendstel. (Vgl. auch S. 234).

Die Grösse β^2 in Gleichung 6) hat hier somit den Wert

$$\beta^2 = \frac{D}{K},$$

und es folgt aus Gleichung 14)

$$\tau = \pi \sqrt{\frac{K}{D}}$$

oder

$$\frac{K}{D} = \frac{\tau^2}{\pi^2},$$

eine in der Galvanometrie vielgebrauchte Gleichung.

§ 3. Gedämpfte Schwingungen.

Wir dehnen die vorstehenden Betrachtungen noch dahin aus, dass wir den Widerstand in Rechnung ziehen, den die Bewegung durch das Mittel, in dem sie vor sich geht, erleidet. Dieser Widerstand kann erfahrungsgemäss (vgl. § 1, S. 276) der Geschwindigkeit der Bewegung proportional gesetzt werden. Hat er für die Geschwindigkeit 1 den Wert a, so hat er also für die Geschwindigkeit v den Wert av; da er der Bewegung entgegen wirkt, ist er durch $-av$ darzustellen, wenn a eine positive Zahl ist.*) Wir erhalten daher insgesamt

$$m\frac{d^2 s}{dt^2} = -cs - a\frac{ds}{dt},$$

oder indem wir durch m dividieren und

$$\frac{c}{m} = \beta^2, \quad \frac{a}{m} = 2\alpha$$

setzen,

$$1)\quad \frac{d^2 s}{dt^2} = -\beta^2 s - 2\alpha\frac{ds}{dt}.$$

Dies ist die zu integrierende Differentialgleichung.

Um die Integration auszuführen, bedürfen wir einiger mathematischer Vorbereitungen.

---

*) Genauer ergiebt sich folgendes. Befindet sich (vgl. Fig. 69 auf S. 278) der bewegliche Punkt in P in der Richtung von O nach X, so ist v positiv und $-av$ negativ, entsprechend dem Umstand, dass der Widerstand jetzt eine Kraft repräsentiert, die die positiv gerichtete Bewegung verlangsamt. Befindet sich der Punkt in P, indem er auf dem Wege von X nach O ist, so ist v negativ, also $-av$ positiv gerichtet, was ebenfalls sofort einleuchtet, da jetzt der Widerstand der negativ gerichteten Bewegung entgegensteht und daher einer positiv gerichteten Kraft äquivalent ist.

Wir setzen zur Abkürzung $\sqrt{-1} = i$, so ist, wie sich leicht ergiebt*)

$$i^2 = -1, \quad i^3 = -i, \quad i^4 = 1, \quad i^5 = i, \quad i^6 = -1, \quad i^7 = -i$$

u. s. w. Mit Rücksicht hierauf ergiebt sich (S. 211)

$$e^{ix} = 1 + \frac{ix}{1} - \frac{x^2}{1.2} - \frac{ix^3}{1.2.3} + \frac{x^4}{1.2.3.4} + \frac{ix^5}{1.2.3.4.5} \cdots$$

$$= \left(1 - \frac{x^2}{1.2} + \frac{x^4}{1.2.3.4} \cdots\right) + i\left(\frac{x}{1} - \frac{x^3}{1.2.3} + \frac{x^5}{1.2.3.4.5} \cdots\right)$$

oder (S. 211)

$$2) \quad e^{ix} = \cos x + i \sin x.$$

Ebenso folgt aus

$$e^{-ix} = 1 - \frac{ix}{1} - \frac{x^2}{1.2} + \frac{ix^3}{1.2.3} + \frac{x^4}{1.2.3.4} - \frac{ix^5}{1.2.3.4.5} \cdots$$

$$= \left(1 - \frac{x^2}{1.2} + \frac{x^4}{1.2.3.4} + ..\right) - i\left(\frac{x}{1} - \frac{x^3}{1.2.3} + \frac{x^5}{1.2.3.4.5} \cdots\right)$$

$$3) \quad e^{-ix} = \cos x - i \sin x.$$

Aus Gleichung 2) und 3) folgt noch durch Addition und Subtraktion

$$4) \quad \cos x = \frac{e^{ix} + e^{-ix}}{2}, \quad \sin x = \frac{e^{ix} - e^{-ix}}{2i},$$

zwei Formeln, die in der höheren Mathematik eine sehr ausgedehnte
Anwendung finden.

Ein zweiter Hilfssatz, dessen wir bedürfen, ist folgender. Sind
u und v Integrale der Differentialgleichung 1), so ist auch
$w = Au + Bv$ ein Integal.

In der That, ist u und v je ein Integral von 1), so ist

$$\frac{d^2 u}{dt^2} = -\beta^2 u - 2\alpha \frac{du}{dt}$$

$$\frac{d^2 v}{dt^2} = -\beta^2 v - 2\alpha \frac{dv}{dt}.$$

Multiplizieren wir diese Gleichungen mit A resp. B und addieren sie
dann, so folgt

$$\frac{d^2(Au + Bv)}{dt^2} = -\beta^2(Au + Bv) - 2\alpha \frac{d(Au + Bv)}{dt}$$

d. h. es besteht wirklich die Gleichung

---

*) Für die genauere Begründung des Rechnens mit der Grösse i (mit imaginären
Grössen) müssen wir auf die in der Vorrede genannten Lehrbücher verweisen.

$$\frac{d^2 w}{dt^2} = -\beta^2 w \quad 2\alpha\frac{dw}{dt},$$

womit die Behauptung erwiesen ist.

Nunmehr gehen wir zur Lösung der Differentialgleichung über. Hierzu führt folgende Überlegung. Wir fanden im vorstehenden $A \sin \beta t$ als Lösung der Differentialgleichung, in der $\alpha = 0$ ist, ebenso ist aber auch $A \cos \beta t$ ein Integral dieser Differentialgleichung; um es zu erhalten, brauchten wir nur in Gleichung 11) des vorigen Paragraphen welche die beliebige Integrationskonstante t_0 enthält, $-\beta t_0 = \frac{\pi}{2}$ zu setzen.

Der oben erwiesene, nahe Zusammenhang von $\sin x$ und $\cos x$ mit der Exponentialfunktion c^x legt es nun nahe, zu versuchen, ob vielleicht auch $A c^{\lambda t}$ eine Lösung der Differentialgleichung ist, d. h. ob es möglich ist, eine Zahl λ dementsprechend zu bestimmen. Wir setzen also

$$5) \quad s = A c^{\lambda t}$$

und nehmen an, diese Funktion sei ein Integral von 1). Es ist

$$\frac{ds}{dt} = A\lambda c^{\lambda t}, \quad \frac{d^2 s}{dt^2} = A\lambda^2 c^{\lambda t}$$

und wenn wir dies in 1) einsetzen, ergiebt sich

$$\lambda^2 A c^{\lambda t} = A c^{\lambda t}\{-\beta^2 - 2\alpha\lambda\}.$$

Soll diese Gleichung richtig sein, so muss sie es auch bleiben, wenn wir durch $A c^{\lambda t}$ dividieren, d. h. es muss

$$6) \quad \lambda^2 = -\beta^2 - 2\alpha\lambda$$

sein. Diese quadratische Gleichung in λ stellt die Bedingung dar, dass 5) eine Lösung unseres Problems giebt. Es giebt nun zwei Werte λ, die dieser Gleichung genügen, nämlich

$$7) \quad \begin{aligned} \lambda_1 &= -\alpha + \sqrt{\alpha^2 - \beta^2} \\ \lambda_2 &= -\alpha - \sqrt{\alpha^2 - \beta^2} \end{aligned}$$

und es sind

$$8) \quad s = A c^{\lambda_1 t}, \text{ sowie } s = A c^{\lambda_2 t}$$

Lösungen unserer Differentialgleichung.

Wir haben nun zu unterscheiden, ob

$$\alpha^2 - \beta^2 > 0 \text{ oder } \alpha^2 - \beta^2 < 0$$

ist. Im ersten Fall sei $\alpha^2 - \beta^2 = \gamma^2$, so wird

$$\lambda_1 = -\alpha + \gamma, \quad \lambda_2 = -\alpha - \gamma$$

und die durch 8) dargestellten Bewegungen haben nicht mehr den Charakter der eigentlichen Schwingungsbewegung, sie erreichen beide den Punkt O nicht in endlicher Zeit, da e^x nur für $x = -\infty$ den Wert Null hat.

Auf diese Bewegung wollen wir nicht weiter eingehen.[*]   Wenn jedoch $\alpha^2 - \beta^2 < 0$ ist, so sei

$$9) \quad \alpha^2 - \beta^2 = -\delta^2, \quad \beta^2 - \alpha^2 = \delta^2,$$

alsdann wird

$$10) \quad \lambda_1 = -\alpha + i\delta, \quad \lambda_2 = -\alpha - i\delta$$

und wir finden daher als eine Lösung

$$s_1 = Ae^{\lambda_1 t} = Ae^{-\alpha t} \cdot e^{i\delta t}$$

oder gemäss Gleichung 2)

$$11) \quad s_1 = Ae^{-\alpha t}(\cos \delta t + i \sin \delta t).$$

Eine zweite Lösung ist

$$s_2 = Ae^{\lambda_2 t} = Ae^{-\alpha t}e^{-i\delta t}$$

oder nach Gleichung 3)

$$12) \quad s_2 = Ae^{-\alpha t}(\cos \delta t - i \sin \delta t).$$

Nun ist aber nach dem obigen Hilfssatz auch $\dfrac{s_1 + s_2}{2}$ ein Integral; bezeichnen wir es durch s, so erhalten wir

$$13) \quad s = Ae^{-\alpha t}\cos \delta t.$$

Ebenso ist aber auch $\dfrac{s_1 - s_2}{2i}$ ein Integral; d. h.

$$14) \quad s = Ae^{-\alpha t}\sin \delta t$$

ist ebenfalls eine Funktion, die eine unsern Bedingungen entsprechende Bewegung liefert.

Die so erhaltenen Ausdrücke für s stellen den Verlauf der ge-dämpften Schwingungen dar; sie unterscheiden sich nur darin, wann wir den Zeitpunkt $t = 0$ annehmen. Für Gleichung 14) befindet sich, wie im vorigen Paragraphen, der bewegliche Punkt zur Zeit $t = 0$ im Zentrum O; dagegen liefert 13) für $t = 0$ den Wert $s = A$, die Zeit wird also von dem Augenblick an gezählt, in dem sich der Punkt in seiner grössten Entfernung von O befindet. Wir legen für das folgende Gleichung 14) zu Grunde.

Unter der Dauer einer einfachen Schwingung verstehen wir die Zeit, die während eines einfachen Hin- und Hergangs vom Zentrum O (der Ruhelage) aus vergeht. Nach Gleichung 14) ist $s = 0$, wenn $\sin \delta t = 0$ ist, also das erste Mal für $t = 0$, das zweite Mal für

$$\delta t = \pi.$$

---

[*] Eine derartige Bewegung heisst »aperiodische Schwingung«.

Die so bestimmte Zeit ist die Schwingungsdauer. Bezeichnen wir sie durch T, so folgt

$$15) \quad T = \frac{\pi}{\delta} = \frac{\pi}{\sqrt{\beta^2 - \alpha^2}}.$$

Die Schwingungsdauer bleibt also auch für gedämpfte Schwingungen konstant. Bezeichnen wir, wie auf S. 280, mit τ die Schwingungsdauer der ungedämpften Bewegung, so ist

$$\tau = \frac{\pi}{\beta}.$$

Hieraus folgt als Beziehung zwischen T und τ

$$\frac{T^2}{\tau^2} = \frac{\beta^2}{\delta^2}.$$

Ersetzen wir noch β^2 durch $\alpha^2 + \delta^2$ (Gleichung 9), so giebt die Gleichung

$$16) \quad \frac{T^2}{\tau^2} = \frac{\alpha^2 + \delta^2}{\delta^2} = 1 + \frac{\alpha^2}{\delta^2}$$

eine andere Form der Beziehung zwischen der Schwingungsdauer der gedämpften und der ungedämpften Bewegung.

Die Amplituden der Schwingung nehmen mit der Zeit ab. Die Amplituden entsprechen denjenigen Werten von t, für die s ein Maximum erreicht. Um sie zu ermitteln, haben wir den Differentialquotienten von s nach t gleich Null zu setzen (S. 236). Nun ist

$$17) \quad \frac{ds}{dt} = A\left[e^{-\alpha t}\, \delta \cos \delta t - e^{-\alpha t}\, \alpha \sin \delta t\right];$$

die Gleichung, welche die Maxima bestimmt, ist also

$$\delta \cos \delta t - \alpha \sin \delta t = 0$$

oder

$$18) \quad \operatorname{tg} \delta t = \frac{\delta}{\alpha}; \quad \delta t = \operatorname{arc\,tg} \frac{\delta}{\alpha}.$$

Bezeichnen wir den so gefundenen Wert von t zur Abkürzung durch t_1, so giebt die Gleichung 14), wenn wir noch die Amplitude durch l_1 bezeichnen,

$$19) \quad l_1 = A e^{-\alpha t_1} \sin \delta t_1.$$

Diese Gleichung giebt also die Grösse des ersten Ausschlags.

Da jeder Ausschlag ein Maximum oder Minimum von s bedeutet (ein Minimum, wenn der Ausschlag in entgegengesetzter Richtung erfolgt), so müssen unendlich viele Werte von t existieren, die der Gleichung 18) genügen. Wir erhalten sie, wenn wir beachten, dass es unendlich viele Bogen giebt, deren Tangente einen gegebenen Wert hat, d. h. die einer Gleichung von der Form

$$\operatorname{tg} \varphi = a$$

genügen. Da nämlich die Gleichung besteht

$$\operatorname{tg}(\varphi) = \operatorname{tg}(\varphi + \pi) = \operatorname{tg}(\varphi + 2\pi) = \ldots.,$$

so folgt sofort, dass alle Werte

$$\varphi, \quad \varphi + \pi, \quad \varphi + 2\pi, \quad \varphi + 3\pi \ldots$$

die Gleichung $\operatorname{tg}\varphi = a$ erfüllen.

Für den hier vorliegenden Fall ergiebt sich daraus, dass die Gleichung 18) befriedigt wird, wenn δt irgend einen Wert aus der Reihe

$$\delta t_1, \quad \delta t_1 + \pi, \quad \delta t_1 + 2\pi, \quad \delta t_1 + 3\pi \ldots,$$

erhält. Beseichnen wir die zugehörigen Werte von t durch $t_1, t_2, t_3, t_4 \ldots$, so ist demnach zu setzen

$$\delta t_2 = \delta t_1 + \pi, \quad \delta t_3 = \delta t_1 + 2\pi \ldots..$$

oder aber mit Rücksicht auf Gleichung 15)

$$t_2 = t_1 + T, \quad t_3 = t_1 + 2T \ldots..$$

Um die zugehörigen Ausschläge zu erhalten, haben wir diese Werte in 14) einzusetzen. Bezeichnen wir sie durch

$$l_1, \quad l_2, \quad l_3 \ldots..,$$

so folgt

$$l_1 = Ae^{-\alpha t_1}\sin\delta t_1.$$

$$20) \quad l_2 = Ae^{-\alpha t_2}\sin\delta t_2$$

$$l_3 = Ae^{-\alpha t_3}\sin\delta t_3$$

$$\cdot \cdot \cdot \cdot \cdot \cdot \cdot \cdot \cdot \cdot$$

Nun ist aber

$$\sin(\delta t_2) = \sin(\delta t_1 + \pi) = -\sin(\delta t_1) \ldots.,$$

wo das negative Zeichen dem Umstand entspricht, dass der zweite Ausschlag nach der negativen Seite liegt. Sehen wir daher vom Vorzeichen ab und berücksichtigen nur die absoluten Längen, so folgt

$$l_1 : l_2 = e^{-\alpha(t_1 - t_2)} = e^{\alpha T}.$$

Ebenso erhält man

$$21) \quad l_2 : l_3 = l_3 : l_4 \ldots = e^{\alpha T}.$$

Die Ausschläge nehmen also in konstantem Verhältnis ab. Man bezeichnet diesen konstanten Quotienten durch k und nennt ihn das Dämpfungsverhältnis. Sein Logarithmus heisst das logarithmische Dekrement; es findet sich

$$22) \quad \Lambda = \ln k = \alpha T = \frac{\alpha\pi}{\delta}.$$

Mittelst dieser Grösse A können wir Gleichung 16) noch in die Form setzen

$$23) \quad \frac{T^2}{\tau^2} = 1 + \frac{A^2}{\pi^2}.$$

Im Fall der gedämpft schwingenden Magnetnadel ist

$$24) \quad \beta^2 = \frac{D}{K}.$$

(S. 281) und

$$25) \quad 2a = \frac{p}{K},$$

worin p die Dämpfungskonstante bedeutet.[*) Es ergiebt sich daher aus 22) und 23)

$$26) \quad \frac{p}{K} = 2\frac{A}{T}, \quad \frac{K}{D} = \frac{\tau^2}{\pi^2} = \frac{T^2}{\pi^2 + A^2}.$$

Eine letzte für die Anwendungen wichtige Relation ist folgende. Es sei wieder τ die Schwingungsdauer der ungedämpften Schwingung. welche die Schwingung mit derselben Geschwindigkeit v_0 beginnen soll. wie die gedämpfte. Ihre Gleichung ist (S. 280)

$$s = A' \sin (\beta t),$$

wo A' zunächst noch unbekannt ist. Für ihre Geschwindigkeit folgt, daher

$$v = \frac{ds}{dt} = A'\beta \cos (\beta t),$$

und da zur Zeit $t = 0$ $v = v_0$ sein soll, so wird

$$v_0 = A'\beta.$$

Andrerseits erhalten wir den Wert v_0 aus Gleichung 17) in der Form

$$v_0 = A\delta,$$

woraus sich

$$A\delta = A'\beta; \quad A = A'\frac{\beta}{\delta}$$

ergiebt. Bezeichnen wir noch die Amplitude der ungedämpften Schwingung durch l_0, so dass $l_0 = A'$, so folgt schliesslich, mit Rücksicht auf S. 285

$$A = \frac{T}{\tau} \cdot l_0.$$

Diesen Wert setzen wir in Gleichung 19) ein und finden

$$l_1 = \frac{T}{\tau} l_0 \, e^{-\alpha t_1} \sin(\delta \, t_1).$$

Nun ist (Gleichung 18) $\mathrm{tg}\,(\delta \, t_1) = \dfrac{\delta}{\alpha}$, folglich ist

$$\sin(\delta \, t_1) = \frac{\mathrm{tg}\,(\delta \, t_1)\,{}^*)}{\sqrt{1 + \mathrm{tg}^2(\delta \, t_1)}} = \frac{\delta}{\sqrt{\alpha^2 + \delta^2}}\,.$$

Andrerseits ist (Gleichung 16)

$$\frac{T}{\tau} = \frac{\sqrt{\alpha^2 + \delta^2}}{\delta},$$

demnach ergiebt sich

$$l_1 = l_0 \, e^{-\alpha t_1}$$

und wenn wir hier für t_1 seinen Wert aus 18) einsetzen,

$$l_1 = l_0 e^{-\frac{\alpha}{\delta} \arctan \frac{\delta}{\alpha}}$$

oder schliesslich (Gleichung 22)

$$27) \quad l_1 = l_0 e^{-\frac{\Lambda}{\pi} \arctan \frac{\pi}{\Lambda}}.$$

§ 4. Berechnung der mittleren Weglänge der Gasmoleküle nach Clausius.

Nach den Anschauungen der kinetischen Gastheorie verhält sich ein Gas wie ein Haufen ideal elastischer Kugeln, die im Raum mit einer gewissen Geschwindigkeit umherfliegen und beim Anprall an die das Gas einschliessende Wand von dieser nach den Gesetzen des Stosses reflektiert werden. Neben dem Anprall an die umhüllenden Wände, der den Druck der Gase bedingt, ist von grosser theoretischer Wichtigkeit der Anprall der elastischen Kugeln (Moleküle) untereinander, indem er für die Theorie der inneren Reibung, Wärmeleitung und Diffusion der Gase eine fundamentale Bedeutung besitzt. Ein Zusammenstoss zweier Moleküle erfolgt, wenn ihre Centra sich bis zum Abstand des doppelten Radius eines Moleküles genähert haben. Wir wollen im folgenden berechnen, wie oft (im Mittel) ein Molekül in der Zeiteinheit mit anderen kollidiert und wie gross der (geradlinige) Weg ist, den ein Molekül (im Mittel) zwischen zwei Zusammenstössen zurücklegt.**)

---

*) Vgl. Formel 34 des Anhangs.

**) Näheres siehe die Lehrbücher der Physik oder Nernst, Theoret. Chemie S. 172 ff.

1. Wir wollen zunächst eine vorbereitende Aufgabe behandeln, nämlich die mittlere Weglänge für den Fall berechnen, dass ein einziges Molekül sich mit der Geschwindigkeit u bewegt, während alle anderen, regellos im Raum verteilten Moleküle ruhen. Unter diesen Umständen wollen wir die Wahrscheinlichkeit W dafür, dass das in Bewegung begriffene Molekül mindestens den Weg 1 zurücklegt, ohne anzustossen, mit

$$W = \frac{1}{a}$$

bezeichnen, eine Grösse, die natürlich einen echten Bruch repräsentiert; die Bedeutung dieser Grösse ist also die, dass z. B. unter 1000 Fällen $\frac{1000}{a}$ vorkommen, in denen unser Molekül einen Weg 1 oder einen grösseren Weg zurücklegt. Dann ist die Wahrscheinlichkeit dafür, dass das Molekül mindestens einen Weg 2 zurücklegt,

$$\frac{1}{a}\frac{1}{a} = \frac{1}{a^2},$$

dafür, dass es mindestens einen Weg 3 zurücklegt,

$$\frac{1}{a^3},$$

dafür schliesslich, dass es einen Weg x zurücklegt,

$$W(x) = \frac{1}{a^x}.$$

Wenn wir darin

$$a = e^{\alpha}$$

substituieren, so wird

$$1)\quad W(x) = e^{-\alpha x},$$

wo also α eine neue Konstante ist.

Nun wollen wir annehmen, dass ein Würfel vom Inhalt λ^3 im Durchschnitt immer je eines der (ruhend gedachten) Moleküle enthält. Würden wir uns die Moleküle geordnet denken, so würde offenbar der Abstand zweier benachbarter Molekülcentra immer je λ betragen, doch können wir an der regellosen Verteilung festhalten. Denken wir uns durch unsern Molekülhaufen jedoch zwei parallele Ebenen im Abstand λ gelegt, so dürfen wir annehmen, dass im Durchschnitt die so herausgeschnittene Molekülschicht pro Flächeneinheit $\frac{1}{\lambda^2}$ Moleküle, d. h. 1 Molekül pro Fläche λ^2 enthält. Denken wir uns das betrachtete Molekül nunmehr senkrecht die so herausgeschnittene Molekülschicht durchquerend, so ist die Wahrscheinlichkeit dafür, dass es innerhalb dieser Schicht anstösst, offenbar gleich dem Verhältnis des von den ruhenden

Molekülen versperrten Flächenraums zum gesamten Flächenraum. Der durch ein einzelnes Molekül versperrte Flächenraum ist aber ein Kreis mit dem doppelten Radius des Moleküls. Dies Verhältnis ist daher

$$\varrho^2\pi : \lambda^2,$$

wenn ϱ den Abstand bezeichnet, bis zu dem das bewegte Molekül sich einem ruhenden nähern muss, um anzustossen; dieser Abstand ist nach S. 288 gleich dem Durchmesser eines Moleküls.

Die Wahrscheinlichkeit, dass unser Molekül die betrachtete Molekülschicht senkrecht durchfliegt, ohne anzustossen, ist also

$$1 - \frac{\varrho^2\pi}{\lambda^2}$$

und aus Gleichung 1) folgt

$$2)\quad W(\lambda) = e^{-a\lambda} = 1 - \frac{\varrho^2\pi}{\lambda^2}.$$

Nun besagt eine Grundannahme aller Rechnungen, welche die kinetische Theorie idealer Gase betreffen, dass der gegenseitige Abstand der Moleküle gross im Vergleich zu ihren Dimensionen ist; würden wir diese Annahme nicht machen, so wäre es z. B. schwer verständlich, wie das Volumen eines Gases durch Anwendung starken Druckes so ungeheuer verkleinert werden kann. Es ist also $\frac{\varrho^2\pi}{\lambda^2}$ sehr klein gegen eins und entsprechend $a\lambda$ eine ebenfalls im Vergleich zu 1 sehr kleine Grösse, so dass wir nach S. 211 setzen können

$$3)\quad e^{-a\lambda} = 1 - a\lambda.$$

Aus 2) und 3) folgt aber

$$4)\quad a = \frac{\varrho^2\pi}{\lambda^3};\quad W(x) = e^{-\frac{\varrho^2\pi}{\lambda^3}x}.$$

$W(x)$ liefert uns also die Wahrscheinlichkeit, dass unser Molekül einen Weg zurücklegt, der mindestens gleich x ist; die Wahrscheinlichkeit, dass es einen Weg zurücklegt, der mindestens gleich $x+dx$ ist, beträgt daher $W(x+dx)$, und die Wahrscheinlichkeit, dass das Molekül anstösst, nachdem es den Weg x zurückgelegt, den Weg $x+dx$ aber noch nicht vollendet hat, beträgt

$$W(x) - W(x+dx) = -W'(x)dx$$

oder

$$a e^{-ax}dx.$$

Betrachten wir eine sehr grosse*) Zahl aufeinanderfolgender Zusammenstösse des bewegten Moleküles mit ruhenden, etwa n, so wird von diesen der Bruchteil

$$n\,.\,a e^{-ax}dx$$

*) Damit die Wahrscheinlichkeitsrechnung anwendbar ist!

eine zwischen x und $x + dx$ liegende freie Weglänge besitzen: um den Mittelwert l' aller vorkommenden Weglängen zu erhalten, müssen alle möglichen, d. h. zwischen 0 und ∞ liegenden Weglängen summiert und es muss daraus das Mittel gezogen werden. Die Summe der Weglängen x bis $x + dx$ beträgt nun aber

$$x n . a e^{-ax} dx$$

($=$ Anzahl mal Weglänge), die Summen aller möglichen

$$\int_0^\infty x . n . a . e^{-ax} dx$$

und der Mittelwert l' ist davon wieder der n^{te} Teil, also

$$l' = \frac{1}{n} \int_0^\infty x . n . a . e^{-ax} dx = \int_0^z x . a . e^{-ax} dx.$$

Der Wert des unbestimmten Integrals beträgt aber, wie man leicht durch Differentiation verifiziert und wie auch nach der Methode der teilweisen Integration (S. 113) unmittelbar folgt,

$$\int x a e^{-ax} dx = - x e^{-ax} - \frac{1}{a} e^{-ax};$$

setzten wir hierin zunächst die obere Grenze ∞ ein, so wird (S. 230)

$$\lim \frac{x}{e^{ax}} = 0 \quad \text{und} \quad \frac{1}{a} e^{-ax} = 0;$$

setzen wir die untere Grenze 0 ein, so wird

$$x e^{-ax} = 0, \quad \frac{1}{a} e^{-ax} = \frac{1}{a}$$

und wir finden nach Gleichung 4) für die mittlere Weglänge

$$5) \quad l' = \frac{1}{a} = \frac{\lambda^3}{\varrho^2 \pi}.$$

Die Zahl der Zusammenstösse pro Zeiteinheit ist ferner

$$6) \quad H' = \frac{u}{l'} = \frac{u \varrho^2 \pi}{\lambda^3}.$$

2. Nun wollen wir annehmen, dass die anderen Moleküle auch bewegt sind, doch sollen sie nicht nach allen Richtungen hin- und herfahren, sondern sämtlich die gleiche und gleichgerichtete Geschwindigkeit u besitzen, die also der Grösse nach gleich der des betrachteten Moleküls ist, während sie mit der Bewegungsrichtung des betrachteten Moleküls den Winkel φ bilden möge; dann ist offenbar in Gleichung 6) anstatt u einfach die relative Geschwindigkeit v unseres betrachteten Moleküls gegen die übrigen einzusetzen, und wir finden für diesen Fall die Zahl der Zusammenstösse

$$7) \quad \Pi'' = \frac{v\varrho^2\pi}{\lambda^3},$$

worin die relative Geschwindigkeit v sich nach der Gleichung

$$8) \quad v = 2u\sin\frac{\varphi}{2}$$

berechnet (v ist nach dem Gesetz des Parallelogramms der Geschwindigkeiten die Basis in einem gleichschenkligen Dreieck, in dem die beiden anderen Seiten gleich u sind und dessen Scheitelwinkel φ beträgt).

3. Nun können wir schliesslich die Zahl der Zusammenstösse die ein Molekül pro Zeiteinheit erfährt, das sich unter lauter hin- und herfahrenden Molekülen befindet, in der Weise berechnen, dass wir uns die hin- und herfahrenden Moleküle in einzelne Gruppen von gleicher Bewegungsrichtung zerlegen und hierauf Gleichung 7) anwenden. Da alle Bewegungsrichtungen gleichmässig vorkommen, so wird von den insgesamt vorhandenen Molekülen ein Bruchteil m eine zwischen φ und $\varphi + d\varphi$ liegende Bewegungsrichtung besitzen, der sich aus der Gleichung bestimmt

$$9) \quad m = \frac{2\pi\sin\varphi\,d\varphi}{4\pi} = \frac{\sin\varphi\,d\varphi}{2};$$

denn der differentielle Raumwinkel [*], in dem die betrachteten Bewegungsrichtungen liegen, beträgt $2\pi\sin\varphi\,d\varphi$ und der Raumwinkel, innerhalb dessen alle vorkommenden Bewegungsrichtungen liegen müssen, beträgt 4π, und das Verhältnis dieser Raumwinkel liefert den gesuchten Bruchteil m. Die Zahl der Zusammenstösse des betrachteten Moleküls mit der herausgegriffenen Molekülschaar ist also

$$\frac{v\varrho^2\pi}{\lambda^3}m = \frac{2u\sin\frac{\varphi}{2}\cdot\varrho^2\cdot\pi}{\lambda^3}\cdot\frac{\sin\varphi}{2}d\varphi$$

(Gleichung 8 und 9) oder vereinfacht und umgeformt nach Formel 39, Anhang,

$$2\frac{u\varrho^2\pi}{\lambda^3}\left(\sin\frac{\varphi}{2}\right)^2\cos\frac{\varphi}{2}d\varphi.$$

Um nun schliesslich die Gesamtzahl Π aller Zusammenstösse zu erhalten, haben wir einfach über alle vorkommenden Bewegungsrichtungen zu integrieren:

$$10) \quad \Pi = \int_0^\pi \frac{2u\varrho^2\pi}{\lambda^3}\left(\sin\frac{\varphi}{2}\right)^2\cos\frac{\varphi}{2}d\varphi = \frac{2u\varrho^2\pi}{\lambda^3}\int_0^\pi\left(\sin\frac{\varphi}{2}\right)^2\cos\frac{\varphi}{2}d\varphi.$$

---

[*] Vgl. Formelsammlung § 7, 85a und 85b.

Nun ist aber

$$\int\left(\sin\frac{\varphi}{2}\right)^2\cos\frac{\varphi}{2}d\varphi = 2\int\left(\sin\frac{\varphi}{2}\right)^2 d\sin\frac{\varphi}{2} = \frac{2}{3}\left(\sin\frac{\varphi}{2}\right)^3 + \text{Konst.}$$

und somit

$$\int_0^\pi\left(\sin\frac{\varphi}{2}\right)^2\cos\frac{\varphi}{2}d\varphi = \frac{2}{3}.$$

In Gleichung 10) eingesetzt, folgt also schliesslich

11) $$H = \frac{4}{3}\frac{u\varrho^2\pi}{\lambda^3}$$

und für die gesuchte mittlere Weglänge l

12) $$l = \frac{u}{H} = \frac{3}{4}\frac{\lambda^3}{\varrho^2\pi},$$

der von Clausius gefundene Ausdruck.

§ 5. Anwendungen des ersten Wärmesatzes. Veränderung von Reaktionswärmen mit der Temperatur.

Der erste Wärmesatz (Gesetz von der Erhaltung der Energie) besagt, dass die Änderungen des Energieinhaltes eines Systems unabhängig von dem Wege sind, auf welchem sich diese Änderungen vollziehen, und ausschliesslich durch den Anfangs- und Endzustand des Systems bestimmt sind.

Führen wir einem System eine kleine Wärmemenge dQ zu, so wird der Energieinhalt U des Systems eine Zunahme erfahren, die wir mit dU bezeichnen wollen. Wird vom Systeme gleichzeitig eine Arbeit dA geleistet, so liefert das Gesetz von der Erhaltung der Energie

$$dQ = dU + dA.$$

In vielen Fällen besteht die Arbeit in der Überwindung des äusseren Druckes p, d. h. er ist

$$dA = p\,dv,$$

wenn dv die Volumzunahme bedeutet, die das System erfährt.

Eine Anwendung des Satzes, dass U vom Wege unabhängig ist, liefert folgende Betrachtung.

Gegeben sei ein System reaktionsfähiger Stoffe; wir lassen bei der Temperatur T die betreffende Reaktion sich abspielen, wobei die Reaktionswärme Q vom System nach aussen abgegeben werden möge. Hierauf erhöhen wir die Temperatur des Systems um dT, wozu wir die Wärmemenge $c'dT$ zuführen müssen, wenn c' die Wärmekapazität des Systems nach vollzogener Reaktion bedeutet. Nehmen wir an, dass bei diesen Vorgängen keine äussere Arbeit geleistet wird, so beträgt die Änderung des Energieinhalts

$$1) \quad -Q + c' dT,$$

wobei wir also die dem System zugeführten Energiebeiträge positiv zählen.

Wir können das System aber auch auf folgendem Wege vom gleichen Anfangszustand zum gleichen Endzustand bringen. Wir erwärmen zuerst das System von T auf $T + dT$, wobei wir die Wärmemenge $c\, dT$ zuführen müssen, wenn c die Wärmekapazität des Systems vor vollzogener Reaktion bedeutet. Hierauf lassen wir bei $T + dT$ die Reaktion sich abspielen, wobei die Wärmemenge $Q + dQ$ vom System entwickelt werden möge. Die Energieänderung beträgt in diesem Falle somit

$$2) \quad -(Q + dQ) + c\, dT.$$

Da nach dem ersten Wärmesatz 1) und 2) einander gleich sein müssen, so folgt

$$dQ = dT(c - c')$$

oder

$$\frac{dQ}{dT} = c - c'.$$

Die Differenz der Wärmekapazitäten der reagierenden und der gebildeten Substanzen liefert also die Änderung der Reaktionswärme mit der Temperatur, ein für die Thermochemie wichtiges Resultat.

Wird während der Reaktion oder der Erwärmung äussere Arbeit geleistet, so ist diese natürlich mit der äquivalenten Wärmemenge in Rechnung zu setzen.

§ 6. Verdünnungswärme der Schwefelsäure.

Für die Wärmeentwickelung W, die man bei Hinzufügung von 1 gr H_2SO_4 zu x gr H_2O beobachtet, hat Thomsen empirisch die Formel

$$W = A\frac{x}{x + B}$$

gefunden; A und B sind Konstanten. Machen wir x sehr gross, d. h. fügen wir zu sehr viel Wasser 1 gr H_2SO_4, so wird die Wärmeentwickelung

$$W_\infty = A,$$

wodurch die Natur der Konstanten A eine einfache Bedeutung erhalten hat.

Fügen wir hingegen zu 1 gr H_2SO_4 eine sehr geringe Menge Wasser, die wir mit h bezeichnen wollen, so erhalten wir die Wärmeentwickelung

$$A\frac{h}{h+B} \quad \text{oder} \quad A\frac{h}{B},$$

da wir ja h gegen B vernachlässigen können; fügen wir zu sehr viel H_2SO_4 1 gr Wasser, so wird offenbar die Wärmeentwickelung das $\frac{1}{h}$-fache oder es wird

$$W_0 = \frac{A}{B};$$

$\frac{A}{B}$ bedeutet also die Wärmeentwickelung W_0 bei dem Hinzufügen von 1 gr Wasser zu einer grossen Quantität reiner Schwefelsäure.

Fügen wir x_1 gr H_2O zu einer Mischung von Schwefelsäure und Wasser, die auf 1 gr H_2SO_4 x gr H_2O enthält, so ist nach den Grundprinzipien der Thermochemie die beobachtete Wärmeentwickelung gleich der Differenz derjenigen Wärmemengen, die bei der Mischung von 1 gr H_2SO_4 mit $x_1 + x$ und mit x gr H_2O beobachtet werden; es wird also jene Wärmeentwickelung

$$A\left(\frac{x_1 + x}{x_1 + x + B} - \frac{x}{x + B}\right).$$

Denken wir uns x_1 sehr klein, etwa gleich dx, so erhalten wir

$$dW = A\left(\frac{x + dx}{x + dx + B} - \frac{x}{x + B}\right);$$

es bedeutet dW also die (sehr kleine) Wärmeentwickelung bei der Hinzufügung der sehr kleinen Wassermenge dx zu einer Lösung, die aus $1\,H_2SO_4 + x\,H_2O$ besteht. Der rechtsstehende Ausdruck hat die Form

$$f(x + dx) - f(x),$$

ist also gleich

$$f'(x)\,dx.$$

Differenzieren wir $f(x)$, so wird

$$\frac{d}{dx}\left(A\frac{x}{x + B}\right) = A\frac{B}{(x + B)^2};$$

und somit

$$dW = \frac{AB}{(x + B)^2}\,dx.$$

Fügen wir zu einer **sehr grossen** Menge der Lösung von der Zusammensetzung $1\,H_2SO_4 + x\,H_2O$ $1\,\mathrm{gr}\,H_2O$, so wird die hierbei auftretende Wärmemenge W'_x das $\frac{1}{dx}$ fache von $d\,W$, d. h. wir finden für obige (bei manchen Rechnungen wichtige) Wärmeentwickelung

$$W'_x = \frac{d\,W}{d\,x} = \frac{AB}{(x+B)^2}.$$

Der Differentialquotient $\frac{d\,W}{d\,x}$ hat also eine einfache thermochemische Bedeutung.

§ 7. Analytische Formulierung des zweiten Wärmesatzes.

a) Lassen wir ein System bei konstant erhaltener Temperatur eine beliebige Änderung erleiden, so ist nach dem ersten Wärmesatz (S. 293)

$$dQ = dU + dA;$$

in dieser Gleichung ist nur dU eindeutig durch den Anfangs- und Endzustand des Systems bestimmt, während dA im allgemeinen ganz verschiedene Werte annehmen wird, je nach der Art und Weise, auf die sich die betreffende Änderung vollzieht.

Die Erfahrung lehrt aber, dass es einen ganz bestimmten Maximalwert von dA giebt, der auf keine Weise überschritten werden kann, und zwar erhält man diesen Wert, wenn man den Vorgang reversibel leitet. Bei reversibeln isothermen Veränderungen ist also die äussere Arbeit dA ebenfalls eindeutig durch den Anfangs- und Endzustand bestimmt; bezeichnen wir die äussere Arbeit für eine derartige Veränderung mit dF, so wird

$$dQ = dU + dF$$

oder vom Anfangszustand 1 bis zum Endzustand 2 integrirt

$$Q_2 - Q_1 = U_2 - U_1 + F_2 - F_1.$$

Lassen wir ein System nach beliebigen Veränderungen wieder zum Anfangszustand zurückkehren, so dass das System einen Kreisprozess durchläuft, so ist nach dem ersten Hauptsatz

$$U_2 = U_1,$$

nach dem zweiten Hauptsatz

1) sowohl $F_2 = F_1$, wie $Q_2 = Q_1$.

Bei einem isothermen und reversiblen Kreisprozess ist also sowohl die geleistete äussere Arbeit wie die aufgenommene Wärmemenge gleich Null.

b) Lassen wir ein System einen reversibeln Kreisprozess durchlaufen dergestalt, dass bei der Temperatur $T + dT$ die Wärmemenge $Q + dQ$ absorbiert, bei der Temperatur T die Wärmemenge Q entwickelt wird, so wird eine gewisse Arbeit df vom System geleistet, die

$$2) \quad df = Q \frac{dT}{T}$$

beträgt. Man erhält dies Resultat durch die Betrachtung eines mit einem idealen Gase ausgeführten Kreisprozesses und kann nachweisen, dass es allgemein gültig ist.

c) Nach a) ist die dem System zugeführte (absorbierte) Wärmemenge Q der Gleichung 2)

$$Q = f - u,$$

wenn wir nunmehr kurz mit f die maximale Arbeit, mit u die Abnahme des Energieinhalts bei dem betrachteten Vorgange bezeichnen: eingesetzt in 2) finden wir

$$3) \quad f - u = T \frac{df}{dT},$$

die speziell für chemische Anwendungen bequemste Fassung des zweiten Wärmesatzes.

Anwendungen siehe besonders bei Planck, Vorlesungen über Thermodynamik, Leipzig 1897; vgl. ferner Nernst, Theoretische Chemie, S. 9, Stuttgart 1898.

Übungsaufgaben.

§ 1. Aufgaben zur analytischen Geometrie.

1) Die Koordinaten des Halbierungspunktes der Strecke $P_1 P_2$ sind

$$\xi = \frac{x_1 + x_2}{2}, \quad \eta = \frac{y_1 + y_2}{2},$$

wenn x_1, y_1 die Koordinaten von P_1, $x_2 y_2$ diejenigen von P_2 sind.

2) Die Koordinaten ξ, η des Punktes, der die Verbindungslinie zweier Punkte $P_1(x_1, y_1)$ und $P_2(x_2, y_2)$ im Verhältnisse $m : n$ teilt, sind

$$\xi = \frac{m\,x_2 + n\,x_1}{m + n}, \quad \eta = \frac{m\,y_2 + n\,y_1}{m + n}.$$

3) Die Gleichung der Kurve zu bestimmen, für deren Punkte das Produkt ihrer Abstände von zwei festen Punkten F_1 und F_2 einen konstanten Wert m^2 hat. Die Gleichung lautet

$$(x^2 + y^2 + a^2)^2 - 4\,a^2 x^2 = m^4,$$

falls die Gerade $F_1 F_2$ als x-Axe, ihr Halbierungspunkt als Anfangspunkt gewählt und die Strecke $F_1 F_2$ mit $2a$ bezeichnet wird. Ist $m^2 = a^2$, so heisst die Kurve Lemniskate und geht zweimal durch den Anfangspunkt. In Polarkoordinaten hat sie die Gleichung $r^2 = 2\,a^2 \cos 2\vartheta$.

4) Zu beweisen, dass

$$x \cos \alpha + y \sin \alpha - p = 0$$

die Gleichung einer Geraden ist, wenn das vom Anfangspunkt auf sie gefällte Lot die Länge p hat und mit der x-Axe den Winkel α bildet.

5) Man zeichne die Kurve, die durch die Gleichung

$$y = a \cos 2\pi \left(\frac{t}{T} + \lambda \right)$$

in y und t als Koordinaten dargestellt wird. Sie ist eine Wellenlinie, die das Bild einer periodischen Schwingung mit der Schwingungsdauer T

und der Amplitude a ist. Der zur Zeit $t = 0$ stattfindende Ausschlag (Phase der Schwingung) ist durch λ bestimmt.

6) Man zeichne nach demselben Prinzip, d. h. in s und t als rechtwinkligen Koordinaten die Kurve, die durch die Gleichung der gedämpften Schwingungen (S. 284)

$$s = Ae^{-t}\sin\delta t$$

bestimmt wird.

7) Man zeichne die Kurve $y^2 = mx^3$ und bestimme in jedem Punkt ihre Tangente. Die Kurve besteht aus zwei Zweigen, die symmetrisch zur x-Axe liegen, und im Anfangspunkt die x-Axe, sowie einander berühren. Man nennt daher den Anfangspunkt eine Spitze.

§ 2. Differentiation entwickelter Funktionen.

1) $y = (x + 1)^2(2x - 3)$ $\qquad \dfrac{dy}{dx} = 6x^2 + 2x - 4$

2) $y = \dfrac{5 + x}{5 - x}$ $\qquad \dfrac{dy}{dx} = \dfrac{10}{(5 - x)^2}$

3) $y = \dfrac{a^2 - x^2}{a^2 + x^2}$ $\qquad \dfrac{dy}{dx} = -\dfrac{4a^2 x}{(a^2 + x^2)^2}$

4) $y = \dfrac{5 + 3x + x^2}{5 - 3x + x^2}$ $\qquad \dfrac{dy}{dx} = \dfrac{6(5 - x^2)}{(5 - 3x + x^2)^2}$

5) $y = \dfrac{1}{a^2 - ax + x^2}$ $\qquad \dfrac{dy}{dx} = \dfrac{a - 2x}{(a^2 - ax + x^2)^2}$

6) $y = x^2\sqrt{1 + x^2}$ $\qquad \dfrac{dy}{dx} = \dfrac{3x^3 + 2x}{\sqrt{x^2 + 1}}$

7) $y = \dfrac{x}{\sqrt{a^2 - x^2}}$ $\qquad \dfrac{dy}{dx} = \dfrac{a^2}{\sqrt{(a^2 - x^2)^3}}$

8) $y = \dfrac{x}{x + \sqrt{1 + x^2}}$ $\qquad \dfrac{dy}{dx} = \dfrac{(\sqrt{1 + x^2} - x)^2}{\sqrt{1 + x^2}}$

9) $y = \dfrac{\sqrt{1 + x} - \sqrt{1 - x}}{\sqrt{1 + x} + \sqrt{1 - x}}$ $\qquad \dfrac{dy}{dx} = \dfrac{1 - \sqrt{1 - x^2}}{x^2\sqrt{1 - x^2}}$

10) $y = \dfrac{\sqrt{1 + x^2} + x}{\sqrt{1 + x^2} - x}$ $\qquad \dfrac{dy}{dx} = \dfrac{2(\sqrt{1 + x^2} + x)^2}{\sqrt{1 + x^2}}$

11) $y = \left(\dfrac{1}{\sqrt{x}} + 2\right)(x - \sqrt{x})$ $\qquad \dfrac{dy}{dx} = 2 - \dfrac{1}{2\sqrt{x}}$

12) $y = \ln(1 + x^2)$ $\qquad \dfrac{dy}{dx} = \dfrac{2x}{1 + x^2}$

13) $y = \ln \dfrac{x}{1 - x^2}$; $\dfrac{dy}{dx} = \dfrac{1 + x^2}{x(1 - x^2)}$

14) $y = \ln \sqrt{\dfrac{5x^2 + 3}{5x^2 - 3}}$ $\dfrac{dy}{dx} = \dfrac{30x}{9 - 25x^4}$

15) $y = (1 + x)\ln(1 + x)$ $\dfrac{dy}{dx} = 1 + \ln(1 + x)$

16) $y = e^x x^n$ $\dfrac{dy}{dx} = e^x x^{n-1}(n + x)$

17) $y = \operatorname{tg} x + \frac{1}{3}\operatorname{tg}^3 x$ $\dfrac{dy}{dx} = \dfrac{1}{\cos^4 x}$

18) $y = \operatorname{tg} x - \operatorname{ctg} x - 2$ $\dfrac{dy}{dx} = \dfrac{1}{\sin^2 x \cdot \cos^2 x}$

19) $y = \dfrac{\sin x}{a + b\cos x}$ $\dfrac{dy}{dx} = \dfrac{a\cos x + b}{(a + b\cos x)^2}$

20) $y = \sin(px + q)$ $\dfrac{dy}{dx} = p\cos(px + q)$

21) $y = \ln(\cos x + \sin x)$ $\dfrac{dy}{dx} = \dfrac{\cos x - \sin x}{\cos x + \sin x}$

22) $y = \ln \sqrt{\dfrac{a^2 - x^2}{a^2 + x^2}}$ $\dfrac{dy}{dx} = -\dfrac{2a^2 x}{a^4 - x^4}$

23) $y = \ln(x + \sqrt{1 + x^2})$ $\dfrac{dy}{dx} = \dfrac{1}{\sqrt{1 + x^2}}$

24) $y = e^{ax}(a\sin x - \cos x)$ $\dfrac{dy}{dx} = (a^2 + 1)e^{ax}\sin x$

25) $y = \arcsin\dfrac{1 - x^2}{1 + x^2}$ $\dfrac{dy}{dx} = -\dfrac{2}{1 + x^2}$

26) $y = \operatorname{arc\,tg}\dfrac{2x}{1 - x^2}$ $\dfrac{dy}{dx} = \dfrac{2}{1 + x^2}$

27) $y = (\ln u)^n$ $dy = \dfrac{n(\ln u)^{n-1} du}{u}$

28) $y = \ln(\ln u)$ $dy = \dfrac{du}{u \cdot \ln u}$

29) $y = \ln\sin(au + b)$ $dy = a\operatorname{ctg}(au + b)\,du$

30) $y = e^{\sin u}$ $dy = e^{\sin u}\cos u\,du.$

§ 2. Höhere Differentialquotienten, Differentiation der unentwickelten Funktionen und der Funktionen mehrerer Variabeln.

1) $y = (a + x^2)^2$

$y' = 4x(a + x^2), \quad y'' = 4(a + 3x^2), \quad y''' = 24x, \quad y'''' = 24.$

2) $y = \ln(a + bx)$

$$y' = \frac{b}{a+bx}, \quad y'' = -\frac{b^2}{(a+bx)^2}, \quad y''' = \frac{1.2\,b^3}{(a+bx)^3}, \quad y'''' = \frac{1.2.3\,b^4}{(a+bx)^4}.$$

3) $y = \sqrt{x}$,

$$y' = \frac{1}{2\sqrt{x}}, \quad y'' = -\frac{1}{4\sqrt{x^3}} \dots y^{(n)} = (-1)^{n-1}\frac{1.3.5\dots}{2^n\sqrt{x^{2n-1}}}.$$

4) $y = (a + \beta x)^\lambda$

$y^{(n)} = \lambda(\lambda - 1)\dots(\lambda - n + 1)\beta^n(\alpha + \beta x)^{\lambda - n}.$

5) $y = c^{ax} + c^{-ax}$

$y^{(n)} = a^n(c^{ax} \pm c^{-ax}).$

Das positive oder negative Zeichen, je nachdem n gerade oder ungerade ist.

6) Ist $y = uv$, wo u und v Funktionen von x sind, so ist

$$y^{(n)} = u^{(n)}v + \frac{n}{1}u^{(n-1)}v' + \frac{n.n-1}{1.2}u^{(n-2)}v'' + \dots + \frac{n}{1}u'v^{(n-1)} + uv^{(n)},$$

so dass diese Formel der Binomialformel (S. 68) ganz analog ist.

7) $x^2 + y^2 - a^2 = 0$ *); $\quad \dfrac{dy}{dx} = -\dfrac{x}{y}.$

8) $Ax^2 + 2Bxy + Cy^2 + 2Dx + 2Ey + F = 0$ **)

$$\frac{dy}{dx} = -\frac{Ax + By + D}{Bx + Cy + E}.$$

9) $(x^2 + y^2)^2 - 2c^2(x^2 - y^2) = 0$ ***)

$$\frac{dy}{dx} = -\frac{x(x^2 + y^2 - c^2)}{y(x^2 + y^2 + c^2)}.$$

10) $\dfrac{y}{x} = \operatorname{arc\,tg}\dfrac{x}{y}; \quad \dfrac{dy}{dx} = \dfrac{y}{x}.$

---

*) Gleichung des Kreises.
**) Gleichung eines Kegelschnitts; vgl. S. 82.
***) Gleichung der Lemniscate (S. 298).

11) $y^5 - 5axy + x^5 = 0;$ $\dfrac{dy}{dx} = \dfrac{ay - x^4}{y^4 - ax}.$

12) $u = \dfrac{1}{(x^2 + y^2)^2};$ $du = -\dfrac{4(xdx + ydy)}{(x^2 + y^2)^3}.$

13) $u = y\ln x;$ $du = \dfrac{y}{x}dx + \ln x\,dy.$

14) $u = \sin(x + y);$ $du = \cos(x + y)(dx + dy).$

15) $u = \operatorname{arc\,tg}\dfrac{x}{y};$ $du = \dfrac{y\,dx - x\,dy}{x^2 + y^2}.$

16) $u = \ln\dfrac{x + y}{x - y};$ $du = 2\dfrac{x\,dy - y\,dx}{x^2 - y^2}.$

17) $u = \operatorname{arc\,tg}\dfrac{x - y}{x + y};$ $du = \dfrac{y\,dx - x\,dy}{x^2 + y^2}.$

§ 3. Werte, die unter unbestimmter Form erscheinen.

1) $u = \dfrac{x^3 - 1}{x^3 - 2x^2 + 2x - 1};$ für $x = 1$ ist $u = 3.$

2) $u = \dfrac{x^3 + x^2 - 4x - 4}{x^4 + 2x^3 - 3x^2 - 8x - 4}.$

Für $x = -1, 2, -2$ ist $u = \pm\infty, \frac{1}{3}, -1.$

3) $u = \dfrac{\sqrt{x} - \sqrt{a} + \sqrt{x - a}}{\sqrt{x^2 - a^2}};$ für $x = a$ ist $u = \dfrac{1}{\sqrt{2a}}.$

4) $u = \dfrac{1 - \sin x + \cos x}{\sin 2x - \cos x};$ für $x = \dfrac{\pi}{2}$ ist $u = 1.$

5) $u = \dfrac{\sin x - x\cos x}{\sin^3 x};$ für $x = 0$ ist $u = \frac{1}{3}.$

6) $u = \dfrac{e^x - e^{-x}}{\sin x};$ für $x = 0$ ist $u = 2.$

7) $u = \dfrac{\sin x - \sin a}{x - a};$ für $x = a$ ist $u = \cos a.$

8) $u = \dfrac{e^x + e^{-x} - 2}{\cos x - 1};$ für $x = 0$ ist $u = -2.$

9) $u = \dfrac{\ln(x^2 - 3)}{x - 2};$ für $x = 2$ ist $u = 4.$

10) $u = \dfrac{\ln(1 + x) - \sin x}{x^2};$ für $x = 0$ ist $u = -\frac{1}{2}.$

11) $u = \dfrac{\operatorname{tg} x - \sin x}{x - \sin x}$; für $x = 0$ ist $u = 3$.

12) $u = \dfrac{\ln(1+x) - \ln(1-x)}{x}$; für $x = 0$ ist $u = 2$.

13) $u = \dfrac{\ln x}{\operatorname{ctg} x}$; für $x = 0$ ist $u = 0$.

14) $u = (x-a)[\ln(x-a)]^2$; für $x = a$ ist $u = 0$.

15) $u = \left(x - \dfrac{\pi}{2}\right)\operatorname{tg} x$; für $x = \dfrac{\pi}{2}$ ist $u = -1$.

16) $u = (1-x)\ln(1-x)$; für $x = 1$ ist $u = 0$.

17) $u = \dfrac{x^2+1}{x^2}\operatorname{tg}\dfrac{\pi}{2}x$; für $x = 1$ ist $u = \dfrac{-4}{\pi}$.

18) $u = \dfrac{1}{x} - \dfrac{1}{\sin x}$; für $x = 0$ ist $u = 0$.

19) $u = \dfrac{1}{\ln x} - \dfrac{1}{x-1}$; für $x = 1$ ist $u = \tfrac{1}{2}$.

20) $u = \dfrac{1}{\sin^2 x} - \dfrac{1}{x^2}$; für $x = 0$ ist $u = \tfrac{1}{3}$.

21) $u = \dfrac{2}{1-x^2} - \dfrac{3}{1-x^3}$; für $x = 1$ ist $u = -\tfrac{1}{2}$.

§ 4. Unbestimmte Integrale.

1) $\displaystyle\int \dfrac{x\,dx}{x^2 - a^2} = \dfrac{1}{2}\ln(x^2 - a^2) + C^{*)}$

2) $\displaystyle\int (x^2 - 5x)(2x - 5)\,dx = \dfrac{1}{2}(x^2 - 5x)^2 + C$

3) $\displaystyle\int (2x+1)^3\,dx = \dfrac{1}{8}(2x+1)^4 + C$

4) $\displaystyle\int (3x^2 + 5x - 1)^n (6x + 5)\,dx = \dfrac{(3x^2 + 5x - 1)^{n+1}}{n+1}$

5) $\displaystyle\int \dfrac{3x^2\,dx}{a^3 + x^3} = \ln(a^3 + x^3) + C$

---

*) Die Beispiele 1—10 suche man so zu behandeln, dass die unter dem $\int$ stehenden Ausdrücke durch Multiplikation mit geeigneten Zahlenkoeffizienten direkt in genaue Differentialausdrücke übergehen.

6) $\int \dfrac{x^3 \, dx}{a^4 + x^4} = \dfrac{1}{4} \ln (a^4 + x^4) + C$

7) $\int \dfrac{(5 + x) \, dx}{(10 \, x + x^2)} = \dfrac{1}{2} \ln (10 \, x + x^2) + C$

8) $\int \dfrac{2 \, x \, dx}{\sqrt{a^2 - x^2}} = -2 \sqrt{a^2 + x^2} + C$

9) $\int \cos^2 x \sin x \, dx = -\dfrac{\cos^3 x}{3} + C$

10) $\int \sin^2 x \cos x \, dx = \dfrac{\sin^3 x}{3} + C$

11) $\int \dfrac{dx}{a^2 + x^2} = \dfrac{1}{a} \operatorname{arc\,tg} \dfrac{x}{a} + C$

12) $\int \dfrac{dx}{a^2 + b^2 x^2} = \dfrac{1}{a b} \operatorname{arc\,tg} \dfrac{b}{a} x$

13) $\int \dfrac{dx}{\sqrt{a^2 - x^2}} = \arcsin \dfrac{x}{a} + C$

14) $\int \dfrac{dx}{a^2 - x^2} = \dfrac{1}{2 a} \ln \dfrac{a + x}{a - x} + C$

15) $\int \left(x^2 - \dfrac{1}{x} \right) dx = \dfrac{x^3}{3} - \ln x + C$

16) $\int \dfrac{dx}{x^2 - 6 \, x + 5} = -\dfrac{1}{4} \ln \dfrac{x - 1}{5 - x} + C$

17) $\int \dfrac{dx}{2 \, x - 3 \, x^2} = \dfrac{1}{2} \ln \dfrac{x}{2 - 3 \, x} + C$

18) $\int \dfrac{(3 \, x + 2) \, dx}{x^2 - x - 2} = \dfrac{8}{3} \ln (x - 2) + \dfrac{1}{3} \ln (x + 2) + C$

19) $\int \dfrac{x^2 + 1}{x^3 - x} \, dx = \ln \dfrac{x^2 - 1}{x} + C$

20) $\int \dfrac{4 \, x^2 - 48 \, x + 90}{(x - 3)(x + 3)(x - 6)} \, dx = \ln (x - 3) - 2 \ln (x - 6) + 5 \ln (x + 3) + C$

$$= \ln \dfrac{(x - 3)(x + 3)^5}{(x - 6)^2} + C$$

21) $\int \dfrac{dx}{x^2+4\,x+2} = \dfrac{1}{2\,\sqrt{2}} \ln \dfrac{x+2-\sqrt{2}}{x+2+\sqrt{2}} + C$

22) $\int \dfrac{x\,dx}{1+\sqrt{1+x}} = (1+x)\left(\dfrac{2}{3}\sqrt{1+x}-1\right) + C$

23) $\int \sqrt{a^2+x^2}\,dx = \dfrac{1}{2}\,x\,\sqrt{a^2+x^2} + \dfrac{1}{2}\,a^2 \ln\left(x+\sqrt{a^2+x^2}\right) + C$

24) $\int \sqrt{a^2-x^2}\,dx = \dfrac{1}{2}\,x\,\sqrt{a^2-x^2} + \dfrac{1}{2}\,a^2 \arcsin\dfrac{x}{a} + C^{*})$

25) $\int \dfrac{x\,dx}{\sqrt{(1-x^2)^5}} = \dfrac{1}{3}\dfrac{1}{\sqrt{(1-x^2)^3}} + C$

26) $\int \cos(p\,x+q)\,dx = \dfrac{1}{p}\sin(p\,x+q) + C$

27) $\int \sin(p\,x+q)\,dx = -\dfrac{1}{p}\cos(p\,x+q) + C$

28) $\int \cos^2 x\,dx = \dfrac{1}{4}\sin 2\,x + \dfrac{1}{2}\,x + C$

29) $\int \sin^2 x\,dx = -\dfrac{1}{4}\sin 2\,x + \dfrac{1}{2}\,x + C$

30) $\int \dfrac{x\,dx}{\cos^2 x} = x\,\operatorname{tg} x + \ln\cos x + C$

31) $\int \dfrac{x\,dx}{\sin^2 x} = -x\,\operatorname{ctg} x + \ln\sin x + C$

32) $\int \dfrac{\cos x\,dx}{\sqrt{\sin x}} = 2\,\sqrt{\sin x} + C$

33) $\int \cos^3 x\,dx = \sin x - \dfrac{\sin^3 x}{3} + C$

34) $\int \dfrac{dx}{x\ln x} = \ln(\ln x) + C$

35) $\int (\ln x)^2 dx = x\,(\ln x)^2 - 2\,x\ln x + 2\,x + C.$

---

*) Man setze $x = a\cos\varphi$ (vgl. S. 130).

Nernst-Schoenflies, Mathematik.

§ 5. Bestimmte Integrale.

1) $\int_0^a \dfrac{dx}{x^2+a^2} = \dfrac{\pi}{4a}$

2) $\int_0^1 \dfrac{x\,dx}{\sqrt{1-x^2}} = 1$

3) $\int_0^a \dfrac{dx}{\sqrt{a^2-x^2}} = \dfrac{\pi}{a}$

4) $\int_0^1 e^x\,dx = e-1$

5) $\int_0^1 x\,e^x\,dx = 1$

6) $\int_1^e \dfrac{dx}{x} = 1$

7) $\int_{-\frac{\pi}{2}}^{\frac{\pi}{2}} \cos x\,dx = 2$

8) $\int_{-\frac{\pi}{2}}^{\frac{\pi}{2}} \sin x\,dx = 0$

9) $\int_{-\frac{\pi}{2}}^{\frac{\pi}{2}} \cos^2 x\,dx = \dfrac{\pi}{2}$ *)

10) $\int_{-\frac{\pi}{2}}^{\frac{\pi}{2}} \sin^2 x\,dx = \dfrac{\pi}{2}$ *)

11) $\int_0^{\frac{\pi}{4}} \operatorname{tg} x\,dx = \tfrac12 \ln 2$

12) $\int_e^{e^2} \dfrac{dx}{x\ln x} = \ln 2.$

§ 6. Maxima und Minima.

1) $y = \dfrac{x^2-7x+6}{x-10}.$

Maximum $x=4$, Minimum $x=16$.

2) $y = x + \dfrac{a^2}{x}$ (a positiv).

Maximum $x=a$, Minimum $x=-a$.

3) $y = x + \sqrt{1-x}.$

Maximum $x = \dfrac{3}{4}.$

*) Die einfachste Methode der Berechnung der Integrale 9) und 10) ist folgende: Man sieht leicht, dass dieselben gleich sind. Addiert man sie, so ist ihre Summe wegen $\cos^2 x + \sin^2 x = 1$ gleich π, jedes also $\dfrac{\pi}{2}$.

4) $y = x^x$.

Minimum $x = \dfrac{1}{e}$.

5) $y = x^{x^{\frac{1}{x}}}$.

Maximum $x = e$.

6) Auf einer Horizontalebene sind zwei Punkte A und B und ihre Entfernung a gegeben. Es fragt sich, in welcher Höhe h senkrecht über A ein leuchtender Punkt S gebracht werden muss, damit in B ein Maximum der Lichtstärke eintritt.

Die Lichtstärke ist dem Quadrat der Entfernung SB umgekehrt und dem Sinus des Winkels des auffallenden Strahles SB direkt proportional zu setzen.

Lösung: $h = \dfrac{a}{2}\sqrt{2}$.

7) Aus einem cylindrischen Baumstamm vom Durchmesser d einen Balken von rechtwinkligem Querschnitt und von möglichst grosser Tragfähigkeit herauszuschneiden.

Der Querschnitt des Balkens bildet ein Rechteck, das dem kreisförmigen Querschnitt des Baumstamms eingeschrieben ist. Nach empirischen Gesetzen ist die Tragfähigkeit proportional dem Produkt aus der Breite b und dem Quadrat der Höhe h des Rechtecks.

Lösung: $b = \dfrac{d}{3}\sqrt{3}$, $h = \dfrac{d}{3}\sqrt{6}$.

8) In der Horizontalebene soll man einen Punkt P so bestimmen, dass von ihm aus ein vertikal stehender Gegenstand AB möglichst gross erscheint, d. h. unter möglichst grossem Gesichtswinkel gesehen wird.

Sind a und b die Entfernungen der Punkte A und B von der Horizontalebene und x der Abstand des gesuchten Punktes P vom Fusspunkte O der Vertikalen AB, so ist

$$x = \sqrt{ab}.$$

Diese Aufgabe bestimmt den günstigsten Standort für die Betrachtung vertikal stehender Gegenstände.

9) In ein gegebenes Dreieck das grösste Rechteck einzuschreiben, das mit einer Seite in die Grundlinie des Dreiecks fällt.

Lösung: Die Höhe des Rechtecks ist gleich der Hälfte der Dreieckshöhe.

10) Dasjenige Rechteck zu bestimmen, das a) bei gegebenem Umfang einen grössten Inhalt, b) bei gegebenem Inhalt einen kleinsten Umfang besitzt.

Lösung zu a) und b): Das Quadrat.

§ 7. Differentialgleichungen.

1) $y\,dx + x\,dy = 0.$

Lösung: Man schreibe dafür

$$\frac{dx}{x} + \frac{dy}{y} = 0$$

und erhält durch Integration

$$\ln x + \ln y = C$$

oder durch Übergang zur Exponentialfunktion*)

$$xy = c.$$

Die zunächst vorgenommene Umformung der gegebenen Differentialgleichung bezweckt die Trennung der Variabeln. Ist dies möglich, so ist es auch immer möglich, die Differentialgleichung zu integrieren, d. h. von ihr zu einer Gleichung überzugehen, die nur noch die Variabeln selbst enthält.

Die erhaltene Gleichung stellt, den verschiedenen Werten der beliebig wählbaren Konstanten c entsprechend, eine Schar von gleichseitigen Hyperbeln mit denselben Asymptoten dar (S. 30).

Geometrisch bedeutet also die Integration einer Differentialgleichung die Bestimmung einer Schaar von Kurven, deren Tangente das in der Differentialgleichung ausgedrückte Gesetz erfüllt.**) Wir lösen demgemäss folgende Aufgabe:

2) Alle Kurven zu finden, bei denen die Normalen***) aller Punkte durch ein festes Zentrum laufen. Das feste Zentrum O wählen wir als Anfangspunkt, und legen die Axen im übrigen beliebig. Ist P ein Kurvenpunkt, T der Schnitt der in P gezogenen Kurventangente mit der x-Axe, so sagt die Aufgabe, dass OPT ein rechter Winkel ist. Es folgt daraus leicht, wenn die Tangente mit der x-Axe den Winkel τ bildet,

$$\operatorname{tg}(\pi - \tau) = \frac{x}{y'}; \quad \text{d. h.} \quad \frac{dy}{dx} = -\frac{x}{y}.$$

---

*) Vgl. den Schluss von § 2 der Formelsammlung.
**) Der einfachste Fall dieser Art wurde S. 108 behandelt.
***) D. h. die auf den Tangenten errichteten Lote (vgl. S. 193).

Dies ist die Differentialgleichung der Kurvenschaar. Durch Beseitigung der Nenner folgt

$$y\,dy + x\,dx = 0$$

und hieraus durch Integration

$$\frac{y^2}{2} + \frac{x^2}{2} = \text{Konst.}$$

Die gesuchten Kurven sind also keine andern, als die Kreise um O als Zentrum.

$$3)\quad y\,dx - x\,dy = 0.$$

Analog wie für 1) folgt zunächst

$$\frac{dx}{x} - \frac{dy}{y} = 0; \quad \text{resp.} \ \frac{x}{y} = \text{Konst.},$$

die zur Differentialgleichung gehörigen Kurven sind also die geraden Linien durch den Anfangspunkt.

Eine zweite Methode besteht darin, die Gleichung 3) mit y^2 zu dividieren. Dann folgt

$$0 = \frac{y\,dx - x\,dy}{y^2} = d\left(\frac{x}{y}\right),$$

woraus sofort

$$\text{Konst} = \frac{x}{y}$$

folgt. Diese Methode ist von grosser Wichtigkeit. Sie besteht, allgemein zu reden, darin, die Differentialgleichung so mit einem Faktor (Multiplikator) zu versehen, dass die linke Seite das vollständige Differential einer Funktion von x und y ist.[*]

$$4)\quad (1 + x^2)y\,dx - (1 - y^2)x\,dy = 0.$$

Die Trennung der Variabeln ist möglich und liefert

$$(1 + x^2)\frac{dx}{x} = (1 - y^2)\frac{dy}{y},$$

woraus durch Integration

$$\ln x + \frac{x^2}{2} = \ln y - \frac{y^2}{2} + C$$

folgt.

$$5)\quad x\,dx + y\,dy = m\,y\,dx.$$

Bei dieser Gleichung führt keine der vorstehenden Methoden zum Ziel. Auf Grund davon, dass alle Glieder dieser Gleichung in x, y, dx und dy von derselben Ordnung sind, hat folgende Methode den gewünschten Erfolg. Man setze

---

[*] Vgl. S. 189.

$$\frac{y}{x} = z, \quad dy = z\,dx + x\,dz,$$

so folgt die Gleichung

$$dx\,(mz - z^2 - 1) = xz\,dz,$$

in der sich die Variabeln trennen lassen. Man findet

$$\frac{dx}{x} = \frac{z\,dz}{mz - z^2 - 1}.$$

Solche Differentialgleichungen heissen homogen. Setzen wir z. B. $m = 2$, so wird

$$\int \frac{dx}{x} = -\int \frac{z\,dz}{(z-1)^2} = -\int \left\{ \frac{1}{(z-1)^2} - \frac{1}{z-1} \right\} dz,$$

also

$$\ln x = \frac{1}{z-1} - \ln(z-1) + \text{Konst.},$$

$$x = \frac{c}{z-1}\, e^{\frac{1}{z-1}},$$

$$y = \frac{cz}{z-1}\, e^{\frac{1}{z-1}}.$$

Anhang.

Formel-Sammlung.

§ 1. Potenzen und Wurzeln.

1) $(a+b)(a-b) = a^2 - b^2$

2) $(a+b)^2 = a^2 + 2ab + b^2$

$(a+b+c)^2 = a^2 + b^2 + c^2 + 2ab + 2ac + 2bc$

3) $(a-b)^2 = a^2 - 2ab + b^2$

4) $(a+b)^3 = a^3 + 3a^2b + 3ab^2 + b^3$

5) $(a-b)^3 = a^3 - 3a^2b + 3ab^2 - b^3$

6) $a^m \cdot a^n = a^{m+n}$

7) $a^m : a^n = a^{m-n}$

8) $(a^m)^n = a^{mn}$

9) $\sqrt[n]{a}\,\sqrt[n]{b} = \sqrt[n]{ab}$

10) $\sqrt[n]{a} : \sqrt[n]{b} = \sqrt[n]{a:b}$

11) $\sqrt[n]{\sqrt[m]{a}} = \sqrt[nm]{a}$

12) $\left(\sqrt[n]{a}\right)^m = \sqrt[n]{a^m}$

13) Unter a^{-m} versteht man $\dfrac{1}{a^m}$

14) Unter $a^{\frac{1}{q}}$ versteht man $\sqrt[q]{a}$

15) Unter $a^{\frac{t}{q}}$ versteht man $\sqrt[q]{a^t} = \left(\sqrt[q]{a}\right)^t$.

Division algebraischer Ausdrücke durcheinander. Algebraische Ausdrücke, die nach einer Variabeln geordnet sind, kann man genau wie Zahlen durcheinander dividieren, indem man das

erste Glied des Dividendus durch das erste Glied des Divisors dividiert,
dann das Produkt aus dem so erhaltenen Quotienten und dem Divisor
von dem Dividendus subtrahiert und nun den Rest ebenso behandelt,
wie den ursprünglichen Dividendus. Dies wird so lange fortgesetzt,
bis entweder die Division aufgeht, oder ein Rest bleibt, der eine
weitere Division nicht gestattet.

Beispiele. $x^3 - 6x^2 + 11x - 6 : x - 1 = x^2 - 5x + 6$

$$\underline{x^3 - x^2}$$
$$-5x^2 + 11x - 6$$
$$\underline{-5x^2 + 5x}$$
$$6x - 6$$
$$\underline{6x - 6}$$

Die Division geht also auf und der Quotient hat den Wert
$x^2 - 5x + 6$; d. h. es ist

$$\frac{x^3 - 6x^2 + 11x - 6}{x - 1} = x^2 - 5x + 6.$$

$$3x^4 - 8x^2 + 2 : x^2 - 4 = 3x^2 + 4$$
$$\underline{3x^4 - 12x^2}$$
$$4x^2 + 2$$
$$\underline{4x^2 - 16}$$
$$18$$

Die Division lässt den Rest 18, es ist also

$$\frac{3x^4 - 8x^2 + 2}{x^2 - 4} = 3x^2 + 4 + \frac{18}{x^2 - 4}.$$

§ 2. Die Logarithmen.

Zu den gewöhnlichen Logarithmen, deren Basis 10 ist, gelangt
man bekanntlich dadurch, dass man alle Zahlen als Potenzen von 10
auffasst. Der zugehörige Exponent heisst alsdann der Logarithmus
der Zahl. Der Logarithmus giebt also an, die wievielte Potenz von 10
die bezügliche Zahl ist. So ist, wenn

$$10^3 = 1000, \quad 10^{0,30103\cdots} = 2$$

ist, der Exponent 3 der Logarithmus von 1000, der Exponent 0,30103..
der Logarithmus von 2, und dies schreibt man unter Anwendung des
Zeichens $\overset{10}{\log}$ in der Form

$$3 = \overset{10}{\log} 1000, \quad 0,30103.. = \overset{10}{\log} 2.$$

Das nämliche gilt, wenn man die Basis 10 durch irgend eine andere Basis a ersetzt. Wählt man als Basis die Zahl $e = 2,71828182\text{s}4 \dots$, so nennt man die zugehörigen Logarithmen natürliche Logarithmen; das System der natürlichen Logarithmen läuft also darauf hinaus, alle Zahlen als Potenzen von e zu betrachten. Ist daher die Zahl a die a^{te} Potenz von e, d. h. ist

$$e^a = a,$$

so heisst α der natürliche Logarithmus von a und man schreibt

$$\alpha = \overset{e}{\log} a = \ln a.$$

Aus dieser Definition erhält man sofort, wenn man in einer der beiden Gleichungen α resp. a durch ihre Werte aus der andern Gleichung ersetzt,

$$16) \quad e^{\ln a} = a$$
$$17) \quad \ln e^a = \alpha,$$

im besondern, für $\alpha = 1$,

$$18) \quad \ln e = 1.$$

Ist β die Basis irgend eines Logarithmensystems und ist

$$\beta^x = a, \quad \beta^y = b$$

oder, anders geschrieben,

$$x = \overset{\beta}{\log} a, \quad y = \overset{\beta}{\log} b,$$

so folgt daraus durch Multiplikation resp. Division

$$\beta^{x+y} = a\,b, \quad \beta^{x-y} = a : b$$

oder

$$x + y = \overset{\beta}{\log}(a\,b), \quad x - y = \overset{\beta}{\log}(a : b).$$

Hieraus ergeben sich die Gleichungen

$$19) \quad \log(a\,b) = \log a + \log b \text{ *})$$
$$20) \quad \log(a : b) = \log a - \log b.$$

Analog beweist man folgende Formeln:

$$21) \quad \log(a^n) = n \log a$$

$$22) \quad \log \sqrt[n]{a} = \frac{1}{n} \log a$$

---

*) Die Basis β der Logarithmen kann jede beliebige Zahl sein; deshalb ist sie in dieser und den folgenden Formeln weggelassen worden. — Um die Briggschen Logarithmen in natürliche zu verwandeln, müssen wir jene mit 2,3026 multiplizieren. Das genauere vgl. S. 82.

$$23) \quad \overset{\beta}{\log} \beta = 1, \quad \overset{\beta}{\log} 1 = 0$$

$$24) \quad \log \frac{1}{a} = -\log a.$$

Nämlich $\log \dfrac{1}{a} = \log 1 - \log a = -\log a.$

Häufig ist es nötig, von einer Gleichung, die Logarithmen enthält, zu einer Gleichung ohne Logarithmen überzugehen. Hat man z. B.

$$y = u\,v,$$

so folgt daraus

$$\ln y = \ln u + \ln v,$$

ebenso gelangt man umgekehrt von der letzten Gleichung zur ersten zurück. Das formale Mittel besteht darin, jede Seite der Gleichung so zu schreiben, dass sie Exponent einer Potenz mit der Basis e wird, d. h.

$$e^{\ln y} = e^{\ln u + \ln v} = e^{\ln u} \cdot e^{\ln v},$$

was nach 16) unmittelbar zur Ausgangsgleichung führt.

Beispiel. Aus

$$\ln u = A \ln x - B \ln y + C x + D$$

folgt

$$u = \frac{x^A}{y^B}\, e^{\,Cx+D}.$$

§ 3. Die trigonometrischen Formeln.

Nach den auf S. 65 gegebenen Definitionen und Festsetzungen definiert man in der höheren Mathematik die trigonometrischen Funktionen mit Hilfe eines Kreises, dessen Radius gleich der Längeneinheit ist. Aus diesen Definitionen ergeben sich (vgl. auch Fig. 36, S. 65) unmittelbar die nachfolgenden Formeln:

$$25) \quad \sin\left(\tfrac{\pi}{2} - x\right) = \cos x, \qquad \cos\left(\tfrac{\pi}{2} - x\right) = \sin x.$$

$$\operatorname{tg}\left(\tfrac{\pi}{2} - x\right) = \operatorname{ctg} x, \qquad \operatorname{ctg}\left(\tfrac{\pi}{2} - x\right) = \operatorname{tg} x.$$

$$26) \quad \sin\left(\tfrac{\pi}{2} + x\right) = \cos x, \qquad \cos\left(\tfrac{\pi}{2} + x\right) = -\sin x.$$

$$\operatorname{tg}\left(\tfrac{\pi}{2} + x\right) = -\operatorname{ctg} x, \qquad \operatorname{ctg}\left(\tfrac{\pi}{2} + x\right) = -\operatorname{tg} x.$$

$$27) \quad \sin\left(\pi - x\right) = \sin x, \qquad \cos\left(\pi - x\right) = -\cos x.$$

$$28) \quad \operatorname{tg}\left(\pi - x\right) = -\operatorname{tg} x, \qquad \operatorname{ctg}\left(\pi - x\right) = -\operatorname{ctg} x.$$

$$29) \quad \sin\left(-x\right) = -\sin x, \qquad \cos\left(-x\right) = \cos x.$$

$$30) \quad \operatorname{tg}\left(-x\right) = -\operatorname{tg} x, \qquad \operatorname{ctg}\left(-x\right) = -\operatorname{ctg} x.$$

Aus der Proportion $BC:OC = TA:OA$ (Fig. 36, S. 65) folgt ferner

$$31) \quad \operatorname{tg} x = \frac{\sin x}{\cos x}, \quad \operatorname{ctg} x = \frac{\cos x}{\sin x}$$

und aus dem rechtwinkligen Dreieck OBC

$$32) \quad \sin^2 x + \cos^2 x = 1,$$

woraus sich unmittelbar

$$33) \quad \sin x = \sqrt{1 - \cos^2 x}, \quad \cos x = \sqrt{1 - \sin^2 x}$$

ergiebt. Aus 31) erhält man, indem man gemäss 33) $\cos x$ durch $\sin x$, bezüglich $\sin x$ durch $\cos x$ ausdrückt und dann die entstehende Gleichung nach $\sin x$, resp. $\cos x$ auflöst,

$$34) \quad \sin x = \frac{\operatorname{tg} x}{\sqrt{1 + \operatorname{tg}^2 x}}, \quad \cos x = \frac{1}{\sqrt{1 + \operatorname{tg}^2 x}}.$$

Mittelst der auf S. 211 für $\cos x$ und $\sin x$ abgeleiteten Reihen beweist man durch direkte Ausrechnung leicht die Richtigkeit der folgenden Formeln:

$$35) \quad \sin (x + y) = \sin x \cos y + \cos x \sin y,$$
$$36) \quad \sin (x - y) = \sin x \cos y - \cos x \sin y,$$
$$37) \quad \cos (x + y) = \cos x \cos y - \sin x \sin y,$$
$$37) \quad \cos (x - y) = \cos x \cos y + \sin x \sin y,$$

woraus sich ferner für $x = y$

$$39) \quad \sin 2x = 2 \sin x \cos x$$
$$\cos 2x = \cos^2 x - \sin^2 x = 2 \cos^2 x - 1 = 1 - 2 \sin^2 x,$$

$$39\,\mathrm{a}) \quad \sin x = 2 \sin \frac{x}{2} \cos \frac{x}{2}$$

$$\cos x = 2 \cos^2 \frac{x}{2} - 1 = 1 - 2 \sin^2 \frac{x}{2}$$

ergiebt. Durch Addition und Subtraktion folgt aus obigen Formeln, indem man noch

$$x + y = \alpha, \quad x - y = \beta, \text{ also}$$

$$x = \frac{\alpha + \beta}{2}, \quad y = \frac{\alpha - \beta}{2}$$

setzt und dann für α und β wieder x und y schreibt,

$$40) \quad \sin x + \sin y = 2 \sin \frac{x + y}{2} \cos \frac{x - y}{2}$$

$$41) \quad \sin x - \sin y = 2 \cos \frac{x + y}{2} \sin \frac{x - y}{2}$$

$$42) \quad \cos x + \cos y = 2 \cos \frac{x+y}{2} \cos \frac{x-y}{2}$$

$$43) \quad \cos x - \cos y = -2 \sin \frac{x+y}{2} \sin \frac{x-y}{2}.$$

Endlich folgt aus obigen Formeln durch Division

$$44) \quad \operatorname{tg}(x+y) = \frac{\operatorname{tg} x + \operatorname{tg} y}{1 - \operatorname{tg} x \cdot \operatorname{tg} y}$$

$$45) \quad \operatorname{tg}(x-y) = \frac{\operatorname{tg} x - \operatorname{tg} y}{1 + \operatorname{tg} x \cdot \operatorname{tg} y}$$

$$46) \quad \operatorname{tg} 2x = \frac{2 \operatorname{tg} x}{1 - \operatorname{tg}^2 x}.$$

Löst man die zweite der Gleichungen 39 a) nach $\cos \frac{x}{2}$ resp. $\sin \frac{x}{2}$ auf, so folgt

$$47) \quad \cos \frac{x}{2} = \sqrt{\frac{1 + \cos x}{2}}$$

$$48) \quad \sin \frac{x}{2} = \sqrt{\frac{1 - \cos x}{2}},$$

aus ihnen durch Division

$$49) \quad \operatorname{tg} \frac{x}{2} = \sqrt{\frac{1 - \cos x}{1 + \cos x}}.$$

§ 3. Reihen und Summenformeln.

Die Reihe, deren Glieder

$$a, \quad a+d, \quad a+2d, \quad a+3d \dots$$

sind, heisst arithmetische Reihe. Die Summe s_n ihrer ersten n Glieder ist

$$50) \quad s_n = \frac{n}{2}(2a + [n-1]d).$$

Das erste und letzte, das zweite und vorletzte Glied u. s. w. geben nämlich als Summe übereinstimmend $2a + (n-1)d$; das $n$fache hiervon ist also gleich $2 s_n$.

Ist nun besonders $a = 1$, $d = 1$, so geht die Reihe in die Reihe der Zahlen

$$1, \quad 2, \quad 3, \quad 4 \dots$$

über; die Summe der ersten n Zahlen ist daher

$$51) \quad 1 + 2 + \dots + n = \frac{n(n+1)}{2}.$$

Die Reihe

$$a, \quad ac, \quad ac^2, \quad ac^3 \ldots\ldots$$

heisst geometrische Reihe. Die Summe s_n ihrer ersten n Glieder ist

$$52) \quad s_n = \frac{a\,(c^n - 1)}{c - 1} = \frac{a\,(1 - c^n)}{1 - c}.$$

Man erhält diese Formel durch Subtraktion der beiden Gleichungen

$$s_n = a + ac + ac^2 + \ldots + ac^{n-1}$$
$$c\,s_n = \quad ac + ac^2 + \ldots + ac^{n-1} + ac^n$$

voneinander.

Im besonderen folgt, wenn $a = 1$ ist,

$$53) \quad 1 + c + c^2 + \ldots + c^{n-1} = \frac{1 - c^n}{1 - c}.$$

Setzt man in dieser Gleichung für c den Wert $b : a$, so erhält man nach Multiplikation mit a^{n-1}

$$54) \quad a^{n-1} + a^{n-2}b + \ldots + ab^{n-2} + b^{n-1} = \frac{a^n - b^n}{a - b}$$

oder auch

$$55) \quad a^n - b^n = (a - b)(a^{n-1} + a^{n-2}b + \ldots + ab^{n-2} + b^{n-1}).$$

Im besondern ist also

$$56) \quad a^2 - b^2 = (a - b)(a + b)$$
$$57) \quad a^3 - b^3 = (a - b)(a^2 + ab + b^2)$$
$$58) \quad a^4 - b^4 = (a - b)(a^3 + a^2b + ab^2 + b^3)$$

u. s. w. u. s. w.

Die Formel für die Summe der n ersten Quadrate

$$1^2 + 2^3 + 3^2 + \ldots + n^2$$

ergiebt sich folgendermassen. Es ist offenbar

$$(2a - 1) + (2a + 1) = 4a$$

oder, wie durch Multiplikation mit $2a$ folgt

$$(2a - 1)\,2a + 2a\,(2a + 1) = 8a^2.$$

Setzt man in dieser Gleichung für a der Reihe nach 1, 2, 3....n, so erhält man

$$1 \cdot 2 + 2 \cdot 3 = 8 \cdot 1^2$$
$$3 \cdot 4 + 4 \cdot 5 = 8 \cdot 2^2$$
$$5 \cdot 6 + 7 \cdot 8 = 8 \cdot 3^2$$
$$\cdots\cdots\cdots\cdots$$
$$(2n - 1)\,2n + 2n\,(2n + 1) = 8 \cdot n^2$$

und hieraus durch Addition zunächst

$$1 \cdot 2 + 2 \cdot 3 + 3 \cdot 4 + \ldots\ldots + 2n\,(2n + 1) = 8\,(1^2 + 2^2 + \ldots + n^2).$$

Ferner folgt aus der leicht zu verifizierenden Gleichung

$$\frac{a+2}{1.2.3} - \frac{(a-1)}{1.2.3} = \frac{3}{1.2.3} = \frac{1}{1.2}$$

durch Multiplikation mit $a(a+1)$

$$\frac{a(a+1)(a+2)}{1.2.3} - \frac{(a-1)a(a+1)}{1.2.3} = \frac{a(a+1)}{1.2}$$

und wenn man für a wieder der Reihe nach 1, 2, 3…n setzt,

$$\frac{1.2.3}{1.2.3} - 0 = \frac{1.2}{1.2}$$

$$\frac{2.3.4}{1.2.3} - \frac{1.2.3}{1.2.3} = \frac{2.3}{1.2}$$

$$\frac{3.4.5}{1.2.3} - \frac{2.3.4}{1.2.3} = \frac{3.4}{1.2}$$

. . . .

$$\frac{n(n+1)(n+2)}{1.2.3} - \frac{(n-1)n(n+1)}{1.2.3} = \frac{n(n+1)}{1.2}.$$

Hieraus folgt durch Addition

$$\frac{n(n+1)(n+2)}{1.2.3} = \frac{1.2 + 2.3 + 3.4 + \cdots + n(n+1)}{1.2}.$$

Mit Benutzung dieser Formel ergiebt sich nunmehr

$$8(1^2 + 2^2 + 3^2 + \cdots + n^2) = \frac{2n(2n+1)(2n+2)}{3}$$

und hieraus

$$59)\quad 1^2 + 2^2 + 3^2 + \cdots + n^2 = \frac{n(n+1)(2n+1)}{6}.$$

§ 5. Permutationen.

Die Zahl Z aller Permutationen von n Elementen ist

$$60)\quad Z = 1.2.3\ldots n = n!$$

Zwei Elemente a und b können zwei verschiedene Permutationen bilden, nämlich ab und ba. Ein drittes Element c, das hinzutritt, kann in jeder Permutation drei verschiedene Stellen einnehmen, nämlich resp. die dritte, zweite und erste. Aus den zwei Permutationen ab und ba entstehen daher $2.3 = 1.2.3$, deren Elemente a, b, c sind, nämlich

$$abc,\quad acb,\quad cab \text{ und } bac,\quad bca,\quad cba.$$

Ein viertes Element d, das hinzutritt, lässt aus jeder dieser sechs Permutationen vier neue hervorgehen, je nachdem es an die erste,

zweite, dritte, vierte Stelle tritt; für vier Elemente haben wir daher
$1.2.3.4$ Permutationen u. s. w.

Sind unter den n Elementen gleiche vorhanden, und zwar α
gleiche von der einen, β gleiche von einer andern Art, so ist die
Zahl Z aller Permutationen

$$61) \quad Z = \frac{n!}{\alpha! \; \beta!}.$$

Nehmen wir z. B. an, dass fünf Elemente vorhanden sind, unter denen
drei, resp. zwei einander gleich sind, also die Elemente $a\,a\,a\,b\,b$, so
wollen wir zunächst die drei Elemente a und die zwei Elemente b
dadurch verschieden machen, dass wir ihnen die Indices 1, 2, 3, resp.
1, 2 anhängen. Alsdann erhalten wir fünf verschiedene Elemente,
nämlich $a_1 a_2 a_3 b_1 b_2$. Die Zahl der Permutationen ist $5!$ Eine von
ihnen sei $a_1 a_2 b_1 a_3 b_2$. Aus ihr entstehen — sie selbst mitgerechnet —
dadurch, dass wir die Elemente a_1, a_2, a_3 vertauschen, $3!$ Diese
werden aber sämtlich einander gleich, wenn wir die Indices wieder
tilgen; d. h. von den $5!$ werden, wenn wir a_1, a_2, a_3 durch $a\,a\,a$
ersetzen, je $3!$ einander gleich, so dass nur noch $5! : 3!$ übrig bleiben.
Tilgt man nun noch die Indices von b_1 und b_2, so bleiben schliesslich
nur $\dfrac{5!}{3! \; 2!}$ verschiedene Permutationen.

§ 6. Auflösung der quadratischen Gleichung und der Gleichungen ersten Grades mit zwei Unbekannten.

Lautet die quadratische Gleichung

$$x^2 + a x + b = 0,$$

so haben die Wurzeln x_1 und x_2 die Werte

$$62) \quad x_1 = -\frac{a}{2} + \sqrt{\frac{a^2}{4} - b}$$

$$63) \quad x_2 = -\frac{a}{2} - \sqrt{\frac{a^2}{4} - b}.$$

Aus ihnen folgt durch Addition, resp. Multiplikation

$$64) \quad x_1 + x_2 = -a$$
$$65) \quad x_1 . x_2 = b.$$

Setzt man diese Werte für a und b in die gegebene Gleichung ein,
so ergiebt sich

$$66) \quad \begin{aligned} x^2 + a x + b &= x^2 - (x_1 + x_2)\,x + x_1\,x_2, \quad \text{d. h.} \\ x^2 + a x + b &= (x - x_1)(x - x_2). \end{aligned}$$

Hat das Glied x^2 nicht den Koeffizienten 1, lautet also die Gleichung
$$\alpha x^2 + \beta x + \gamma = 0,$$
so führt man ihre Lösung dadurch auf die vorstehende zurück, dass man

$$67)\quad \alpha x^2 + \beta x + \gamma = \alpha\left(x^2 + \frac{\beta}{\alpha}x + \frac{\gamma}{\alpha}\right)$$

schreibt. Sind dann die Wurzeln der Gleichung

$$x^2 + \frac{\beta}{\alpha}x + \frac{\gamma}{\alpha} = 0$$

resp. x_1 und x_2, so ist nach 66)

$$x^2 + \frac{\beta}{\alpha}x + \frac{\gamma}{\alpha} = (x - x_1)(x - x_2)$$

und wenn man dies in 67) einsetzt, so ergiebt sich

$$68)\quad \alpha x^2 + \beta x + \gamma = \alpha(x - x_1)(x - x_2).{}^{*})$$

Lauten die zwei Gleichungen mit zwei Unbekannten

$$A x + B y = C$$
$$A_1 x + B_1 y = C_1,$$

so erhält man, indem man der Reihe nach die erste mit B_1, die zweite mit $-B$ multipliziert und dann addiert, resp. die erste mit $-A_1$ und die zweite mit A,

$$69)\quad x = \frac{CB_1 - C_1 B}{AB_1 - A_1 B}, \quad y = \frac{C_1 A - CA_1}{AB_1 - A_1 B}.$$

§ 7. Formeln für Flächen und Körper.

70) Inhalt des Dreiecks (g Grundlinie, h Höhe): $\frac{1}{2}gh$.

70a) Inhalt des Dreiecks (α der von a und b eingeschlossene Winkel): $\frac{1}{2}ab\sin\alpha$.

71) Inhalt des Parallelogramms (g Grundlinie, h Höhe): gh.

71a) Inhalt des Parallelogramms (α der von a und b eingeschlossene Winkel): $ab\sin\alpha$.

72) Inhalt des Trapezes (g_1 und g_2 Grundlinien, h Höhe): $\frac{g_1 + g_2}{2}h$.

73) Umfang des Kreises (r Radius): $2r\pi$.

74) Inhalt des Kreises (r Radius): $r^2\pi$.

75) Inhalt des Kreissektors (φ Bogenzahl): $\frac{1}{2}r^2\varphi$.

76) Inhalt der Ellipse (a und b Halbaxen): $ab\pi$.

77) Inhalt des Prismas (G Grundfläche, h Höhe): Gh.

---

*) Vgl. auch die allgemeinen Entwicklungen von S. 262.

78) Inhalt der Pyramide (G Grundfläche, h Höhe): $\frac{1}{3} G h$.

79) Inhalt des Cylinders (r Radius, h Höhe): $r^2 \pi h$.

80) Oberfläche des Cylinders (r Radius, h Höhe): $2 r \pi h$.

81) Inhalt des Kegels (r Radius, h Höhe): $\frac{1}{3} r^2 \pi h$.

82) Mantel des Kegels (r Radius, s Seite): $r \pi s$.

83) Mantel des Kegelstumpfs (r und ϱ Radien, s Seite): $(r + \varrho) \pi s$.

84) Inhalt der Kugel (r Radius): $\frac{4}{3} r^3 \pi$.

85) Oberfläche der Kugel (r Radius): $4 r^2 \pi$.

Ein Raumwinkel entsteht durch Rotation eines Winkels um einen seiner Schenkel; er misst also den bei der Rotation überstrichenen Raum. Legt man um seinen Scheitelpunkt eine Kugel mit dem Radius 1, so kann der Raumwinkel (analog zu S. 65) durch den von ihm herausgeschnittenen Teil der Kugeloberfläche (d. h. eine Kugelkalotte) gemessen werden. Ist φ der rotierende Winkel, so hat demgemäss der Raumwinkel W den Wert

$$85a) \quad W = 4 \pi \sin^2 \frac{\varphi}{2}.$$

Das Differential eines solchen Raumwinkels (vgl. S. 292) ist daher
$$85 b) \quad dW = 2 \pi \sin \varphi \, d\varphi.$$

Formeln über das reguläre Tetraëder.

Bezeichnet man die Kante des regulären Tetraëders mit a, die Höhe mit h, die Höhe einer Seitenfläche mit k, die Entfernung des Mittelpunktes von den Ecken mit r, den Winkel zweier Seitenflächen gegeneinander mit φ, den Winkel, den irgend zwei der vier vom Zentrum nach den Ecken laufenden Geraden miteinander bilden, mit ψ, so bestehen folgende Relationen.

Zunächst ergiebt sich für die in der Grundfläche liegende Höhe k
$$k^2 = a^2 - \frac{a^2}{4} = \frac{3}{4} a^2$$

und hieraus, da die Tetraëderhöhe h durch denjenigen Punkt von k geht, der k im Verhältnis 2:1 teilt,

$$h^2 = a^2 - \left(\frac{2}{3} k\right)^2 = a^2 - \frac{1}{3} a^2 = \frac{2}{3} a^2,$$

$$86) \quad h = a \sqrt{\frac{2}{3}}.$$

Nun teilt der Mittelpunkt des Tetraëders die Höhe h im Verhältnis 3:1, also folgt

$$87) \quad \sin \frac{\psi}{2} = \frac{1}{2} a : \frac{3}{4} h; \quad \psi = 109^0\, 28'..$$

Um den Neigungswinkel φ zu erhalten, legt man durch eine Kante a eine Ebene senkrecht zur gegenüberliegenden Kante; diese schneidet das Tetraëder in einem gleichschenkligen Dreieck mit a als Basis und k als Schenkel und φ als Winkel an der Spitze. Daher ist

$$88) \quad \sin\frac{\varphi}{2} = \frac{a}{2} : k; \quad \varphi = 70^0\,32'\ldots$$

§ 8. Näherungsregeln für das Rechnen mit kleinen Grössen.

In den folgenden Formeln sind α, β, $\gamma\ldots$ im Vergleich zu 1 kleine Grössen.

$$89) \quad (1+\alpha)(1+\beta) = 1 + \alpha + \beta$$

$$90) \quad (1+\alpha)(1-\beta) = 1 + \alpha - \beta$$

$$91) \quad (1+\alpha)^2 = 1 + 2\,\alpha$$

$$92) \quad \sqrt{1+\alpha} = 1 + \frac{\alpha}{2}$$

$$93) \quad (1+\alpha)^n = 1 + n\,\alpha$$

$$94) \quad \frac{1}{1+\alpha} = 1 - \alpha$$

$$95) \quad \frac{1}{\sqrt{1+\alpha}} = 1 - \frac{\alpha}{2}$$

$$96) \quad \frac{(1+\alpha)(1+\beta)}{(1+\gamma)(1+\delta)} = 1 + \alpha + \beta - \gamma - \delta$$

$$97) \quad e^\alpha = 1 + \alpha$$

$$98) \quad \ln(1+\alpha) = \alpha$$

$$99) \quad \sin\alpha = \alpha$$

$$100) \quad \operatorname{tg}\alpha = \alpha$$

$$101) \quad \cos\alpha = 1.$$

Die Formeln 89) und 90) findet man durch Ausmultiplizieren, 91) bis 101) durch Reihenentwicklung (§ 11), wobei stets die höheren Potenzen oder Produkte der kleinen Grössen neben den ersten Potenzen vernachlässigt werden.

§ 9. Die einfachen Formeln der Differentialrechnung.

$$102) \quad d\,x^n = n\,x^{n-1}\,d\,x.$$

$$103) \quad d\frac{1}{x} = -\frac{d\,x}{x^2}, \quad d\sqrt{x} = \frac{d\,x}{2\sqrt{x}}.$$

104) $d \sin x = \cos x \, dx$, $\quad d \cos x = -\sin x \, dx$.

105) $d \operatorname{tg} x = \dfrac{dx}{\cos^2 x}$, $\quad d \operatorname{ctg} x = -\dfrac{dx}{\sin^2 x}$.

106) $d \ln x = \dfrac{dx}{x}$.

107) $\quad d e^x = e^x \, dx$, $\quad d a^x = a^x \, dx \ln a$.

108) $d(u \pm v \pm w) = du \pm dv \pm dw$.

109) $d(uv) = v \, du + u \, dv$.

110) $\quad d\left(\dfrac{u}{v}\right) = \dfrac{v \, du - u \, dv}{v^2}$.

111) $\quad d F(u) = F'(u) \, du$.

§ 10. Die einfachsten Formeln der Integralrechnung.

112) $\displaystyle\int x^n \, dx = \dfrac{x^{n+1}}{n+1} + C$, $\quad \displaystyle\int (x+a)^n \, dx = \dfrac{(x+a)^{n+1}}{n+1} + C$.

113) $\displaystyle\int \cos x \, dx = \sin x + C$, $\quad \displaystyle\int \sin x \, dx = -\cos x + C$.

114) $\displaystyle\int \dfrac{dx}{\cos^2 x} = \operatorname{tg} x + C$, $\quad \displaystyle\int \dfrac{dx}{\sin^2 x} = -\operatorname{ctg} x + C$.

115) $\displaystyle\int e^x \, dx = e^x + C$, $\quad \displaystyle\int \dfrac{dx}{x} = \ln x + C$.

116) $\displaystyle\int \dfrac{dx}{\sqrt{1-x^2}} = \arcsin x + C$.

117) $\displaystyle\int \dfrac{dx}{1+x^2} = \operatorname{arc tg} x + C$.

118) $\displaystyle\int \dfrac{dx}{a+x} = \ln(a+x) + C$.

119) $\displaystyle\int \dfrac{dx}{a-x} = -\ln(a-x) + C = \ln \dfrac{1}{a-x} + C$.

120) $\int \dfrac{dx}{(a-x)(b-x)} = \dfrac{1}{b-a} \ln \dfrac{b-x}{a-x} + C.$

121) $\int (du \pm dv) = \int du \pm \int dv.$

122) $\int u\, dv = uv - \int v\, du.$

§ 11. Reihenentwickelungen.

123) $f(x) = f(0) + \dfrac{x}{1} f'(0) + \dfrac{x^2}{1.2} f''(0) + \dfrac{x^3}{1.2.3} f'''(0) + ..$

124) $f(x+h) = f(x) + \dfrac{h}{1} f'(x) + \dfrac{h^2}{1.2} f''(x) + \dfrac{h^3}{1.2.3} f'''(x) + ..$

125) $f(x-h) = f(x) - \dfrac{h}{1} f'(x) + \dfrac{h^2}{1.2} f''(x) - \dfrac{h^3}{1.2.3} f'''(x) + ..$

126) $e^x = 1 + \dfrac{x}{1} + \dfrac{x^2}{2} + \dfrac{x^3}{6} + ..$

127) $\sin x = \dfrac{x}{1} - \dfrac{x^3}{6} + \dfrac{x^5}{120} \cdots .$

128) $\cos x = 1 - \dfrac{x^2}{2} + \dfrac{x^4}{24} \cdots \cdots$

129) $\operatorname{tg} x = \dfrac{x}{1} + \dfrac{x^3}{3} + \dfrac{2x^5}{15} \cdots \cdots$

130) $\ln(1+x) = \dfrac{x}{1} - \dfrac{x^2}{2} + \dfrac{x^3}{3} - \dfrac{x^4}{4} \cdots .$

131) $\ln(1-x) = -\dfrac{x}{1} - \dfrac{x^2}{2} - \dfrac{x^3}{3} - \dfrac{x^4}{4} \cdots .$

132) $\ln\dfrac{1+x}{1-x} = 2\left(\dfrac{x}{1} + \dfrac{x^3}{3} + \dfrac{x^5}{5} \cdots\right)$

133) $\operatorname{arc\,tg} x = \dfrac{x}{1} - \dfrac{x^3}{3} + \dfrac{x^5}{5} - \dfrac{x^7}{7} \cdots .$

134) $\operatorname{arc\,sin} x = x + \dfrac{x^3}{6} + \dfrac{3x^5}{40} + \cdots .$

135) $(1+x)^n = 1 + \dfrac{n}{1} x + \dfrac{n(n-1)}{1.2} x^2 + \dfrac{n(n-1)(n-2)}{1.2.3} x^3 \cdots$

136) $(1-x)^n = 1 - \dfrac{n}{1} x + \dfrac{n(n-1)}{1.2} x^2 - \dfrac{n(n-1)(n-2)}{1.2.3} x^3 \cdots$

§ 12. Determinanten.*)

Um die beiden linearen Gleichungen**) mit zwei Unbekannten

$$1) \quad \begin{aligned} a_1 x + b_1 y + c_1 &= 0 \\ a_2 x + b_2 y + c_2 &= 0 \end{aligned}$$

zu lösen, multiplizieren wir sie, um y zu eliminieren, mit b_2, resp. $-b_1$, und um x zu eliminieren, mit $-a_2$, resp. a_1, und erhalten so durch Addition resp.

$$(a_1 b_2 - a_2 b_1) x + b_2 c_1 - b_1 c_2 = 0,$$
$$(a_1 b_2 - a_2 b_1) y + c_2 a_1 - c_1 a_2 = 0$$

und daraus

$$2) \quad x = \frac{b_1 c_2 - b_2 c_1}{a_1 b_2 - a_2 b_1}, \quad y = \frac{c_1 a_2 - c_2 a_1}{a_1 b_2 - a_2 b_1}.$$

Die formale Analogie, die Zähler und Nenner beider Brüche zeigen, hat den Anstoss zur Einführung des Determinantenbegriffs gegeben. Man sieht unmittelbar, dass die Nenner übereinstimmen, und dass die Zähler aus den Nennern entstehen, indem man a, b durch b, c, resp. c, a ersetzt. Bezeichnet man also den Nenner durch das Symbol (ab), so hat man die Zähler durch (bc) resp. (ca) zu bezeichnen; d. h. man hat

$$3) \quad \begin{aligned} (ab) &= a_1 b_2 - a_2 b_1, \\ (bc) &= b_1 c_2 - b_2 c_1, \\ (ca) &= c_1 a_2 - c_2 a_1. \end{aligned}$$

Geometrisch bedeutet die Auflösung der Gleichungen 1) die Bestimmung des Schnittpunktes der durch sie dargestellten Geraden (S. 19). Sind zwei Geraden nur durch ihre Gleichungen gegeben, so sind für ihre Lage drei Möglichkeiten vorhanden; sie haben entweder einen im Endlichen gelegenen Schnittpunkt, oder sie sind parallel, oder sie fallen ganz zusammen. Wir behaupten, dass es nur von den eben eingeführten Symbolen abhängt, welcher dieser Fälle eintritt. Sollen nämlich die Geraden parallel sein, so kann sich für x und y kein endlicher Wert ergeben, es müssen also die Nenner in 2) verschwinden, während die Zähler endlich bleiben, d. h. es ist alsdann

$$4) \quad (ab) = a_1 b_2 - a_2 b_1 = 0.***)$$

---

*) Ausführlicheres findet man in Salmon-Fiedler, Vorlesungen über Algebra, sowie in Gordan-Kerschensteiner, Vorlesungen über Invariantheorie, Teil 1.

**) Man nennt diese Gleichungen linear, da sie geometrisch gerade Linien darstellen.

***) Dies geht auch aus Gleichung 3) S. 20 und Gleichung 2) S. 16 hervor.

Sollen andererseits beide Gleichungen dieselbe Gerade darstellen, so muss die eine Gleichung aus der andern durch Multiplikation mit irgend einem Zahlenfaktor hervorgehen, d. h. es muss sich

$$5) \quad a_1 : b_1 : c_1 = a_2 : b_2 : c_2$$

verhalten und diese Proportion ist gleichwertig mit

$$6) \quad (ab) = 0, \quad (bc) = 0, \quad (ca) = 0.$$

Das vorstehende lässt sich formal noch dadurch vervollkommnen, dass wir statt x und y die Quotienten

$$x = \frac{\xi}{\zeta}, \quad y = \frac{\eta}{\zeta}$$

einführen. Dann gehen die Gleichungen 1) in

$$1a) \quad \begin{aligned} a_1 \xi + b_1 \eta + c_1 \zeta = 0 \\ a_2 \xi + b_2 \eta + c_2 \zeta = 0 \end{aligned}$$

über und als Lösung folgt

$$2a) \quad \xi : \eta : \zeta = (bc) : (ca) : (ab),$$

was die formale Symmetrie noch deutlicher zeigt. Man nennt die Gleichungen 1a), in denen ein konstantes Glied nicht mehr vorkommt, homogene lineare Gleichungen.

Die vorstehend benutzten Grössen (ab), (bc), (ca) sind die einfachsten Typen von Determinanten; man hat für sie folgende Bezeichnung eingeführt:

$$7) \quad \begin{aligned} (bc) &= b_1 c_2 - b_2 c_1 = \begin{vmatrix} b_1 & c_1 \\ b_2 & c_2 \end{vmatrix} \\ (ca) &= c_1 a_2 - c_2 a_1 = \begin{vmatrix} c_1 & a_1 \\ c_2 & a_2 \end{vmatrix}, \\ (ab) &= a_1 b_2 - a_2 b_1 = \begin{vmatrix} a_1 & b_1 \\ a_2 & b_2 \end{vmatrix} \end{aligned}$$

so dass man auch

$$8) \quad \xi : \eta : \zeta = \begin{vmatrix} b_1 & c_1 \\ b_2 & c_2 \end{vmatrix} : \begin{vmatrix} c_1 & a_1 \\ c_2 & a_2 \end{vmatrix} : \begin{vmatrix} a_1 & b_1 \\ a_2 & b_2 \end{vmatrix}$$

erhält. Jedes dieser Determinantensymbole bedeutet also die Differenz seiner diagonalen Produkte. Ihre Form lässt sich am einfachsten so verstehen, dass man von dem Schema

$$9) \quad \begin{Vmatrix} a_1 & b_1 & c_1 \\ a_2 & b_2 & c_2 \end{Vmatrix}$$

ausgeht, das aus den Koeffizienten der Gleichung 2) gebildet ist. Aus diesem Schema (Matrix)*) entstehen die drei Determinanten η, so, dass man der Reihe nach die erste, zweite, dritte Vertikale tilgt. Dabei ist jedoch zu beachten, dass die Buchstaben a, b, c stets in der nämlichen (cyklischen) Reihenfolge auftreten, d. h. wie b auf a und c auf b folgt, so soll auf c wieder a folgen.

Beispiel.

$$5x + 4y - 1 = 0,$$
$$3x - y + 7 = 0,$$

so wird

$$\xi : \eta : \zeta = \begin{vmatrix} 4, & -1 \\ -1, & 7 \end{vmatrix} : \begin{vmatrix} -1, & 5 \\ 7, & 3 \end{vmatrix} : \begin{vmatrix} 5, & 4 \\ 3, & -1 \end{vmatrix}$$
$$= 27 : -38 : -17,$$

also

$$x = -\frac{27}{17}, \quad y = \frac{38}{17}.$$

Für die Gleichung 1) giebt es einen Specialfall von besonderem Interesse, nämlich den, dass $c_1 = 0$ und $c_2 = 0$ ist. Dann gehen die beiden durch

$$10) \quad a_1 x + b_1 y = 0, \quad a_2 x + b_2 y = 0$$

dargestellten Geraden durch den Anfangspunkt; die beiden Gleichungen werden daher jedenfalls durch $x = 0$, $y = 0$ befriedigt. Es fragt sich aber, ob es noch andere Wertepaare x, y geben kann, die beiden Gleichungen genügen. Dies ist wieder nur dann der Fall, wenn beide Geraden identisch sind, d. h. wenn

$$a_1 : b_1 = a_2 : b_2$$

ist, was mit $a_1 b_2 - a_2 b_1 = 0$, d. h. mit

$$11) \quad \begin{vmatrix} a_1 & b_1 \\ a_2 & b_2 \end{vmatrix} = 0$$

gleichwertig ist. Man sagt daher, dass zwei homogene lineare Gleichungen mit zwei Unbekannten nur dann von Null verschiedene Lösungen besitzen, wenn ihre Determinante Null ist. Zugleich folgt, dass es alsdann unendlich viele solcher Lösungen giebt.

Drei lineare Gleichungen mit zwei Unbekannten

$$a_1 x + b_1 y + c_1 = 0,$$
$$12) \quad a_2 x + b_2 y + c_2 = 0,$$
$$a_3 x + b_3 y + c_3 = 0$$

stellen geometrisch drei gerade Linien dar. Im allgemeinen bilden sie ein Dreieck und haben keinen gemeinsamen Punkt. Es kann aber der

*) Matrix bedeutet in Anlehnung an »mater« das erzeugende Schema.

Fall eintreten, dass sie sich in dem nämlichen Punkt schneiden, so dass
es ein Wertepaar x, y giebt, das die drei Gleichungen zugleich befriedigt.
Um dieses Wertepaar zu bestimmen, wollen wir wieder

$$x = \frac{\xi}{\zeta}, \quad y = \frac{\eta}{\zeta}$$

setzen, so dass die Gleichungen 12) in

$$
\begin{aligned}
& a_1 \xi + b_1 \eta + c_1 \zeta = 0, \\
13) \quad & a_2 \xi + b_2 \eta + c_2 \zeta = 0, \\
& a_3 \xi + b_3 \eta + c_3 \zeta = 0
\end{aligned}
$$

übergehen. Berechnen wir das gesuchte Wertepaar aus der zweiten
und dritten Gleichung, so folgt gemäss 8)

$$14) \quad \xi : \eta : \zeta = \begin{vmatrix} b_2 & c_2 \\ b_3 & c_3 \end{vmatrix} : \begin{vmatrix} c_2 & a_2 \\ c_3 & a_3 \end{vmatrix} : \begin{vmatrix} a_2 & b_2 \\ a_3 & b_3 \end{vmatrix},$$

und da dieses Wertepaar auch der ersten Gleichung genügen soll, so
folgt durch Einsetzen

$$a_1 \begin{vmatrix} b_2 & c_2 \\ b_3 & c_3 \end{vmatrix} + b_1 \begin{vmatrix} c_2 & a_2 \\ c_3 & a_3 \end{vmatrix} + c_1 \begin{vmatrix} a_2 & b_2 \\ a_3 & b_3 \end{vmatrix} = 0,$$

wofür wir auch

$$15) \quad a_1 (b_2 c_3 - b_3 c_2) + b_1 (c_2 a_3 - c_3 a_2) + c_1 (a_2 b_3 - a_3 b_2) = 0$$

schreiben können. Diese Gleichung stellt also die Bedingung
dar, unter der die drei Geraden 12) durch den nämlichen
Punkt gehen.

Beispiel. Die drei Geraden

$$
\begin{aligned}
5x + 9y - 1 &= 0, \\
2x + 6y + 10 &= 0, \\
2x + 3y - 3 &= 0
\end{aligned}
$$

gehen durch den Punkt

$$\xi : \eta : \zeta = -48 : +26 : -6,$$

d. h. durch

$$x = \frac{-48}{-6} = 8, \quad y = \frac{26}{-6} = -\frac{13}{3}.$$

Den Ausdruck 15) nennt man die Determinante D der
Gleichungen 12) und bezeichnet ihn durch

$$16) \quad D = \begin{vmatrix} a_1 & b_1 & c_1 \\ a_2 & b_2 & c_2 \\ a_3 & b_3 & c_3 \end{vmatrix},$$

also wieder durch ein Schema, das nur die Koeffizienten der Gleichungen 12)
enthält; die Determinante heisst insbesondere eine dreireihige,

während die früheren zweireihig heissen. Wie bildet man aber den Ausdruck 15) aus dem Determinantenschema 16)? Hierfür giebt es folgende einfache Vorschrift. Das Produkt der Glieder der von links oben nach rechts unten gelesenen Diagonale ($\searrow$) $a_1 b_2 c_3$ ist das erste Glied von 15); denkt man sich, dass auf die dritte Vertikale wieder die erste folgt u. s. w., so giebt es zwei dieser Diagonalrichtung ($\searrow$ parallele Glieder $b_1 c_2 a_3$ und $c_1 a_2 b_3$, sie sind mit $a_1 b_2 c_3$ die drei positiven Produkte von 15). Ebenso liefert das Produkt der in der Richtung ($\nearrow$ genommene Diagonalglieder $a_3 b_2 c_1$ nebst den ihm parallelen Gliedern $b_3 c_2 a_1$ und $c_3 a_2 b_1$ die drei negativen Produkte von 15). Nach diesem einfachen Verfahren kann man also aus dem Determinantenschema 16 den wirklichen Wert 15) der Determinante unmittelbar hinschreiben.

Beispiele.

1) $\begin{vmatrix} 7, & 3, & 1 \\ 2, & 5, & 0 \\ 3, & -1, & 6 \end{vmatrix} = 7.5.6 + 3.0.3 + 1.2.(-1) - 3.5.1 - (-1).0.7 - 6.2.3$
$= 210 - 2 - 15 - 36 = 157.$

2) $\begin{vmatrix} 1 & a & a^2 \\ 1 & b & b^2 \\ 1 & c & c^2 \end{vmatrix} = bc^2 + ab^2 + ca^2 - ba^2 - cb^2 - ac^2.$

3) $\begin{vmatrix} a & x & y \\ 0 & x_1 & y_1 \\ 0 & x_2 & y_2 \end{vmatrix} = a(x_1 y_2 - x_2 y_1).$

Man sieht leicht, dass das Auftreten einer Null sofort den Wegfall von zwei Gliedern der Determinante nach sich zieht.

4) $\begin{vmatrix} 0 & a & b \\ a & 0 & c \\ b & c & 0 \end{vmatrix} = 2abc,$ 5) $\begin{vmatrix} 0 & a & b \\ -a & 0 & c \\ -b & -c & 0 \end{vmatrix} = 0,$

6) $\begin{vmatrix} a & f & e \\ f & b & d \\ e & d & c \end{vmatrix} = abc - ad^2 - be^2 - cf^2 + 2def.$

Die Determinanten 4) und 6) heissen symmetrisch, weil sie sich gegen die Diagonale formal symmetrisch verhalten.

Die homogenen linearen Gleichungen 13) werden offenbar stets durch $\xi = 0$, $\eta = 0$, $\zeta = 0$ befriedigt. Schneiden sich die drei Geraden in einem Punkt, so giebt es Lösungen ξ, η, ζ, die nicht sämtlich Null sind. Für diese Gleichungen nimmt also der obige Satz die folgende vielfach nützliche Form an.

Die Bedingung, dass drei homogene lineare Gleichungen durch Werte der Unbekannten befriedigt werden, die nicht sämtlich Null sind, besteht darin, dass ihre Determinante Null ist.

Offenbar ist es gleichgültig, aus welchen beiden der drei Gleichungen man den Schnittpunkt der drei Geraden bestimmt. Man erhält demgemäss für die zugehörigen Werte ξ, η, ζ auch

$$17) \quad \begin{aligned} \xi : \eta : \zeta &= \begin{vmatrix} b_3 & c_3 \\ b_1 & c_1 \end{vmatrix} : \begin{vmatrix} c_3 & a_3 \\ c_1 & a_1 \end{vmatrix} : \begin{vmatrix} a_3 & b_3 \\ a_1 & b_1 \end{vmatrix}, \\ &= \begin{vmatrix} b_1 & c_1 \\ b_2 & c_2 \end{vmatrix} : \begin{vmatrix} c_1 & a_1 \\ c_2 & a_2 \end{vmatrix} : \begin{vmatrix} a_1 & b_1 \\ a_2 & b_2 \end{vmatrix}, \end{aligned}$$

so dass also die Verhältnisse der je drei Determinanten in 14) und 17) einander gleich sind. Diese neun Determinanten lassen sich so charakterisieren, dass jede von ihnen einem der neun Elemente der Determinante 16) auf die gleiche Art zugeordnet ist. Streicht man nämlich diejenige Horizontale und Vertikale von 16) aus, die a_1 enthält, so bilden die übrigbleibenden Glieder die erste Determinante in 14), die deshalb auch Unterdeterminante von a_1 heisst; in derselben Weise sind die übrigen Determinanten von 14) und 16) die Unterdeterminanten der andern Elemente der Determinante, und zwar treten sie in diesen Gleichungen in derselben Anordnung auf, wie die Elemente der Determinante selbst in 16) auftreten. Man hat nur zu beachten, dass auch hier für a, b, c, sowie die Zahlen 1, 2, 3 die cyklische Anordnung massgebend sein soll. Mit Benutzung dieser Terminologie sprechen wir die oben gefundene Thatsache, dass die Determinanten von 14) und 17) einander proportional sind, dahin aus:

Hat die Determinante 16) den Wert Null, so sind die Unterdeterminanten der Elemente der einen Horizontalen denen der andern proportional.

Beispiel. Für das letzte Beispiel haben die Unterdeterminanten die proportionalen Werte

$$\begin{array}{rrr} -48 & 26 & -6 \\ 24 & -13 & 3 \\ 96 & -52 & 12. \end{array}$$

Übrigens ist ausdrücklich zu bemerken, dass die vorstehenden Schlüsse nur gelten, wenn die Gleichungen 12) drei verschiedene Geraden darstellen. Sind etwa zwei Geraden identisch, so verlieren sie ihre Gültigkeit. Tritt dies z. B. für die zweite und dritte Gerade ein, so sind, wie aus dem Früheren folgt, alle drei in 14) stehenden Unterdeterminanten Null.

Der Vorteil der Einführung der Determinanten besteht einerseits in der Übersichtlichkeit der an sie anknüpfenden Resultate, andrerseits darin, dass sie sehr einfachen formalen Gesetzen gehorchen, von denen wir zunächst das hauptsächlichste folgen lassen. Es lautet, dass eine Determinante ihren Wert nicht ändert, wenn man die Horizontalen und Vertikalen miteinander vertauscht. Es wird also behauptet, dass

$$\begin{vmatrix} a_1 & b_1 \\ a_2 & b_2 \end{vmatrix} = \begin{vmatrix} a_1 & a_2 \\ b_1 & b_2 \end{vmatrix} \quad \text{und}$$

$$\begin{vmatrix} a_1 & b_1 & c_1 \\ a_2 & b_2 & c_2 \\ a_3 & b_3 & c_3 \end{vmatrix} = \begin{vmatrix} a_1 & a_2 & a_3 \\ b_1 & b_2 & b_3 \\ c_1 & c_2 & c_3 \end{vmatrix}$$

ist. Der Beweis folgt unmittelbar, indem wir die rechts stehenden Determinanten nach der obigen Vorschrift ausrechnen; es ergiebt sich beidemal derselbe Wert, wie für die links stehenden. Als Wert der Determinante D, Gleichung 16), erhalten wir also auch

$$
\begin{aligned}
18) \quad D &= a_1 (b_2 c_3 - b_3 c_2) + a_2 (b_3 c_1 - b_1 c_3) + a_3 (b_1 c_2 - b_2 c_1) \\
&= a_1 \begin{vmatrix} b_2 & c_2 \\ b_3 & c_3 \end{vmatrix} + a_2 \begin{vmatrix} b_3 & c_3 \\ b_1 & c_1 \end{vmatrix} + a_3 \begin{vmatrix} b_1 & c_1 \\ b_2 & c_2 \end{vmatrix}.
\end{aligned}
$$

Der vorstehende Satz ist von grosser Tragweite; er zeigt, dass alle Gesetze, die für die Vertikalen bewiesen sind, auch für die Horizontalen gelten, und umgekehrt. Insbesondere folgt z. B., dass für die Determinante 16) auch die Unterdeterminanten der Vertikalen einander proportional sind, falls die Determinante selbst Null ist (vgl. das letzte Beispiel).

Ebenso beweist man durch direkte Ausrechnung, dass

$$\begin{vmatrix} a_1 & b_1 \\ a_2 & b_2 \end{vmatrix} = - \begin{vmatrix} b_1 & a_1 \\ b_2 & a_2 \end{vmatrix},$$

$$\begin{vmatrix} a_1 & b_1 & c_1 \\ a_2 & b_2 & c_2 \\ a_3 & b_3 & c_3 \end{vmatrix} = - \begin{vmatrix} b_1 & a_1 & c_1 \\ b_2 & a_2 & c_2 \\ b_3 & a_3 & c_3 \end{vmatrix} \quad \text{u. s. w.}$$

ist. Es besteht also der Satz, dass eine Determinante in ihren entgegengesetzten Wert übergeht, wenn man zwei Horizontalen oder Vertikalen miteinander vertauscht. Dagegen ist, wie ebenfalls die Ausrechnung direkt ergiebt

$$19) \quad \begin{vmatrix} a_1 & b_1 & c_1 \\ a_2 & b_2 & c_2 \\ a_3 & b_3 & c_3 \end{vmatrix} = \begin{vmatrix} b_1 & c_1 & a_1 \\ b_2 & c_2 & a_2 \\ b_3 & c_3 & a_3 \end{vmatrix} = \begin{vmatrix} c_1 & a_1 & b_1 \\ c_2 & a_2 & b_2 \\ c_3 & a_3 & b_3 \end{vmatrix},$$

d. h. eine dreireihige Determinante bleibt dem Werte nach ungeändert, wenn man ihre Vertikalen, resp. Horizontalen cyklisch vertauscht.

Die praktische Folge dieser Sätze ist wiederum die, dass alle Gesetze, die für eine Horizontale oder Vertikale einer Determinante bewiesen sind, für jede Horizontale oder Vertikale gültig sind. Aus der Gleichung 15) folgt z. B. sofort, dass die Determinante

$$D = \begin{vmatrix} 0 & 0 & 0 \\ a_2 & b_2 & c_2 \\ a_3 & b_3 & c_3 \end{vmatrix} = 0$$

ist, und damit folgt, dass eine Determinante Null ist, falls irgend eine Vertikale oder Horizontale lauter Nullen enthält. Eine fernere wichtige Folgerung des vorletzten Satzes besagt, dass die Determinante

$$20) \quad \begin{vmatrix} a_1 & a_1 & c_1 \\ a_2 & a_2 & c_2 \\ a_3 & a_3 & c_3 \end{vmatrix} = 0$$

ist, die zwei gleiche Vertikalen enthält. Vertauscht man nämlich die erste und zweite Vertikale dieser Determinante, so bleibt sie offenbar unverändert, andererseits soll sie nach dem vorletzten Satz in ihren entgegengesetzten Wert übergehen; dies ist aber nur möglich, wenn sie gleich Null ist. D. h.:

Eine Determinante ist Null, falls in ihr zwei Horizontalen oder Vertikalen einander gleich sind.

Ein weiterer wichtiger Satz, den wir anführen, lautet, dass

$$21) \quad \begin{vmatrix} \varrho a_1, & b_1, & c_1 \\ \varrho a_2, & b_2, & c_2 \\ \varrho a_3, & b_3, & c_3 \end{vmatrix} = \varrho \begin{vmatrix} a_1 & b_1 & c_1 \\ a_2 & b_2 & c_2 \\ a_3 & b_3 & c_3 \end{vmatrix}$$

ist. Setzt man nämlich den Wert der Determinante links in die Form 14), so haben alle Glieder den Faktor ϱ; setzt man ϱ heraus, so ist der zugehörige Faktor genau die Determinante rechts. Also:

Um eine Determinante mit einem Faktor zu multiplizieren, hat man alle Elemente einer Horizontalen oder Vertikalen mit diesem Faktor zu multiplizieren und umgekehrt.

Diesen Satz wendet man vorteilhaft an, um die in einer Determinante auftretenden Zahlen möglichst zu verkleinern. So ist

$$\begin{vmatrix} 9, & 18, & 12 \\ 4, & 12, & -8 \\ 2, & 6, & 4 \end{vmatrix} = 3.4.2 \begin{vmatrix} 3 & 6 & 4 \\ 1 & 3 & -2 \\ 1 & 3 & 2 \end{vmatrix} = 3.4.2.3.2 \begin{vmatrix} 3 & 2 & 2 \\ 1 & 1 & -1 \\ 1 & 1 & 1 \end{vmatrix}.$$

Endlich geben wir noch folgende Formel, die aus 18) unmittelbar folgt, es ist

$$22)\quad \begin{vmatrix} a_1+\alpha_1 & b_1 & c_1 \\ a_2+\alpha_2 & b_2 & c_2 \\ a_3+\alpha_3 & b_3 & c_3 \end{vmatrix} = \begin{vmatrix} a_1 & b_1 & c_1 \\ a_2 & b_2 & c_2 \\ a_3 & b_3 & c_3 \end{vmatrix} + \begin{vmatrix} \alpha_1 & b_1 & c_1 \\ \alpha_2 & b_2 & c_2 \\ \alpha_3 & b_3 & c_3 \end{vmatrix}.$$

Nämlich die Determinante links entsteht aus 18), indem man in 18) a_1, a_2, a_3 resp. durch $a_1+\alpha_1$, $a_2+\alpha_2$, $a_3+\alpha_3$ ersetzt. Multipliziert man jede der drei so entstehenden Klammern $a_1+\alpha_1$, $a_2+\alpha_2$, $a_3+\alpha_3$ aus, und ordnet, so erhält man direkt die Summe der rechten Seite. Da alle Horizontalen und Vertikalen gleichwertig sind, so gilt das gleiche für beliebige Horizontalen oder Vertikalen.

Hier kann man in Verbindung mit Gleichung 20) und 21) eine wichtige praktische Folgerung ziehen. Sie lautet:

Der Wert einer Determinante bleibt ungeändert, wenn man zu den Elementen einer Zeile dasselbe Vielfache der Elemente einer Parallelzeile addiert, resp. subtrahiert.

In der That ist zunächst

$$23)\quad \begin{vmatrix} a_1+\varrho b_1 & b_1 & c_1 \\ a_2+\varrho b_2 & b_2 & c_2 \\ a_3+\varrho b_3 & b_3 & c_3 \end{vmatrix} = \begin{vmatrix} a_1 & b_1 & c_1 \\ a_2 & b_2 & c_2 \\ a_3 & b_3 & c_3 \end{vmatrix} + \begin{vmatrix} \varrho b_1 & b_1 & c_1 \\ \varrho b_2 & b_2 & c_2 \\ \varrho b_3 & b_3 & c_3 \end{vmatrix}.$$

Die letzte Determinante verändern wir nun so, dass wir ϱ heraussetzen, dann bleibt eine Determinante mit zwei gleichen Vertikalen übrig, die Null ist, und unser Satz ist bewiesen.

Man benutzt diesen Satz, um die Zahlen einer Determinante möglichst zu verkleinern, und wenn möglich, in Null zu verwandeln.

Beispiele:

$$\begin{vmatrix} 4 & 1 & 7 \\ 3 & 6 & -2 \\ 5 & 1 & 8 \end{vmatrix} = \begin{vmatrix} -3, & 1 & 7 \\ 5 & 6 & -2 \\ -3, & 1 & 8 \end{vmatrix} = \begin{vmatrix} 0 & 0 & -1 \\ 5 & 6 & -2 \\ -3, 1 & & 8 \end{vmatrix} = -1 \begin{vmatrix} 5 & 6 \\ -3 & 1 \end{vmatrix} = -23.$$

$$\begin{vmatrix} 5, & 9, & -1 \\ 2 & 6 & 10 \\ 2 & 3 & -3 \end{vmatrix} = \begin{vmatrix} 1 & 3 & 5 \\ 2 & 6 & 10 \\ 2 & 3 & -3 \end{vmatrix} = 2\begin{vmatrix} 1 & 3 & 5 \\ 1 & 3 & 5 \\ 2 & 3 & -3 \end{vmatrix} = 0.$$

$$\begin{vmatrix} 1 & 1 & 1 \\ a & b & c \\ a^2 & b^2 & c^2 \end{vmatrix} = \begin{vmatrix} 1 & 0 & 0 \\ a & b-a & c-a \\ a^2 & b^2-a^2 & c^2-a^2 \end{vmatrix} = \begin{vmatrix} b-a & c-a \\ b^2-a^2 & c^2-a^2 \end{vmatrix}$$

$$= (b-a)(c-a)\begin{vmatrix} 1 & 1 \\ b+a, & c+a \end{vmatrix} = (b-a)(c-a)(c-b).$$

Als letzte Anwendung der Determinanten geben wir die Auflösung von drei nicht homogenen linearen Gleichungen, nämlich

$$24) \quad \begin{aligned} a_1 x + b_1 y + c_1 z &= d_1 \\ a_2 x + b_2 y + c_2 z &= d_2 \\ a_3 x + b_3 y + c_3 z &= d_3 \end{aligned}$$

Um x zu bestimmen, wollen wir versuchen, die Gleichungen so mit Zahlengrössen A_1, A_2, A_3 zu multiplizieren, dass die Glieder mit y und z zugleich wegfallen. Es ergiebt sich dann

$$25) \quad x(a_1 A_1 + a_2 A_2 + a_3 A_3) = d_1 A_1 + d_2 A_2 + d_3 A_3$$

und zwar sind A_1, A_2, A_3 so zu wählen, dass

$$b_1 A_1 + b_2 A_2 + b_3 A_3 = 0,$$
$$c_1 A_1 + c_2 A_2 + c_3 A_3 = 0$$

ist. Dies sind zwei homogene lineare Gleichungen für A_1, A_2, A_3 als Unbekannte und wir haben daher sofort [gemäss 8)]

$$A_1 : A_2 : A_3 = \begin{vmatrix} b_2 & b_3 \\ c_2 & c_3 \end{vmatrix} : \begin{vmatrix} b_3 & b_1 \\ c_3 & c_1 \end{vmatrix} : \begin{vmatrix} b_1 & b_2 \\ c_1 & c_2 \end{vmatrix}$$

Da es nur auf die Verhältnisse der A ankommt, so setzen wir A_1, A_2, A_3 direkt gleich den bezüglichen Determinanten und erhalten, wie aus 18) unmittelbar folgt

$$a_1 A_1 + a_2 A_2 + a_3 A_3 = \begin{vmatrix} a_1 & b_1 & c_1 \\ a_2 & b_2 & c_2 \\ a_3 & b_3 & c_3 \end{vmatrix},$$

$$d_1 A_1 + d_2 A_2 + d_3 A_3 = \begin{vmatrix} d_1 & b_1 & c_1 \\ d_2 & b_2 & c_2 \\ d_3 & b_3 & c_3 \end{vmatrix};$$

die Gleichung 25) geht daher über in

$$26) \quad x \cdot \begin{vmatrix} a_1 & b_1 & c_1 \\ a_2 & b_2 & c_2 \\ a_3 & b_3 & c_3 \end{vmatrix} = \begin{vmatrix} d_1 & b_1 & c_1 \\ d_2 & b_2 & c_2 \\ d_3 & b_3 & c_3 \end{vmatrix}.$$

Vertauscht man in den Gleichungen einerseits x, y, z, andrerseits die a, b, c cyklisch und beachtet die Formel 19), so erhält man sofort

$$y \begin{vmatrix} a_1 & b_1 & c_1 \\ a_2 & b_2 & c_2 \\ a_3 & b_3 & c_3 \end{vmatrix} = \begin{vmatrix} a_1 & d_1 & c_1 \\ a_2 & d_2 & c_2 \\ a_3 & d_3 & c_3 \end{vmatrix}, \quad z \begin{vmatrix} a_1 & b_1 & c_1 \\ a_2 & b_2 & c_2 \\ a_3 & b_3 & c_3 \end{vmatrix} = \begin{vmatrix} a_1 & b_1 & d_1 \\ a_2 & b_2 & d_2 \\ a_3 & b_3 & d_3 \end{vmatrix}.$$

Die Auflösung von drei Gleichungen mit drei Unbekannten führt ebenso zu besonderen Fällen, wie die oben erörterte Auflösung der zwei Gleichungen 1) mit zwei Unbekannten; alle auftretenden Bedingungen knüpfen sich auch hier an die vorstehenden Determinanten und deren Unterdeterminanten. Insbesondere folgt, dass die drei Gleichungen stets dann ein bestimmtes endliches Lösungssystem besitzen, wenn die Determinante

$$27) \quad D = \begin{vmatrix} a_1 & b_1 & c_1 \\ a_2 & b_2 & c_2 \\ a_3 & b_3 & c_3 \end{vmatrix} \gtrless 0$$

ist. Zur Veranschaulichung der zulässigen Möglichkeiten diene folgendes Beispiel. Schreiben wir zur Abkürzung die Gleichungen 26) in der Form

$$Dx = D_1, \quad Dy = D_2, \quad Dz = D_3,$$

so folgt für die Gleichungen

$$5x + 9y - z = 1,$$
$$x + 3y - 5z = 2,$$
$$2x + 3y - 3z = 0,$$

$$D = 0, \quad D_1 = 24, \quad D_2 = -13, \quad D_3 = 3,$$

es giebt also kein endliches Wertsystem x, y, z, das diese Gleichungen befriedigt. Ersetzen wir jedoch die rechte Seite der ersten Gleichung durch 2, betrachten also die Gleichungen

$$5x + 9y - z = 2,$$
$$x + 3y - 5z = 2,$$
$$2x + 3y - 3z = 0,$$

so folgt ausser $D = 0$ auch

$$D_1 = 0, \quad D_2 = 0, \quad D_3 = 0.$$

Man kann dies auch so ausdrücken, dass jede dreireihige Determinante der Matrix

$$\begin{vmatrix} a_1 & b_1 & c_1 & d_1 \\ a_2 & b_2 & c_2 & d_2 \\ a_3 & b_3 & c_3 & d_3 \end{vmatrix}$$

den Wert Null hat; diese dreireihigen Determinanten sind nämlich D, D_1, D_2, D_3.

In diesem Fall bedarf es einer genaueren Untersuchung. Man sieht nun leicht, dass die drei Gleichungen nicht unabhängig sind, denn wenn man das doppelte der letzten zur zweiten addiert, so erhält man die erste. Die erste besagt also nichts neues, und wir ändern die Aufgabe nicht, wenn wir die erste Gleichung ganz beiseite lassen. Dann

kann man aus den zwei letzten Gleichungen x und y durch z ausdrücken, man erhält

$$x = 8z - 2, \quad 3y = 4 - 13z$$

und wie man jetzt auch z wählt, so giebt es stets ein zugehöriges
Wertepaar x, y. Den Gleichungen wird daher durch unendlich viele
Wertetripel x, y, z genügt.

Geometrisch stellen die Gleichungen drei Ebenen dar, die sich in
derselben Geraden schneiden. Die geometrische Interpretation lehrt
zugleich, dass die Besonderheiten, die sich bei der Lösung von drei
linearen Gleichungen ergeben können, den besonderen Lagen von drei
Ebenen zu einander entsprechen.*)

---

*) Für die weitere Theorie der Determinanten und der Auflösung linearer Gleichungen
sei auf S. 825, Anm., verwiesen.

Sachregister.

Die Zahlen beziehen sich auf die Seiten.

Druck von Hesse & Becker in Leipzig.

3507

www.ingramcontent.com/pod-product-compliance
Lightning Source LLC
Chambersburg PA
CBHW021350210326
41599CB00011B/820